“大数据应用开发（Java）”1+X 职业技能等级证书配套教材
蓝桥学院“Java 全栈工程师”培养项目配套教材

大数据技术应用

国信蓝桥教育科技（北京）股份有限公司　组编
郑　未　唐友钢　编著

電子工業出版社
Publishing House of Electronics Industry
北京·BEIJING

内 容 简 介

本书是“大数据应用开发（Java）”1+X 职业技能等级证书配套教材，同时也是蓝桥学院“Java 全栈工程师”培养项目配套教材。全书共 16 章，包括大数据概述、Hadoop、HDFS、MapReduce、YARN、ZooKeeper、Hive、Flume、Azkaban、Sqoop、HBase、Kafka、Spark、大数据平台的管理与监控、大数据离线计算项目和大数据实时计算项目。本书从零基础开始逐一讲解大数据体系中的各种技术，通过丰富的实战案例阐述重点、难点知识，为初学者进入大数据领域打好基础。各章节设计合理，在每章开头设置本章简介，在知识点介绍后紧跟实践操作，在每章的末尾对重要内容进行了概括性回顾并通过练习帮助读者巩固相关知识。本书配套资源丰富，在蓝桥在线学习平台（www.lanqiao.cn/oneplusx）上汇集了微课、实验等多种学习资源。

本书直接服务于“大数据应用开发（Java）”1+X 职业技能等级证书工作，也可作为职业院校、应用型本科院校计算机应用技术、软件技术、软件工程、网络工程和大数据应用技术等计算机类专业的教材，还可供从事计算机相关工作的技术人员参考。

图书在版编目（CIP）数据

大数据技术应用 / 国信蓝桥教育科技（北京）股份有限公司组编；郑未，唐友钢编著.
—北京：电子工业出版社，2021.1
ISBN 978-7-121-40161-9

Ⅰ. ①大… Ⅱ. ①国… ②郑… ③唐… Ⅲ. ①数据处理－教材 Ⅳ. ①TP274

中国版本图书馆 CIP 数据核字（2020）第 244075 号

责任编辑：程超群
印　　刷：北京七彩京通数码快印有限公司
装　　订：北京七彩京通数码快印有限公司
出版发行：电子工业出版社
　　　　　北京市海淀区万寿路 173 信箱　邮编：100036
开　　本：787×1 092　1/16　印张：24.5　字数：627 千字
版　　次：2021 年 1 月第 1 版
印　　次：2023 年 12 月第 5 次印刷
定　　价：69.00 元

凡所购买电子工业出版社图书有缺损问题，请向购买书店调换。若书店售缺，请与本社发行部联系，联系及邮购电话：（010）88254888，88258888。

质量投诉请发邮件至 zlts@phei.com.cn，盗版侵权举报请发邮件至 dbqq@phei.com.cn。

本书咨询联系方式：（010）88254577，ccq@phei.com.cn。

序

国务院 2019 年 1 月印发的《国家职业教育改革实施方案》明确提出，从 2019 年开始，在职业院校、应用型本科高校启动“学历证书+若干职业技能等级证书”制度试点（即“1+X”证书制度试点）工作。职业技能等级证书，是职业技能水平的凭证，反映职业活动和个人职业生涯发展所需要的综合能力。

“1+X”证书制度的实施，有赖于教育行政主管部门、行业企业、培训评价组织和职业院校等多方力量的整合。培训评价组织是其中不可忽视的重要参与者，是职业技能等级证书及标准建设的主体，对证书质量、声誉负总责，主要职责包括标准开发、教材和学习资源开发、考核站点建设、考核颁证等，并协助试点院校实施证书培训。

截至 2020 年 9 月，教育部分三批共遴选了 73 家培训评价组织，国信蓝桥教育科技（北京）股份有限公司（下称“国信蓝桥”）便是其中一家。国信蓝桥在信息技术领域和人才培养领域具有丰富的经验，其运营的“蓝桥杯”大赛已成为国内领先、国际知名的 IT 赛事，其蓝桥学院已为 IT 行业输送了数以万计的优秀工程师，其在线学习平台深受院校师生和 IT 人士的喜爱。

国信蓝桥在广泛调研企事业用人单位需求的基础上，在教育部相关部门指导下制定了“1+X”《大数据应用开发（Java）职业技能等级标准》。该标准面向信息技术领域、大数据公司、互联网公司、软件开发公司、软件运维公司、软件营销公司等 IT 类公司、企事业单位的信息管理与服务部门，面向大数据应用系统开发、大数据应用平台建设、大数据应用程序性能优化、海量数据管理、大数据应用产品测试、技术支持与服务等岗位，规定了工作领域、工作任务及职业技能要求。

本丛书直接服务于职业技能等级标准下的技能培养和证书考取需要，包括 7 本教材：

- 《Java 程序设计基础教程》
- 《Java 程序设计高级教程》
- 《软件测试技术》
- 《数据库技术应用》
- 《Java Web 应用开发》
- 《Java 开源框架企业级应用》
- 《大数据技术应用》

目前，开展“1+X”试点、推进书证融通已成为院校特别是“双高”院校人才培养模式改革的重点。所谓书证融通，就是将“X”证书的要求融入学历证书这个“1”里面去，换言之，在人才培养方案的设计和实施中应包含对接“X”证书的课程。因此，选取本丛书的全部或部分作为专业课程教材，将有助于夯实学生基础，无缝对接“X”证书的考取和职业技能的提升。

为使教学活动更有效率，在线上、线下深度融合教学理念指引下，丛书编委会为本丛书配备了丰富的线上学习资源。资源访问地址为 https://www.lanqiao.cn/oneplusx/。

最后，感谢教育部、行业企业及院校的大力支持！感谢丛书编委会全体同人的辛苦付出！感谢为本丛书出版付出努力的所有人！

郑　未
2020 年 12 月

丛书编委会

前　言

大数据技术起源于 Google 在 2004 年前后发表的几篇论文，而 Hadoop 最初则是 Google 大数据技术的开源版本。经过十多年的高速发展，以 Hadoop 为代表的大数据技术已经比较成熟。基于大数据生态系统，可以构建实时计算、离线计算、NoSQL 存储、数据分析、机器学习等一系列新时期的核心技术流程。

大数据具有容量大、种类多、速度快、含有价值等特点，包括结构化、半结构化和非结构化数据。其中，非结构化数据越来越成为数据的主要部分，应用非常广泛，涉及多个行业，如零售行业的精准营销与推荐、金融行业的风控、医疗行业的智能辅助决策、教育行业的个性化教育以及智慧城市等。

当今社会高速发展、科技发达、信息畅通，人们之间的交流越来越密切，生活也越来越方便，各种智能设备日新月异，这些都需要大数据技术的支撑。阿里巴巴集团创始人马云曾说，未来的时代将不是 IT 时代，而是 DT 的时代，DT 就是 Data Technology（数据科技），表明大数据对于阿里巴巴集团来说举足轻重。

2015 年 8 月，国务院印发《促进大数据发展行动纲要》，系统部署大数据发展工作。《促进大数据发展行动纲要》要求立足我国国情和现实需要，推动大数据发展和应用在未来 5～10 年逐步实现以下目标：打造精准治理、多方协作的社会治理新模式，建立运行平稳、安全高效的经济运行新机制，构建以人为本、惠及全民的民生服务新体系，开启大众创业、万众创新的创新驱动新格局，培育高端智能、新兴繁荣的产业发展新生态。

大数据技术自诞生以来就受到了广泛重视，目前已得到广泛应用，并拥有光明的发展前景。

本书是“大数据应用开发（Java）”1+X 职业技能等级证书配套教材，同时也是蓝桥学院“Java 全栈工程师”培养项目配套教材，主要介绍大数据编程、大数据分析及环境维护的相关内容。为了帮助读者切实掌握书中讲解的内容，蓝桥学院搭建并部署了蓝桥云平台，在云平台中提供配套的实验环境、图文教程和视频课程，书中涉及的所有案例都可以在蓝桥云平台上实现。

全书共 16 章，第 1 章和第 2 章讲解大数据的发展史，大数据的概念、特征与价值，大数据的技术架构，Hadoop 生态圈，Hadoop 集群安装部署等知识；第 3 章～第 5 章讲解 Hadoop 的 3 个重要组件——HDFS、MapReduce 和 YARN，读者需重点掌握它们的工作机制及 MapReduce 编程；第 6 章讲解 ZooKeeper 的核心机制、应用场景和客户端操作；第 7 章讲解 Hive 数据仓库的数据类型、文件格式、内置函数与 DDL/DML 操作，读者需重点掌握 DDL/DML 操作；第 8 章讲解 Flume 的安装部署与数据采集；第 9 章讲解 Azkaban 的安装部署与使用，读者需了解其任务调度功能；第 10 章讲解 Sqoop 的导入/导出，读者需重点掌握 Sqoop 的导入/导出命令；第 11 章讲解 HBase 的体系架构、数据模型、运行机制和实战编程，读者需重点掌握 Java API 操作；第 12 章讲解 Kafka 架构机制与实战编程，读者需重点掌握其 Java API 操作；第 13 章讲解 Spark 的体系架构、Spark RDD、Spark SQL、Spark Streaming，读者需重点掌握 Spark RDD 和 Spark Streaming；第 14 章讲解大数据平台的几个监控工具，读者需了解 JMX 的使用；第 15 章和第 16 章讲解大数据离线计算和实时计算的流程及其实战，读者需熟练掌握每一步操作。

本书由郑未和唐友钢两位老师合作编写。郑未老师编写了本书的第 1 章～第 9 章，唐友钢老师编写了本书的第 10 章～第 16 章以及整理了附录 A。郑未老师是“大数据应用开发（Java）职业技能等级标准”的主要制定者和起草人，是“蓝桥杯”大赛技术专家，拥有丰富的信息系统开发、管理经验，以及丰富的职业教育教学和管理经验。唐友钢老师是全栈工程师，从事过互联网行业 Java 前/后端开发、大数据分析、数据挖掘、机器学习等岗位，现专注于各行业大数据的分析、挖掘技术，并关注 AI 技术的切入与落地。

感谢丛书编委会各位专家、学者及老师的指导；感谢配合调研的企业及已毕业的同学；感谢蓝桥学院各位同事对本书相关工作的帮助和支持；感谢电子工业出版社编辑对本书的编审校工作。另外，本书参考借鉴了一些专著、教材、论文、报告和网络上的成果、素材、结论或图文，在此一并向原创作者表示衷心的感谢。

期望本书的出版发行能够为计算机相关专业的大学生、程序员和广大编程爱好者起到快速入门的作用，也期望越来越多的人才加入大数据技术领域，为我国信息化前沿技术的发展做出贡献。

由于时间仓促，编者水平有限，疏漏和不足之处在所难免，恳请广大读者和社会各界朋友批评指正！

编者联系邮箱：x@lanqiao.org

编　者

目　录

第 1 章

大数据概述

本章简介

作为本书开篇第 1 章，本章从大数据的诞生、发展开始，逐一讲解大数据的概念、特征与价值，大数据的技术架构，离线计算与实时计算，以及大数据下的数据驱动。展望未来，随着物联网、人工智能的发展，大数据的发展必将日新月异。相信在不久的将来，大数据技术也将成为程序员的必备基础知识。

1.1 大数据的历史、现状与未来

1.1.1 大数据的历史

大数据不是凭空产生的，它有自己的发展过程，大致分为三个阶段。

1．第一个阶段：萌芽时期（20 世纪 90 年代至 21 世纪初）

1997 年，美国国家航空航天局武器研究中心的大卫·埃尔斯沃思和迈克尔·考克斯在研究数据可视化时首次使用了“大数据”这一名词概念。

1998 年，《科学》杂志发表了一篇题为《大数据科学的可视化》的文章，大数据作为一个专业名词正式出现在公共期刊上。

2002 年 10 月，Doug Cutting 创建了开源网页爬虫项目 Nutch。Nutch 的设计目标是构建一个大型的全网搜索引擎，包括网页抓取、索引、查询等功能。但随着抓取网页数量的增加，遇到了严重的可扩展性问题——如何解决数十亿网页的存储和索引问题。

2003 年 10 月，Google（谷歌）发表 Google File System（GFS）论文，这篇论文解决了海量网页的存储问题。

2004 年 10 月，Google 发表了 MapReduce 论文，这篇论文解决了海量网页的索引计算问题。

当 Nutch 项目的创建者 Doug Cutting 看到这两篇论文后，欣喜若狂，很快地他就仿照谷歌论文的思想，实现了 HDFS（Hadoop Distributed File Systems）和 MapReduce 的前身，并将其从 Nutch 中剥离出来，成立了独立的开源项目 Hadoop。

2006 年 2 月，Apache Hadoop 项目正式启动，以支持 MapReduce 和 HDFS 的独立发展。

总的来说，大数据萌芽时期以谷歌论文的发表和 Hadoop 项目的成立为标志，前者提供

了理论支撑，后者提供了开源的解决方案。

2．第二个阶段：发展时期（21 世纪初至 2010 年）

21 世纪的前十年，互联网行业迎来了一个快速发展的时期。

2006 年后，Hadoop 得到快速发展，成为大数据分析的主要技术。同年，谷歌发表了 BigTable 论文，这最终激发了 HBase 的创建。

2007 年，数据密集型科学的出现，不仅为科学界提供了一种新的研究范式，也为大数据的发展提供了科学依据。同年，百度开始使用 Hadoop 做大数据离线处理。

2008 年，《科学》杂志推出了一系列大数据专刊，详细讨论了一系列大数据的问题。与此同时，Hadoop 成为 Apache 的顶级项目，Yahoo（雅虎）在 900 个节点上运行 1TB 数据排序仅需要 209 秒，成为当时世界最快。

2010 年，美国信息技术顾问委员会发布了一份题为《规划数字化未来》的报告，详细描述了政府工作中大数据的收集和使用。

从上面的时间历程来看，在这一时期，大数据作为一个新名词开始受到理论界的关注，其概念和特点得到进一步丰富，相关的大数据处理技术层出不穷，大数据开始显示出活力。

Hadoop 发布之后，Yahoo 很快就用了起来。到了 2007 年，百度和阿里巴巴也开始使用 Hadoop 进行大数据存储与计算。2008 年，Hadoop 正式成为 Apache 的顶级项目后，Doug Cutting 本人也成为 Apache 基金会的主席。自此，Hadoop 作为软件开发领域的一颗新星冉冉升起。

2008 年，专门运营 Hadoop 的商业公司 Cloudera 成立，Hadoop 得到进一步的商业支持。

这个时候，Yahoo 的一些人觉得用 MapReduce 进行大数据编程太麻烦了，于是便开发了 Pig。Pig 是一种脚本语言，使用类 SQL 的语法，开发者可以用 Pig 脚本描述对大数据集进行的操作，Pig 经过编译后会生成 MapReduce 程序，然后在 Hadoop 上运行。

编写 Pig 脚本虽然比直接进行 MapReduce 编程容易，但是依然需要学习新的脚本语法，于是 Facebook 又发布了 Hive。Hive 支持使用 SQL 语法来进行大数据计算，例如，你可以编写 Select 语句进行数据查询，然后 Hive 会把 SQL 语句转化成 MapReduce 的计算程序。这样，熟悉数据库的数据分析师和工程师便可以无门槛地使用大数据进行数据分析和处理了。Hive 出现后极大程度地降低了 Hadoop 的使用难度，迅速得到开发者和企业的追捧。据统计，2011 年 Facebook 大数据平台上运行的作业中 90%都来源于 Hive。

随后，众多 Hadoop 周边产品开始出现，大数据生态体系逐渐形成，其中包括：专门将关系型数据库中的数据导入/导出到 Hadoop 平台的 Sqoop；针对大规模日志进行分布式收集、聚合和传输的 Flume；MapReduce 工作流调度引擎 Oozie 等。

总的来说，以 Hadoop 为代表的大数据技术在这段时间得到了快速发展，形成了较为完整的技术生态体系。

3．第三个阶段：兴盛时期（2011 年至今）

2011 年，IBM 开发了沃森（Watson）超级计算机，通过每秒扫描和分析 4TB 数据打破了世界纪录，大数据计算达到了一个新的高度。随后，MGI 发布了《大数据前沿报告》，详细介绍了大数据在各个领域的应用，以及大数据的技术框架。

2012 年，在瑞士达沃斯举行的世界经济论坛讨论了一系列与大数据有关的问题，发表了题为《大数据，大影响》的报告，并正式宣布了大数据时代的到来。

2012 年 3 月，奥巴马政府在白宫网站发布了“大数据研究和发展倡议”（Big Data Research and Development Initiative）。

2012 年 7 月，联合国发布《大数据促发展：挑战与机遇》白皮书，全球大数据研究进入前所未有的高潮期。

2013 年 5 月，麦肯锡研究院发布的研究报告《颠覆性技术：技术改变生活、商业和全球经济》并未列入大数据技术，其给出的解释是，大数据技术已成为其他技术的基石。

2014 年 2 月，Spark 逐渐代替 MapReduce 成为 Hadoop 的缺省执行引擎，并成为 Apache 基金会顶级项目。

2015 年 8 月，国务院印发《促进大数据发展行动纲要》（国发〔2015〕50 号）。

2016 年 3 月 17 日，国家"十三五"规划纲要正式发布，其中明确指出大数据发展相关事宜。

从上面的时间历程来看，2011 年之后大数据的发展可以说进入了全面兴盛的时期，大数据渗透到各行各业之中，不断变革原有行业的技术和创造出新的技术，大数据的发展呈现出一片蓬勃之势。总的来说，各国政府、各类组织对大数据的推动及大数据在各行业的运用是这一时期的主要标志。

1.1.2　大数据的现状

全球范围内，研究发展大数据技术，运用大数据推动经济发展、完善社会治理、提升政府服务和监管能力正成为趋势。目前已有的众多成功的大数据应用，就其效果和深度而言，尚处于初级阶段，根据大数据分析预测未来、指导实践的深层次应用将成为发展重点。

按照数据开发应用深入程度的不同，可将众多的大数据应用分为三个层次。

第一层次，描述性分析应用，是指从大数据中总结、抽取相关的信息和知识，帮助人们分析发生了什么，并呈现事物的发展历程。例如，美国的 Domo 公司从其企业客户的各个信息系统中抽取、整合数据，再以统计图表等可视化形式，将数据蕴含的信息推送给不同岗位的业务人员和管理者，帮助其更好地了解企业现状，进而做出判断和决策。

第二层次，预测性分析应用，是指从大数据中分析事物之间的关联关系、发展模式等，并据此对事物发展的趋势进行预测。例如，微软公司纽约研究院研究员 David Rothschild 通过收集和分析好莱坞证券交易所、社交媒体用户发布的帖子等大量公开数据，建立预测模型，对多届奥斯卡奖项的归属进行预测。2014 和 2015 年，准确预测了奥斯卡共 24 个奖项中的 21 个，准确率达 87.5%。

第三层次，指导性分析应用，是指在前两个层次的基础上，分析不同决策将导致的后果，并对决策进行指导和优化。例如，无人驾驶汽车分析高精度地图数据和海量的激光雷达、摄像头等传感器的实时感知数据，对车辆不同驾驶行为的后果进行预判，并据此指导车辆的自动驾驶。

目前，在大数据应用的实践中，描述性、预测性分析应用多，决策指导性等更深层次分析应用偏少。一般而言，人们做出决策的流程通常包括认知现状、预测未来和选择策略这三个基本步骤。这些步骤也对应了上述大数据分析应用的三个不同类型。不同类型的应用意味着人类和计算机在决策流程中不同的分工和协作。例如，第一层次的描述性分析中，计算机仅负责将与现状相关的信息和知识展现给人类专家，而对未来态势的判断及对最优策略的选择仍然由人类专家完成。应用层次越深，计算机承担的任务越多、越复杂，效率提升也越大，价值也越大。然而，随着研究应用的不断深入，人们逐渐意识到，前期在大数据分析应用中大放异彩的深度神经网络尚存在基础理论不完善、模型不具可解释性、鲁棒性较差等问题。

因此，虽然当前应用层次最深的决策指导性应用已在人机博弈等非关键性领域取得较好应用效果，但是，在自动驾驶、政府决策、军事指挥、医疗健康等应用价值更高且与人类生命、财产、发展和安全紧密关联的领域，要真正获得有效应用，仍面临一系列待解决的重大基础理论和核心技术挑战。在此之前，人们还不敢也不能放手将更多的任务交由计算机大数据分析系统来完成。这也意味着，虽然已有很多成功的大数据应用案例，但还远未达到我们的预期，大数据应用仍处于初级阶段。未来，随着应用领域的拓展、技术的提升、数据共享开放机制的完善，以及产业生态的成熟，具有更大潜在价值的预测性和指导性应用将是发展的重点。

下面介绍几个大数据的应用案例。

（1）零售行业。

零售行业大数据应用有两个层面：一个层面是零售行业可以了解客户消费喜好和趋势，进行商品的精准营销，降低营销成本。另一个层面是依据客户已购买产品，为客户提供可能购买的其他产品，扩大销售额，也属于精准营销范畴。另外，零售行业可以通过大数据掌握未来消费趋势，有利于热销商品的进货管理和过季商品的处理。零售行业的数据对于产品生产厂家来说是非常宝贵的，零售商的数据信息将会有助于资源的有效利用，降低产能过剩。厂商可依据零售商的信息按实际需求进行生产，减少不必要的生产浪费。

（2）金融行业。

大数据在金融行业应用范围较广，典型的案例有花旗银行利用IBM沃森超级计算机为财富管理客户推荐产品；美国银行利用客户点击数据集为客户提供特色服务，如有竞争的信用额度；招商银行利用客户刷卡、存取款、电子银行转账、微信评论等行为数据进行分析，每周给客户发送针对性广告信息，里面有顾客可能感兴趣的产品和优惠信息。

（3）医疗行业。

除了较早前就开始利用大数据的互联网公司，医疗行业是让大数据分析最先发扬光大的传统行业之一。医疗行业拥有大量的病例、病理报告、治愈方案、药物报告等，如果这些数据可以被整理和应用，将会极大地帮助医生和病人。我们面对的数目及种类众多的病菌、病毒，以及肿瘤细胞，都处于不断的进化过程中。在发现和诊断疾病时，疾病的确诊和治疗方案的确定是最困难的。

（4）教育行业。

随着技术的发展，信息技术已在教育领域有了越来越广泛的应用。考试、课堂、师生互动、校园设备使用、家校关系……只要技术能达到的地方，各个环节都被数据包裹。

在课堂上，数据不仅可以帮助改善教育教学，在重大教育决策制定和教育改革方面，大数据更有其用武之地。美国利用数据来诊断处在辍学危险期的学生，探索教育开支与学生学习成绩提升的关系，探索学生缺课与成绩的关系。举一个比较有趣的例子，教师的高考成绩和所教学生的成绩有关吗？真相究竟如何？不妨借助数据来看。例如，美国某州公立中小学的数据分析显示，在语文成绩上，教师高考分数和学生成绩呈现显著的正相关。也就是说，教师的高考成绩与他们现在所教语文课上的学生学习成绩有很明显的关系，教师的高考成绩越好，学生的语文成绩也越好。这个关系让我们进一步探讨其背后真正的原因。其实，教师高考成绩高低某种程度上是教师的某个特点在起作用，而正是这个特点对教好学生起着至关重要的作用，教师的高考分数可以作为挑选教师的一个指标。如果有了充分的数据，便可以发掘更多的教师特征和学生成绩之间的关系，从而为挑选教师提供更好的参考。

1.1.3 大数据的未来

大数据的发展非常迅速，未来的发展趋势含有以下几个特点。

（1）结合智能计算的大数据成为热点。

包括大数据与神经计算、深度学习、语义计算以及人工智能其他相关技术结合。得益于以云计算、大数据为代表的计算技术的快速发展，使得信息处理速度和质量大为提高，能快速、并行处理海量数据。

（2）跨学科、跨领域的数据融合与应用将成为今后大数据应用发展的重点方向。

由于现有的大数据平台易用性差，而垂直应用行业的数据又涉及领域专家知识和领域建模，目前在大数据行业应用与通用的大数据技术之间存在很大的鸿沟，缺少相互的交叉融合。因此，追切需要进行跨学科和跨领域的大数据技术和应用研究，促进和推动大数据在典型和重大行业中的应用和落地，尤其是与物联网、移动互联、云计算、社会计算等热点技术领域的相互交叉融合。

（3）大数据安全和隐私。

大数据时代，各网站均不同程度地开放其用户所产生的实时数据，一些监测数据的市场分析机构可通过人们在社交网站中写入的信息、智能手机显示的位置信息等多种数据组合进行分析挖掘。然而，大数据时代的数据不能保证个人信息不被其他组织非法使用，用户隐私安全问题的解决迫在眉睫。安全智能更加强调将过去分散的安全信息进行集成与关联，独立的分析方法和工具进行整合形成交互，最终实现智能化的安全分析与决策。

（4）各种可视化技术和工具提升大数据应用价值。

在进行分析之前，需要对数据进行探索式的考查。在此过程中，可视化将发挥很大的作用。对大数据进行分析以后，为了方便用户理解结果，也需要把结果展示出来。尤其是可视化移动数据分析工具，能追踪用户行为，让应用开发者得以从用户角度评估自己的产品。通过观察用户与一款应用的互动方式，开发者将能理解用户为何执行某些特定行为，从而为自己完善和改进应用提供依据。

1.2 大数据的概念、特征与价值

1.2.1 大数据的概念

很多人这样理解大数据：“大数据就是大规模的数据”，这个说法真的准确吗？

其实，“大规模”只是针对数据的量而言的，数据量大，但并不代表数据一定有可被数据挖掘、深度学习算法利用的价值。例如，地球绕太阳运转的过程中，每一秒钟记录一次地球相对太阳的运动速度、位置，可以得到大量数据，可如果只有这样的数据，其实并没有太多可以挖掘的价值。

关于大数据这里参考马丁·希尔伯特（Martin Hilbert）的总结：今天我们常说的大数据其实是在 2000 年后，因为信息交换、信息存储、信息处理这三个方面能力的大幅增长而产生的数据，如图 1.1 所示。

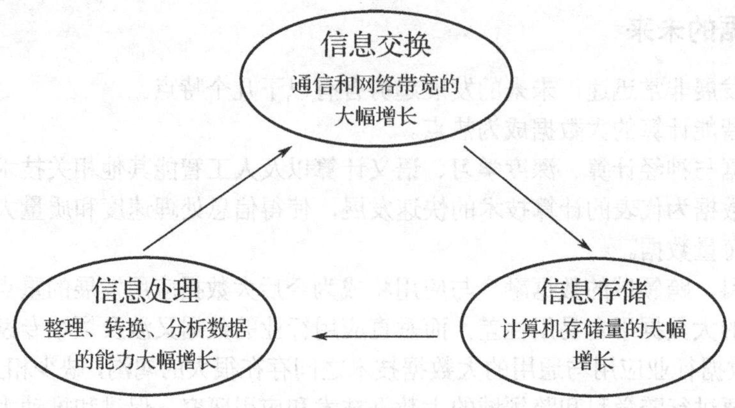

图 1.1　信息交换、信息存储、信息处理

（1）信息交换。

据估算，1986—2007 年这 20 年间，地球上每天可以通过既有信息通道交换的信息数量增长了约 217 倍，这些信息的数字化程度则从 1986 年的约 20%增长到 2007 年的约 99.9%。在数字化信息爆炸式增长的过程里，每个参与信息交换的节点都可以在短时间内接收并存储大量数据。

（2）信息存储。

全球信息存储能力大约每 3 年翻一番。1986—2007 年这 20 年间，全球信息存储能力增加了约 120 倍，所存储信息的数字化程度也从 1986 年的约 1%增长到 2007 年的约 94%。1986 年时，即便使用上所有的信息载体、存储手段，我们也不过能存储全世界所交换信息的大约 1%，而 2007 年这个数字已经增长到大约 16%。信息存储能力的增加为我们利用大数据提供了近乎无限的想象空间。

（3）信息处理。

有了海量的信息获取能力和信息存储能力，我们也必须有对这些信息进行整理、加工和分析的能力。Google、Facebook 等公司在数据量逐渐增大的同时，也相应建立了灵活、强大的分布式数据处理集群。

1.2.2　大数据的特征

大数据的发展时间虽然短暂，但是发展速度却是非常迅速的，主要得力于当前社会的信息化、数字化、智能化的发展。那么在大数据的发展中，有哪些显著特征呢？大数据具有数据规模大、数据类别复杂、数据处理速度快、数据真实性高、数据蕴藏价值等特点。

（1）数据量大（Volume）。

大数据中数据的采集、存储和计算的量都非常大。那么大数据究竟有多大呢？正常的计算机处理 4GB 数据需要 4 分钟的时间，处理 1TB 数据需要 3 个小时的时间，而达到 1PB 数据的处理需要 4 个月零 3 天的时间。只有起始计量单位达到 PB 的数据才可以被称之为大数据。

沃尔玛是当今最早开始投资和部署大数据应用的传统企业巨头之一，也因此从中获利。大数据使沃尔玛改变了重复销售的决策，带来了 10%～15%在线销售的明显涨幅，增加收入 10 亿美元。沃尔玛自己有一个庞大的大数据生态系统。沃尔玛每小时约有 100 万笔交易，大数据生态系统每天处理 TB 级的新数据，以及 PB 级的历史数据，还需要分析数以百万计的产品数据、数以亿计的客户信息和搜索关键词。

（2）增长、处理速度快（Velocity）。

大数据高速增长，也需要高速处理。那么，什么是高速？就前面的沃尔玛而言，处理 1PB 的数据不到 1 秒就可以实现，这就是高速。之所以要高速处理，是因为数据也是有时效性的，超过了某段时间后，数据就可能失去其作用和价值。数据增长速度快，因此处理速度也要快，时效性要求高。例如，搜索引擎要求几分钟前的新闻能够被用户查询到，个性化推荐算法尽可能要求实时完成推荐。这是大数据区别于传统数据挖掘的显著特征。

通过社交媒体分析来提高运营效率和销售收入看起来非常诱人，但沃尔玛要完全实现这一点还面临一大考验：社交网络中信息产生的数据流速度很快，也就是通常说的“快数据”，但是用传统的技术手段无法对“快数据”进行有效的分析。如今社交媒体是增长最快的大数据源之一，像微博、Twitter 这类的社交媒体产生的不仅是“大数据”，还是“快数据”，具有很强的时效性。而为了解决这个难题，沃尔玛实验室开发出了特别的解决方案和技术，通过大规模的服务器集群对“快数据”流进行极其高速的处理。

（3）种类和来源多（Variety）。

大数据的种类和来源多样化，包括结构化、半结构化和非结构化数据。随着互联网和物联网的发展，又扩展到网页、社交媒体、感知数据，涵盖音频、图片、视频、模拟信号等，真正诠释了数据的多样性，也对数据的处理能力提出了更高的要求。

沃尔玛也十分重视从 Twitter、Facebook 等社交媒体获取数据。并且在进入 Web 2.0 时代后，相较于以往 Web 1.0 用户被动地接收信息，现在主动权掌握在用户手中，用户可以上传、分享自己的原创信息，网站和用户有了很好的交互。这也使得这些年来网络数据量呈现出了爆炸式的增长。但是也正是因为这些技术和思想的进步与发展，使大数据涵盖了更多方方面面的内容，丰富了对大数据的采集和获取方式。

（4）价值密度低（Value）。

如果用石油行业来类比大数据，那么在互联网金融领域甚至整个互联网行业中，最重要的并不是如何炼油，而是如何获得优质原油。最重要的就是挖掘更多有价值的信息。因为大数据中数据价值密度相对较低，可以说是浪里淘沙却又弥足珍贵。随着互联网以及物联网的广泛应用，信息感知无处不在，信息海量，但价值密度较低。如何结合业务逻辑并通过强大的机器算法来挖掘数据价值，是大数据时代最需要解决的问题。

而沃尔玛很出色地对数据进行了挖掘和利用。沃尔玛每天有超过 40PB 的数据可供分析，在如此庞大的数据集中，有用价值的密度其实是很低的。但是沃尔玛运用一切技术提取信息，为企业在决策前将成本降到最低，并创造新的消费机会。

（5）数据的准确性（Veracity）。

就是大数据的真实性。大数据中的内容是与现实世界中发生的事情息息相关的，研究大数据是从庞大的数据中提取出能够解释现状和预测未来的信息，其前提是保证数据的准确性和可信赖度。沃尔玛能通过大数据获取并分析用户提供的信息，解释用户独特的需求和喜好，并能够预测出用户下一步动作，其基础是数据真实可信。

1.2.3　大数据的价值

从业务角度出发，大数据的核心价值主要有如下的 3 点。

（1）数据辅助决策：为企业提供基础的数据统计报表分析服务。分析师能够轻易获取数

据，产出分析报告，用于指导产品开发和运营；产品经理能够通过统计数据完善产品功能和改善用户体验；运营人员可以通过数据发现运营问题并确定运营的策略和方向；管理层可以通过数据掌握公司业务运营状况，从而进行一些战略决策。

（2）数据驱动业务：通过数据产品、数据挖掘模型实现企业产品和运营的智能化，从而极大地提高企业的整体效能产出。最常见的应用领域有基于个性化推荐技术的精准营销服务、广告服务，基于模型算法的风控反欺诈服务、征信服务等。

（3）数据对外变现：通过对数据进行精心的包装，对外提供数据服务，从而获得现金收入。市面上比较常见的有各大数据公司利用自己掌握的大数据，提供风控查询、验证、反欺诈服务，提供导客、导流、精准营销服务，提供数据开放平台服务等。

但在实践中，笔者更加喜欢把数据的价值分为两个方面：一个方面是给企业创造营收，另一个方面就是为企业节省成本。大数据的价值整体梳理框架如图 1.2 所示。

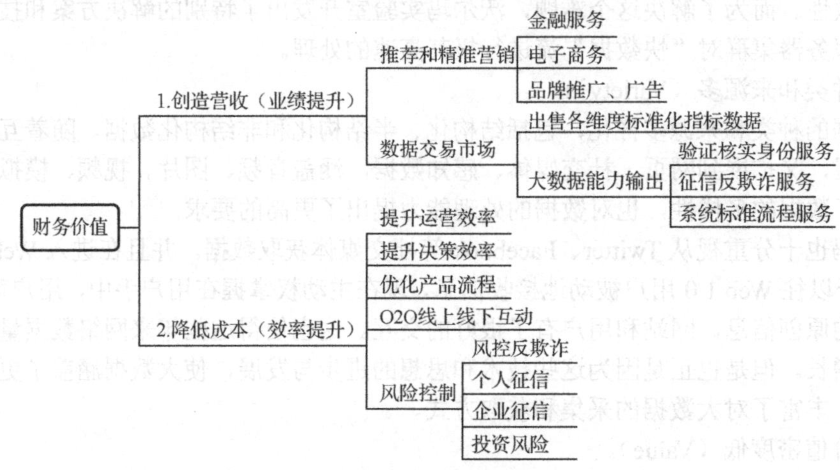

图 1.2　大数据的价值整体梳理框架

1.3　大数据的技术架构

大数据技术是一系列技术的总称，集合了数据采集与传输、数据存储、数据处理与分析、数据挖掘、数据可视化等技术，是一个庞大而复杂的技术体系。

根据大数据从来源到应用，可以将大数据技术架构分为数据源层、数据采集层、数据存储层、数据处理层、数据建模层和数据应用层，如图 1.3 所示。

1．数据源层

数据源层主要指大数据各个行业中多种多样的原始数据，如互联网用户数据、Web 服务器系统日志数据、企业数据库数据等。下面举几个例子。

（1）交易数据。包括 POS 机数据、信用卡刷卡数据、电子商务数据、互联网点击数据、企业资源规划（ERP）系统数据、销售系统数据、客户关系管理（CRM）系统数据，以及公司的生产数据、库存数据、订单数据、供应链数据等。

（2）移动通信数据。现在能够上网的智能手机等移动设备越来越普及，且移动通信设备记录的数据量和数据的立体完整度常常优于各家互联网公司掌握的数据。移动设备上的软件能够追踪和沟通无数事件，从运用软件储存的交易数据（如搜索产品的记录事件）到个人信

息资料或状态报告事件（如地点变更即报告一个新的地理编码）等。

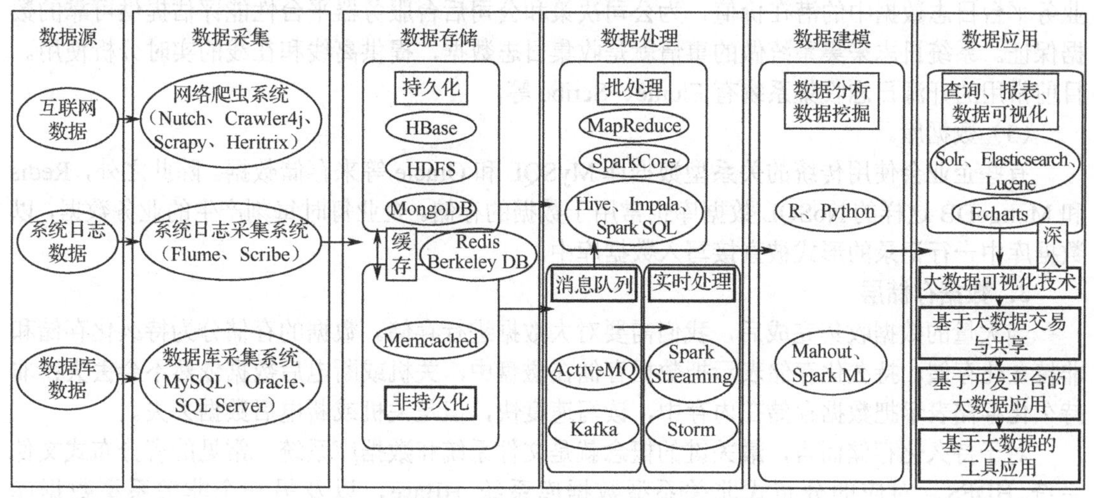

图 1.3　大数据技术架构

（3）人为数据。人为数据包括电子邮件、文档、图片、音频、视频，以及通过微信、博客、Twitter、维基百科、Facebook、LinkedIn 等社交媒体产生的数据流。这些数据大多为非结构性数据，需要用文本分析功能进行分析。

（4）机器和传感器数据。来自感应器、量表和其他设施的数据、定位/GPS 系统数据等，包括功能设备会创建或生成的数据，如智能温度控制器、智能电表、工厂机器和连接互联网的家用电器的数据等。来自新兴的物联网（IoT）的数据是机器和传感器所产生的数据的例子之一。来自物联网的数据可以用于构建分析模型，连续监测预测性行为（如当传感器值表示有问题时进行识别），提供规定的指令（如警示技术人员在真正出问题之前检查设备）等。

（5）互联网上的“开放数据”，如政府机构、非营利组织和企业免费提供的数据。

2. 数据采集层

数据采集层主要采用了大数据采集技术，实现对数据的 ETL 操作。ETL 是英文 Extract-Transform-Load 的缩写，数据从数据来源端经过抽取（Extract）、转换（Transform）、加载（Load）到目的端。用户从数据源抽取出所需的数据，经过数据清洗，最终按照预先定义好的数据模型，将数据加载到数据仓库中去，最后对数据仓库中的数据进行数据分析和处理。数据采集位于数据分析生命周期的重要一环，通过传感器数据、社交网络数据、移动互联网数据等方式获得各种类型的结构化、半结构化及非结构化的海量数据。

在现实生活中，数据产生的种类很多，并且不同种类的数据产生的方式不同。对于大数据的不同数据源，应该采用对应的收集（采集）方案，主要有以下三类。

（1）网络爬虫。

主要通过网络爬虫和一些网站平台提供的公共 API（如 Twitter 和新浪微博 API）等方式从互联网网站上获取数据。这样就可以将非结构化数据和半结构化数据的网页数据从网页中提取出来，并将其提取、清洗、转换成结构化的数据，然后存储为统一的本地文件数据。目前常用的网络爬虫工具有 Apache Nutch、Crawler4j、Scrapy 等框架。

（2）开源日志收集系统。

许多公司的业务平台每天都会产生大量的日志数据。从这些日志数据，我们可以得出很

多有价值的信息。通过对这些日志数据进行日志采集、收集，然后进行数据分析，挖掘公司业务平台日志数据中的潜在价值，为公司决策和公司后台服务器平台性能评估提供可靠的数据保证。系统日志采集系统做的事情就是收集日志数据，提供离线和在线的实时分析使用。目前常用的开源日志收集系统有 Flume、Scribe 等。

（3）数据库。

有些企业会使用传统的关系型数据库 MySQL 和 Oracle 等来存储数据。除此之外，Redis 和 MongoDB 这样的 NoSQL 数据库也常用于数据的存储。企业每时每刻产生的业务数据，以数据库中一行记录的形式被直接写入数据库中。

3．数据存储层

当大量的数据收集完成后，我们需要对大数据进行存储。数据的存储分为持久化存储和非持久化存储。持久化存储表示把数据存储在磁盘中，关机或断电后数据依然不会丢失；非持久化存储表示把数据存储在内存中，读写速度快，但是关机或断电后数据丢失。

对于持久化存储而言，最关键的概念就是文件系统和数据库系统，常见的有分布式文件系统 HDFS、对应的分布式非关系型数据库系统 HBase，以及另一个非关系型数据库 MongoDB。

而支持非持久化的系统，包括 Redis、Berkeley DB 和 Memcached，则为前述的存储数据库提供了缓存机制，可以大幅地提升系统的响应速度，降低持久化存储的压力。

4．数据处理层

当我们把数据收集好了，数据存储以及读写也都没有问题，我们手握着这些数据做什么呢？除了保存原始数据，做好数据备份之外，我们还需要考虑利用它们产生更大的价值。那么首先我们需要对这些数据进行处理。大数据处理分为两类：批量处理（离线处理）和实时处理（在线处理）。

在线处理是指对实时响应要求非常高的处理，如数据库的一次查询。而离线处理就是对实时响应要求较低的处理，如批量地压缩文档。

Hadoop 的 MapReduce 计算是一种非常适合离线批处理的框架。为了提升效率，下一代的管理框架 YARN 和更迅速的计算框架 Spark 最近几年也在逐步地成型之中。在此基础上，人们又提出了 Hive、Pig、Impala 和 Spark SQL 等工具，进一步简化了某些常见的查询。

Spark Streaming 和 Storm 则在映射和归约的思想基础上，提供了流式计算框架，进一步提升处理的实时性。

同时，可以利用 ActiveMQ 和 Kafka 这样的消息机制，将数据的变化及时推送到各个数据处理系统进行增量的更新。由于消息机制的实时性更强，通常还会与 Spark Streaming、Storm 这样的流式计算结合起来使用。

5．数据建模层

数据收集、数据存储和数据处理是大数据架构的基础设置。一般情况下，完成以上三个层次的数据工作，已经将数据转化为基础数据，可为上层的业务应用提供支撑。可以使用 R、Python 来进行数据分析，也可以使用 Mahout、Spark ML 根据算法模型、业务模型进行融合建模，挖掘有价值的信息，从而更好地为业务应用提供优质结果。

6．数据应用层

数据应用层是大数据技术应用的目标，通常提供查询、报表、数据可视化等功能。Lucene、Solr、Elasticsearch 和 Echarts 这样的开源项目为信息查询和数据可视化实现提供了可能。

大数据架构为大数据的业务应用提供了一种通用的架构，还需要根据行业领域、公司技术积累以及业务场景，从业务需求、产品设计、技术选型到实现方案流程上通过具体问题具体分析，利用大数据可视化技术，进一步深入，形成更为明确的应用。

1.4 大数据离线计算与实时计算

1.4.1 大数据离线计算

1. 大数据离线计算概述

所谓大数据离线计算，就是利用大数据的技术栈（Hadoop 生态圈的各种技术），在计算开始前准备好所有输入数据，该输入数据不会产生变化，且在解决一个问题后就要立即得到计算结果的计算模式。

离线（offline）计算也可以理解为批处理（batch）计算，与其相对应的是在线（online）计算或实时（realtime）计算。

2. 大数据离线计算的特点

（1）数据量巨大，保存时间长。

（2）在大量数据上进行复杂的批量运算。

（3）数据在计算之前已经完全到位，不会发生变化。

（4）能够方便地查询计算结果。

3. 大数据离线计算应用场景

大数据离线计算主要用于数据分析、数据挖掘等领域。我们说这部分的技术栈主要是 Hadoop 生态圈的各种技术，但在以 Hadoop 为代表的大数据技术出现之前，数据分析、数据挖掘已经经历了长足的发展。尤其以 BI（Business Intelligence，商业智能）系统为主的数据分析领域，已经有了比较成熟稳定的技术方案和生态系统。

BI 系统能够辅助业务经营决策，其需要综合利用数据仓库（基于关系型数据库）、联机分析处理（OLAP）工具（如各种 SQL）和数据挖掘等技术。

4. 大数据离线计算的局限与优势

针对 BI 的问题，以 Hadoop 为代表的大数据解决方案表现出其优越性。Hadoop 技术栈中的各种组件不断丰富，已经完全能实现传统 BI 的功能，并解决了其容量和性能的瓶颈。但大数据技术也带来了一些新问题。

（1）从传统数据仓库升级到大数据的数据仓库，不可能平滑演进，基本等于重新开发。这和软硬件架构的不一致、SQL 语言的差异都有关系。

（2）大数据解决方案在功能和性能上有很多取舍，如 HDFS 不支持修改文件，Hive 要支持 Update 和 Delete 的话有非常苛刻的限制且效率也远低于关系型数据库。类似这些都是大数据解决方案的局限性。

大数据离线计算侧重于从以下几个维度解决传统 BI 面临的瓶颈。

（1）分布式存储。

将大文件按照一定大小拆分成多份，分别存储到独立的机器上，并且每一份可以设置一定的副本数，防止机器故障导致的数据丢失。这种存储方式比传统关系型数据库/数据仓库使用的集中式存储，无论是容量、价格、吞吐率、鲁棒性等各方面都有明显优势。

（2）分布式计算。

核心思想是让多个机器并行计算，利用数据本地性，尽量处理本地机器上的那部分数据，减少跨网络的数据传输。很多传统的数据库或数据仓库也支持利用多核 CPU、集群技术来进行分布式计算，但 Hadoop 的分布式计算架构更为彻底。

（3）检索和存储的结合。

在早期的大数据组件中，存储和计算相对比较单一，但目前的方向是对存储进一步优化，提升查询和计算的效率。其方法是除存储数据的内容外，还存储很多元数据信息，如数据的 Schema、索引等，类似 Parquet、Kudu 等技术都利用了这种思想。

1.4.2 大数据实时计算

1．大数据实时计算概述

大数据实时计算指的是数据实时产生，产生后就立刻处理，这种计算方式倾向于把数据看作是 Streaming（流）来处理。

2．大数据实时计算的特点

（1）数据连续输入，不停计算。

（2）低延迟，响应时间要求为秒级。

（3）计算结果一般存储在内存数据库（Redis）中。

（4）查询结果一般是截止某个时刻的即时汇总数据。

3．大数据实时计算应用场景

实时计算可以分为以下两种应用场景。

（1）数据源是实时的、不间断的，要求对用户的响应时间也是实时的。

主要用于互联网流式数据处理。所谓流式数据，是指将数据看作是数据流的形式来处理。数据流则是在时间分布和数量上无限的一系列数据记录的集合体，数据记录是数据流的最小组成单元。例如，对于大型网站，活跃的流式数据非常常见，这些数据包括网站的访问 PV/UV，用户访问了什么内容、搜索了什么内容等。实时的数据计算和分析可以动态实时地刷新用户访问数据，展示网站实时流量的变化情况，分析每天各小时的流量和用户分布情况，这对于大型网站来说具有重要的实际意义。

（2）数据量大且无法或没必要提前计算，但要求对用户的响应时间是实时的。

主要用于特定场合下的数据分析处理。当数据量很大，同时发现无法穷举所有可能条件的查询组合或者没有必要穷举所有可能条件的查询时，实时计算就可以发挥作用，将计算过程推迟到查询阶段进行，但需要为用户提供实时响应。例如，连锁商店的每个商品的销售额，由于商品数量很多，没有必要提前全部计算出来，只是在用户关心某个商品时才去计算，有点像“延迟计算”的意思，用不到就不计算，用到时才计算。

4．大数据实时计算与离线计算的区别

（1）存储，即数据来源。

离线计算：一般存储在 HDFS 中，而且数据量大。

实时计算：一般是消息队列，如 Kafka，需要实时增加。

（2）处理过程中使用的框架。

离线计算：MapReduce 或 Hive。

实时计算：Spark（DStream）或者 Storm、Flink 等其他实时计算框架。

（3）处理速度，延迟差别。

离线计算：速度慢，延迟高。

实时计算：速度快，延迟低，有些场景必须实时或者低延时获取数据的结果。

（4）进程。

离线计算：启动进程，处理完成后销毁进程。

实时计算：7×24。

1.5 大数据下的数据驱动

“数据驱动”是大数据时代人人必提的词，各行各业也越来越意识到数据驱动的重要性。但是数据驱动到底是什么呢？真正的数据驱动有效吗？

通过采集数据（这里的数据必须满足大、全、细、时，即大数据、全景数据、多维度数据、实时数据），将数据进行组织形成信息流，在做决策或者产品、运营等优化时，根据不同需求对信息流进行提炼总结，从而在数据的支撑下或者指导下进行科学的行动叫作数据驱动。

这一概念比较抽象，不好理解。下面我们将分别从大数据驱动的价值、企业实际数据驱动现状、理想的数据驱动模式这三个方面来讲解。

1．大数据驱动的价值

大数据驱动到底都有什么样的价值呢？有些大数据产品把数据作为运维监控的手段，比如通过海量日志来监控系统的性能负荷，这当然很有价值。不过从提升业务的角度来看，数据驱动的价值归结为以下两点。

（1）驱动决策。

通过数据来帮助做出决策，包括产品改进、运营优化、营销分析和商业决策等。我们有了数据，就能判断哪些渠道转化的效果更好，哪些功能样式更受用户欢迎。这也就是我们常说的 BI，通过数据来支持决策。

（2）驱动产品智能。

所谓智能，可以归结为这么一种模式：我们有了一定的数据基础，然后在上面套一个算法模型，再将得到的数据结果反馈到产品中，这样产品本身就具有了学习能力，可以不断迭代。

例如个性化推荐，通过采集许多用户行为数据，在这个基础上训练用户兴趣模型，然后给用户推荐信息，再将用户的使用数据反馈到模型中，精准广告就是类似的模式。智能是一种学习能力，产品智能就是现在比较火的 AI（Artificial Intelligence，人工智能）概念。

这两点都消除了决策的不确定性，只是前者是人来执行决策，后者是机器来执行决策。事实上，编者认为，数据驱动决策只能发挥数据 20%的价值，甚至更少；而数据驱动产品智能将会发挥数据更大的价值，因此大家也非常看好 AI 的发展趋势。

2．企业实际数据驱动现状

毫无疑问，数据能够帮助我们看透笼罩在创造新业务和产品周围的不确定性阴霾，但是对于一些初创企业有一定困难：一个创业公司创始人无法拿到更多的数据，他需要凭直觉来决策“做一款什么样的产品”。但是要让这个阶段尽量缩短，更可控一些，以更少的代价获得一个验证的效果。

当一家企业的产品已开始被市场接纳，而在实际工作中，企业在实现数据驱动的道路上

依旧困难重重。以下是创业公司实现数据驱动道路上的常见困难。

（1）排队等待工程师跑数据。

企业老板、运营、产品、市场等各部门都要通过数据工程师获取数据，整个流程包括沟通需求→分析数据源→升级数据采集系统→开发程序→提供结果等，数据工程师忙得“痛不欲生”。不过，数据需求方都对数据获取的速度很不满意，有的人等不及，还是决定拍脑袋，最终导致产品迭代效率低下。

（2）仪表盘只能看到宏观数据。

仪表盘能够帮助各个团队负责人看到宏观数据，如销售额、用户数等，这在一定程度上帮助管理者做出科学决策。然而宏观的数据价值有限，这令执行者苦恼不已。例如，昨天活跃用户数暴跌20%，是什么原因？宏观的数据此时显然丧失价值，我们需要进行深入、精细化的分析，如按照渠道、地域等维度对数据进行分解，判断某渠道或某地域是否有大的波动，进行多维度、细粒度的下钻分析，才能快速定位问题，从而有的放矢地解决问题。

（3）无法跨越数据孤岛的屏障。

企业内部的数据孤岛现象是普遍存在的，特别是一些集团化的企业，孤岛效应更加明显。做大数据分析需要与不同部门沟通协调，获得审批权限，等待数据审批完成后才能统计数据，周期较长。并且，这些数据可能因为没有统一 ID 而无法打通。从企业自身数据的价值角度来说，应消除部门间的数据孤岛，让数据协作更好完成。

3．理想的数据驱动模式

上述三个困难场景是典型的“需求驱动”，即根据需求去找数据。

业务方提出数据需求，工程师满足需求，加上排队等待，整个效率非常低，完成一个需求都要几天甚至几周的时间。那么，理想的数据驱动应该是怎样的呢？

我们应该反向思考这一问题，先把数据源整理好，在这个基础上提供强大的分析平台，让业务需求提出者能够自助式（Self-Service）地完成数据分析需求，从串行变成并行，完成需求从几天时间缩短到几分钟甚至几秒钟，这才是理想中的数据驱动。

在这个过程中，每个业务人员和数据之间都需要有一个强大的工具，将数据规范化，处理数据模型。通过这个强大的分析工具，让这些业务人员在数据分析平台上自助式地完成自己的分析需求。

现在再来看上面提到的“数据驱动”这一概念，应该就不难理解了。

4．数据驱动案例

明白了何为“数据驱动”，下面我们来看两个经典的行业案例。

今日头条是国内领先的新闻客户端，最大的特点是个性化推荐，真正做到“千人千面”。今日头条在给用户找一篇用户可能喜欢的新闻时，它会考虑三个方面的因素。

第一，用户特征，比如兴趣、职业、年龄、短期的点击行为等。

第二，环境的特征。推荐是一个情景化的事。例如，用户早上会看一看科技新闻；周末晚上会看搞笑视频；还有网络环境，要有 WiFi 的话，多推荐视频。

第三，文章自身的特征。它有哪些主题词，命中了哪些标签，还有它的热度，是不是被多家媒体转载了，包括文章时效性和相似文章推荐。

我们可以看到这里面涉及很多推荐算法，配合大量的数据，从而为用户提供个性化的“数据驱动”服务。

Uber 从司机和乘客的位置和目的地，到餐馆订单和支付交易，每一次互动都是由数据驱动的。数据为Uber的全球市场提供支持，为世界各地的司机和食客提供更可靠的无缝用户体验，也使Uber的员工能够更有效地完成工作。Uber的复杂系统和海量数据把数据驱动带向新的高度，Uber每天要处理大量的Kafka消息，在多个数据中心存储数百TB的HDFS数据，并支持每周数百万个分析查询。但是，大数据本身并不足以充分利用其价值。为了更有效地使用Uber的数据，需要基于数据模型做出业务决策并获取洞见，更好地将数据转化为知识。

1.6 本章小结

大数据是信息技术和计算方法迅速发展的必然产物。商业数据、科学数据和网页数据等促使数据的种类日益增多，规模呈爆炸式增长。大数据时代已经到来，大数据已成为继物力和人力资源之后的又一重要资源，将在社会发展过程中发挥不可替代的作用。大数据必将带来一场生活、工作和思维的大变革。本章简要介绍了大数据的历史、现状与未来，大数据的概念、特征与价值，大数据的技术架构，大数据离线计算与实时计算，以及大数据下的数据驱动。

作为大数据开发人员，大数据的特征、技术架构是必须掌握的概念。

1.7 本章练习

一、单选题

（1）大数据的萌芽是以什么作为标志开始的？（　　）

A．开源项目Nutch的成立

B．谷歌的两篇论文GFS和MapReduce的发表

C．大数据这一概念首次出现在《科学》杂志上

D．谷歌发表Big Table论文

（2）大数据的分布式计算使用下面哪项技术？（　　）

A．HDFS　　B．MapReduce　　C．Nutch　　D．HBase

（3）在大数据架构的数据存储层中，不涉及下面哪种数据存储技术？（　　）

A．MySQL　　B．Redis　　C．HBase　　D．HDFS

（4）目前哪项技术用来代替MapReduce？（　　）

A．Flume　　B．Oozie　　C．Spark　　D．Sqoop

二、多选题

（1）大数据包含哪些特征？（　　）

A．增长、处理速度快　　B．数据种类多

C．价值密度低　　D．数据量大

（2）大数据的核心价值包括（　　）。

A．数据辅助决策　　B．数据对外变现　　C．数据存储保存　　D．数据驱动业务

（3）大数据实时计算技术中包含哪些技术？（　　）

A．Hive　　B．Spark　　C．Flink　　D．Storm

（4）企业在大数据下的数据驱动过程中，可能会遇到的问题有哪些？（ ）

A. 企业内部各个部门之间的数据存在着隔离，没有打通。

B. 数据分析结论通常都是宏观结果，没有办法获取带有更多细节的结论。

C. 从需求提出到真正的数据结论出来，需要一个复杂且耗时的过程。

D. 企业决策者不重视数据，认为不如根据经验来决策。

第 2 章

初识 Hadoop

本章简介

Hadoop 是一个开源的、可运行于大规模集群上的分布式存储和计算框架，具有高可靠、高可扩展性等特点，非常适合海量数据的处理。本章主要介绍 Hadoop 的基本情况、Hadoop 生态圈，以及 Hadoop 集群的安装部署。Hadoop 的安装部署分为伪分布模式和全分布模式集群安装。本书后续所有实验都建立在本章知识的基础之上。

2.1 Hadoop 概述

1. Hadoop 简介

Hadoop 是一个开源的、可靠的、可扩展的分布式存储和计算框架，它基于 Java 语言开发，具有很好的跨平台特性，允许用户使用简单的编程模型在廉价的计算机集群上对大规模数据集进行分布式处理。

目前，Hadoop 在业内得到了广泛应用。在工业界，Hadoop 已经是公认的大数据通用存储和分析平台，许多厂商都围绕 Hadoop 提供开发工具、开源软件、商业化工具和技术服务，如谷歌、雅虎、微软、淘宝等都支持 Hadoop。另外，还有一些专注于 Hadoop 商业化的公司，如 Cloudera 和 Hortonworks 都可以提供商业化的 Hadoop 支持。

2. Hadoop 的特点

Hadoop 的主要特点包括以下几个方面。

（1）高可靠性。采用冗余数据存储方式，即使一个副本发生故障，其他副本也可以保证正常对外提供服务。

（2）高可扩展性。Hadoop 集群可以方便地添加机器节点，从而提高整体数据处理能力。

（3）高性能。相对于传统 BI 挖掘软件，Hadoop 性能表现优异。

（4）低成本。Hadoop 是开源的，不需要支付任何费用即可下载安装使用。另外，Hadoop 集群可以部署在普通计算机上，而不需要部署在价格昂贵的小型机上，能够大大降低公司的运营成本。

（5）支持多种平台。Hadoop 支持 Windows 和 GNU/Linux 等多个操作系统平台。

（6）支持多种编程语言。Hadoop 上的应用程序可以使用 Java、C++、Python 等语言来编写。

3. Hadoop 的版本

Apache Hadoop 的版本分为三代，分别称为 Hadoop 1.0、Hadoop 2.0、Hadoop 3.0。

第一代 Hadoop 包含 0.20.x、0.21.x 和 0.22.x 三大版本。其中，0.20.x 最后演化成 1.0.x，变成了稳定版；而 0.21.x 和 0.22.x 则增加了 HDFS NameNode HA 等重要新特性。第一代 Hadoop（Hadoop 1.0）的核心由 HDFS（Hadoop Distributed File System，Hadoop 分布式文件系统）和 MapReduce（一种分布式计算框架）组成。

第二代 Hadoop 包含 0.23.x 和 2.x 两大版本，克服了 Hadoop 1.0 架构设计和应用性能方面的各种问题，其核心增加了统一资源管理和调度框架 YARN。需要注意的是，Hadoop 2.0 主要由从雅虎独立出来的 Hortonworks 公司主持开发。

第三代即 Hadoop 3.0 具有许多重要的增强功能，包括 HDFS 可擦除编码，YARN 时间轴服务 v.2，支持 2 个以上的 NameNode，支持 Microsoft Azure Data Lake 和 Aliyun Object Storage System 文件系统连接器，以及服务于深度学习用例和长期运行的应用等重要功能。新增的组件 Hadoop Submarine 使数据工程师能够在同一个 Hadoop YARN 集群上轻松开发、训练和部署深度学习模型。

请读者注意，若无特别强调，本书是围绕 Apache Hadoop 2.0 展开描述和讨论的。

Hadoop 的发行版本有两类：一类是由社区维护的免费开源的 Apache Hadoop；另一类是一些商业公司如 Cloudera、Hortonworks 等推出的 Hadoop 商业版。

Hadoop 商业版主要是提供对各项服务的支持，高级功能要收取一定费用，这对一些研发能力不太强的企业来说是有利的。每个发行版都有自己的特点，这里对使用最多的 Cloudera Distribution Hadoop（CDH）和 Hortonworks Data Platform（HDP）发行版做简单介绍。

（1）Cloudera Distribution Hadoop（CDH）。该版本的 Hadoop 是现在国内公司使用最多的。其优点为 Cloudera Manager（CM）配置简单，升级方便，资源分配设置方便，非常有利于整合 Impala，并且官方文档详细，与 Spark 整合非常好。在 CM 的基础上，我们通过页面就能完成对 Hadoop 生态系统各种环境的安装、配置和升级。其缺点为 CM 不开源，某些功能与社区版有出入。读者可到官网（https://www.cloudera.com）获取更多信息。

（2）Hortonworks Data Platform（HDP）。该版本的优点为 Hadoop 版本与社区版一致，纯开源，支持 Tez，集成开源监控方案 Ganglia 和 Nagios；缺点为安装、升级、添加节点、删除节点比较麻烦。读者可到官网（https://www.hortonworks.com）获取更多信息。

2.2 Hadoop 生态圈

狭义上来说，Hadoop 是一个软件；但广义上来讲，Hadoop 是指以 Hadoop 为基础的生态系统，是一个庞大体系，Hadoop 仅是其中最基础、最重要的部分。Hadoop 2.0 生态系统如图 2.1 所示。

下面将分别对图 2.1 中的各组件进行简要介绍。

（1）HDFS（Hadoop 分布式文件系统）。

源于 Google 发表于 2003 年 10 月的 GFS 论文，HDFS 是 GFS 的克隆版，它是 Hadoop 体系中数据存储管理的基础，是面向普通硬件环境的分布式文件系统，其作用是提供高可靠、高扩展、高吞吐的数据存储服务。

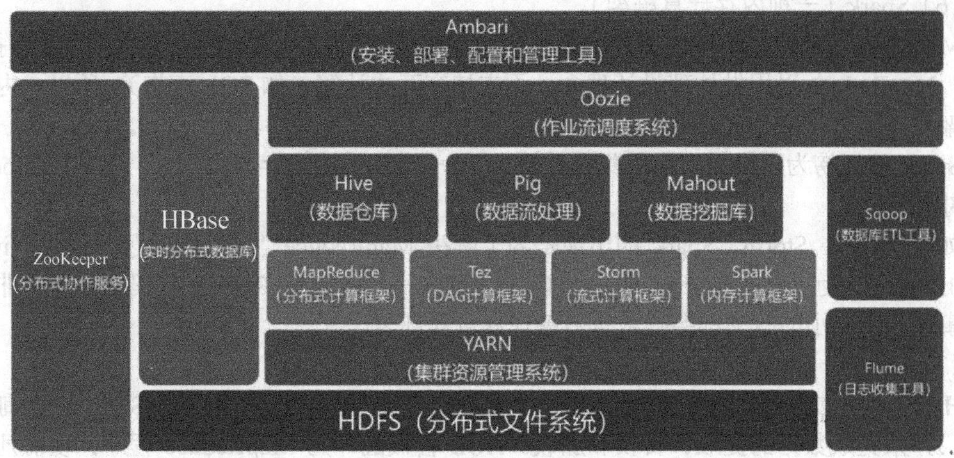

图 2.1　Hadoop 2.0 生态系统

（2）YARN（一种集群资源管理器）。

YARN 是一个纯粹的资源管理和调度框架，它解决了 Hadoop 1.0 中只能运行 MapReduce 框架的限制，可运行包括 MapReduce、Tez、Storm、Spark 在内的各种计算框架。它的作用是为上层应用提供统一的资源管理和调度，它的引入为集群在利用率、资源统一管理和数据共享等方面带来了巨大好处。

以下（3）～（6）都是基于 YARN 的计算框架，换句话说，它们所需要的计算资源都由 YARN 调度并提供。

（3）MapReduce（一种分布式计算框架）。

源于 Google 发表于 2004 年 12 月的 MapReduce 论文，Hadoop MapReduce 是 Google MapReduce 的克隆版，是一种简化的分布式应用程序开发的编程模型，允许开发人员在不了解分布式系统底层细节和缺少并行应用开发经验的情况下，轻松地编写出分布式并行程序。

MapReduce 计算模型主要分为两个阶段：第一个阶段为 Map 阶段，各计算节点针对分配的部分小规模数据按程序逻辑进行处理，输出<Key, Value>键值对；这些键值对被分组和排序后会进入第二个阶段即 Reduce 阶段，这一阶段对相同键对应的值的集合进行归约。

（4）Tez（一种 DAG 计算框架）。

DAG 即 Directed Acyclic Graph，有向无环图。如果我们将多个任务按输入/输出方向组合起来，可以看成是有向无环图，简单示意为 A→B→C→D。由于一次 Map/Reduce 任务须将结果输出至 HDFS，这导致下一个任务必须从 HDFS 中读取数据，从而在面对 DAG 任务时，MapReduce 计算模型效率很低（大量磁盘 IO）。DAG 计算模型是针对 Map/Reduce 所遇问题而提出来的一种计算模型，任务之间的切换不需要向 HDFS 里面写数据，而是直接向后继任务输出数据。

Apache Tez 正是一个支持 DAG 计算模型的框架。

（5）Storm（一种流式计算框架）。

我们知道 MapReduce 用于离线处理过去某一阶段已经固化的数据，也就是说它无法应对实时性要求高的场景，如广告点击计算。为解决这个问题，流式计算或实时计算被提出来，它能应对如流水般变化的数据，其核心思想是数据边流入边计算。Storm 是 Twitter 开源的分布式流式计算框架，被业界称为实时版 Hadoop，是流式计算技术中的佼佼者。

（6）Spark（一种内存计算框架）。

MapReduce 采用非循环式的数据流模型，使得在迭代计算中要进行大量的磁盘 I/O 操作。另外，MapReduce 采用批处理设计理念，不支持交互式计算（如 SQL 查询）。所以，内存计算框架被提出来，这类框架将数据尽可能放到内存中以减少网络和磁盘 I/O。

Spark 被标榜为“快如闪电的集群计算”，是一个优秀的内存计算框架，是对 Hadoop 的重要补充。

如果说 Tez、Storm、Spark 的出现是为了解决 MapReduce“慢”的问题，那么 Hive 和 Pig 的出现则是为了解决 MapReduce“繁”的问题——书写 MapReduce 代码，是一件非常烦琐的事，一个小小的改动都会导致重新编译和重新部署。

（7）Hive（一种数据仓库）。

Hive 是建立在 Hadoop 基础上的一种数据仓库，定义了一种类似 SQL 的查询语言（HQL），来完成数据的提取、转换和加载。HQL 会被翻译为 MapReduce 程序。以前几十上百行的 Java 代码，用一两句 HQL 就解决了，这大大降低了大数据分析处理的难度。

当然，Hive 不仅提供了 HQL 语言，它本质上还是一种数据仓库。

（8）Pig（一种基于 MapReduce 的并行处理框架）。

Pig 则是另外一种思路，它用更轻量的脚本语言来描述 MapReduce 任务。

（9）Mahout（数据挖掘算法库）。

Mahout 是一个开源的可运行在 Hadoop 上的机器学习库。不同于普通算法，该库最大的特点是提供了并行化算法的实现，这使得大数据规模下的数据挖掘和机器学习变得较为容易。

（10）Oozie（一种工作流调度器）。

Oozie 是一个作业协调工具，可以编排 MapReduce 和 Pig 任务，使其以某种流程或周期来执行。

（11）HBase（分布式列存数据库）。

Google 于 2006 年 11 月发表了一篇名为 *Bigtable: A Distributed Storage System for Structured Data* 的论文，阐释了一种大数据场景下的分布式数据库的设计理念。这种数据库既能解决传统关系型数据库（如 MySQL）的扩展性和数据结构化限制的问题，也能解决新型分布式文件系统（如 HDFS）批量访问模式下不能随机读写的问题。HBase 便是对 BigTable 的开源实现。HBase 中的数据可以使用 MapReduce、Hive、Pig 来处理。

（12）Sqoop（数据同步工具）。

在 Hadoop 兴起之前，已经有大量的数据存储在了传统数据库中，它们和 Hadoop 之间的数据传输是一件非常困难的事。因此，像 Sqoop 这样的数据同步工具便产生了。Sqoop 是 SQL-to-Hadoop 的缩写，主要用于传统数据库和 Hadoop 之间的数据传输。

（13）Flume（日志收集工具）。

Flume 是一款日志收集工具，通过恰当的配置，可以利用它将大批量的不同数据源的日志收集、聚合、移动到数据中心（如 HDFS、HBase）。

（14）ZooKeeper（分布式协作服务）。

我们知道，解决大数据存储和计算的核心思想是分布式。分布式环境意味着参与存储和计算的单位（称为节点）很多，它们的良好协作是分布式架构得以发挥作用的基础。ZooKeeper 中的“Zoo”寓意着分布式环境就像动物园，必须有一个称职的管理员才能维护动物园的稳定。它使得复杂的分布式环境在外界看来就像单机一样，所有的配置、询问都面向 ZooKeeper 即可。

（15）Ambari（安装部署配置管理工具）。

Apache Ambari 是大数据平台的搭建利器，其作用是创建、管理和监视 Hadoop 集群。本章后续将带领读者手动安装 Hadoop 集群中的各个组件，读者可体会到其烦琐之处，而使用 Ambari 将大大缩短这个过程所消耗的时间。

2.3　Hadoop 集群安装部署

2.3.1　集群环境准备

对于大部分 Java 开源产品而言，在部署与运行之前，总是需要搭建一个合适的环境。下面我们通过 11 个步骤来完成正式安装 Hadoop 前的环境准备。

1．准备机器

笔者使用 VMware Workstation Pro 共安装了 3 台 CentOS 虚拟机，如图 2.2 所示，分别为 master、slave1 和 slave2，3 台虚拟机的配置一样，内存为 1024MB，CPU 为 1 个 1 核。

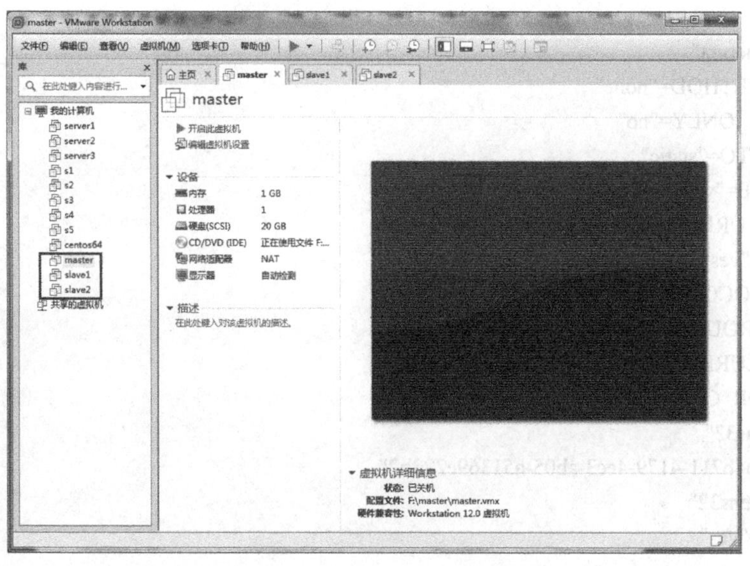

图 2.2　准备好的 3 台 CentOS 虚拟机

3 台 CentOS 虚拟机的软件环境准备过程相同，以下步骤以虚拟机 master 为例。

2．配置静态 IP

首先，请将虚拟机的网络连接模式修改成 NAT 模式，参考下列步骤。

CentOS 版本不同，网卡配置文件都不尽相同。编者使用的 CentOS 7.6.1810 对应的网卡配置文件为/etc/sysconfig/network-scripts/ifcfg-ens32，读者可自行查看个人 CentOS 的网卡配置文件。切换到 root 用户，使用“vim /etc/sysconfig/network-scripts/ifcfg-ens32”命令修改网卡配置文件，为该机器设置静态 IP 地址。网卡 ifcfg-ens32 配置文件的原始内容（部分）如下所示：

```
TYPE="Ethernet"
PROXY_METHOD="none"
```

```
BROWSER_ONLY="no"
BOOTPROTO="dhcp"
DEFROUTE="yes"
IPV4_FAILURE_FATAL="no"
IPV6INIT="yes"
IPV6_AUTOCONF="yes"
IPV6_DEFROUTE="yes"
IPV6_FAILURE_FATAL="no"
IPV6_ADDR_GEN_MODE="stable-privacy"
NAME="ens32"
UUID="eeb4b711-4179-4ec3-ab05-a51369e223b2"
DEVICE="ens32"
ONBOOT="yes"
```

修改后的文件内容如下所示，其中，将 BOOTPROTO 的值改成 static，表示手动设置 IP。另外添加 IPADDR 即 IP 地址、NETMASK 即子网掩码、GATEWAY 即网关，以及 DNS1 域名解析器。

```
TYPE="Ethernet"
PROXY_METHOD="none"
BROWSER_ONLY="no"
BOOTPROTO="static"
DEFROUTE="yes"
IPV4_FAILURE_FATAL="no"
IPV6INIT="yes"
IPV6_AUTOCONF="yes"
IPV6_DEFROUTE="yes"
IPV6_FAILURE_FATAL="no"
IPV6_ADDR_GEN_MODE="stable-privacy"
NAME="ens32"
UUID="eeb4b711-4179-4ec3-ab05-a51369e223b2"
DEVICE="ens32"
ONBOOT="yes"

IPADDR=192.168.128.131
NETMASK=255.255.255.0
GATEWAY=192.168.128.2
DNS1=192.168.128.2
```

使用“reboot”命令重启机器，或者使用“systemctl restart network.service”命令重启网络，方可使配置生效。使用“ip address”命令（或者简写为“ip addr”）查看到当前机器的 IP 地址已设置为静态 IP“192.168.128.131”。

同理，将虚拟机 slave1 和 slave2 的 IP 地址依次设置为静态 IP“192.168.128.132”和“192.168.128.133”。

3．修改主机名

切换到 root 用户，通过修改配置文件/etc/hostname，可以设定 Linux 主机名。该配置文件中原始内容为“localhost.localdomain”，将其替换为“master”。然后使用“reboot”命令重启机器，方可使配置生效。使用“hostname”命令可以验证当前主机名是否已修改为“master”。同理，将虚拟机 slave1 和 slave2 的主机名依次设置为“slave1”和“slave2”。

4. 编辑域名映射

为协助用户便捷访问该机器而无须记住 IP 地址串，需要编辑域名映射文件/etc/hosts，在原始内容最后追加以下 3 行内容：

```
192.168.128.131 master
192.168.128.132 slave1
192.168.128.133 slave2
```

使用“reboot”命令重启机器，方可使配置生效。同理，编辑虚拟机 slave1 和 slave2 的域名映射文件，内容同虚拟机 master。

至此，3 台 CentOS 虚拟机的静态 IP、主机名、域名映射均已修改完毕。在 master 上用“ping”命令来检测各节点间是否通信正常，成功效果如下所示：

```
[root@master ~]# ping master
PING master (192.168.128.131) 56(84) bytes of data.
64 bytes from master (192.168.128.131): icmp_seq=1 ttl=64 time=0.377 ms
64 bytes from master (192.168.128.131): icmp_seq=2 ttl=64 time=0.091 ms
64 bytes from master (192.168.128.131): icmp_seq=3 ttl=64 time=0.103 ms
--- master ping statistics ---
3 packets transmitted, 3 received, 0% packet loss, time 2001ms
rtt min/avg/max/mdev = 0.091/0.190/0.377/0.132 ms

[root@master~]# ping slave1
PING slave1 (192.168.128.132) 56(84) bytes of data.
64 bytes from slave1 (192.168.128.132): icmp_seq=1 ttl=64 time=5.12 ms
64 bytes from slave1 (192.168.128.132): icmp_seq=2 ttl=64 time=0.597 ms
64 bytes from slave1 (192.168.128.132): icmp_seq=3 ttl=64 time=0.585 ms
--- slave1 ping statistics ---
3 packets transmitted, 3 received, 0% packet loss, time 2003ms
rtt min/avg/max/mdev = 0.585/2.101/5.123/2.137 ms

[root@master ~]# ping slave2
PING slave2 (192.168.128.133) 56(84) bytes of data.
64 bytes from slave2 (192.168.128.133): icmp_seq=1 ttl=64 time=6.75 ms
64 bytes from slave2 (192.168.128.133): icmp_seq=2 ttl=64 time=0.792 ms
64 bytes from slave2 (192.168.128.133): icmp_seq=3 ttl=64 time=0.387 ms
--- slave2 ping statistics ---
3 packets transmitted, 3 received, 0% packet loss, time 2019ms
rtt min/avg/max/mdev = 0.387/2.643/6.752/2.910 ms
```

5. 关闭防火墙

使用“systemctl stop firewalld”命令来关闭防火墙；

使用“firewall-cmd --state”命令可查看防火墙状态；

使用“systemctl disable firewalld”命令来禁止开机自启动防火墙。

在 slave1 和 slave2 上也需做同样的操作。

6．关闭 SELinux

查看 SELinux 状态可以使用"getenforce"命令：

通过修改文件/etc/selinux/config 来关闭 SELinux，将"SELINUX=enforcing"改成"SELINUX=disabled"，再重启虚拟机即可。

在 slave1 和 slave2 上也需做同样的操作。

7．创建普通用户

在实际开发中，我们不能使用 root 用户，而需要使用自己的账户，所以我们需要创建自己的账户，此处创建一个名为"hadoop"的账户。

```
[root@master ~]# useradd hadoop
[root@master ~]#passwd hadoop
```

第二个命令要求输入两遍密码，且要保证长度不小于 8，包含数字、大小写英文字母。这里我们统一设置为"1q2w3e4R"即可。

然后通过修改文件/etc/sudoers 为 hadoop 用户分配 sudoer 权限。

找到下面这一行：

```
root      ALL=(ALL)        ALL
```

在下面添加一行：

```
hadoop   ALL=(ALL)        ALL
```

保存时需要用强制保存。

在 slave1 和 slave2 上也需要做同样的操作。

8．使用 SecureCRT 远程登录普通用户

推荐使用 SecureCRT 这类软件来连接、操作 Linux，如图 2.3 所示为使用 SecureCRT 以 hadoop 用户名登录 master 的效果。

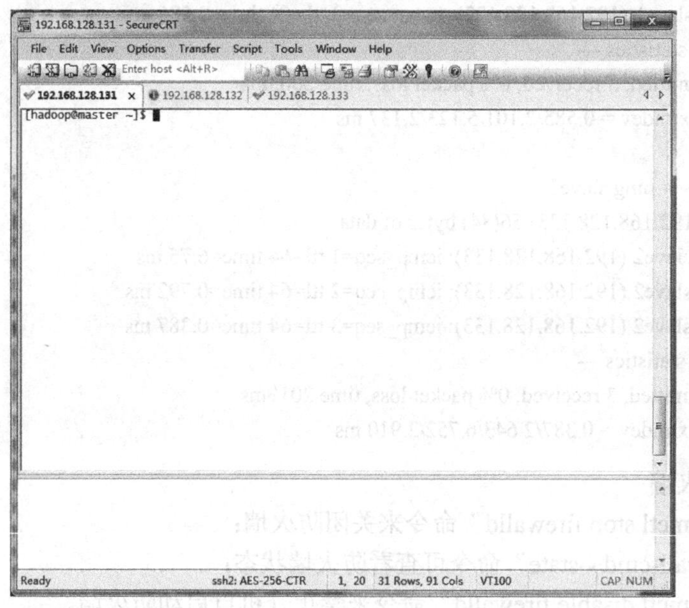

图 2.3　SecureCRT 远程登录普通用户

9. 安装和配置 SSH 免密登录

先使用“rpm -qa|grep ssh”命令查询 SSH 是否已经安装，如下所示：

```
[hadoop@admin ~]# rpm -qa|grep ssh
openssh-7.4p1-21.el7.x86_64
openssh-server-7.4p1-21.el7.x86_64
libssh2-1.8.0-3.el7.x86_64
openssh-clients-7.4p1-21.el7.x86_64
```

可以看到 SSH 软件包已经安装好。若没有安装，则用“yum”命令安装，如下所示：

```
yum -y install openssh
yum -y install openssh-server
yum -y install openssh-clients
```

使用“ssh-keygen”或者“ssh-keygen -t rsa”命令来创建当前用户 hadoop 的私钥与公钥。

```
[hadoop@admin ~]$ ssh-keygen
Generating public/private rsa key pair.
Enter file in which to save the key (/home/hadoop/.ssh/id_rsa):
Created directory '/home/hadoop/.ssh'.
Enter passphrase (empty for no passphrase):
Enter same passphrase again:
Your identification has been saved in /home/hadoop/.ssh/id_rsa.
Your public key has been saved in /home/hadoop/.ssh/id_rsa.pub.
The key fingerprint is:
SHA256:e91dL+yOBk9LqtZNw2H9Xg28K29/nInrePNq4KmmrJc hadoop@admin
The key's randomart image is:
+---[RSA 2048]----+
|                 |
|                 |
|          o      |
|         o +     |
|      S   o . +o|
|       ..o*o..*|
|      o.oO+o=+*|
|    .E.oooBBo++|
|   .o++o.o=OOoo|
+----[SHA256]-----+
```

中间有 3 处地方需要用户输入，我们全部直接敲击回车键即可。

结束后，可以看到在/home 目录下的.ssh 目录下多了 2 个文件，其中 id_rsa 为私钥，id_rsa.pub 为公钥。

```
[hadoop@admin ~]$ ll ~/.ssh
总用量 8
-rw------- 1 hadoop hadoop 1679 4 月  25 15:00 id_rsa
-rw-r--r-- 1 hadoop hadoop  394 4 月  25 15:00 id_rsa.pub
```

在 slave1 和 slave2 上也需要执行同样的操作。

为了让 master 能免密登录自己（master）以及免密登录到 slave1 和 slave2 上，我们需要将 master 的公钥导入 master、slave1 和 slave2 这 3 台机器中，可使用“ssh-copy-id 目标服务器 IP”命令来实现，代码如下：

```
[hadoop@master ~]$ ssh-copy-id 192.168.128.131
省略输出……
```

这样就把 master 节点上的 hadoop 用户对应的公钥保存到 master（它自己）的 authorized_keys 文件中了。中间需要输入 yes，以及 hadoop 用户在 master 主机上的密码（1q2w3e4R）。

然后把 master 节点上的 hadoop 用户对应的公钥保存到 slave1 上的 authorized_keys 文件中：

```
[hadoop@master ~]$ ssh-copy-id 192.168.128.132
```

最后把 master 节点上的 hadoop 用户对应的公钥保存到 slave2 上的 authorized_keys 文件中：

```
[hadoop@master ~]$ ssh-copy-id 192.168.128.133
```

现在，在 master 上使用“ssh IP 地址”命令来登录 slave1 和 slave2：

```
[hadoop@master ~]$ ssh 192.168.128.132
Last login: Sat Apr 25 14:52:07 2020 from 192.168.128.1
[hadoop@slave1 ~]$ exit
登出
Connection to 192.168.128.132 closed.
```

可以看到，在 master 上，使用“ssh”命令，不需要输入密码就直接登录到 slave1 上了。若要退回到之前的 master 上，使用“exit”命令。

10．规划安装目录

考虑到以后我们要安装的软件比较多，这里我们新建一个目录/soft，专门用来安装相关软件。代码如下：

```
[hadoop@master ~]$ sudo mkdir /soft
sudo chown hadoop:hadoop /soft
```

在 slave1 和 slave2 上也需做同样的操作。

11．安装和配置 Java

首先，通过“java -version”命令查看是否已安装 Java：

```
[hadoop@master ~]# java -version
openjdk version "1.8.0_222-ea"
OpenJDK Runtime Environment (build 1.8.0_222-ea-b03)
OpenJDK 64-Bit Server VM (build 25.222-b03, mixed mode)
```

可以看到该操作系统默认安装了 OpenJDK，我们建议使用 Oracle/Sun JDK，此处无须卸载 OpenJDK。

请到 Oracle 官网下载 jdk-8u65-linux-x64.tar.gz，可以在 Windows 上下载再上传到 Linux 中去，也可以直接在 Linux 上下载。下载之后将其放到/soft 目录中，然后解压：

```
[hadoop@master ~]$ cd /soft
[hadoop@master soft]$ ll
总用量 177016
-rw-rw-r-- 1 hadoop hadoop 181260798 2 月   17 2018 jdk-8u65-linux-x64.tar.gz
[hadoop@master soft]$ tar -zxvf jdk-8u65-linux-x64.tar.gz
[hadoop@master soft]$ ll
总用量 177016
drwxr-xr-x 8 hadoop hadoop           255 10 月   7 2015 jdk1.8.0_65
-rw-rw-r-- 1 hadoop hadoop 181260798 2 月   17 2018 jdk-8u65-linux-x64.tar.gz
```

重命名“jdk1.8.0_65”为“jdk1.8”：

```
[hadoop@master soft]$ mv jdk1.8.0_65/ jdk1.8
```

配置环境变量，在/etc/profile 文件末尾追加下列内容：

```
export JAVA_HOME=/soft/jdk1.8
export PATH=$JAVA_HOME/bin:$PATH
```

刷新环境变量：

```
[hadoop@master soft]$ source /etc/profile
```

测试是否安装配置成功：

```
[hadoop@master soft]$ java -version
java version "1.8.0_65"
Java(TM) SE Runtime Environment (build 1.8.0_65-b17)
Java HotSpot(TM) 64-Bit Server VM (build 25.65-b01, mixed mode)
```

在 slave1 和 slave2 上也需做同样的安装、配置以及验证。

2.3.2　Hadoop 集群的重要概念

在安装 Hadoop 集群之前，先介绍几个重要概念，便于读者的理解。

（1）主节点。

在 Hadoop 集群中，主节点一般只有 1 个，主要负责各种资源的调度、集群的管理、数据的分配、计算的规划等重要功能。主节点通常运行着 NameNode 和 ResourceManager 这两个进程。

（2）从节点。

在 Hadoop 集群中，除主节点之外的节点都是从节点，主要负责数据的存储与计算。从节点通常运行着 DataNode 和 NodeManager 这两个进程。

（3）数据副本。

在 Hadoop 集群中，为了数据的安全，会故意对数据进行冗余，把数据复制几份（默认是 3 份）。这样做的好处在于，当某个节点出现故障而不能使用时，可以在其他节点上找到同样的数据来进行操作。在 Hadoop 集群中，数据副本数默认是 3，可以在配置文件中修改这一数值。

5 个重要的进程介绍如下。

（1）NameNode 进程。

NameNode 主要用来保存 HDFS 的元数据信息。例如，需要存储一个 1280MB 的文件，

如果按照 128MB 分块，那 NameNode 就会把这 10 个块（这里不考虑副本）分配到集群中的从节点上并记录对应关系。当要下载这个文件时，NameNode 就知道从哪些节点上获取这些数据。NameNode 主要维护两个映射关系：一个是文件到块的映射；一个是块到节点的映射。这些映射关系就是元数据。

（2）SecondaryNameNode 进程。

SecondaryNameNode 是 NameNode 的一个助手进程，通常运行在一个单独的物理机上。NameNode 启动时会加载此前持久化的元数据，启动后元数据会不断变化（因为数据会变化），这些变化的元数据要定期持久化以避免内存中的数据因宕机而丢失。将变化的元数据持久化，也称为合并操作日志文件。合并操作需要占用大量的 CPU 时间和内存，因此把这项任务剥离出来交给 SecondaryNameNode 进程。总的来说，SecondaryNameNode 一方面减轻了 NameNode 的压力，另一方面增加了元数据的安全性。

（3）DataNode 进程。

DataNode 与 NameNode 是配合关系，是部署在从节点上的。1 个 Hadoop 集群可以有 1 个主节点和若干个从节点，1 个从节点上部署 1 个 DataNode 进程。DataNode 负责实际的底层文件的读写。存储在 HDFS 上的文件会被拆分成多个块（block），每个块会有多个副本。我们已知道 NameNode 管理着这些信息，而 DataNode 就实际管理着这些块，它负责将文件写入文件系统，也负责接受客户端的下载请求。另外，DataNode 会通过心跳（Heartbeat）定时向 NameNode 发送所存储的文件块信息。

有人将 NameNode 比喻成书的目录，将 DataNode 比喻成具体的章节内容，这个比喻虽不完全代表实际，但可帮助读者理解它们之间的关系。

（4）ResourceManager 进程。

我们知道大数据技术的核心是分布式存储和分布式计算。在 Hadoop 中，分布式存储由 HDFS 解决，上述 3 个进程都属于 HDFS 体系。分布式计算，其编程模型由 MapReduce 定义，实际的计算资源协调由 YARN 负责管理。YARN 也采用主从模式，其核心进程是 ResourceManager 和 NodeManager。

NameNode 管理着所有的数据以及调度所有的数据读写。与之对应，ResourceManager 管理着所有的计算资源并调度所有任务的执行：接受客户端的请求，可查询任务执行状态和资源状态；接受应用程序的请求，并为其分配计算资源；命令具体的计算节点完成应用程序任务。

（5）NodeManager 进程。

NodeManager 管理 YARN 集群中的每一个节点，监视资源使用情况（CPU、内存、硬盘、网络），跟踪节点健康，向 ResourceManager 汇报这些信息；它依据 ResourceManager 的指令，为应用程序封装计算资源（称为 Container，容器），启动、监控、停止 Container。

2.3.3 伪分布模式安装

伪分布模式（Pseudo-Distributed Mode）：只在一台计算机上运行，在这种模式下，Hadoop 的所有进程都运行在一个节点上，这个节点既扮演 master 也扮演 slave。

对于节点数目受限（内存小）的初学者，可以采用伪分布模式，虽然只有一个节点支撑整个 Hadoop 集群，但是 Hadoop 在伪分布模式下的操作方式与在全分布模式下（集群模式）的操作几乎完全相同。

Hadoop 伪分布模式集群部署规划表如表 2.1 所示。

表 2.1　伪分布模式 Hadoop 集群部署规划表

机器名	IP 地址	运行进程	软硬件配置
master（既是主节点又是从节点）	192.168.128.131	NameNode SecondaryNameNode ResourceManager DataNode NodeManager	操作系统：CentOS 7.6.1810 Java：Oracle JDK 8u65 Hadoop：Hadoop 2.9.2 内存：1GB CPU：1 个 1 核 硬盘：20GB

1．下载 Hadoop

本书选用的 Hadoop 版本是 2018 年 11 月 19 日发布的稳定版 Hadoop 2.9.2。先从官网下载 hadoop-2.9.2.tar.gz，将其存放在/soft 目录中。

2．安装 Hadoop

解压：

```
[hadoop@master soft]$ tar -zxvf hadoop-2.9.2.tar.gz
[hadoop@master soft]$ ll
总用量 534876
drwxr-xr-x 9 hadoop hadoop      149 11 月  13 2018 hadoop-2.9.2
```

配置环境变量：

```
[hadoop@master soft]$ sudo vi /etc/profile
export JAVA_HOME=/soft/jdk1.8
export HADOOP_HOME=/soft/hadoop-2.9.2
export PATH=$JAVA_HOME/bin:$HADOOP_HOME/bin:$HADOOP_HOME/sbin:$PATH
[hadoop@master soft]$ source /etc/profile
```

3．配置 Hadoop

Hadoop 配置文件很多，都位于$HADOOP_HOME/etc/hadoop 目录下，如下所示：

```
[hadoop@master hadoop]$ pwd
/soft/hadoop-2.9.2/etc/hadoop
[hadoop@master hadoop]$ ll
总用量 160
-rw-r--r-- 1 hadoop hadoop   7861 11 月  13 2018 capacity-scheduler.xml
-rw-r--r-- 1 hadoop hadoop   1335 11 月  13 2018 configuration.xsl
-rw-r--r-- 1 hadoop hadoop   1211 11 月  13 2018 container-executor.cfg
-rw-r--r-- 1 hadoop hadoop    774 11 月  13 2018 core-site.xml
-rw-r--r-- 1 hadoop hadoop   4133 11 月  13 2018 hadoop-env.cmd
-rw-r--r-- 1 hadoop hadoop   4969 11 月  13 2018 hadoop-env.sh
-rw-r--r-- 1 hadoop hadoop   2598 11 月  13 2018 hadoop-metrics2.properties
-rw-r--r-- 1 hadoop hadoop   2490 11 月  13 2018 hadoop-metrics.properties
-rw-r--r-- 1 hadoop hadoop 10206 11 月  13 2018 hadoop-policy.xml
-rw-r--r-- 1 hadoop hadoop    775 11 月  13 2018 hdfs-site.xml
-rw-r--r-- 1 hadoop hadoop   2230 11 月  13 2018 httpfs-env.sh
-rw-r--r-- 1 hadoop hadoop   1657 11 月  13 2018 httpfs-log4j.properties
```

```
-rw-r--r-- 1 hadoop hadoop       21 11 月  13 2018 httpfs-signature.secret
-rw-r--r-- 1 hadoop hadoop      620 11 月  13 2018 httpfs-site.xml
-rw-r--r-- 1 hadoop hadoop     3518 11 月  13 2018 kms-acls.xml
-rw-r--r-- 1 hadoop hadoop     3139 11 月  13 2018 kms-env.sh
-rw-r--r-- 1 hadoop hadoop     1788 11 月  13 2018 kms-log4j.properties
-rw-r--r-- 1 hadoop hadoop     5939 11 月  13 2018 kms-site.xml
-rw-r--r-- 1 hadoop hadoop 14016 11 月  13 2018 log4j.properties
-rw-r--r-- 1 hadoop hadoop     1076 11 月  13 2018 mapred-env.cmd
-rw-r--r-- 1 hadoop hadoop     1507 11 月  13 2018 mapred-env.sh
-rw-r--r-- 1 hadoop hadoop     4113 11 月  13 2018 mapred-queues.xml.template
-rw-r--r-- 1 hadoop hadoop      758 11 月  13 2018 mapred-site.xml.template
-rw-r--r-- 1 hadoop hadoop       10 11 月  13 2018 slaves
-rw-r--r-- 1 hadoop hadoop     2316 11 月  13 2018 ssl-client.xml.example
-rw-r--r-- 1 hadoop hadoop     2697 11 月  13 2018 ssl-server.xml.example
-rw-r--r-- 1 hadoop hadoop     2250 11 月  13 2018 yarn-env.cmd
-rw-r--r-- 1 hadoop hadoop     4876 11 月  13 2018 yarn-env.sh
-rw-r--r-- 1 hadoop hadoop      690 11 月  13 2018 yarn-site.xml
```

下面简单地描述一下几个重要的配置文件。

- hadoop-env.sh：运行 Hadoop 要用的环境变量。
- core-site.xml：核心配置项，包括 HDFS、MapReduce 和 YARN 常用的 I/O 设置等。
- hdfs-site.xml：HDFS 相关进程的配置项，包括 NameNode、Secondary NameNode、DataNode 等。
- yarn-site.xml：YARN 相关进程的配置项，包括 ResourceManager、NodeManager 等。
- mapred-site.xml：MapReduce 相关进程的配置项。
- slaves：从节点配置文件，通常每行 1 个从节点主机名。
- log4j.properties：系统日志、NameNode 审计日志、JVM 进程日志的配置项。

Hadoop 的配置文件繁多，我们可采用最小配置（6 个配置文件），其余文件保留默认即可。

第 1 个：hadoop-env.sh（注意：在 Linux 环境下修改的是 hadoop-env.sh 文件，在 Windows 环境下修改的是 hadoop-env.cmd 文件，本书默认在 Linux 环境下操作）。

导出 JAVA_HOME 环境变量：

```
export JAVA_HOME=/soft/jdk1.8
```

第 2 个：core-site.xml。

```
<property>
        <name>fs.defaultFS</name>
        <value>hdfs://192.168.128.131:9000</value>
</property>
<property>
        <name>hadoop.tmp.dir</name>
        <value>/soft/hadoop-2.9.2/tmp</value>
</property>
```

配置 fs.defaultFS，指定 Hadoop 所使用的文件系统的 URI（统一资源标识符），示例中的

URI 包含协议（HDFS）、NameNode 的 IP 地址（192.168.128.131）和端口（9000）。

配置 hadoop.tmp.dir，指定 Hadoop 运行时产生的临时文件的存储目录。

第 3 个：hdfs-site.xml。

```
<property>
    <name>dfs.replication</name>
    <value>1</value>
</property>
<property>
    <name>dfs.secondary.http.address</name>
    <value>192.168.128.131:50090</value>
</property>
```

配置 dfs.replication，指定数据副本的数量。由于是伪分布模式，只有 1 个节点，所以这里设置为 1 即可。

配置 dfs.secondary.http.address，指定 SecondaryNameNode 的地址和端口。

第 4 个：mapred-site.xml。

原文件名为“mapred-site.xml.template”，将其另存为“mapred-site.xml”以使其生效。

```
[hadoop@master hadoop]$ cp mapred-site.xml.template mapred-site.xml
```

确认其内容如下：

```
<property>
    <name>mapreduce.framework.name</name>
    <value>yarn</value>
</property>
```

配置 mapreduce.framework.name，指定 MapReduce 运行在 YARN 上。

第 5 个：yarn-site.xml。

```
<property>
    <name>yarn.resourcemanager.hostname</name>
    <value>192.168.128.131</value>
</property>
<property>
    <name>yarn.nodemanager.aux-services</name>
    <value>mapreduce_shuffle</value>
</property>
```

配置 yarn.resourcemanager.hostname，指定 YARN 的 ResourceManager 的地址。

配置 yarn.nodemanager.aux-services，指定 shuffle 机制。

第 6 个：slaves。

```
master
```

配置集群中的从节点，每行一个机器名（或 IP 地址）。这里因为是伪分布模式，所以 master 既是主节点，又是从节点。

4．格式化文件系统

在主节点 master 上执行“hdfs namenode -format”命令格式化 HDFS 文件系统。

执行成功后，会出现 core-site.xml 中 hadoop.tmp.dir 配置项指定的目录：

```
[hadoop@master]$ cd /soft/hadoop-2.9.2/
[hadoop@master hadoop-2.9.2]$ ll
总用量 128
……
drwxrwxr-x 3 hadoop hadoop        17 4 月   26 10:55 tmp
```

需要注意的是，格式化只需要执行一遍即可。如果格式化出错，修改相关配置后，需要先把 hadoop.tmp.dir 配置的目录删除，才能再次格式化。

5．启动 Hadoop 并验证

首先启动 HDFS：

```
[hadoop@master hadoop-2.9.2]$ start-dfs.sh
Starting namenodes on [master]
master: starting namenode, logging to /soft/hadoop-2.9.2/logs/hadoop-hadoop-namenode-master.out
master: starting datanode, logging to /soft/hadoop-2.9.2/logs/hadoop-hadoop-datanode-master.out
Starting secondary namenodes [master]
master: starting secondarynamenode, logging to
/soft/hadoop-2.9.2/logs/hadoop-hadoop-secondarynamenode-master.out
```

通过输出可以看到，namenode、datanode 和 secondarynamenode 这 3 个进程已经启动了，而且提示了对应的日志文件（loggingto ***.out 中的***.out 就是日志文件）。如果启动失败，可以去日志文件查看报错信息。

然后启动 YARN：

```
[hadoop@master hadoop-2.9.2]$ start-yarn.sh
starting yarn daemons
starting resourcemanager, logging to /soft/hadoop-2.9.2/logs/yarn-hadoop-resourcemanager-master.out
master: starting nodemanager, logging to /soft/hadoop-2.9.2/logs/yarn-hadoop-nodemanager-master.out
```

通过输出可以看到，resourcemanager 和 nodemanager 这 2 个进程已经启动了。

下面我们确认已经启动的 Java 进程：

```
[hadoop@master hadoop-2.9.2]$ jps
2465 NodeManager
2211 SecondaryNameNode
2517 Jps
1912 NameNode
2012 DataNode
2366 ResourceManager
```

可以看到，除 Jps 本身外，还启动了 5 个 Java 进程，正是前面提到过的 5 个重要进程。

Hadoop 也提供了基于 Web 浏览器的管理工具，可以用来验证 Hadoop 集群是否部署成功且正确启动。其中，HDFS Web UI 的默认地址为 http://NameNodeIP:50070，如此处的 http://192.168.128.131:50070，运行界面如图 2.4 所示；YARN Web UI 的默认地址为 http://ResourceManagerIP:

8088，如此处的 http://192.168.128.131:8088，运行界面如图 2.5 所示。

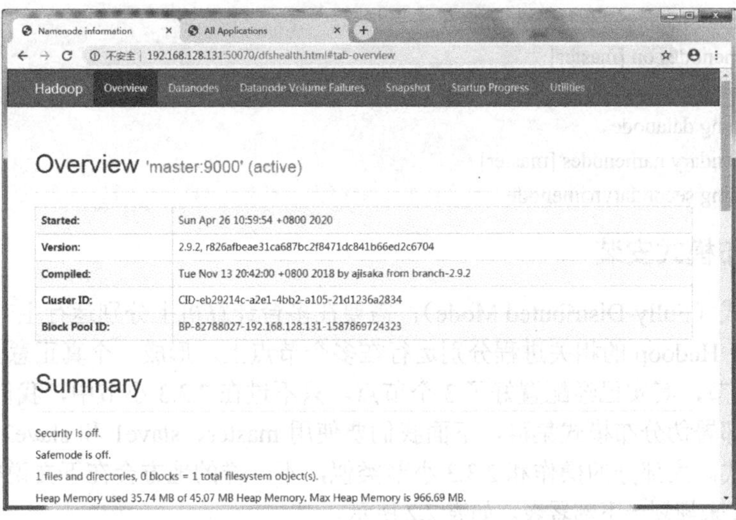

图 2.4　HDFS Web UI 运行界面

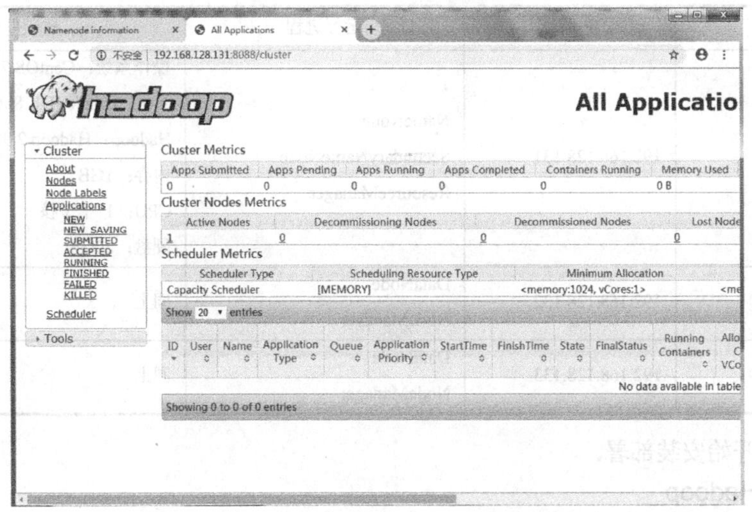

图 2.5　YARN Web UI 运行界面

6．关闭 Hadoop

关闭 Hadoop 集群时，与启动顺序正好相反，先关闭 YARN，再关闭 HDFS。

关闭 YARN：

```
[hadoop@master hadoop-2.9.2]$ stop-yarn.sh
stopping yarn daemons
stopping resourcemanager
master: stopping nodemanager
master: nodemanager did not stop gracefully after 5 seconds: killing with kill -9
no proxyserver to stop
```

关闭 HDFS：

```
[hadoop@master hadoop-2.9.2]$ stop-dfs.sh
Stopping namenodes on [master]
master: stopping namenode
master: stopping datanode
Stopping secondary namenodes [master]
master: stopping secondarynamenode
```

2.3.4 全分布模式安装

全分布模式（Fully-Distributed Mode），需要在多台计算机上分别运行主节点和从节点。在这种模式下，Hadoop 的相关进程分别运行在多个节点上，形成一个真正意义上的集群。

在 2.3.1 小节，其实已经配置好了 3 个节点，只不过在 2.3.3 小节中，我们只用了 master 这一个节点来部署伪分布模式集群，下面我们要使用 master、slave1 和 slave2 这 3 个节点来部署全分布模式。大部分的操作和 2.3.3 小节类似，不一样的地方会在下文说明。

下面我们先来规划一下部署表，如表 2.2 所示。

表 2.2　全分布模式 Hadoop 集群部署规划表

机器名	IP 地址	运行进程	软硬件配置
master（主节点）	192.168.128.131	NameNode SecondaryNameNode ResourceManager	操作系统：CentOS 7.6.1810 Java：Oracle JDK 8u65 Hadoop：Hadoop 2.9.2 内存：1GB CPU：1 个 1 核 硬盘：20GB
slave1（从节点 1）	192.168.128.132	DataNode NodeManager	同上
slave2（从节点 2）	192.168.128.133	DataNode NodeManager	同上

下面我们开始安装部署。

1．下载 Hadoop

这一步和伪分布模式一样，需要注意的是，在 slave1 和 slave2 上需做同样的动作。

2．安装 Hadoop

这一步和伪分布模式一样，需要注意的是，在 slave1 和 slave2 上需做同样的动作。

3．配置 Hadoop

在这一步需要注意的是，master、slave1 和 slave2 上必须保持同样的配置。

第 1 个：hadoop-env.sh，保持不变。

第 2 个：core-site.xml，保持不变。

第 3 个：hdfs-site.xml。因为现在有 2 个从节点，所以将数据副本数量设置为 2：

```
<property>
    <name>dfs.replication</name>
    <value>2</value>
```

```
</property>
<property>
    <name>dfs.secondary.http.address</name>
    <value>192.168.128.131:50090</value>
</property>
```

第 4 个：mapred-site.xml，保持不变。

第 5 个：yarn-site.xml，保持不变。

第 6 个：slaves。需要改写：

```
slave1
slave2
```

4．格式化文件系统

需要注意的是，必须在主节点 master 上执行格式化，且只需要执行一遍。因在 2.3.3 小节中已经生成 tmp 目录，所以这里必须先将其删除，才能执行“hdfs namenode -format”命令。

5．启动 Hadoop 并验证

启动步骤和 2.3.3 小节相同，只需注意这些操作都是在主节点 master 上执行的。

启动完毕，在 master 上使用“jps”命令查看进程如下：

```
[hadoop@master hadoop-2.9.2]$ jps
4496 ResourceManager
4344 SecondaryNameNode
4138 NameNode
4748 Jps
```

在 slave1 上使用“jps”命令查看进程如下：

```
[hadoop@slave1 hadoop-2.9.2]$ jps
2664 Jps
2441 DataNode
2558 NodeManager
```

在 slave2 上使用“jps”命令查看进程如下：

```
[hadoop@slave2 hadoop]$ jps
2599 Jps
2540 NodeManager
2431 DataNode
```

可以看到，除 Jps 本身外，主节点上正好运行 3 个 Java 进程，2 个从节点上分别运行 2 个 Java 进程，这说明所有的进程都已经正常启动。我们也可以访问 Web 界面，其中，HDFS Web UI 的默认地址为 http://192.168.128.131:50070；YARN Web UI 的默认地址为 http://192.168.128.131:8088。

6．关闭 Hadoop

关闭 Hadoop 集群时，与启动顺序正好相反，先关闭 YARN，再关闭 HDFS。

关闭 YARN，使用“stop-yarn.sh”命令。

关闭 HDFS，使用“stop-dfs.sh”命令。

2.4 本章小结

本章对Hadoop进行了简单介绍，带领读者了解Hadoop的生态系统，在此基础上详细讲解了在Linux操作系统下安装、配置、启动和验证Hadoop集群的实践技能。

Hadoop是一个开源的、可运行于大规模集群上的用于分布式存储和计算的软件框架，它具有高可靠、可扩展等特点，非常适合处理海量数据。Hadoop 2.0主要由三部分构成：分布式文件系统HDFS、统一资源管理和调度框架YARN、分布式计算框架MapReduce。我们会在后面3章详细介绍这3个方面的知识。

另请读者注意，如后续章节没有特别说明，我们都将在全分布模式集群环境下进行操作。

2.5 本章练习

一、单选题

(1)在CentOS 7.6下的文件ifcfg-ens32中配置静态IP地址，哪一项表示IP地址？（　　）

A．BOOTPROTO　　B．IPADDR　　C．GATEWAY　　D．NETMASK

(2)在CentOS 7.6下修改主机名，应该修改哪个文件？（　　）

A．/etc/hostname　　B．/etc/hosts

C．/localhost.localdomain　　D．/hosts

(3)在CentOS 7.6下关闭防火墙，应该使用哪个命令？（　　）

A．systemctl start firewalld　　B．systemctl stop firewalld

C．systemctl disable firewalld　　D．systemctl enable firewalld

(4)在Linux中创建普通用户，应该使用哪个命令？（　　）

A．passwd　　B．userdel　　C．useradd　　D．usermod

(5)将用户的公钥存入服务器中，需要使用哪个命令？（　　）

A．ssh　　B．ssh-keygen　　C．ssh-keygen -t rsa　　D．ssh-copy-id

(6)配置Hadoop时，哪一项参数表示副本的数量？（　　）

A．dfs.replication　　B．dfs.secondary.http.address

C．hadoop.tmp.dir　　D．fs.defaultFS

(7)配置Hadoop时，哪一项参数表示HDFS中NameNode的地址？（　　）

A．dfs.replication　　B．dfs.secondary.http.address

C．hadoop.tmp.dir　　D．fs.defaultFS

(8)配置Hadoop时，哪一项参数表示hadoop运行时产生的临时文件的目录？（　　）

A．dfs.replication　　B．dfs.secondary.http.address

C．hadoop.tmp.dir　　D．fs.defaultFS

(9)Hadoop集群启动失败后，应该去哪里寻找错误日志？（　　）

A．log目录　　B．tmp目录　　C．bin目录　　D．etc目录

(10)Hadoop集群启动成功后，哪个Web端口表示HDFS的访问端口？（　　）

A．8080　　B．50070　　C．8088　　D．50090

二、多选题

（1）Hadoop 集群中 HDFS 启动后，会启动哪些进程？（　　）

A．NameNode　　B．DataNode

C．SecondaryNameNode　　D．ResourceManager

（2）Hadoop 集群启动后，在从节点上会启动哪些进程？（　　）

A．DataNode　　B．NameNode

C．ResourceManager　　D．NodeManager

第3章 分布式文件系统——初识HDFS

本章简介

在上一章我们介绍了 Hadoop 的三大核心（HDFS、MapReduce 和 YARN），本章我们将就 HDFS 进行深入探讨。

本章首先概要地介绍 HDFS 文件系统的特征、应用场景及架构，这部分内容有助于读者宏观把握 HDFS；然后介绍 HDFS 的各种工作机制，通过学习这些机制有助于读者了解 HDFS 的工作细节；最后介绍 HDFS 的操作和编程接口，这部分需要读者反复练习以达到熟练程度。

3.1　HDFS 概述

HDFS（Hadoop Distributed File System）是 Hadoop 分布式文件系统，是 Hadoop 三大核心之一，是针对谷歌文件系统 GFS（Google File System）的开源实现（The Google File System，2003）。HDFS 是一个具有高容错性的文件系统，适合部署在廉价的机器上。HDFS 能提供高吞吐量的数据访问，非常适合大规模数据集上的应用。大数据处理框架如 MapReduce、Spark 等要处理的数据源大部分都存储在 HDFS 上，Hive、HBase 等框架的数据通常也存储在 HDFS 上。简而言之，HDFS 为大数据的存储提供了保障。经过多年的发展，HDFS 自身已经十分成熟和稳定，且用户群愈加广泛。HDFS 逐渐成为分布式存储的事实标准。

1．HDFS 的基本特征

（1）高容错性：把硬件出错看作一种常态，HDFS 设计的相应机制能够快速、自动进行错误检测和恢复。

（2）数据容量大：目前普通计算机的硬盘容量可以达到 1TB 甚至更多，而 HDFS 集群可以轻松拥有上百台节点甚至更大的规模，还可以不停地往集群中添加节点，以适应海量数据的需求。

（3）可扩展性：水平扩展性强，集群中的节点可以根据需要进行动态添加和删除。

（4）高吞吐量：由于 Hadoop 集群采用的是分布式架构，可以并行地处理数据，从而大大提高了单位时间内的数据处理能力，提高了吞吐量。

2．HDFS 的应用场景

HDFS 被设计为适应如下的应用场景。

（1）需要存储非常大的文件：这里非常大指的是 GB 或者 TB 级别，需要高吞吐量，对延时没有要求。

（2）一次写入、多次读取：即历史数据没有频繁变化的需求。

（3）硬件成本预算低：期望由普通廉价机器完成存储任务。

（4）需要高容错性：数据自动保存多个副本，副本丢失后自动恢复。

（5）需要根据数据规模变化方便地扩容：HDFS 集群可以横向扩展，当集群增加新节点之后，NameNode 自动感知，将数据分发和备份到相应的节点上。

但 HDFS 也有不适合的应用场景。

（1）低延时的数据访问：对延时要求在秒级别的应用不适合采用 HDFS，因为 HDFS 是为高吞吐数据传输设计的。

（2）大量小文件：由于 HDFS 的 NameNode 要记录文件的元数据，大量小文件将导致元数据规模很大。HDFS 会将文件切割成块（Block），块的大小（BlockSize）默认为 128MB。存储一个大小恰好为 128MB 的文件，HDFS 只会记录 1 个块的元数据；存储 128 个 1024KB 大小的文件，HDFS 则会记录 128 个块的元数据（HDFS 不会对小文件进行合并）。文件总规模固定，用小文件（远小于 BlockSize）比用大文件所导致的块的数量要多得多。由于文件及块的元数据保存在 NameNode 的内存中，太多的元数据将导致 NameNode 所在节点的内存难以支撑。

（3）需要任意的文件修改：HDFS 采用追加（append-only）的方式写入数据。不支持文件任意 offset 的修改，且不支持多个写入器（writer）。

3. HDFS 的架构

HDFS 是一个主从（Mater/Slave）体系结构，由四个部分组成：HDFS Client、NameNode、DataNode 和 SecondaryNameNode，如图 3.1 所示。

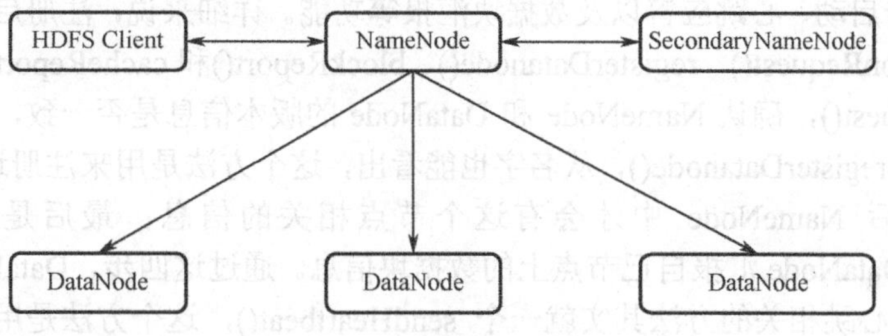

图 3.1　HDFS 架构图

HDFS Client 通常指 HDFS 集群下各种操作请求对应的客户端。其功能主要有以下几点：

- 文件上传到 HDFS 时，Client 将文件切分成一个个 Block，然后进行存储。
- Client 与 NameNode 交互，获取文件的位置信息。
- Client 与 DataNode 交互，读取或者写入数据。
- Client 提供一些命令来管理和访问 HDFS，如启动或者关闭 HDFS。

至于 NameNode、SecondaryNameNode 和 DataNode，已经在上一章介绍过，它们的详细工作机制会在下一节介绍。

3.2　HDFS 工作机制

HDFS 采用 Master/Slave 架构模型，一个 HDFS 集群包括一个 NameNode、一个

SecondaryNameNode 和多个 DataNode，下面我们一起来探讨它们的工作机制。

3.2.1 HDFS 通信机制

HDFS 通信协议有两种：一种是 Hadoop RPC 接口，一种是流式接口。这两种接口有各自的分工，前者主要负责连接的管理、节点的管理以及一些数据的管理，而后者主要负责数据的读写、传输。HDFS 没有采用 Hadoop RPC 来实现 HDFS 文件的读写功能，是因为 Hadoop RPC 框架的效率目前还不足以支撑超大文件的读写；而使用基于 TCP 的流式接口有利于批量处理数据，同时提高了数据的吞吐量。

1. Hadoop RPC 接口

Hadoop RPC 接口是基于 ProtoBuf 实现的。ProtoBuf 是谷歌的一种数据格式，类似于 XML，这里不做细究。Hadoop RPC 的接口主要有 ClientProtocol、ClientDatanodeProtocol、DatanodeProtocol、InterDatanodeProtocol、NamenodeProtocol 这几个，它们都是节点间的主要通信接口。

（1）ClientProtocol 接口：最重要的接口，基本上对数据文件的操作都是通过这个接口来实现的，主要方法有 getBlockLocations()、create()、append()、addBlock()、complete()等，在后面介绍读文件和写文件过程中会用到。

（2）ClientDatanodeProtocol 接口：这个接口是 Client 端和 DataNode 端通信使用的，主要有 getReplicationVisibleLength()、getBlockLocalPathInfo()、refreshNamenodes()、deleteBlockPool()、getHdfsBlocksMetadata()、shutdownDatanode()这些方法，从方法名可以看出，这些方法基本上都与数据块的管理相关。

（3）DatanodeProtocol 接口：负责 DataNode 和 NameNode 通信的接口，这个接口解决了 DataNode 的注册启动、心跳应答以及数据块汇报等功能。详细来说，注册启动相关的方法主要有 4 个：versionRequest()、registerDatanode()、blockReport()和 cacheReport()。按流程来说，先是 versionRequest()，确认 NameNode 和 DataNode 的版本信息是否一致，如果一致，则建立连接；然后是 registerDatanode()，从名字也能看出，这个方法是用来注册这个 DataNode 节点的，注册之后 NameNode 中才会有这个节点相关的信息；最后是 blockReport()和 cacheReport()，DataNode 汇报自己节点上的数据块信息。通过这四步，DataNode 就成功启动并加入集群了。心跳相关的方法其实就一个 sendHeartbeat()，这个方法是用来发送心跳的，心跳默认 3 秒钟一次。数据块汇报相关的方法有 reportBadBlocks()、blockReceivedAndDeleted()和 commitBlockSynchronization()方法，这些方法其实都是用来管理数据块的，例如出现无效的数据块或者写数据过程中出现节点故障导致数据块没写完等。

（4）InterDatanodeProtocol 接口：这个接口是 DataNode 与 DataNode 之间的接口，主要用于租约恢复操作。

（5）NamenodeProtocol 接口：这个接口负责 NameNode 和 SecondaryNameNode 的通信。

2. 流式接口

流式接口有两种：一种是基于 TCP 的 DataTransferProtocol 接口，另一种是 HA 机制的 Active NameNode 和 Standby NameNode 间的 HTTP 接口。第二种先不介绍。

对于第一种 DataTransferProtocol 接口，主要有 readBlock()、writeBlock()和 transferBlock()这几个方法。读数据块、写数据块以及数据块复制等功能就是靠这些方法来实现的。

3.2.2　HDFS 数据冗余机制

1．文件块（Block）

HDFS 中的数据以文件块（Block）的形式存储，Block 是最基本的存储单位，每次读写的最小单元是 1 个 Block。对于文件内容而言，假设一个文件的长度大小是 *N*，那么从文件的 0 偏移开始，按照固定的大小，顺序对文件进行划分并编号，划分好的每一个块称 1 个 Block。Hadoop 2.0 中默认 Block 大小是 128MB，以一个 *N*=256MB 的文件为例，它被切分成 256/128=2 个 Block。Block 的大小可以根据实际需求进行配置，可以通过 HDFS 配置文件 hdfs-site.xml 中的参数 dfs.blocksize 来定义块大小，但要注意的是，数字必须是 2 的 *k* 次幂。如果文件的大小不是 Block 大小的整数倍，这时最后不足 128MB 的文件部分单独作为 1 个块。例如，一个文件大小是 260MB，那么在 Hadoop 2.0 中占用 3 个块，第 3 个块只使用了 4MB。为什么 HDFS 将数据块设置得这么大呢？原因是和普通的本地磁盘文件系统不同，HDFS 存储的是大数据文件，通常会有 TB 甚至 PB 级的数据文件需要管理，所以数据的基本单元必须足够大才能提高管理效率。而如果还使用像 Linux 本地文件系统 Ext3 的 4KB 单元来管理数据，则会非常低效，同时会浪费大量的元数据空间。

2．数据冗余机制

HDFS 集群上的数据，采用了冗余存储的设计，这样做有以下几个好处。

（1）加快数据传输速率（因为有冗余的多个副本，可以实现多个访问者去访问不同的机器）。

（2）很容易检查数据错误（因为有多个参照）。

（3）保证数据可靠性（假如某一个副本出现故障或者丢失，系统则会自动从其他副本恢复）。

HDFS 采用多副本方式对数据进行冗余存储，通常一个数据块的多个副本会被分布存储到不同的 DataNode 上。HDFS 提供可靠的算法，实现在分布式环境中存储大量数据。简单来说，每个数据块 Block 都存在副本以提高容错性。默认情况下每个块存在 3 个副本，例如，存储一个 100MB 的文件默认情况下需要占用 300MB 的磁盘空间。数据块的信息会定期由 DataNode 报送给 NameNode，任何时候，当 NameNode 发现一个块的副本个数少于 3 个或者多于 3 个时都会进行补充或者删除。副本放置的基本原则如下（以副本数 3 为例）。

（1）第 1 个副本块存放在本机上。

（2）第 2 个副本块存跟本机同机架（Rack）内的其他服务器节点上。

（3）第 3 个副本块存不同机架（Rack）内的一个服务器节点上。

保证并非所有的副本都在同一个机架（Rack）上，这样放置的好处在于提供高容错性的同时降低延时。注意：一个机架（Rack）可能包含多个 DataNode，而数据分布在不同 DataNode 可以提高数据读写并发。对于多于 3 个副本的情况，其他副本将会随机分布在不同的 DataNode 上，同时保证同一个机架（Rack）中最多存在 2 个副本。可以通过配置文件 hdfs-site.xml 中的参数 dfs.replication 来定义 Block 副本数。

3.2.3　HDFS 元数据管理机制

1．元数据概述

HDFS 的元数据按类型分，主要包括以下两种。

（1）文件的属性信息，例如文件名、目录名、修改信息等。

（2）文件块的属性信息，例如存储块信息、分块情况、副本个数等。

HDFS 的元数据按形式分，包括内存元数据和元数据文件两种，分别存储在内存和磁盘上。其中 HDFS 上的元数据文件又分为两类。

①FsImage 镜像文件：包含 Hadoop 文件系统中的所有目录和文件元数据信息，但不包含文件块位置的信息。文件块位置信息只存储在内存中，是在 DataNode 加入集群时，由 NameNode 询问 DataNode 得到的，并且不停地更新。

②Edits 编辑日志：存放的是 Hadoop 文件系统的所有更改操作（文件创建、删除或修改）的日志。文件系统客户端执行的更改操作首先会被记录到 Edits 日志文件中。

当 NameNode 启动时，由于 FsImage 和 Edits 文件都是经过序列化的，所以 NameNode 会将 FsImage 文件中的内容直接加载到内存中，之后再执行 Edits 文件中的各项操作，使得内存中的元数据和实际的保持同步。

当客户端对 HDFS 中的文件进行读操作时，直接读取存在内存中的元数据就可以了，不仅快，而且还是最完整的元数据。

当客户端对 HDFS 中的文件进行新增或者修改操作时，操作记录首先被记入 Edits 日志文件中，当客户端操作成功后，相应的元数据会更新到内存元数据中。但是不会立刻同步更新到 FsImage 中，因为 FsImage 文件一般都很大（GB 级别的很常见），如果所有的更新操作都往 FsImage 文件中添加，这样会导致系统运行得十分缓慢。后面我们会详细介绍其工作机制。

总之，HDFS 的这种设计目的，一是内存中数据更新、查询快，极大缩短了操作响应时间；二是内存中元数据丢失风险颇高（断电等），因此通过辅助元数据镜像文件（FsImage）+编辑日志文件（Edits）的备份机制确保元数据的安全。

2. 元数据相关文件

HDFS 的元数据统一存储在 hadoop.tmp.dir 目录下，不同类型的节点其子目录稍有不同，下面我们来一一介绍。

（1）NameNode 上的元数据。

NameNode 上的元数据存储在 hadoop.tmp.dir/dfs/name/current 目录下，如下所示：

```
[hadoop@master current]$ pwd
/soft/hadoop-2.9.2/tmp/dfs/name/current
[hadoop@master current]$ ll
总用量 5228
-rw-rw-r-- 1 hadoop hadoop        42 4 月   26 12:05 edits_0000000000000000001-0000000000000000002
-rw-rw-r-- 1 hadoop hadoop 1048576 4 月   26 12:05 edits_0000000000000000003-0000000000000000003
-rw-rw-r-- 1 hadoop hadoop        42 4 月   26 12:14 edits_0000000000000000004-0000000000000000005
-rw-rw-r-- 1 hadoop hadoop        42 4 月   26 13:14 edits_0000000000000000006-0000000000000000007
-rw-rw-r-- 1 hadoop hadoop        42 4 月   26 14:14 edits_0000000000000000008-0000000000000000009
-rw-rw-r-- 1 hadoop hadoop        42 4 月   26 15:14 edits_0000000000000000010-0000000000000000011
-rw-rw-r-- 1 hadoop hadoop        42 4 月   26 16:14 edits_0000000000000000012-0000000000000000013
-rw-rw-r-- 1 hadoop hadoop        42 4 月   26 17:14 edits_0000000000000000014-0000000000000000015
-rw-rw-r-- 1 hadoop hadoop        42 4 月   26 18:14 edits_0000000000000000016-0000000000000000017
-rw-rw-r-- 1 hadoop hadoop        42 4 月   26 19:14 edits_0000000000000000018-0000000000000000019
-rw-rw-r-- 1 hadoop hadoop 1048576 4 月   26 19:14 edits_0000000000000000020-0000000000000000020
```

```
-rw-rw-r-- 1 hadoop hadoop 1048576 4 月  30 11:11 edits_0000000000000000021-0000000000000000021
-rw-rw-r-- 1 hadoop hadoop      42 5 月   8 15:45 edits_0000000000000000022-0000000000000000023
-rw-rw-r-- 1 hadoop hadoop      42 5 月   8 16:46 edits_0000000000000000024-0000000000000000025
-rw-rw-r-- 1 hadoop hadoop      42 5 月   8 17:46 edits_0000000000000000026-0000000000000000027
-rw-rw-r-- 1 hadoop hadoop     114 5 月   8 18:46 edits_0000000000000000028-0000000000000000030
-rw-rw-r-- 1 hadoop hadoop    1235 5 月   8 19:46 edits_0000000000000000031-0000000000000000049
-rw-rw-r-- 1 hadoop hadoop    1023 5 月   8 20:46 edits_0000000000000000050-0000000000000000063
-rw-rw-r-- 1 hadoop hadoop 1048576 5 月   8 20:46 edits_0000000000000000064-0000000000000000064
-rw-rw-r-- 1 hadoop hadoop     166 5 月  14 13:48 edits_0000000000000000065-0000000000000000068
-rw-rw-r-- 1 hadoop hadoop      42 5 月  14 14:48 edits_0000000000000000069-0000000000000000070
-rw-rw-r-- 1 hadoop hadoop    1031 5 月  14 15:48 edits_0000000000000000071-0000000000000000084
-rw-rw-r-- 1 hadoop hadoop    3198 5 月  14 16:48 edits_0000000000000000085-0000000000000000129
-rw-rw-r-- 1 hadoop hadoop      42 5 月  14 17:48 edits_0000000000000000130-0000000000000000131
-rw-rw-r-- 1 hadoop hadoop      42 5 月  14 18:48 edits_0000000000000000132-0000000000000000133
-rw-rw-r-- 1 hadoop hadoop 1048576 5 月  14 18:48 edits_inprogress_0000000000000000134
-rw-rw-r-- 1 hadoop hadoop     357 5 月  14 17:48 fsimage_0000000000000000131
-rw-rw-r-- 1 hadoop hadoop      62 5 月  14 17:48 fsimage_0000000000000000131.md5
-rw-rw-r-- 1 hadoop hadoop     357 5 月  14 18:48 fsimage_0000000000000000133
-rw-rw-r-- 1 hadoop hadoop      62 5 月  14 18:48 fsimage_0000000000000000133.md5
-rw-rw-r-- 1 hadoop hadoop       4 5 月  14 18:48 seen_txid
-rw-rw-r-- 1 hadoop hadoop     219 5 月  14 12:52 VERSION
```

按照内容可以分为 5 种类型的文件。

①edits_*：二进制文件，主要记录对 HDFS 的增、删、改操作的信息，类似于 MySQL 的二进制日志。

edits_inprogress_*：二进制文件，主要记录最新的对 HDFS 的增、删、改操作的信息日志，是目前正在使用的。直接查看 Edits 文件是看不懂的，需要先将其转换为其他格式的文件才能看得懂。使用如下命令可以把日志 Edits 文件先转换为 XML 文件再查看其内容。

格式：

```
hdfs oev -i 输入文件 -o 输出文件（XML 格式）
[hadoop@master current]$ hdfs oev -i edits_inprogress_0000000000000000134 -o edits_inprogess.xml
[hadoop@master current]$ more edits_inprogess.xml
<?xml version="1.0" encoding="UTF-8"?>
<EDITS>
<EDITS_VERSION>-63</EDITS_VERSION>
<RECORD>
<!--表示操作的类别，这里是表示日志开始记录-->
<OPCODE>OP_START_LOG_SEGMENT</OPCODE>
<DATA>
<!--类似于操作的 ID，是唯一的-->
<TXID>38</TXID>
</DATA>
</RECORD>
</EDITS>

<RECORD>
```

```
<!--像这个就表示上传文件的操作-->
<OPCODE>OP_ADD_BLOCK</OPCODE>
<DATA>
<TXID>34</TXID>
<PATH>/jdk-8u144-linux-x64.tar.gz._COPYING_</PATH>
<BLOCK>
<BLOCK_ID>1073741825</BLOCK_ID>
<NUM_BYTES>134217728</NUM_BYTES>
<GENSTAMP>1001</GENSTAMP>
</BLOCK>
<BLOCK>
<BLOCK_ID>1073741826</BLOCK_ID>
<NUM_BYTES>0</NUM_BYTES>
<GENSTAMP>1002</GENSTAMP>
</BLOCK>
<RPC_CLIENTID></RPC_CLIENTID>
<RPC_CALLID>-2</RPC_CALLID>
</DATA>
</RECORD>
```

②fsimage_*：二进制文件，HDFS 数据的元数据文件，记录 HDFS 文件系统中各个数据块的信息，但并不是最新的。需要定时将 Edits 文件合并到这里，才是最新的。使用如下命令可以把该文件转换为 XML 文件再查看其内容。

格式：

```
hdfs oiv -p 输出格式 -i 输入文件 -o 输出文件
[hadoop@master current]$ hdfs oiv -p XML -i fsimage_0000000000000000133 -o fsimage133.xml
[hadoop@master current]$ more fsimage133.xml
<?xml version="1.0"?>
<fsimage><version><layoutVersion>-63</layoutVersion><onDiskVersion>1</onDiskVersion><oivRevision>17e75c2a11685af3e043aa5e604dc831e5b14674</oivRevision></version>
<NameSection><namespaceId>1780930535</namespaceId><genstampV1>1000</genstampV1><genstampV2>1002</genstampV2><genstampV1Limit>0</genstampV1Limit><lastAllocatedBlockId>1073741826</lastAllocatedBlockId><txid>37</txid></NameSection>
<INodeSection><lastInodeId>16387</lastInodeId><numInodes>3</numInodes><inode><id>16385</id><type>DIRECTORY</type><name></name><mtime>1558145602785</mtime><permission>root:supergroup:0755</permission><nsquota>9223372036854775807</nsquota><dsquota>-1</dsquota></inode>
<inode><id>16386</id><type>DIRECTORY</type><name>input</name><mtime>1558105166840</mtime><permission>root:supergroup:0755</permission><nsquota>-1</nsquota><dsquota>-1</dsquota></inode>
<inode><id>16387</id><type>FILE</type><name>jdk-8u144-linux-x64.tar.gz</name><replication>2</replication><mtime>1558145602753</mtime><atime>1558145588521</atime><preferredBlockSize>134217728</preferredBlockSize><permission>root:supergroup:0644</permission><blocks><block><id>1073741825</id><genstamp>1001</genstamp><numBytes>134217728</numBytes></block>
<block><id>1073741826</id><genstamp>1002</genstamp><numBytes>51298114</numBytes></block>
</blocks>
<storagePolicyId>0</storagePolicyId></inode>
</INodeSection>
```

<INodeReferenceSection></INodeReferenceSection><SnapshotSection><snapshotCounter>0</snapshotCounter><numSnapshots>0</numSnapshots></SnapshotSection>
<INodeDirectorySection><directory><parent>16385</parent><child>16386</child><child>16387</child></directory>
</INodeDirectorySection>
<FileUnderConstructionSection></FileUnderConstructionSection>
<SecretManagerSection><currentId>0</currentId><tokenSequenceNumber>0</tokenSequenceNumber><numDelegationKeys>0</numDelegationKeys><numTokens>0</numTokens></SecretManagerSection><CacheManagerSection><nextDirectiveId>1</nextDirectiveId><numDirectives>0</numDirectives><numPools>0</numPools></CacheManagerSection>
</fsimage>

③fsimage_*.md5：是 fsimage_*文件的 MD5 校验文件，这个校验文件用来判断 fsimage_*文件是否被修改。

④seen_txid：保存的是一个数字，也就是最后一个 edits_inprogress_*文件名中的数字。

```
[hadoop@master current]$ more seen_txid
134
```

⑤VERSION：先查看文件内容如下。

```
[hadoop@master current]$ more VERSION
namespaceID=888977858
clusterID=CID-b683d513-1a52-45bf-b71e-1315fb584d65
cTime=1587873822595
storageType=NAME_NODE
blockpoolID=BP-1150444960-192.168.128.131-1587873822595
layoutVersion=-63
```

其中，namespaceID、clusterID、blockpoolID 都是 HDFS 集群的唯一标识符。标识符被用来防止 DataNode 意外注册到另一个集群中的 NameNode 上。当出现多个 Hadoop 集群时，会有多个 NameNode 独立工作，此时这些标识符特别重要。每个 NameNode 提供唯一的命名空间（namespaceID），并管理一组唯一的文件块池（blockpoolID）。clusterID 用以区分不同的 Hadoop 集群，在集群中的所有节点上都是一样的。

storageType 说明这个节点存储的是什么进程的数据结构信息（如果是 NameNode，storageType=NAME_NODE；如果是 DataNode，storageType=DATA_NODE）。

cTime 表示 NameNode 存储系统创建时间。

layoutVersion 表示 HDFS 永久性数据结构的版本信息，是一个负整数。

（2）DataNode 上的元数据。

DataNode 上的元数据存储在 hadoop.tmp.dir/dfs/data/current 目录下，如下所示：

```
[hadoop@slave1 current]$ pwd
/soft/hadoop-2.9.2/tmp/dfs/data/current
[hadoop@slave1 current]$ ll
总用量 4
drwx------ 4 hadoop hadoop   54 5 月   14 12:52 BP-1150444960-192.168.128.131-1587873822595
-rw-rw-r-- 1 hadoop hadoop 229 5 月   14 12:52 VERSION
```

可以看到有两个文件。

①VERSION：同 NameNode 下的 VERSION 类似。内容如下：

```
[hadoop@slave1 current]$ more VERSION
storageID=DS-4b292835-4252-4362-8de8-f4e3782cacb4
clusterID=CID-b683d513-1a52-45bf-b71e-1315fb584d65
cTime=0
datanodeUuid=bdcfaf6e-b120-4a31-9506-33bbee727022
storageType=DATA_NODE
layoutVersion=-57
```

②BP-1150444960-192.168.128.131-1587873822595 目录：

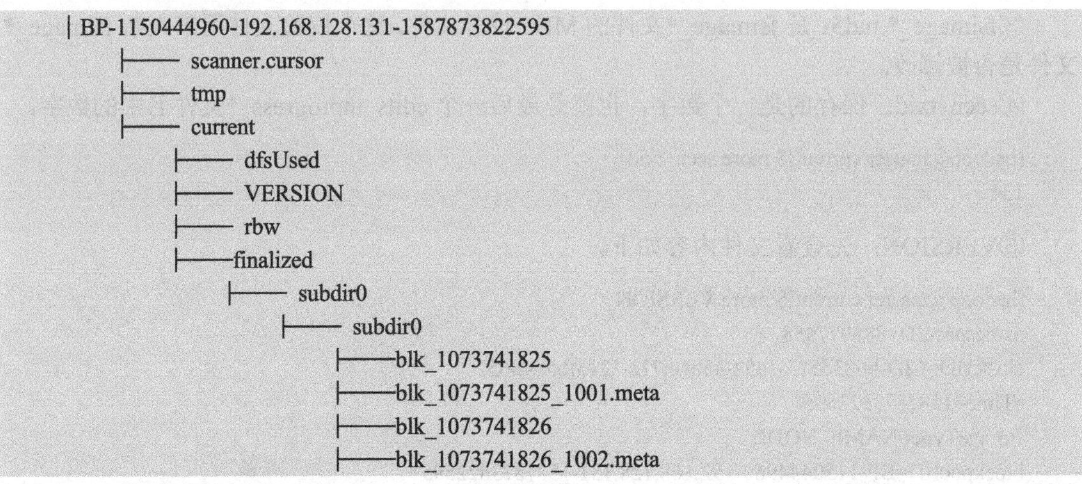

```
| BP-1150444960-192.168.128.131-1587873822595
    ├──── scanner.cursor
    ├──── tmp
    ├──── current
        ├──── dfsUsed
        ├──── VERSION
        ├──── rbw
        ├────finalized
            ├──── subdir0
                ├──── subdir0
                    ├────blk_1073741825
                    ├────blk_1073741825_1001.meta
                    ├────blk_1073741826
                    ├────blk_1073741826_1002.meta
```

从上面的目录树可以看到，blk_*为文件块，blk_*.meta 为对应的元数据。

（3）SecondaryNameNode 上的元数据。

SecondaryNameNode 上的元数据存储在 hadoop.tmp.dir/dfs/namesecondary/current 目录下，如下所示：

```
[hadoop@master current]$ pwd
/soft/hadoop-2.9.2/tmp/dfs/namesecondary/current
[hadoop@master current]$ ll
总用量 1128
-rw-rw-r-- 1 hadoop hadoop      42 4 月  26 12:05 edits_0000000000000000001-0000000000000000002
-rw-rw-r-- 1 hadoop hadoop 1048576 4 月  26 12:14 edits_0000000000000000003-0000000000000000003
-rw-rw-r-- 1 hadoop hadoop      42 4 月  26 12:14 edits_0000000000000000004-0000000000000000005
-rw-rw-r-- 1 hadoop hadoop      42 4 月  26 13:14 edits_0000000000000000006-0000000000000000007
-rw-rw-r-- 1 hadoop hadoop      42 4 月  26 14:14 edits_0000000000000000008-0000000000000000009
-rw-rw-r-- 1 hadoop hadoop      42 4 月  26 15:14 edits_0000000000000000010-0000000000000000011
-rw-rw-r-- 1 hadoop hadoop      42 4 月  26 16:14 edits_0000000000000000012-0000000000000000013
-rw-rw-r-- 1 hadoop hadoop      42 4 月  26 17:14 edits_0000000000000000014-0000000000000000015
-rw-rw-r-- 1 hadoop hadoop      42 4 月  26 18:14 edits_0000000000000000016-0000000000000000017
-rw-rw-r-- 1 hadoop hadoop      42 4 月  26 19:14 edits_0000000000000000018-0000000000000000019
-rw-rw-r-- 1 hadoop hadoop      42 5 月   8 15:45 edits_0000000000000000022-0000000000000000023
-rw-rw-r-- 1 hadoop hadoop      42 5 月   8 16:46 edits_0000000000000000024-0000000000000000025
-rw-rw-r-- 1 hadoop hadoop      42 5 月   8 17:46 edits_0000000000000000026-0000000000000000027
```

```
-rw-rw-r-- 1 hadoop hadoop    114 5 月   8 18:46 edits_0000000000000000028-0000000000000000030
-rw-rw-r-- 1 hadoop hadoop   1235 5 月   8 19:46 edits_0000000000000000031-0000000000000000049
-rw-rw-r-- 1 hadoop hadoop   1023 5 月   8 20:46 edits_0000000000000000050-0000000000000000063
-rw-rw-r-- 1 hadoop hadoop    166 5 月  14 13:48 edits_0000000000000000065-0000000000000000068
-rw-rw-r-- 1 hadoop hadoop     42 5 月  14 14:48 edits_0000000000000000069-0000000000000000070
-rw-rw-r-- 1 hadoop hadoop   1031 5 月  14 15:48 edits_0000000000000000071-0000000000000000084
-rw-rw-r-- 1 hadoop hadoop   3198 5 月  14 16:48 edits_0000000000000000085-0000000000000000129
-rw-rw-r-- 1 hadoop hadoop     42 5 月  14 17:48 edits_0000000000000000130-0000000000000000131
-rw-rw-r-- 1 hadoop hadoop     42 5 月  14 18:48 edits_0000000000000000132-0000000000000000133
-rw-rw-r-- 1 hadoop hadoop    357 5 月  14 17:48 fsimage_0000000000000000131
-rw-rw-r-- 1 hadoop hadoop     62 5 月  14 17:48 fsimage_0000000000000000131.md5
-rw-rw-r-- 1 hadoop hadoop    357 5 月  14 18:48 fsimage_0000000000000000133
-rw-rw-r-- 1 hadoop hadoop     62 5 月  14 18:48 fsimage_0000000000000000133.md5
-rw-rw-r-- 1 hadoop hadoop    219 5 月  14 18:48 VERSION
```

可以看出，和 NameNode 的一模一样，所以这里不再重复介绍。

3．元数据工作机制

主要从两个角度来分析元数据的工作机制：一个是 NameNode 和 SecondaryNameNode，另一个是 DataNode。

下面介绍 NameNode 和 SecondaryNameNode 的元数据工作机制，如图 3.2 所示。

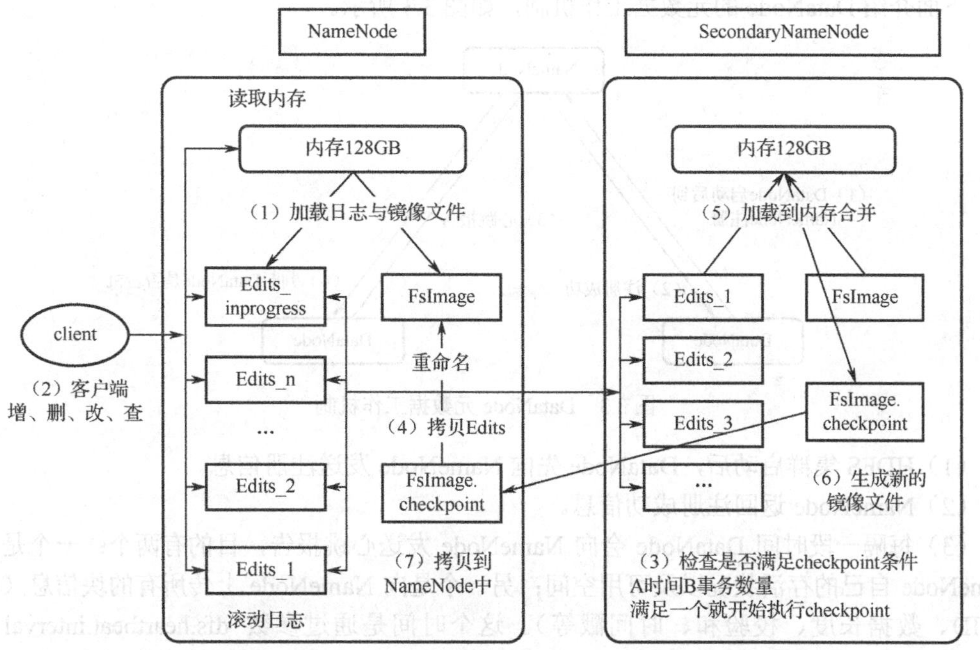

图 3.2　NameNode 与 SecondaryNameNode 元数据工作机制

（1）首先启动集群，会启动 NameNode 和 SecondaryNameNode，两个节点的内存会加载日志文件和镜像文件（Edits、FsImage 文件）。

（2）当客户端对 HDFS 集群进行查询时，直接从内存中读取数据；当客户端对 HDFS 集群进行增、删、改操作时，内存中的元数据会变化，日志文件（Edits）也会更新滚动。

（3）SecondaryNameNode 准备与 NameNode 同步，当达到一定条件时，将执行（4）～

(7)，这个过程称为 checkpoint。core-site.xml 中的 dfs.namenode.checkpoint.check.period 配置了检查周期，默认是 1 分钟，能触发 checkpoint 的条件为下列两个中的任意一个。

①dfs.namenode.checkpoint.period：多久时间 checkpoint 一次，默认为 1 个小时。

②dfs.namenode.checkpoint.txns：多少次事务操作后 checkpoint 一次，默认为 100 万次。这两个条件配置也在 core-site.xml 中。

（4）NameNode 将自上次 checkpoint 以来新的 Edits 文件拷贝到 SecondaryNameNode。

（5）SecondaryNameNode 将拷贝的 Edits 文件加载进内存并执行合并操作（一条条地执行 Edits 文件中的各项更新操作），这时 SecondaryNameNode 的内存结构和 NameNode 一致（checkpoint 时刻）。

（6）SecondaryNameNode 会用内存中的数据（含 FsImage 及截止 checkpoint 的所有操作）生成新的镜像文件 FsImage.checkpoint。

（7）SecondaryNameNode 将新生成的镜像文件拷贝到 NameNode，再重命名为 FsImage 以覆盖原有的 FsImage。这时，NameNode 上的 FsImage 包含了截止 checkpoint 的全部元数据。

（8）等待下一次 checkpoint 被触发，循环操作。

如果 NameNode 中的 FsImage 真的出问题了（如宕机），可以用 SecondaryNamenode 中的 FsImage 替换 NameNode 上的 FsImage（直接复制到新的 NameNode 上即可），虽然已经不是最新的 FsImage（记录到最后一次 checkpoint），但是可以将损失减少到最小。

下面介绍 DataNode 的元数据工作机制，如图 3.3 所示。

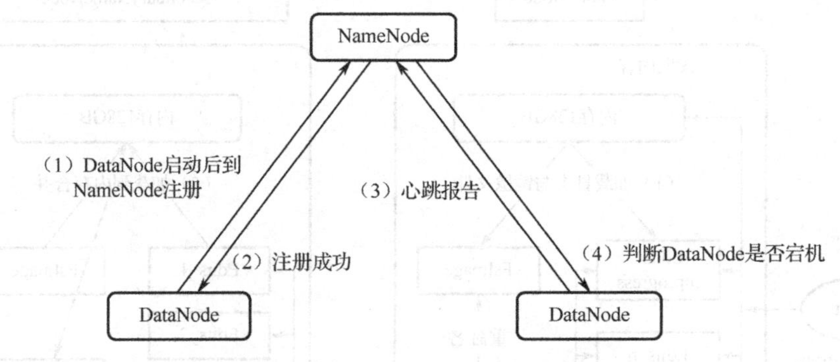

图 3.3　DataNode 元数据工作机制

（1）HDFS 集群启动后，DataNode 先向 NameNode 发送注册信息。

（2）NameNode 返回注册成功信息。

（3）每隔一段时间 DataNode 会向 NameNode 发送心跳报告，目的有两个：一个是告诉 NameNode 自己的存活状况以及可用空间；另一个是向 NameNode 上传所有的块信息（数据块 ID、数据长度、校验和、时间戳等）。这个时间是通过参数 dfs.heartbeat.interval（在 hdfs-site.xml 文件中配置）来设置的，默认是 3 秒钟。这一过程也被称为“心跳机制”。

（4）如果超过一段时间，NameNode 没有收到 DataNode 的信息，则认为该 DataNode 节点不可用。这个超时时间并不是上一步中提到的心跳时间 3 秒，因为 NameNode 只经过 1 次心跳时间而没有接收到 DataNode 的信息就判定为 DataNode 宕机是不合理的。如果定义超时时间为 timeout，则超时时间的计算公式为 timeout = 2 × heartbeat.recheck.interval + 10 × dfs.heartbeat.interval。默认的 heartbeat.recheck.interval（在 hdfs-site.xml 文件中配置）为 5 分钟，dfs.heartbeat.interval 默认为 3 秒钟，那么超时时间为 10 分钟+30 秒。其中，heartbeat.recheck.

interval 为 NameNode 主动向 DataNode 申请检查等待的时间。所以，我们可以简单地认为 heartbeat.recheck.interval 连续检查 2 次，每次检查 5 分钟，dfs.heartbeat.interval 连续检查 10 次，每次检查 3 秒钟后，就可以确认 DataNode 是否宕机了。

3.2.4　HDFS 数据读写机制

1. 数据读取机制

HDFS 的真实数据分散存储在 DataNode 上，但是读取数据时需要先经过 NameNode。HDFS 数据读取的基本过程为：首先，客户端连接到 NameNode 询问某个文件的元数据信息，NameNode 返回给客户一个包含该文件各个块位置信息（存储在哪个 DataNode）的列表；然后，客户端直接连接对应 DataNode 来并行读取块数据；最后，当客户得到所有块后，再按照顺序进行组装，得到完整文件。为了提高物理传输速率，NameNode 在返回块的位置时，优先选择距离客户更近的 DataNode。客户端读取 HDFS 上的文件时，需要调用 HDFS Java API 一些类的方法，从编程角度来看，主要经过以下几个步骤，如图 3.4 所示。

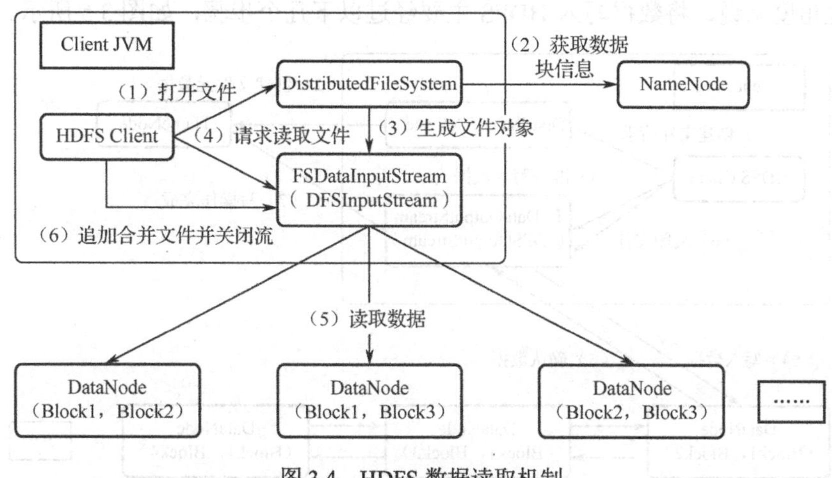

图 3.4　HDFS 数据读取机制

（1）客户端生成一个 FileSystem 实例（DistributedFileSystem 对象），并使用此实例的 open() 方法打开 HDFS 上的一个文件。

（2）DistributedFileSystem 通过 RPC 调用向 NameNode 发出请求，得到文件的位置信息，即数据块编号和所在 DataNode 地址。对于每一个数据块，NameNode 返回保存数据块的 DataNode 的地址，通常按照 DataNode 地址与客户端的距离从近到远排序。

（3）FileSystem 实例获得地址信息后，生成一个 FSDataInputStream 对象实例返回给客户端，此实例封装了一个 DFSInputStream 对象，负责存储数据块信息和 DataNode 地址信息，并负责后续的文件内容读取工作。

（4）客户端向 FSDataInputStream 发出读取数据的 read()调用。

（5）FSDataInputStream 收到 read()调用请求后，FSDataInputStream 封装的 DFSInputStream 选择包含第一个数据块的与客户端最近的 DataNode 连接，并读取相应的数据返回客户端，在数据块读取完成后，DFSInputStream 负责关闭到相应 DataNode 的连接。然后继续依次选择包含后续数据块的离客户端最近的 DataNode 节点，并读取数据返回客户端，直到最后一个数据块读取完毕。DFSInputStream 从 DataNode 读取数据时，可能会碰上某个 DataNode 失

效的情况，则会自动选择包含此数据块的下一个最近的 DataNode 去读取。

（6）客户端读取完所有数据块后，采用追加的方式将各个数据块合并成原文件，原文件就被成功读取了。最后调用 FSDataInputStream 的 close()方法关闭输入流。

从图 3.4 可以看出，HDFS 数据分散在不同的 DataNode 节点上，基本上不存在单点失败导致整体不可用的问题，水平扩展性强。对于 NameNode 节点，只需要传输元数据（块地址）信息，数据 I/O 压力较小。

2. 数据写入机制

HDFS 的设计遵循“一次写入，多次读取”的原则，所有数据只能添加而不能更新。数据会被划分为等尺寸的块写入不同的 DataNode 中。每个块通常保存指定数量的副本（默认为 3 个）。HDFS 数据写入的基本过程为：客户端向 NameNode 发送文件写请求，NameNode 给客户分配写权限，并随机分配块的写入地址（DataNode 的 IP），假设副本数量是 3，则每个块会分配到 3 个不同的 DataNode，为了提高传输效率，客户端只会向其中一个 DataNode 复制一个副本，另外两个副本则由 DataNode 传输到相邻 DataNode。

从编程角度来说，将数据写入 HDFS 主要经过以下几个步骤，如图 3.5 所示。

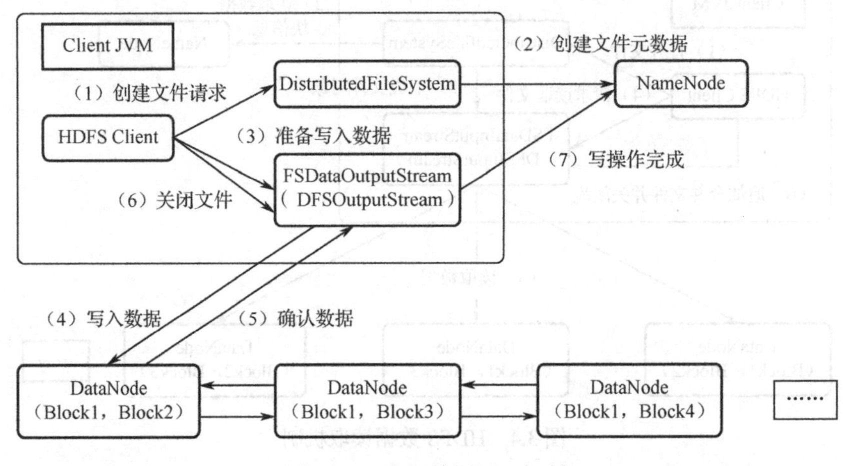

图 3.5　HDFS 数据写入机制

（1）创建和初始化 FileSystem，客户端调用 create()方法来创建文件。

（2）FileSystem 通过 RPC 访问 NameNode 的元数据，查看是否已经存在该文件，如果不存在，再查看客户端是否有创建文件的权限，如果有则在文件系统的命名空间中创建一个新的文件。

（3）FileSystem 返回 DFSOutputStream，用于客户端写数据，客户端开始准备写入数据。

（4）DFSOutputStream 将数据分成块，写入 data queue（数据队列）。data queue（数据队列）由 DataStreamer 读取，并通知元数据节点分配数据节点，用来存储数据块（每块默认复制 3 块）。分配的数据节点放在一个 pipeline（管道）里。DataStreamer 将数据块写入 pipeline（管道）中的第 1 个数据节点。第 1 个数据节点将数据块同步发送给第 2 个数据节点。第 2 个数据节点将数据同步发送给第 3 个数据节点。

（5）DFSOutputStream 为发出去的数据块保存了 ack queue（确认队列），等待 pipeline（管道）中的数据节点告知数据已经写入成功。

（6）当客户端结束写入数据，则调用 stream 的 close 函数。此操作将所有的数据块写入

pipeline（管道）中的数据节点，并等待 ack queue（确认队列）返回成功信息。

（7）通知元数据节点写入完毕。

3.2.5　HDFS 异常恢复机制

下面我们来看 HDFS 文件操作中涉及的错误处理与恢复过程。

1．读异常与恢复

读文件时可能发生的异常有两种。

（1）读取过程中 DataNode 失效。

（2）读取到的文件数据损坏。

对于以上所列的异常模式，都有分别对应的恢复模式。

第一种情况：DataNode 失效。HDFS 的文件块多副本分散存储机制保障了数据存储的可靠性，若 DataNode 失效，只需要转移到其他副本所在的 DataNode 继续读取即可。

第二种情况：文件数据损坏。客户端读取到的文件数据块若校验失败可认定为损坏，依然可以转移到读取其他完好的副本，并向 NameNode 汇报该文件块损坏，后续处理由 NameNode 通知 DataNode 删除损坏文件块，并根据完好的副本来复制一份新的文件块副本。

因为读文件不涉及数据的改变，所以处理起来相对简单，恢复机制的透明性和易用性都非常好。

2．写异常与恢复

写文件时可能发生的异常有三种。

（1）Client 在写入过程中，自己失效。

（2）Client 在写入过程中，DataNode 失效。

（3）Client 在写入过程中，NameNode 失效。

对于以上所列的异常模式，都有分别对应的恢复模式。

第一种情况：当 Client 在写入过程中，自己失效。由于 Client 在写文件之前需要向 NameNode 申请该文件的租约（相当于一个凭证，此概念只需了解），只有持有租约才允许写入，而且租约需要定期续约。所以，当 Client 失效后租约会超时，HDFS 在超时后会释放该文件的租约并关闭该文件，避免文件一直被这个失效的 Client 独占而导致其他操作不能写入。

第二种情况：当 Client 在写入过程中，DataNode 失效。写入过程不会立刻终止（如果立刻终止，易用性和可用性都太不友好），取而代之的是 HDFS 尝试从写入管道流中删除失效的 DataNode 并恢复写入。

第三种情况：当 Client 在写入过程中，NameNode 失效。这里的前提是已经开始写入了，所以 NameNode 已经完成了对 DataNode 的分配，若一开始 NameNode 就失效，整个 HDFS 是不可用的，所以也无法开始写入。管道流写入过程中，当一个块写完后需向 NameNode 报告其状态，这时 NameNode 失效，状态报告失败，但不影响 DataNode 的管道流工作，数据先被保存下来，但最后一步 Client 写完向 NameNode 请求关闭文件时会出错，由于 NameNode 的单点特性，所以无法自动恢复，需人工介入恢复。

3.2.6　HDFS 安全模式机制

安全模式是 Hadoop 的一种保护机制，用于保证集群中的数据块的安全性。当系统处于

安全模式时会检查数据块的完整性。假设我们设置的副本数（即参数 dfs.replication）是 5，那么在 DataNode 上就应该有 5 个副本存在，假设只存在 3 个副本，那么比例就是 3/5=0.6。在配置文件 hdfs-default.xml 中定义了一个最小的副本率 0.999，使用参数 dfs.safemode.threshold.pct 来设置。我们的副本率 0.6 明显小于 0.999，因此系统会自动地复制副本到其他的 DataNode 上，使得副本率不小于 0.999。如果系统中有 8 个副本，超过我们设定的 5 个副本，那么系统也会删除多余的 3 个副本。

在安全模式下，可以浏览目录结构，查看文件内容，但是不允许客户端进行任何修改文件的操作，包括上传文件、删除文件、重命名、创建文件夹等操作，否则会提示错误信息：NameNode is in safe mode。正常情况下，安全模式会运行一段时间后自动退出，只需要我们稍等一会儿就行了。到底等多长时间呢？我们可以通过 Web 访问 50070 端口查看安全模式退出的剩余时间。

此外，我们还可以使用命令来管理安全模式。

- hadoop fs -safemode get：查看安全模式状态。
- hadoop fs -safemode enter：进入安全模式状态。
- hadoop fs -safemode leave：离开安全模式状态。

当集群启动时，首先进入安全模式，最好是在等待安全模式自动退出后再进行文件操作。

3.3 HDFS 操作与编程接口

HDFS 提供了三种类型的接口：HDFS Web UI、HDFS Shell 命令和 HDFS Java API，下面分别介绍。

3.3.1 HDFS Web UI

HDFS Web UI 提供服务器基础统计信息和文件系统运行状态的查看功能，从该页面上，可以查看当前文件系统中各个节点的分布信息，浏览 NameNode 上的存储、登录等日志，以及下载某个数据节点上某个文件的内容。HDFS Web UI 访问地址为 http://NameNodeIP:50070，进入后可以看到当前 HDFS 文件系统的 Overview、Summary、NameNode Journal Status、NameNode Storage 等信息。首页中 Datanodes 选项卡下显示当前配置的 DataNode 节点基本信息；Datanode Volume Failures 选项卡下显示日志中已经记录的数据节点失败信息；Snapshot 选项卡下显示快照信息；Startup Progress 选项卡下显示系统启动进度信息，如元数据文件 FsImage、日志 EditLog 等的加载进度；在 Utilities 选项卡下包括了一些实用工具，如文件系统查询和浏览功能。

由于 HDFS Web UI 页面较长，截图无法完整展示所有内容，此处分开截图并介绍。HDFS Web UI 的概览 Overview 效果如图 3.6 所示，其中，“192.168.128.131”是运行 NameNode 进程的节点 IP 地址，从图中可以看到，主要包括 HDFS 基本信息，如版本、簇 ID、块池 ID 等信息。

HDFS Web UI 的 Summary 效果如图 3.7 所示，从图中可以看到总容量、已用容量、已用块、DataNode 使用率等信息。

还可以通过首页顶端菜单项 Utilities 下面的 Browse the file system 选项查看 HDFS 文件系统，如图 3.8 和图 3.9 所示。

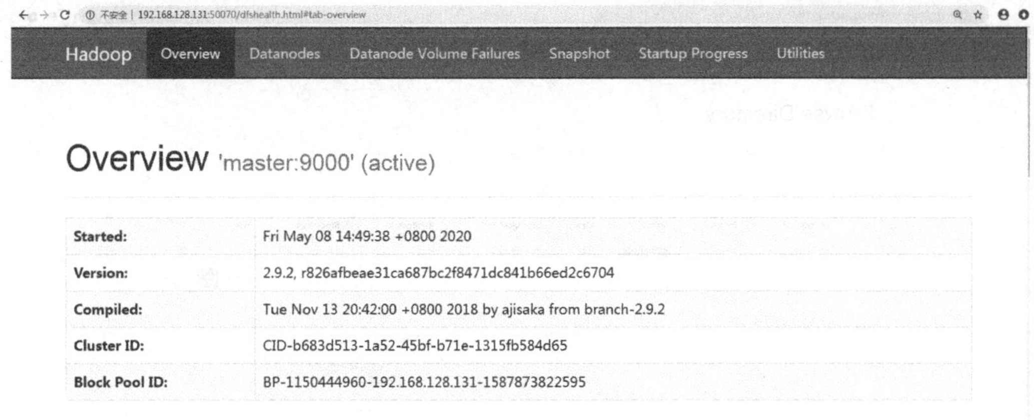

图 3.6　HDFS Web UI 之 Overview

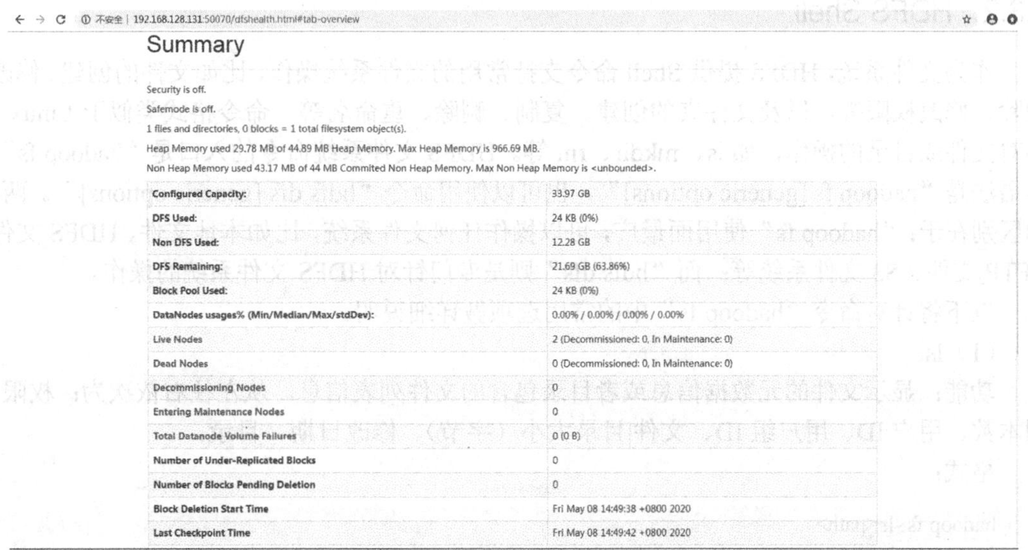

图 3.7　HDFS Web UI 之 Summary

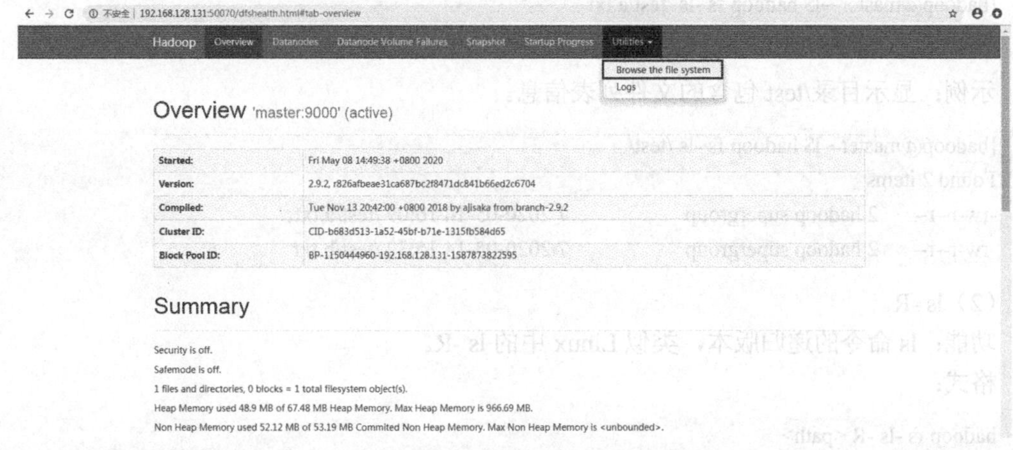

图 3.8　使用 HDFS Web UI 查看 HDFS 目录及文件（1）

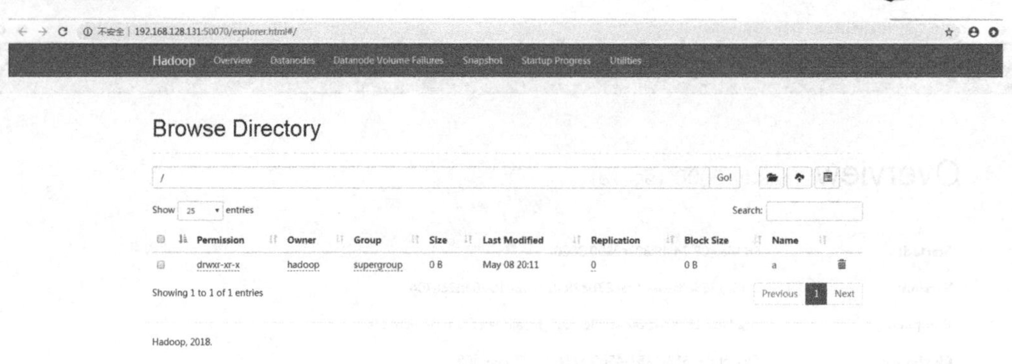

图 3.9　使用 HDFS Web UI 查看 HDFS 目录及文件（2）

3.3.2　HDFS Shell

作为文件系统，HDFS 提供 Shell 命令支持常用的文件系统操作，比如文件的创建、修改、删除、修改权限等，以及文件夹的创建、复制、删除、重命名等。命令格式类似于 Linux 终端对文件或目录的操作，如 ls、mkdir、rm 等。HDFS 文件系统命令的入口是“hadoop fs”，其语法是“hadoop fs [generic options]”，也可以使用命令“hdfs dfs [generic options]”。两者的区别在于：“hadoop fs”使用面最广，可以操作任何文件系统，比如本地文件、HDFS 文件、HFTP 文件、S3 文件系统等；而“hdfs dfs”则是专门针对 HDFS 文件系统的操作。

以下将针对命令“hadoop fs”中的常用选项做详细说明。

（1）ls。

功能：显示文件的元数据信息或者目录包含的文件列表信息。从左往右依次为：权限、副本数、用户 ID、用户组 ID、文件|目录大小（字节）、修改日期、目录。

格式：

```
hadoop fs -ls<path>
```

示例：显示文件/test/a.txt 的基本信息。

```
[hadoop@master ~]$ hadoop fs -ls /test/a.txt
-rw-r--r--    2 hadoop supergroup              7 2020-05-14 15:32 /test/a.txt
```

示例：显示目录/test 包含的文件列表信息。

```
[hadoop@master ~]$ hadoop fs -ls /test/
Found 2 items
-rw-r--r--    2 hadoop supergroup              7 2020-05-14 16:09 /test/a.txt
-rw-r--r--    2 hadoop supergroup              7 2020-05-14 15:32 /test/b.txt
```

（2）ls -R。

功能：ls 命令的递归版本，类似 Linux 中的 ls -R。

格式：

```
hadoop fs -ls -R <path>
```

示例：显示根目录/下的所有文件夹和文件。

```
[hadoop@master ~]$ hadoop fs -ls -R /
drwxr-xr-x    - hadoop supergroup          0 2020-05-14 16:09 /test
-rw-r--r--    2 hadoop supergroup          7 2020-05-14 16:09 /test/a.txt
-rw-r--r--    2 hadoop supergroup          7 2020-05-14 15:32 /test/b.txt
drwxr-xr-x    - hadoop supergroup          0 2020-05-14 16:07 /txt
-rw-r--r--    2 hadoop supergroup          7 2020-05-14 15:35 /txt/a.txt
```

（3）du。

功能：显示文件的大小或者目录中包含的所有文件的大小。

格式：

```
hadoop fs -du <path>
```

示例：显示目录/test 中每个文件的大小。

```
[hadoop@master ~]$ hadoop fs -du /test
7    /test/a.txt
7    /test/b.txt
```

两个文件的大小都是 7 个字节。

示例：显示文件/test/a.txt 的大小。

```
[hadoop@master ~]$ hadoop fs -du /test/a.txt
7    /test/a.txt
```

文件 a.txt 的大小为 7 个字节。

（4）du -s。

功能：显示目录下所有文件大小之和，单位是字节。

格式：

```
hadoop fs -du -s <path>
```

示例：显示 test 目录下所有文件大小之和。

```
[hadoop@master ~]$ hadoop fs -du -s /test
14    /test
```

（5）count。

功能：统计文件|目录的数量和文件|目录的大小信息。

格式：

```
hadoop fs -count <path>
```

示例：显示 test 目录下包含的文件数量。

```
[hadoop@master ~]$ hadoop fs -count /test
1                2                         14 /test
```

1 表示 1 个文件目录，2 表示含有 2 个文件，14 表示 2 个文件的大小总和为 14 个字节。

（6）mv。

功能：移动 HDFS 的文件到指定位置，第一个参数表示被移动文件位置，第二个参数表示移动的目标位置（通常为目录）。

格式：

```
hadoop fs -mv <src><dst>
```

示例：将/test 目录下的文件 a.txt 移动到/txt 目录下。

```
[hadoop@master ~]$ hadoop fs -ls /txt
[hadoop@master ~]$ hadoop fs -mv /test/a.txt /txt
[hadoop@master ~]$ hadoop fs -ls /txt
Found 1 items
-rw-r--r--    2 hadoop supergroup            7 2020-05-14 15:35 /txt/a.txt
```

（7）cp。

功能：将文件从源路径复制到目标路径。源路径是多个文件时，目标路径必须是文件目录。

格式：

```
hadoop fs -cp<src><dst>
```

示例：将文件/test/a.txt 复制到/txt 目录下。

```
[hadoop@master ~]$ hadoop fs -ls /txt
[hadoop@master ~]$ hadoop fs -cp /test/a.txt /txt
[hadoop@master ~]$ hadoop fs -ls /txt
Found 1 items
-rw-r--r--    2 hadoop supergroup            7 2020-05-14 16:05 /txt/a.txt
```

（8）rm。

功能：删除文件或者空文件目录。注意：如果删除非空文件目录，会删除失败。

格式：

```
hadoop fs -rm<path>
```

示例：删除文件/test/a.txt。

```
[hadoop@master ~]$ hadoop fs -ls /test
Found 2 items
-rwxrw-rw-    2 user1    group1            7 2020-05-14 16:09 /test/a.txt
-rw-r--r--    2 hadoop supergroup          7 2020-05-14 15:32 /test/b.txt
[hadoop@master ~]$ hadoop fs -rm /test/a.txt
Deleted /test/a.txt
[hadoop@master ~]$ hadoop fs -ls /test
Found 1 items
-rw-r--r--    2 hadoop supergroup          7 2020-05-14 15:32 /test/b.txt
```

（9）rm -r。

功能：递归删除文件或者文件夹，文件夹可以包含子目录。

格式：

```
hadoop fs -rm -r <path>
```

示例：递归删除 test 目录及其下所有文件和文件夹。

```
[hadoop@master ~]$ hadoop fs -ls /test
Found 2 items
-rw-r--r--   2 hadoop supergroup          7 2020-05-14 16:31 /test/a.txt
-rw-r--r--   2 hadoop supergroup          7 2020-05-14 15:32 /test/b.txt
[hadoop@master ~]$ hadoop fs -rm -r /test
Deleted /test
[hadoop@master ~]$ hadoop fs -ls /
Found 1 items
drwxr-xr-x   - hadoop supergroup          0 2020-05-14 16:07 /txt
```

（10）put。

功能：从本地文件系统复制单个或多个源路径到目标文件系统。同时，支持从标准输入读取源文件内容后写入目标位置。

格式：

```
hadoop fs -put <localsrc1><localsrc2>…<dst>
```

示例：将 Linux 当前目录下的文件 a.txt 复制到 HDFS 目录/test 下面，并重命名为 b.txt。

```
[hadoop@master ~]$ hadoop fs -put a.txt /test/b.txt
[hadoop@master ~]$ hadoop fs -ls /test
Found 1 items
-rw-r--r--   2 hadoop supergroup          7 2020-05-14 15:32 /test/b.txt
```

示例：从键盘读取输入到 a.txt 中，按 Ctrl+D 组合键结束输入。

```
[hadoop@master ~]$ hadoop fs -put - /a.txt
123abc
```

检查内容：

```
[hadoop@master ~]$ hadoop fs -cat /a.txt
123abc
```

（11）copyFromLocal。

功能：和 put 一样。

（12）moveFromLocal。

功能：将文件或目录从本地文件系统移动到 HDFS 中，相当于剪切。

格式：

```
hadoop fs -moveFromLocal<src><dst>
```

示例：将本地文件系统当前路径下的 a.txt 移动到 HDFS 目录/test 下。

```
[hadoop@master ~]$ ll
总用量 4
-rw-rw-r-- 1 hadoophadoop   7 5月   8 20:10 a.txt
[hadoop@master ~]$ hadoop fs -moveFromLocal a.txt /test
```

```
[hadoop@master ~]$ ll
总用量 0
[hadoop@master ~]$ hadoop fs -ls /test
Found 2 items
-rw-r--r--    2 hadoop supergroup              7 2020-05-14 15:35 /test/a.txt
-rw-r--r--    2 hadoop supergroup              7 2020-05-14 15:32 /test/b.txt
```

（13）getmerge。

功能：将 HDFS 源目录中所有文件合并，并下载到本地，即 merge 和 get 两个动作。在合并时可以在每个文件结束处添加换行（增加参数-nl）。

格式：

```
hadoop fs -getmerge [-nl] <src><localdst>
```

示例：将 HDFS 目录/test 下的文件合并，输出到本地文件系统，保存为 test.txt。

```
[hadoop@master ~]$ ll
总用量 0
[hadoop@master ~]$ hadoop fs -getmerge /test test.txt
[hadoop@master ~]$ ll
总用量 4
-rw-r--r-- 1 hadoophadoop 14 5 月   14 16:22 test.txt
[hadoop@master ~]$ more test.txt
abc123
abc123
```

（14）cat。

功能：将指定文件内容输出到标准输出 stdout。

格式：

```
hadoop fs -cat <path>
```

示例：输出 HDFS 目录/test 下的文件 a.txt 到标准输出。

```
[hadoop@master ~]$ hadoop fs -cat /test/a.txt
abc123
```

（15）text。

功能：输出源文件文本到标准输出，类似 Linux 中的 cat 命令。

格式：

```
hadoop fs -text <path>
```

示例：输出 HDFS 目录/test 下的文件 a.txt 到标准输出。

```
[hadoop@master ~]$ hadoop fs -text /test/a.txt
abc123
```

（16）mkdir。

功能：创建指定的一个或多个目录，-p 选项用于递归创建子目录，类似于 Linux 的 mkdir -p。

格式：

```
hadoop fs -mkdir [-p] <paths>
```

示例：在 HDFS 目录/下创建目录 test。

```
[hadoop@master ~]$ hadoop fs -mkdir /test
[hadoop@master ~]$ hadoop fs -ls /
Found 1 items
drwxr-xr-x     - hadoop supergroup              0 2020-05-14 13:03 /test
```

（17）chmod。

功能：修改文件权限。使用选项-R 可以在目录结构下递归更改，命令的使用者必须是文件的所有者或者超级用户。

格式：

```
hadoop fs -chmod [-R]权限<path>
```

示例：更改/test/a.txt 的权限为 766。

```
[hadoop@master ~]$ hadoop fs -ls /test
Found 2 items
-rw-r--r--    2 hadoop supergroup             7 2020-05-14 16:09 /test/a.txt
-rw-r--r--    2 hadoop supergroup             7 2020-05-14 15:32 /test/b.txt
[hadoop@master ~]$ hadoop fs -chmod 766 /test/a.txt
[hadoop@master ~]$ hadoop fs -ls /test
Found 2 items
-rwxrw-rw-    2 hadoop supergroup             7 2020-05-14 16:09 /test/a.txt
-rw-r--r--    2 hadoop supergroup             7 2020-05-14 15:32 /test/b.txt
```

HDFS 文件拥有和 Linux 文件类似的权限：读（r）、写（w）和执行（x）。不同的是，这里的执行（x）仅表示目录的访问控制。

（18）chown。

功能：更改文件的所有者。选项 R 表示递归更改所有子目录，命令使用者必须是文件所有者或者超级用户。

格式：

```
hadoop fs -chown [-R] [OWNER] [:[GROUP]] <path>
```

示例：更改/test/a.txt 的所有者为 user1。

```
[hadoop@master ~]$ hadoop fs -ls /test
Found 2 items
-rwxrw-rw-    2 hadoop supergroup             7 2020-05-14 16:09 /test/a.txt
-rw-r--r--    2 hadoop supergroup             7 2020-05-14 15:32 /test/b.txt
[hadoop@master ~]$ hadoop fs -chown user1 /test/a.txt
[hadoop@master ~]$ hadoop fs -ls /test
Found 2 items
-rwxrw-rw-    2 user1    supergroup           7 2020-05-14 16:09 /test/a.txt
-rw-r--r--    2 hadoop supergroup             7 2020-05-14 15:32 /test/b.txt
```

（19）chgrp。

功能：更改文件所属的用户组。选项 R 表示递归处理子目录，命令使用者必须是文件所有者或者超级用户。

格式：

```
hadoop fs -chgrp [-R] GROUP <path>
```

示例：更改/test/a.txt 的组为 group1。

```
[hadoop@master ~]$ hadoop fs -ls /test
Found 2 items
-rwxrw-rw-    2 user1   supergroup          7 2020-05-14 16:09 /test/a.txt
-rw-r--r--    2 hadoop supergroup           7 2020-05-14 15:32 /test/b.txt
[hadoop@master ~]$ hadoop fs -chgrp group1 /test/a.txt
[hadoop@master ~]$ hadoop fs -ls /test
Found 2 items
-rwxrw-rw-    2 user1   group1              7 2020-05-14 16:09 /test/a.txt
-rw-r--r--    2 hadoop supergroup           7 2020-05-14 15:32 /test/b.txt
```

（20）setrep。

功能：改变文件的副本数。选项 R 用于递归改变目录下所有文件的副本数。此后，HDFS 会根据该参数自动进行复制或清除工作。参数 w 表示等待副本操作结束才退出命令。

格式：

```
hadoop fs -setrep [-R] [-w] <rep><path>
```

示例：设置文件/test/a.txt 的副本数为 1。

```
[hadoop@master ~]$ hadoop fs -ls /test
Found 2 items
-rw-r--r--    2 hadoop supergroup           7 2020-05-14 16:35 /test/a.txt
-rw-r--r--    2 hadoop supergroup           7 2020-05-14 16:35 /test/b.txt
[hadoop@master ~]$ hadoop fs -setrep -w 1 /test/a.txt
Replication 1 set: /test/a.txt
Waiting for /test/a.txt ...
WARNING: the waiting time may be long for DECREASING the number of replications.
. done
[hadoop@master ~]$ hadoop fs -ls /test
Found 2 items
-rw-r--r--    1 hadoop supergroup           7 2020-05-14 16:35 /test/a.txt
-rw-r--r--    2 hadoop supergroup           7 2020-05-14 16:35 /test/b.txt
```

（21）expunge 命令。

功能：清空回收站。注意：清空后数据将不可恢复。

格式：

```
hadoop fs -expunge
```

3.3.3　HDFS Java API 编程

HDFS 提供了丰富的 Java 编程接口供开发人员调用，当然 HDFS 同时支持其他语言如 C++、Python 等编程接口，但它们都没有 Java 接口方便。凡是使用 Shell 命令可以完成的功能，都可以使用相应 Java API 来实现，甚至使用 API 可以完成 Shell 命令不支持的功能。

笔者以 Eclipse 作为 IDE，为了管理 Jar 包的方便，创建一个 Maven 项目，导入以下依赖：

```
<dependency>
    <groupId>org.apache.hadoop</groupId>
    <artifactId>hadoop-client</artifactId>
    <version>2.9.2</version>
</dependency>
<dependency>
    <groupId>org.apache.hadoop</groupId>
    <artifactId>hadoop-common</artifactId>
    <version>2.9.2</version>
</dependency>

<dependency>
    <groupId>log4j</groupId>
    <artifactId>log4j</artifactId>
    <version>1.2.17</version>
</dependency>
```

下面挑选了部分 HDFS Java API 来演示，包括如何实现上传和下载文件、创建和删除目录、重命名、遍历文件目录等功能。

```
package com;

import java.io.FileNotFoundException;
import java.io.IOException;
import java.net.URI;

import org.apache.hadoop.conf.Configuration;
import org.apache.hadoop.fs.BlockLocation;
import org.apache.hadoop.fs.FileSystem;
import org.apache.hadoop.fs.LocatedFileStatus;
import org.apache.hadoop.fs.Path;
import org.apache.hadoop.fs.RemoteIterator;
import org.junit.Before;
import org.junit.Test;

public class HdfsClient {

    FileSystem fs = null;

    @Before
```

```
public void init() throws Exception {
    //构造一个配置参数对象，通过 set 方法可以设置很多参数
    Configuration conf = new Configuration();

    //设置集群的访问地址和端口，以及客户端以 Hadoop 用户身份访问 HDFS
    fs = FileSystem.get(new URI("hdfs://192.168.128.131:9000"), conf, "hadoop");
}

/**
 * 1.往 HDFS 上传文件
 * @throws Exception
 */
@Test
public void testUploadToHdfs() throws Exception {
    //要上传的文件所在的本地路径，如果包含中文，需要确保文件的格式为 UTF-8
    Path src = new Path("e:/a.txt");
    //要上传到 HDFS 的目标路径，如果没有，需要提前创建好
    Path dst = new Path("/aaa");
    fs.copyFromLocalFile(src, dst);
    fs.close();
}

/**
 * 2.从 HDFS 上下载文件到本地
 * @throws IOException
 * @throws IllegalArgumentException
 */
@Test
public void testDownloadFileToLocal() throws IllegalArgumentException, IOException {
    //第 1 个参数：是否删掉源文件；第 4 个参数：是否使用本地文件系统，这里因为是 Windows
环境下，必须使用，所以要设置为 true
    fs.copyToLocalFile(false,new Path("/aaa/b.txt"), new Path("e:/"),true);
    fs.close();
}

/**
 * 3.创建目录
 * @throws IllegalArgumentException
 * @throws IOException
 */
@Test
public void testMkdir() throws IllegalArgumentException, IOException {
    //创建目录
    fs.mkdirs(new Path("/a/b/c"));
    fs.close();
}
```

```
    /**
     * 4.删除目录
     * @throws IllegalArgumentException
     * @throws IOException
     */
    @Test
    public void testDelete() throws IllegalArgumentException, IOException {
        //删除文件夹，如果是非空文件夹，参数 2 必须设置为 true
        fs.delete(new Path("/aaa"), true);
        fs.close();
    }

    /**
     * 5.重命名
     * @throws IllegalArgumentException
     * @throws IOException
     */
    @Test
    public void testRename() throws IllegalArgumentException, IOException {
        //重命名文件或文件夹
        fs.rename(new Path("/a"), new Path("/b"));
        fs.close();
    }

    /**
     * 6.查看文件信息
     * @throws IOException
     * @throws IllegalArgumentException
     * @throws FileNotFoundException
     */
    @Test
    public void testListFiles() throws FileNotFoundException, IllegalArgumentException, IOException {
        //Hadoop 中需要返回数据集时，大部分情况会返回迭代器，而非集合对象，
        //原因是数据集可能很大，如果返回的是集合对象，会给内存造成很大压力
        RemoteIterator<LocatedFileStatus>listFiles = fs.listFiles(new Path("/"), true);
        while (listFiles.hasNext()) {
            LocatedFileStatusfileStatus = listFiles.next();
            System.out.println(fileStatus.getPath().getName());
            System.out.println(fileStatus.getBlockSize());
            System.out.println(fileStatus.getPermission());
            System.out.println(fileStatus.getLen());
            BlockLocation[] blockLocations = fileStatus.getBlockLocations();
            for (BlockLocationbl : blockLocations) {
                System.out.println("block-length:" + bl.getLength() + "--" + "block-offset:" +
bl.getOffset());
                String[] hosts = bl.getHosts();
                for (String host : hosts) {
```

```
                        System.out.println(host);
                    }
                }
                System.out.println("-------------分割线-------------");
            }
        }
}
```

3.4 本章小结

本章介绍了 HDFS 文件系统的基本特征和体系架构，详细介绍了 HDFS 的工作机制。在此基础上，讲述了 HDFS 提供的三种访问接口：Web UI、Shell 命令和 Java API。

HDFS 采用分布式架构，文件系统主要由 NameNode 和 DataNode 组成。NameNode 作为管理节点，主要存储了每个文件的块信息，并控制数据的读写过程；而 DataNode 作为数据节点，主要用于存储真实数据。

HDFS 的工作机制涉及通信机制、数据冗余机制、元数据管理机制、数据读写机制、异常恢复机制和安全模式机制。每一种机制都需要读者细细体会，慢慢理解，才能够深入了解。

HDFS 为用户提供了三种接口：Web UI、Shell 命令和 Java API。Web UI 网页接口主要用于查询 HDFS 文件系统的工作状态和基本信息。Shell 命令为管理和维护人员提供了文件系统的常见操作，用户可以使用各种 Shell 命令实现对文件系统的管理。Java API 为开发人员提供了 HDFS 的基本 API 调用接口，使用 Java API 可以完成 HDFS 支持的所有文件系统操作，但是相对于 Shell 命令而言，它对开发人员的要求较高，需要花费较长时间来学习基本 Java 类和相关操作的使用方法。

3.5 本章练习

一、单选题

（1）Hadoop 2.9.2 中 Block 默认大小是多少？（　　）

A．64MB　　B．128MB　　C．256MB　　D．512MB

（2）如果一个文件的大小为 300MB，存储到 HDFS 上时，会被划分为几个文件块（不包括副本）？（　　）

A．1　　B．2　　C．3　　D．4

（3）在操作 HDFS 时，哪条命令可以递归地查看目录/text 下的所有文件和文件夹？（　　）

A．hadoop fs -ls /test　　B．hadoop fs -du /test

C．hadoop fs -ls -R /test　　D．hadoop fs -rm -r /test

（4）HDFS 中文件块默认的副本数目是（　　）。

A．1　　B．2　　C．3　　D．4

（5）Hadoop 2.9.2 下，HDFS 中文件不能执行哪项操作？（　　）

A．读取　　B．删除　　C．执行　　D．存档

（6）Hadoop 2.9.2 下，以下哪一项是 DataNode 的职责？（　　）

A．管理文件系统命名空间

B．根据客户端的请求执行读写操作

C．存储元数据

D．定期对 NameNode 中的内存元数据进行更新和备份

（7）关于 SecondaryNameNode，以下哪一项是正确的？（　　）

A．它是 NameNode 的热备。

B．它对内存没有要求。

C．它帮助 NameNode 合并编辑日志，减少 NameNode 的负担和冷启动时的加载时间。

D．SecondaryNameNode 应与 NameNode 部署到同一个节点。

（8）HDFS 是基于流数据模式访问和处理超大文件的需求而开发的，具有高容错、高可靠性、高可扩展性、高吞吐率等特征，适合的读写任务是（　　）。

A．一次写入，少次读取　　B．多次写入，少次读取

C．一次写入，多次读取　　D．多次写入，多次读取

二、多选题

（1）HDFS 文件系统具有哪些基本特征？（　　）

A．高容错性　　B．高吞吐量　　C．高精确度　　D．海量文件存储

（2）HDFS 中文件存储副本策略有哪些？（　　）

A．第 1 个副本块随机存放在本机架上的某个节点上。

B．第 1 个副本块存放在本机上。

C．第 2 个副本块存在与本机同机架上的其他服务器节点上。

D．第 3 个副本块存在不同机架上的一个随机服务器节点上。

第4章 分布式计算框架 MapReduce

本章简介

HDFS 专注于分布式存储，MapReduce 则专注于分布式计算。本章我们就分布式计算框架 MapReduce 进行深入探讨。首先我们需要对 MapReduce 加深理解，在 4.1 节中阐述 MapReduce 的技术特征；然后在 4.2 节中探讨 MapReduce 的运行机制；在 4.3 节中演示第一个 MapReduce 案例，并由此案例引出 MapReduce 数据类型、输入/输出、切片和 Shuffle 机制等主题，这些将在 4.4 节和 4.5 节介绍。

MapReduce 是一种偏底层的技术，编程烦琐，而且已经发展出多数场景下可替代它的技术，但我们仍应系统地学习它，特别是它的工作机制，否则无法深入学习基于它的其他技术。

4.1 MapReduce 概述

单节点在处理海量数据时会受到硬件条件的限制。具体地讲，每个计算机的 CPU、内存和硬盘等资源均有限制，无法在短时间内完成大量运算。一种有效的解决方案就是开发一套分布式系统，先将处理海量数据的任务拆分成多个子任务，然后由每个节点分别完成一个子任务，最后再将所有子任务进行汇总即可。然而，开发一套分布式系统无疑会大大增加程序的复杂性，从而增大开发成本。能否拥有一套现成的框架，我们只需编写各个子任务的业务逻辑，之后再将业务逻辑代码填入这个框架中就能完成分布式运算呢？MapReduce 就是这样一个框架。

MapReduce 是由谷歌推出的一个编程模型，是一个能处理和生成超大数据集的算法模型，该架构能够在大量普通配置的计算机上实现并行化处理。MapReduce 在设计上具有以下主要的技术特征。

（1）向“外”横向扩展，而非向“上”纵向扩展。

MapReduce 集群的构建完全选用便宜、易于扩展的低端服务器，而非价格昂贵、不易扩展的高端服务器。

（2）失效被认为是常态。

MapReduce 集群中使用大量的低端服务器，因此，节点硬件失效和软件出错是常态，因而一个良好设计、具有高容错性的并行计算系统不能因为节点失效而影响计算服务的质量：

任何节点失效都不应当导致结果的不一致或不确定；任何一个节点失效时，其他节点要能够无缝接管失效节点的计算任务；当失效节点恢复后应能自动加入集群，而不需要人工干预。

MapReduce 并行计算软件框架使用了多种有效的错误检测和恢复机制，如节点自动重启技术，使集群和计算框架具有健壮性。

（3）将计算向数据迁移。

传统高性能计算系统往往将数据传输到计算节点上进行处理，这样在处理大规模数据时，存储节点上的文件 I/O 会成为制约系统性能的瓶颈。

为了减少大规模数据并行计算系统中的数据通信开销，考虑将计算与数据尽量靠拢。MapReduce 采用了数据和代码互定位技术，计算节点将首先尽量负责计算其本地存储的数据，以发挥数据本地化读写优势，仅当节点无法处理本地数据时，再采用就近原则寻找其他可用计算节点，并把数据传送到该可用计算节点。

（4）顺序处理数据，避免随机访问数据。

大规模数据处理的特点决定了大量的数据记录难以全部存放在内存中，而通常只能放在硬盘中进行处理。由于磁盘的顺序访问要远比随机访问快得多，因此 MapReduce 主要设计为面向顺序式大规模数据的磁盘访问处理。

（5）为应用开发者隐藏系统层细节。

在编写并行程序时有很多困难，如需要考虑多线程中诸如同步等复杂烦琐的细节。由于并发执行中的不可预测性，程序的调试查错也十分困难。而且，大规模数据处理时程序员需要考虑诸如数据分布存储管理、数据分发、数据通信和同步、计算结果收集等诸多细节问题。

MapReduce 提供了一种抽象机制，将程序与系统层细节隔离开来，程序员仅需描述需要计算什么，而具体怎么去计算就交由系统的执行框架处理，这样程序员就可从系统层细节中解放出来，而致力于问题的算法设计。

（6）性能的线性增长。

理想的软件算法应当能随着数据规模的扩大而表现出持续的有效性，性能上的下降程度应与数据规模扩大的倍数相当；在集群规模上，要求算法的计算性能应能随着节点数的增加而保持接近线性程度的增长。绝大多数现有的单机算法都达不到以上理想的要求；把中间结果数据维护在内存中的单机算法在大规模数据处理时很快失效；从单机到基于大规模集群的并行计算从根本上需要完全不同的算法设计。奇妙的是，MapReduce 在很多情形下能实现以上理想的扩展性特征。多项研究发现，对于很多计算问题，基于 MapReduce 的计算性能可随节点数目增长而保持近似于线性的增长。

4.2　MapReduce 运行机制

为了帮助读者更好地理解 MapReduce 的运行机制，我们采用一边做一边研究的方式展开本节内容。我们会先运行一个 Hadoop 提供的现成案例，以便有一个浅显的认识；然后以数据变化为主线，了解从输入到输出的过程中数据是如何变化的；最后通过这个案例来探究 MapReduce 的运行机制。

1．运行案例

在目录/soft/hadoop-2.9.2/share/hadoop/mapreduce 下，我们可以看到一个文件 hadoop-mapreduce-examples-2.9.2.jar，这个文件中有一些已经写好的案例，可以直接拿来用，包括

WordCount。

首先我们准备 3 个文件。

（1）file1.txt 内容如下：

```
Dear Bear River
Car Car River
Dear Car Bear
```

（2）file2.txt 内容如下：

```
Dear River River
Dear Car
Car Car Bear
```

（3）file3.txt 内容如下：

```
Dear Bear Dear
River River Bear
Car Car Bear Bear
```

然后把这 3 个文件上传到 HDFS 的/input 目录下，然后执行以下命令：

```
[hadoop@master ~]$ hadoop jar /soft/hadoop-2.9.2/share/hadoop/mapreduce/hadoop-mapreduce-examples-2.9.2.jar wordcount /input /out1
……//此处省略输出
```

这里涉及多个输出日志，基本上都是 MapReduce 运行时的一些重要参数日志，暂时不用关心。我们来解释一下这条命令：

```
hadoop jar /soft/hadoop-2.9.2/share/hadoop/mapreduce/hadoop-mapreduce-examples-2.9.2.jar wordcount /input /out1
```

其中，hadoop 是命令的名称；jar 是执行的文件类型；/soft/…/hadoop-mapreduce-examples-2.9.2.jar 是 jar 包的完整路径；wordcount 是任务名称；/input 表示输入的数据目录，该目录下的所有文件都要计算；/out1 是输出结果目录，这里的/out1 不能提前创建。

该命令执行之后，会发现在/out1 目录下新生产了 2 个文件：

```
[hadoop@master ~]$ hadoop fs -ls /out1
-rw-r--r--    2 hadoop supergroup          0 2020-05-24 17:02 /out1/_SUCCESS
-rw-r--r--    2 hadoop supergroup         19 2020-05-24 17:02 /out1/part-r-00000
```

其中，名为_SUCCESS 的文件，表明操作成功；另一个名为 part-r-00000 的文件就是输出结果文件了。接下来查看输出文件的内容：

```
[hadoop@master ~]$ hadoop fs -cat /out1/part-r-00000
Bear 6
Car  7
Dear 6
River 7
```

根据任务名、输入和输出，我们很容易知道这个 MapReduce 任务的作用是统计输入文件中的单词出现次数。本例中，Bear 出现 6 次，Car 出现 7 次，Dear 出现 6 次，River 出现 7 次。

2. 运行过程解析

MapReduce 的运行过程（任务提交、启动后的过程）主要由以下 4 个阶段组成：输入、Map、Reduce 和输出。

（1）输入阶段。用户准备好数据文件后，就可以运行 MapReduce 任务。Hadoop 的 MapReduce 框架会对数据进行切片：把待处理的数据文件按照切片大小分割成切片文件 split0，split1，split2……这里的切片大小有其默认值（默认和块的大小一致，当前为 128MB），具体配置将在 4.5 节介绍。本例中待处理的数据文件有 3 个且它们都不足 128MB，最终的切片效果是一个文件一个切片：

- split0——file1.txt；
- split1——file2.txt；
- split2——file3.txt。

每一个 split，MapReduce 框架将会为其分配一个任务进程（MapTask）来处理。这个进程会进一步分解切片里面的内容，默认按行分解，并将每一行按照“偏移量-行文本”这种键值对（半字线连接号“-”为键与值的分隔符，下文同）作为 map 函数的输入，循环调用 map 函数来处理。在本例中的输入阶段如表 4.1 所示。

表 4.1　输入阶段

数 据 文 件	切　片	进　程	map 函数输入
file1.txt	split0	MapTask1 将调用 3 次 map 函数	0-Dear Bear River 15-Car Car River 28-Dear Car Bear
file2.txt	split1	MapTask2 将调用 3 次 map 函数	0-Dear River River 16-Dear Car 24-Car Car Bear
file3.txt	split2	MapTask3 将调用 3 次 map 函数	0-Dear Bear Dear 14-River River Bear 30-Car Bear River

（2）Map 阶段。Map 阶段包括 map 函数处理、分区、排序、分组和规约 5 个部分。

①map 函数处理。按前文所述，默认情况下，map 函数每次只能处理一行内容。只需要在这个函数中编写自己的业务逻辑，输出 key-value 键值对供后面流程使用即可。本例中，我们期望 map 函数读取一行文本，对每个单词都输出“单词-1”这样一个键值对，如表 4.2 所示。

表 4.2　Map 阶段之 map 函数处理

map 函数输入	map 函数输出
0-Dear Bear River 15-Car Car River 28-Dear Car Bear	Dear-1,Bear-1,River-1 Car-1,Car-1,River-1 Dear-1,Car-1,Bear-1
0-Dear River River 16-Dear Car 24-Car Car Bear	Dear-1,River-1,River-1 Dear-1,Car-1 Car-1,Car-1,Bear-1

续表

map 函数输入	map 函数输出
0-Dear Bear Dear 14-River River Bear 30-Car Bear River	Dear-1,Bear-1,Dear-1 River-1,River-1,Bear-1 Car-1,Bear-1,River-1

②分区。对 map 函数的输出结果进行分区，默认全部分到 1 个区。可以自定义分区规则，详细过程见 4.6 节。假设这里分两个区，将 key 的首字母为 A-M 的分到第一个区，其余分到第二个区，如表 4.3 所示。

表 4.3　Map 阶段之分区

map 函数输出	分区规则（[A-M]/[N-Z]）	
Dear-1,Bear-1,River-1 Car-1,Car-1,River-1 Dear-1,Car-1,Bear-1	[A-M]分区 Dear-1, Bear-1,Car-1, Car-1,Dear-1,Car-1,Bear-1	[N-Z]分区 River-1，River-1
Dear-1,River-1,River-1 Dear-1,Car-1 Car-1,Car-1,Bear-1	[A-M]分区 Dear-1,Dear-1,Car-1, Car-1,Car-1,Bear-1	[N-Z]分区 River-1，River-1
Dear-1,Bear-1,Dear-1 River-1,River-1,Bear-1 Car-1,Bear-1,River-1	[A-M]分区 Dear-1,Bear-1,Dear-1, Bear-1,Car-1,Bear-1	[N-Z]分区 River-1,River-1,River-1

③排序。在分区内对键值对进行排序，默认按照 key-value 键值对的 key 依据字典升序来排序，如表 4.4 所示。

表 4.4　Map 阶段之排序

分区（规则[A-M]/[N-Z]）		排序（默认按照 key 升序排序）	
[A-M]分区 Dear-1, Bear-1,Car-1, Car-1,Dear-1,Car-1,Bear-1	[N-Z]分区 River-1，River-1	[A-M]分区 Bear-1,Bear-1, Car-1,Car-1,Car-1, Dear-1,Dear-1	[N-Z]分区 River-1,River-1
[A-M]分区 Dear-1,Dear-1,Car-1, Car-1,Car-1,Bear-1	[N-Z]分区 River-1，River-1	[A-M]分区 Bear-1,Car-1,Car-1, Car-1,Dear-1,Dear-1	[N-Z]分区 River-1,River-1
[A-M]分区 Dear-1,Bear-1,Dear-1, Bear-1,Car-1,Bear-1	[N-Z]分区 River-1,River-1,River-1	[A-M]分区 Bear-1,Bear-1,Bear-1, Car-1,Dear-1, Dear-1	[N-Z]分区 River-1,River-1, River-1

④分组。对排序后的键值对进行分组，默认按照 key-value 键值对的 key 作为依据，相同 key 的若干 value 会被放入一个组里，如表 4.5 所示。

表 4.5　Map 阶段之分组

排序（默认按照 key 升序排序）		分组（默认按照 key 分组）	
[A-M]分区 Bear-1,Bear-1, Car-1,Car-1,Car-1, Dear-1,Dear-1	[N-Z]分区 River-1,River-1	[A-M]分区 Bear-{1,1}, Car-{1,1,1}, Dear-{1,1}	[N-Z]分区 River-{1,1}
[A-M]分区 Bear-1,Car-1,Car-1, Car-1,Dear-1,Dear-1	[N-Z]分区 River-1,River-1	[A-M]分区 Bear-{1},Car-{1,1,1}, Dear-{1,1}	[N-Z]分区 River-{1,1}
[A-M]分区 Bear-1,Bear-1,Bear-1, Car-1,Dear-1, Dear-1	[N-Z]分区 River-1,River-1, River-1	[A-M]分区 Bear-{1,1,1},Car-{1}, Dear-{1,1}	[N-Z]分区 River-{1,1,1}

⑤规约。该阶段是一个可选阶段，默认是没有的。详细的讨论我们将在 4.6 节展开。

（3）Reduce 阶段。Reduce 阶段包含复制、分组、排序和 reduce 函数处理 4 个部分。

①复制。把 Map 阶段处理完的数据按照其分区不同分别发送到不同的 Reduce 节点上。这一过程是自动完成的，无须编程，有几个分区就有几个 Reduce 节点。这里需要特别说明的是，一个 Reduce 节点的数据来自多个 Map 节点中的相同分区，如表 4.6 所示。

表 4.6　Map 端数据复制到 Reduce 端

分组（默认按照 key 分组）	
[A-M]分区 Bear-{1,1}, Car-{1,1,1}, Dear-{1,1}	[N-Z]分区 River-{1,1}
[A-M]分区 Bear-{1},Car-{1,1,1}, Dear-{1,1}	[N-Z]分区 River-{1,1}
[A-M]分区 Bear-{1,1,1},Car-{1}, Dear-{1,1}	[N-Z]分区 River-{1,1,1}

复　制		进　程
Reduce0 [A-M]分区	Bear-{1,1},Car-{1,1,1},Dear-{1,1}, Bear-{1},Car-{1,1,1},Dear-{1,1}, Bear-{1,1,1},Car-{1},Dear-{1,1}	ReduceTask1
Reduce1 [N-Z]分区	River-{1,1},River-{1,1},River-{1,1,1}	ReduceTask2

②分组。对 Map 节点复制过来的数据按照 key 进行分组，类似 Map 阶段的分组。这个部分是自动完成的，无须编程，如表 4.7 所示。

表 4.7　Reduce 阶段之分组

复　制		分组（默认按照 key 分组）
Reduce0 [A-M]分区	Bear-{1,1},Car-{1,1,1},Dear-{1,1}, Bear-{1},Car-{1,1,1},Dear-{1,1}, Bear-{1,1,1},Car-{1},Dear-{1,1}	Dear-{1,1,1,1,1,1}, Car-{1,1,1,1,1,1,1}, Bear-{1,1,1,1,1,1}
Reduce1 [N-Z]分区	River-{1,1},River-{1,1},River-{1,1,1}	River-{1,1,1,1,1,1,1}

分组后的数据可表示为key-{value-list}，即一个键和若干个值的组合。

③排序。对分组后的数据按照key进行排序，默认按照key的字典升序来排序。这个部分也是自动完成的，无须编程，如表4.8所示。

表4.8 Reduce阶段之排序

分组（默认按照key分组）	排序（默认按照key升序排序）
Dear-{1,1,1,1,1,1}, Car-{1,1,1,1,1,1,1}, Bear-{1,1,1,1,1,1}	Bear-{1,1,1,1,1,1}, Car-{1,1,1,1,1,1,1}, Dear-{1,1,1,1,1,1},
River-{1,1,1,1,1,1,1}	River-{1,1,1,1,1,1,1}

④reduce函数处理。与map函数处理类似，Reduce节点上的ReduceTask进程将循环调用reduce函数，每次调用向其输入一个key-{value-list}，该函数会按程序员编写的业务逻辑来运行并产生输出。本例中，我们将输出中的value-list求和记为sum，然后将key-sum作为结果输出，如表4.9所示。

表4.9 Reduce阶段之reduce函数处理

排序（默认按照key升序排序）	reduce函数输出
Bear-{1,1,1,1,1,1}, Car-{1,1,1,1,1,1,1}, Dear-{1,1,1,1,1,1},	Bear-6, Car-7, Dear-6
River-{1,1,1,1,1,1,1}	River-7

（4）输出阶段。这个阶段主要是把计算结果按照一定的要求输出保存到HDFS，供后面的分析计算使用，如表4.10所示。

表4.10 输出阶段

reduce函数输出	输　出
Bear-6, Car-7, Dear-6	part-r-00000文件： Bear-6, Car-7, Dear-6
River-7	part-r-00001文件： River-7

3．调度过程解析

下面再从调度者的角度来描述MapReduce任务的运行流程。

第5章将介绍YARN框架如何进行资源分配和任务调度，本节重点从数据流向的角度来阐述MapReduce任务启动后的调度过程。这个过程涉及3类实例进程：MRAppMaster负责整个任务的过程调度及状态协调；MapTask负责Map阶段的整个数据处理流程；ReduceTask负责Reduce阶段的整个数据处理流程。

（1）一个MapReduce任务启动的时候，最先启动的是MRAppMaster，MRAppMaster启

动后根据本次 Job（任务）的描述信息，计算出需要的 MapTask 实例数量，然后向集群申请机器并启动相应数量的 MapTask 进程。

（2）MapTask 进程启动之后，根据给定的数据切片范围进行数据处理，主体流程如下。

①利用客户指定的输入文件格式来读取数据，形成输入 KV（key-value 键值对）对。

②将输入 KV 对传递给客户定义的 map 函数，进行逻辑运算，并将 map 函数输出的 KV 对收集到缓存。

③将缓存中的 KV 对按照 K 分区、分组排序后不断溢写到磁盘文件。

（3）MRAppMaster 监控到所有 MapTask 进程任务完成之后，会根据客户指定的参数启动相应数量的 ReduceTask 进程，并告知 ReduceTask 进程要处理的数据范围（数据分区）。

（4）ReduceTask 进程启动之后，根据 MRAppMaster 告知的待处理数据所在位置，从若干台 MapTask 所在机器上获取若干个 MapTask 输出结果文件，并在本地进行重新分组排序，调用客户定义的 reduce 函数进行逻辑运算，收集运算输出的结果 KV，然后根据客户指定的输出文件格式和输出路径将结果数据输出到外部存储（HDFS）。

4.3　编程实现 WordCount

上一节详细介绍了 WordCount 的工作流程，但我们会很好奇：代码是如何编写的呢？

在编写 MapReduce 程序时，要注意以下编程规范。

（1）用户编写的程序分成 3 个部分：Mapper、Reducer 及任务配置。

（2）Mapper 的输入数据是 KV 对的形式（KV 的类型可自定义）。

（3）Mapper 的输出数据是 KV 对的形式（KV 的类型可自定义）。

（4）Mapper 中的业务逻辑写在 map()方法中。

（5）map()方法（MapTask 进程）对每一个<K,V>调用一次。

（6）Reducer 的输入数据类型对应 Mapper 的输出数据类型，也是 KV 对。

（7）Reducer 的业务逻辑写在 reduce()方法中。

（8）ReduceTask 进程对每一组相同 K 的<K,V>组调用一次 reduce()方法。

（9）用户自定义的 Mapper 和 Reducer 都要继承各自的父类。

（10）整个任务配置 Job 对象，它描述了任务运行需要的各种信息。

下面我们使用 Eclipse 作为 IDE，开发环境保持和第 3 章一样就可以了。

完整代码如程序清单 4.1 所示。

```
package org.lanqiao.BigData.chapter4;

import java.net.URI;


import org.apache.hadoop.conf.Configuration;
import org.apache.hadoop.fs.FileSystem;
import org.apache.hadoop.fs.Path;
import org.apache.hadoop.io.LongWritable;
import org.apache.hadoop.io.Text;
import org.apache.hadoop.mapreduce.Job;
import org.apache.hadoop.mapreduce.Mapper;
import org.apache.hadoop.mapreduce.Reducer;
```

```
import org.apache.hadoop.mapreduce.lib.input.FileInputFormat;
import org.apache.hadoop.mapreduce.lib.output.FileOutputFormat;

public class WordCount {
    public static void main(String[] args) throws Exception {
        Configuration conf = new Configuration();
        //获取集群访问路径
        FileSystem fileSystem = FileSystem.get(new URI("hdfs://192.168.128.131:9000/"), conf);
        //判断输出路径是否已经存在，如果存在则删除
        Path outPath = new Path(args[1]);
        if(fileSystem.exists(outPath)){
            fileSystem.delete(outPath, true);
        }
        //生成 job，并指定 job 的名称
        Job job = Job.getInstance(conf, "word-count");
        //指定打成 jar 包后的运行类
        job.setJarByClass(WordCount.class);
        //指定 Mapper 类
        job.setMapperClass(MyMapper.class);
        //指定 Reducer 类
        job.setReducerClass(MyReducer.class);
        //指定 Mapper 的输出类型
        job.setMapOutputKeyClass(Text.class);
        job.setMapOutputValueClass(LongWritable.class);
        //指定 Reducer 的输出类型
        job.setOutputKeyClass(Text.class);
        job.setOutputValueClass(LongWritable.class);

        FileInputFormat.addInputPath(job, new Path(args[0]));
        FileOutputFormat.setOutputPath(job, new Path(args[1]));
        System.exit(job.waitForCompletion(true) ? 0 : 1);
    }

    /**
     * Mapper<LongWritable, Text, Text, LongWritable>中前两个参数表示 map 函数处理前的输入数据的 key 和 value 的数据类型；
     * 后两个参数表示 map 函数处理后的输出数据的 key 和 value 的数据类型。这里使用的数据类型都必须是 4.4 节介绍的 MapReduce 中的数据类型
     */
    static class MyMapper extends Mapper<LongWritable, Text, Text, LongWritable>{
        /**
         * @param k1 表示每行偏移量
         * @param v1 表示每行行内容
         * @param context 表示当前上下文环境对象
         */
        protected void map(LongWritable k1, Text v1, Context context) throws java.io.IOException, InterruptedException {
```

```
                //按照空格切割每一行的内容，每一个单词构建一个键值对，如"hello-1"
                final String[] splited = v1.toString().split(" ");
                for (String word : splited) {
                    //使用 context 上下文对象的 write 方法把该键值对发送到下一个环节——排序
                    context.write(new Text(word), new LongWritable(1));
                }
            };
        }

        /**
         * Reducer<Text, LongWritable, Text, LongWritable>中前两个参数表示reduce函数处理前的输入数据的 key 和 value 的数据类型；
         * 后两个参数表示 reduce 函数处理后的输出数据的 key 和 value 的数据类型
         */
        static class MyReducer extends Reducer<Text, LongWritable, Text, LongWritable>{
            /**
             * @param k2 表示单词
             * @param v2s 表示单词数量的集合
             * @param ctx 表示当前上下文环境对象
             */
            protected void reduce(Text k2, java.lang.Iterable<LongWritable> v2s, Context ctx) throws java.io.IOException ,InterruptedException {
                long times = 0L;
                //针对每一个单词累计求和
                for (LongWritable count : v2s) {
                    times += count.get();
                }
                //把每个单词的最终统计结果发送给下一环节——输出
                ctx.write(k2, new LongWritable(times));
            };
        }
    }
```

程序清单 4.1

在 Windows 开发环境下进行 MapReduce 编程，MapReduce 的运行方式有 3 种。

（1）Windows 本地调试运行，需要本地 Hadoop 环境支持，这个比较麻烦。

（2）本地编译成 jar 包，手动发送到 Hadoop 集群上用“hadoop jar”或者“yarn jar”方式运行。此方式看似麻烦，实则最为简单。

（3）本地编译环境在 IDE 里直接提交到集群上运行，实际上这种方式就是第二种方式的变种。同样需要本地 Hadoop 环境支持，同时本地需要编译成 jar 包。

从简单易用的角度考虑，这里我们选择第二种方案即可。打成 wc.jar 包，上传到集群，执行如下命令：

```
[hadoop@master ~]$ hadoop jar wc.jar org.lanqiao.BigData.chapter4.WordCount /input /out1
```

其中，hadoop 是命令的名称；jar 是执行的文件类型；org.lanqiao.BigData.chapter4.WordCount 为可执行类的包路径；/input 为输入目录；/out1 为输出目录。

4.4 MapReduce 数据类型与输入/输出格式

1. MapReduce 数据类型

MapReduce 中的所有数据类型都统一地实现了 Writable 接口，实现序列化与反序列化，以便于这些数据可以进行网络传输和文件存储。Java 中常见的基本数据类型在 MapReduce 中都有对应的数据类型，如表 4.11 所示。

表 4.11　MapReduce 数据类型

Java 基本数据类型	MapReduce 中 Writable 实现
boolean	BooleanWritable
byte	ByteWritable
int	IntWritable
float	FloatWritable
long	LongWritable
double	DoubleWritable
String	Text

除此之外，我们也可以自行实现 Writable 接口，定义新的数据类型，只需要重写 Writable 接口中的比较方法 equals、hashCode、compareTo 以及序列化和反序列化方法 write、readFields 即可。在前面的程序清单 4.1 中涉及的数据类型都是 MapReduce 中对应的数据类型。

2. MapReduce 输入/输出格式

（1）MapReduce 输入格式。

MapReduce 的输入格式由 InputFormat 接口来规范，其定义如下：

```
public abstract class InputFormat<K,V> {
    public abstract List<InputSplit> getSplits(JobContext context);
    public abstract RecordReader<K, V>creatRecordReader(InputSplit split, TaskAttemptContext context);
}
```

getSplits()方法对输入的文件块进行逻辑上的切分，返回切片的集合；InputSplit 封装了切片在块中的逻辑边界，每个 InputSplit 将被分配给一个 Mapper 进行处理。

creatRecordReader()方法对给定的切片创建记录阅读器 RecordReader。RecordReader 的作用是将切片转换成键值对，我们已经知道每个键值对都将作为参数传递给 map()方法。

不同的 InputFormat 会实现不同的切片方式和返回不同的记录阅读器。其子类有专门用于读取文本文件的 FileInputFormat，用于读取数据库文件的 DBInputFromat，用于读取 HBase 的 TableInputFormat 等。我们重点介绍 FileInputFormat 及其子类。

FileInputFormat 有若干子类，最常用的有 TextInputFormat、KeyValueTextInputFormat、NLineInputFormat、SequenceFileInputFormat 和 CombineFileInputFormat。

①TextInputFormat。TextInputFormat 是普通文本输入格式，也是 MapReduce 默认的输入格式。它将文本中的一行视为一条记录来创建键值对，键是 LongWritable 类型，存储行起始位置在整个文件中的字节偏移量，值是 Text 类型，存储了行的文本内容，不包括任何行终止

符（换行符和回车符）。

例如，一个切片包含了如下 4 条文本记录：

```
Rich learning form
Intelligent learning engine
Learning more convenient
From the real demand for more close to the enterprise
```

将得到以下 4 个键值对：

```
(0,Rich learning form)
(19,Intelligent learning engine)
(47,Learning more convenient)
(72,From the real demand for more close to the enterprise)
```

很明显，键并不是行号。一般情况下，很难取得行号，因为文件按字节而不是按行切分为切片。

②KeyValueTextInputFormat。KeyValueTextInputFormat 为键值对文本输入格式。它将文本中的一行视为一条记录来创建键值对，用分隔符（缺省为 tab）将行分割为 key（Text）、value（Text）。

例如，输入是一个包含 4 条记录的切片。其中“—>”表示一个（水平方向的）制表符，即 tab 键。

```
line1—>Rich learning form
line2—>Intelligent learning engine
line3—>Learning more convenient
line4—>From the real demand for more close to the enterprise
```

将得到以下 4 个键/值对：

```
(line1,Rich learning form)
(line2,Intelligent learning engine)
(line3,Learning more convenient)
(line4,From the real demand for more close to the enterprise)
```

此时的键是每行排在制表符之前的 Text 序列，值是每行排在制表符之后的 Text 序列。

③NLineInputFormat。NLineInputFormat 为多行文本输入格式。TextInputFormat 和 KeyValueTextInputFormat 以预设切片大小和行的长度来作为切片划分依据，NLineInputFormat 则以行数为切片划分依据（用 mapreduce.input.lineinputformat.linespermap 来设置）。与 TextInputFormat 一样，它将文本中的一行视为一条记录来创建键值对，键是行的偏移量（LongWritable 对象），值是行的文本内容（Text 对象）。

例如，仍然以上面的 4 行输入为例：

```
Rich learning form
Intelligent learning engine
Learning more convenient
From the real demand for more close to the enterprise
```

如果 N 是 2，则每个输入切片包含两行。一个 Mapper 收到前两行键值对：

```
(0,Rich learning form)
(19,Intelligent learning engine)
```

另一个 Mapper 则收到后两行：

```
(47,Learning more convenient)
(72,From the real demand for more close to the enterprise)
```

④SequenceFileInputFormat。SequenceFileInputFormat 为序列化文件输入格式，用于读取 sequence file。序列文件是 Hadoop 专用的压缩二进制文件格式，它专用于一个 MapReduce 作业和其他 MapReduce 作业之间传送数据，用于多个 MapReduce 作业之间的链接操作，此处暂不深入讲解。

⑤CombineFileInputFormat。CombineFileInputFormat 根据一定的规则，将 HDFS 上多个小文件合并到一个文件切片中，然后会启用一个 MapTask 来处理这个切片，以此减少 MapReduce 整体作业的运行时间。这个规则将在 4.5 节介绍。

（2）MapReduce 输出格式。

OutputFormat 为输出格式接口，主要用于描述输出数据的格式，它能将输出的键值对写入特定格式的文件中。其最常用的子类有 TextOutputFormat 和 SequenceFileOutputFormat。

①TextOutputFormat：文本输出格式，为 Hadoop 默认的输出格式，其键和值可以是任意类型的，因为该输出方式会调用 toString()方法将它们转化为字符串。每个键值对由制表符进行分割，当然也可以设定 mapreduce.output.textoutputformat.separator 属性改变默认的分隔符。

②SequenceFileOutputFormat：将它的输出写为一个 sequence file。如果任务的输出需要作为后续 MapReduce 任务的输入，这便是一种好的输出格式，因为它的格式紧凑，并且很容易被压缩。

4.5 文件切片

1. 基本规则

文件切片主要是把待处理的数据文件按照某种规则分割成切片文件 split0，split1，split2……然后每一个 split 会被分配一个任务进程来处理。这里的切片大小默认是由以下公式决定的：

```
Math.max(minSize, Math.min(maxSize, blockSize))
```

其中，minSize 的默认值为 1，可以通过参数 mapreduce.input.fileinputformat.split.minsize 来设置；maxSize 的默认值为 Long.MAXValue，可以通过参数 mapreduce.input.fileinputformat.split.maxsize 来设置；blockSize 就是第 3 章提到的块（Block）的大小，默认为 128MB。通过这个公式可以看到，切片大小在默认情况下是 128MB。

例如，待处理的数据文件有两个：file1.txt 为 320MB，file2.txt 为 10MB。那么，按照上面的理解，最终的切片信息如下：

- split0——file1.txt（0～128MB）
- split1——file1.txt（128～256MB）
- split2——file1.txt（256～320MB）

● split3——file2.txt（0～10MB）

也就是说这两个文件会被切片成 4 个切片。

2. 小文件处理

默认的切片机制下，即使文件较小，没有达到预设的切片的大小，也会是一个单独的切片，会被交给一个任务进程来处理。如果有大量小文件，就会需要大量的任务进程，处理效率极其低下。对于小文件，更好的办法是在数据处理系统的最前端（采集/预处理），将小文件先合并成大文件，再上传到 HDFS 做后续分析。

如果在 HDFS 中已经存储了大量小文件，可以使用 CombineTextInputFormat 这个类来做切片，它的切片逻辑跟默认的 TextFileInputFormat 不同：它可以将多个小文件从逻辑上规划到一个切片中，这样一来，多个小文件就可以交给一个任务进程来处理了。在程序清单 4.1 中可以添加下面 3 行代码设定新的输入格式：

```
//设置使用 CombineTextInputFormat
job.setInputFormatClass(CombineTextInputFormat.class);
CombineTextInputFormat.setMaxInputSplitSize(job, 1048576);//1MB
```

这里我们设置了 max=1MB，规定按以下规则切片：

①当文件大小<max 时，文件无须分割。

②当 max<文件大小<2×max 时，文件平均分割为 2 个部分。

③当文件大小>2×max 时，先分割 1 个 max 大小的文件出来；如果剩余的部分仍然大于 2×max，那就继续再分割一个 max 大小的文件出来，直到剩余的部分不大于 2×max 时，剩下的部分平均分割为 2 个部分。

在这样的规则下，如果我们有 4 个文件，大小分别为 0.2MB、1.4MB、0.6MB、2.6MB，那么这 4 个文件会被分割为以下这 7 块：0.2MB，（0.7MB，0.7MB），0.6MB，（1MB，0.8MB，0.8MB）。这样就是最终的切片吗？不是！实际的切片大小为（0.2+0.7+0.7）MB、（0.6+1）MB、（0.8+0.8）MB 这 3 块。方法为：按照顺序依次相加，直到第一次超出 1MB 时，就划分为一个切片。

4.6 Shuffle 机制详解

MapReduce 的运行过程主要由以下几个阶段组成：输入、Map、Reduce 和输出，如图 4.1 所示。

根据 4.2 节的内容，结合图 4.1 我们知道，Map 阶段又细分为 map 函数处理、分区、排序、分组和规约 5 个部分，Reduce 阶段分为复制、分组、排序和 reduce 函数处理 4 个部分。我们为 Map 阶段的分区、排序、分组和规约以及 Reduce 阶段的复制、分组和排序共 7 个部分起一个新的名字，叫作 Shuffle。

Shuffle 的本义是洗牌，把一组有一定规则的数据尽量转换成一组无规则的数据，随机性越强越好。MapReduce 中的 Shuffle 更像是洗牌的逆过程，把一组无规则的数据尽量转换成一组具有一定规则的数据。

下面我们进一步探讨 Shuffle 中的分区、排序、规约这几个环节。

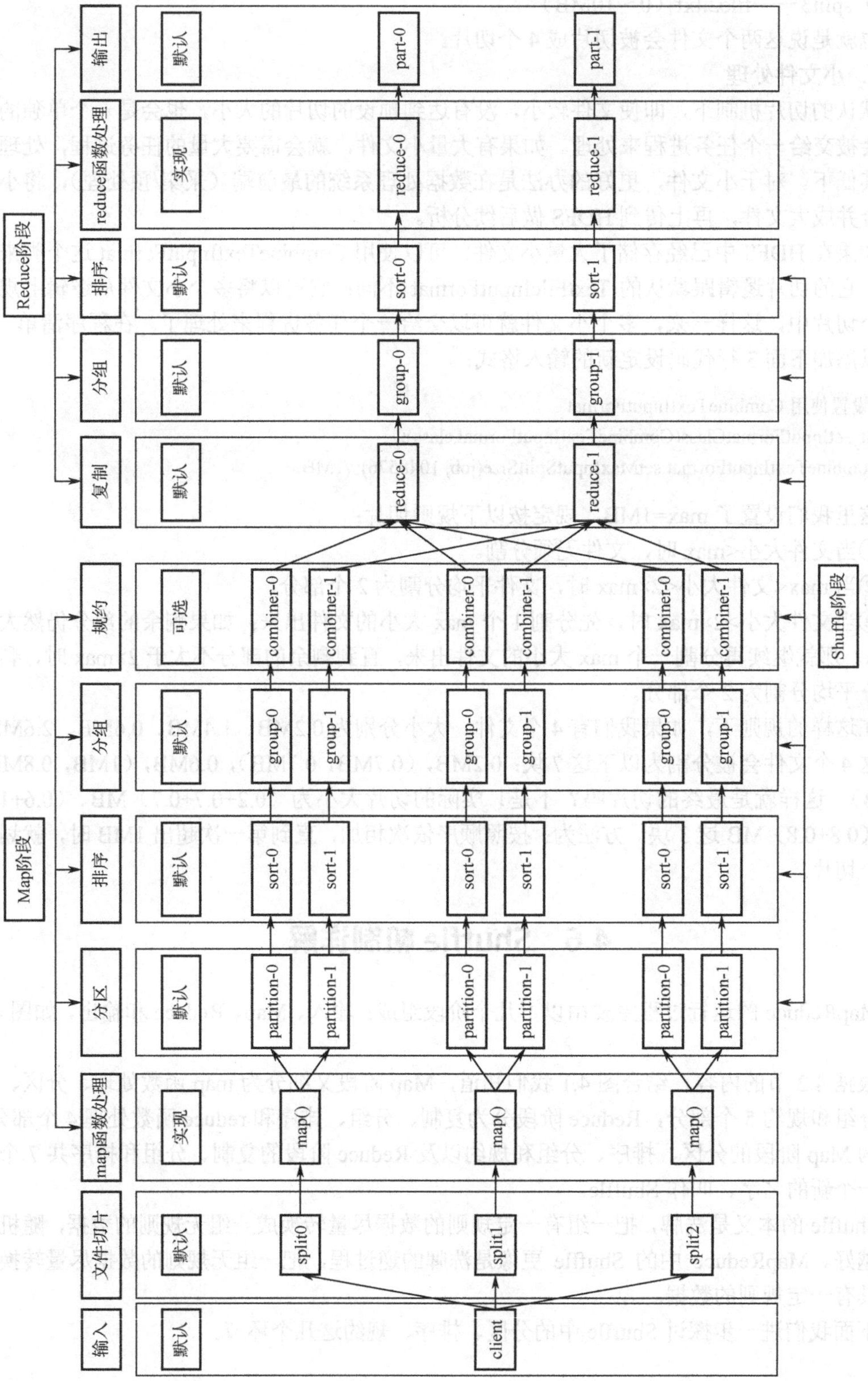

图4.1 MapReduce运行过程

1．分区

通过 4.2 节我们已经知道 map 函数的输出数据会被分区，一个分区的数据会统一发给一个 Reducer 节点，一个 Reducer 节点将输出一个结果文件。因此，假如我们需要将最终的输出数据分到不同的文件中，比如把同一省份的数据放到一个文件中或把同一性别的数据放到一个文件中，就要自定义分区规则。

在进行自定义分区规则前，我们先来了解一下默认分区规则。MapReduce 中标识分区规则的类是 Partitioner，HashPartitioner 是其子类，也是分区的默认实现，其核心代码如下：

```
public class HashPartitioner<K, V> extends Partitioner<K, V> {
  //key 和 value 分别是 map 函数的输出；numReduceTasks 指的是 Reducer 的任务数量，默认值为 1。
  public int getPartition(K key, V value,int numReduceTasks) {
    return (key.hashCode() & Integer.MAX_VALUE) % numReduceTasks;
  }
}
```

关于代码细节，请读者自行研究。我们可以简单认为 MapReduce 默认的分区规则是：基于 key 的 hashCode 值的均匀分布。numReduceTasks 参数代表 ReduceTask 进程数，它等同于分区数。如果不设置该进程数（分区数），则默认值为 1，那么 getPartition()方法将返回 0，这意味着 map()方法输出的所有数据都在分区 0 中，也意味着只有一个 ReduceTask，最终只能输出到一个文件中。

下面我们举例说明如何自定义分区规则。在 4.2 节，解释 WordCount 的运行过程时我们将分区规则定义为：A-M 一个区，N-Z 一个区。如何实现它呢？请看程序清单 4.2。

```
package org.lanqiao.BigData.chapter4;

import java.net.URI;

import org.apache.hadoop.conf.Configuration;
import org.apache.hadoop.fs.FileSystem;
import org.apache.hadoop.fs.Path;
import org.apache.hadoop.io.LongWritable;
import org.apache.hadoop.io.Text;
import org.apache.hadoop.mapreduce.Job;
import org.apache.hadoop.mapreduce.Mapper;
import org.apache.hadoop.mapreduce.Reducer;
import org.apache.hadoop.mapreduce.lib.input.FileInputFormat;
import org.apache.hadoop.mapreduce.lib.output.FileOutputFormat;
import org.apache.hadoop.mapreduce.lib.partition.HashPartitioner;

public class CustomPartition {
    public static void main(String[] args) throws Exception {
        Configuration conf = new Configuration();
        //获取集群访问路径
        FileSystem fileSystem = FileSystem.get(new URI("hdfs://192.168.128.131:9000/"), conf);
        //判断输出路径是否已经存在，如果存在则删除
        Path outPath = new Path(args[1]);
```

```
            if(fileSystem.exists(outPath)){
                fileSystem.delete(outPath, true);
            }
            //生成job，并指定job的名称
            Job job = Job.getInstance(conf, "word-count");
            //指定打成jar包后的运行类
            job.setJarByClass(CustomPartition.class);
            //指定Mapper类
            job.setMapperClass(MyMapper.class);
            //指定Reducer类
            job.setReducerClass(MyReducer.class);
            //指定Mapper的输出类型
            job.setMapOutputKeyClass(Text.class);
            job.setMapOutputValueClass(LongWritable.class);
            //指定Reducer的输出类型
            job.setOutputKeyClass(Text.class);
            job.setOutputValueClass(LongWritable.class);

            //分区
            job.setPartitionerClass(MyPartitioner.class);
            //同时指定分区数量
            job.setNumReduceTasks(2);

            FileInputFormat.addInputPath(job, new Path(args[0]));
            FileOutputFormat.setOutputPath(job, new Path(args[1]));
            System.exit(job.waitForCompletion(true) ? 0 : 1);
        }

        /**
         * 自定义分区类。分区规则是：[A-M]一个分区，[N-Z]一个分区。
         * key和value是Map的输出键值对，numReduceTasks是分区数
         */
        static class MyPartitioner extends HashPartitioner<Text, LongWritable>{
            public int getPartition(Text key, LongWritable value, int numReduceTasks) {
                char k = key.toString().charAt(0);//首字母
                if(k>='a' && k<='m' || k>='A' && k<='M') {
                    return 0;
                }else {
                    return 1;
                }
            }
        }

        ……//这里省略MyMapper和MyReducer，代码同程序清单4.1。
}
```

程序清单 4.2

下面我们来验证一下程序效果。准备好输入数据文件 a.txt，并将其上传到 HDFS 的/input 目录：

```
i love you What
you love me
What What
```

把代码打成 jar 包上传，并在集群上执行：

```
[hadoop@master ~]$ hadoop jar wc.jar org.lanqiao.BigData.chapter4.CustomPartition/input /out1
```

执行完毕，查看输出结果，得到两个分区文件 part-r-00000 和 part-r-00001，内容符合分区标准：

```
[hadoop@master ~]$ hadoop fs -ls /out1
-rw-r--r--    2 hadoop supergroup          0 2020-05-25 12:06 /out1/_SUCCESS
-rw-r--r--    2 hadoop supergroup         22 2020-05-25 12:06 /out1/part-r-00000
-rw-r--r--    2 hadoop supergroup          6 2020-05-25 12:06 /out1/part-r-00001
[hadoop@master ~]$ hadoop fs -cat /out1/part-r-00000
i       1
love    2
me      1
[hadoop@master ~]$ hadoop fs -cat /out1/part-r-00001
you     2
What    3
```

2．排序

我们再来回顾下 Shuffle：分区→排序（Map）→分组（Map）→复制（Reduce）→分组（Reduce）→排序（Reduce）。map()方法的输出经过分区后，就进入排序环节，这里的排序不仅可加快 Map 阶段的分组效率，也能加快 Reduce 阶段的分组效率。在 Reduce 阶段的排序，则是为了确保最终的输出有序。

现在我们来探讨一下排序规则。无论 Map 阶段还是 Reduce 阶段，排序依据都是 key 所属的类中所定义的排序规则，具体来说是通过实现 WritableComparable 的 compareTo()方法来实现的。在 WordCount 中，key 属于 Text，其排序规则按字符串的字典升序来排序。

如果要实现自己需要的排序规则，则可以考虑将排序因素放到 key 中，让 key 实现接口 WritableComparable 的 compareTo()方法。

例如，假设有如下数据：

```
zs    20    100
ls    21    95
ww    22    90
zl    21    99
sq    19    88
qb    20    96
```

第一列是姓名，第二列是年龄，第三列是成绩。现在我们希望把这个文件的数据先按照年龄的升序排列，年龄相同的再按照成绩的降序来排列，输出到 1 个文件中，形式不变。实现代码如程序清单 4.3 所示。

```
package org.lanqiao.BigData.chapter4;

import java.io.DataInput;
import java.io.DataOutput;
import java.io.IOException;
import java.net.URI;

import org.apache.hadoop.conf.Configuration;
import org.apache.hadoop.fs.FileSystem;
import org.apache.hadoop.fs.Path;
import org.apache.hadoop.io.LongWritable;
import org.apache.hadoop.io.NullWritable;
import org.apache.hadoop.io.Text;
import org.apache.hadoop.io.WritableComparable;
import org.apache.hadoop.mapreduce.Job;
import org.apache.hadoop.mapreduce.Mapper;
import org.apache.hadoop.mapreduce.Reducer;
import org.apache.hadoop.mapreduce.lib.input.FileInputFormat;
import org.apache.hadoop.mapreduce.lib.output.FileOutputFormat;

public class CustomSort {
    public static void main(String[] args) throws Exception {
        Configuration conf = new Configuration();
        //获取集群访问路径
        FileSystem fileSystem = FileSystem.get(new URI("hdfs://192.168.128.131:9000/"), conf);
        //判断输出路径是否已经存在，如果存在则删除
        Path outPath = new Path(args[1]);
        if(fileSystem.exists(outPath)){
            fileSystem.delete(outPath, true);
        }
        //生成 job，并指定 job 的名称
        Job job = Job.getInstance(conf, "custom-sort");
        //指定打成 jar 包后的运行类
        job.setJarByClass(CustomSort.class);
        //指定 Mapper 类
        job.setMapperClass(MyMapper.class);
        //指定 Reducer 类
        job.setReducerClass(MyReducer.class);
        //指定 Mapper 的输出类型
        job.setMapOutputKeyClass(Student.class);
        job.setMapOutputValueClass(NullWritable.class);
        //指定 Reducer 的输出类型
        job.setOutputKeyClass(Student.class);
        job.setOutputValueClass(NullWritable.class);

        FileInputFormat.addInputPath(job, new Path(args[0]));
        FileOutputFormat.setOutputPath(job, new Path(args[1]));
```

```
		System.exit(job.waitForCompletion(true) ? 0 : 1);
	}

	/**
	 * map 函数的输出 key 为 Student 类型，便于使用其重写的 compareTo()方法来排序，无须考虑 value 值，
	 *所以使用 NullWritable。
	 */
	static class MyMapper extends Mapper<LongWritable, Text, Student, NullWritable>{
		protected void map(LongWritable k1, Text v1, Context context) throws java.io.IOException,
InterruptedException {
			final String[] splited = v1.toString().split("\t");
			//拼凑出 Student 类型，作为 key
			final Student s = new Student(splited[0], Integer.parseInt(splited[1]), Integer.parseInt
(splited[2]));
			context.write(s, NullWritable.get());
		};
	}

	/**
	 * reduce 函数的输出 key 为 Student 类型，便于使用其重写的 toString()方法来输出对象结果到文
件中，无须考虑 value 值，所以使用 NullWritable。
	 */
	static class MyReducer extends Reducer<Text, LongWritable, Student, NullWritable>{
		protected void reduce(Student k2, java.lang.Iterable<NullWritable> v2s, Context context) throws
java.io.IOException ,InterruptedException {
			//直接将 Student 对象输出
			context.write(k2, NullWritable.get());
		};
	}

	/**
	 * 该类实现了排序规则，实现了 WritableComparable 接口
	 */
	static class Student implements WritableComparable<Student>{
		String name;
		int age;
		int score;

		public String getName() {
			return name;
		}

		public void setName(String name) {
			this.name = name;
		}

		public int getAge() {
```

```
        return age;
    }

    public void setAge(int age) {
        this.age = age;
    }

    public int getScore() {
        return score;
    }

    public void setScore(int score) {
        this.score = score;
    }

    public Student(){}

    public Student(String name, int age, int score){
        this.name = name;
        this.age = age;
        this.score = score;
    }

    /**
     * 下面的两个方法主要用于实现 MapReduce 中的序列化和反序列化，
     * 因为 Student 对象要作为 key 在 Hadoop 节点之间进行数据传输。
     * 反序列化
     */
    public void readFields(DataInput in) throws IOException {
        this.name = in.readUTF();
        this.age = in.readInt();
        this.score = in.readInt();
    }

    /**
     * 序列化
     */
    public void write(DataOutput out) throws IOException {
        out.writeUTF(name);
        out.writeInt(age);
        out.writeInt(score);
    }

    /**
     * 当 key 是 Student 时，默认会按照 compareTo()方式进行比较。
     * 在比较两个 Student 对象时，先按照 age 升序排列，再按照 score 降序排列
     */
```

```
        public int compareTo(Student o) {
            if(this.age<o.age) {
                return -1;
            }else if(this.age>o.age) {
                return 1;
            }else {
                if(this.score<o.score) {
                    return 1;
                }else if(this.score>o.score) {
                    return -1;
                }else {
                    return 0;
                }
            }
        }

        /**
         * hashCode()方法和 equals()方法主要用来实现区分不同的对象，比如有两行内容如下：
         * zs   19   99
         * zs   19   80
         * 根据计算 hashCode()的值是不一样的，同时 equals()方法返回值也是 false，所以这两行对
         * 应的两个 Student 对象自然就不一样。而 Student 类型作为 key 时，其分组自然也是不一样的。
         */
        public int hashCode() {
            return this.name.hashCode()+this.age+this.score;
        }

        public boolean equals(Object obj) {
            if(!(obj instanceof Student)){
                return false;
            }
            Student s = (Student)obj;
            return this.name.equals(s.name)&&(this.age==s.age)&&(this.score==s.score);
        }

        /**
         * Reduce 中的 context.write(k2, NullWritable.get())方法是把对象 k2(Student)和
         * NullWritable.get()作为键值对，默认通过 Tab 键作为分隔输出到 part-r-0000*文件中去，这
         *里 value 设置为空，所以只输出 k2，重写 toString()的目的就是把 Student 对象按照下面
         *的格式输出到文件中。当然也可以不重写该方法，那么就需要在 Reduce 中的 context.write()
         *中自己定义格式，比如 context.write(k2.getName+"\t"+k2.getAge()+"\t"+k2.getScore())。
         */
        public String toString() {
            return name+"\t"+age+"\t"+score;
        }
    }
}
```

程序清单 4.3

把代码打成 jar 包上传到集群上，然后执行：

```
[hadoop@master ~]$ hadoop jar wc.jar org.lanqiao.BigData.chapter4.CustomSort/input /out1
```

执行完毕，查看输出结果：

```
[hadoop@master ~]$ hadoop fs -cat /out1/part*
sq      19      88
zs      20      100
qb      20      96
zl      21      99
ls      21      95
ww      22      90
```

可以看到，在不改变列顺序的情况下，先按照年龄的升序排列，再按照成绩的降序排列。

作为扩展，这里请读者思考一个问题：如果输入文件中有重复的行，结果会是怎样的？为什么？

3．规约（Map 阶段）

规约（Combiner）是 MapReduce 程序中的一个组件，也是 Map 阶段的一个可选过程，其使用的原则是：有或没有都不能影响业务逻辑。

（1）Combiner 组件的父类就是 Reducer，它与 Reducer 的区别在于运行的位置：Combiner 在每一个 MapTask 所在的节点上运行；Reducer 接收全局所有 Mapper 的输出结果。

（2）Combiner 的意义是对每一个 MapTask 的输出进行局部汇总，以减小网络传输量。

（3）Combiner 的具体实现步骤：自定义一个类 MyCombiner 继承 Reducer，重写 reduce()方法，并在 Job 中注册 job.setCombinerClass(MyCombiner.class)即可。

（4）Combiner 的功能是实现本地 Key 的归并，Combiner 也被称为本地的 Reducer。如果不用 Combiner，那么所有的结果都由 Reducer 完成，效率会相对低下。

（5）Combiner 的输出 KV 对应该跟 Reducer 的输入 KV 对类型保持一致。因此，Combiner 应该用于不影响最终结果的场景，比如累加、最大值等，但平均值就不行了（读者可思考为什么）。

例如，假设有如下数据：

```
i you his
you her
his it
```

现在我们来统计单词数量，使用 Combiner 提前统计一次，并不影响最终的结果，代码如程序清单 4.4 所示。

```java
package org.lanqiao.BigData.chapter4;

import java.net.URI;

import org.apache.hadoop.conf.Configuration;
import org.apache.hadoop.fs.FileSystem;
import org.apache.hadoop.fs.Path;
import org.apache.hadoop.io.LongWritable;
import org.apache.hadoop.io.Text;
```

```
import org.apache.hadoop.mapreduce.Job;
import org.apache.hadoop.mapreduce.Mapper;
import org.apache.hadoop.mapreduce.Reducer;
import org.apache.hadoop.mapreduce.lib.input.FileInputFormat;
import org.apache.hadoop.mapreduce.lib.output.FileOutputFormat;

public class CustomCombine {
    public static void main(String[] args) throws Exception {
        Configuration conf = new Configuration();
        //获取集群访问路径
        FileSystem fileSystem = FileSystem.get(new URI("hdfs://192.168.128.131:9000/"), conf);
        //判断输出路径是否已经存在，如果存在则删除
        Path outPath = new Path(args[1]);
        if(fileSystem.exists(outPath)){
            fileSystem.delete(outPath, true);
        }
        //生成 job，并指定 job 的名称
        Job job = Job.getInstance(conf, "custom-combine");
        //指定打成 jar 包后的运行类
        job.setJarByClass(CustomCombine.class);
        //指定 Mapper 类
        job.setMapperClass(MyMapper.class);
        //指定 Reducer 类
        job.setReducerClass(MyReducer.class);
        //指定 Mapper 的输出类型
        job.setMapOutputKeyClass(Text.class);
        job.setMapOutputValueClass(LongWritable.class);
        //指定 Reducer 的输出类型
        job.setOutputKeyClass(Text.class);
        job.setOutputValueClass(LongWritable.class);

        //局部规约
        job.setCombinerClass(MyCombiner.class);

        FileInputFormat.addInputPath(job, new Path(args[0]));
        FileOutputFormat.setOutputPath(job, new Path(args[1]));
        System.exit(job.waitForCompletion(true) ? 0 : 1);
    }

    ……//这里省略 MyMapper 和 MyReducer，代码同程序清单 4.1。

    static class MyCombiner extends Reducer<Text, LongWritable, Text, LongWritable>{
        protected void reduce(Text k2, java.lang.Iterable<LongWritable> v2s, Context ctx) throws
java.io.IOException ,InterruptedException {
            long times = 0L;
            for (LongWritable count : v2s) {
                times += count.get();
            }
```

```
                ctx.write(k2, new LongWritable(times));
            };
        }
}
```

程序清单 4.4

把代码打成 jar 包上传到集群上，然后执行：

```
[hadoop@master ~]$ hadoop jar wc.jar org.lanqiao.BigData.chapter4.CustomCombine/input /out1
```

执行完毕后，查看输出结果：

```
[hadoop@master ~]$ hadoop fs -cat /out1/part*
her     1
his     2
i       1
it      1
you     2
```

可以看到，它与不使用 Combiner 统计的结果一样正确。

细心的读者会发现，MyCombiner 的内容和 MyReducer 的内容是一样的，那么可否直接将 MyReducer 作为 Combiner 来用，从而少写一个类呢？请读者自行尝试并得出结论。

4.7 数据清洗案例

关于 MapReduce 的 Java API 操作，之前已经写了一些代码，在这里我们再列举一个综合型的例子。

MapReduce 在大数据领域有一个非常重要的功能——清洗数据。这里我们就以服务器的日志为例，选取一些常用的数据字段，并抽取部分数据片段如下：

```
211.191.131.84 - - [20/May/2020:10:42:30 +0800] "GET /el/book.jsp HTTP/1.1" 200 11452
166.179.223.239 - - [20/May/2020:10:42:31 +0800] "GET /el/index.jsp HTTP/1.1" 200 1336
105.163.58.172 - - [20/May/2020:10:42:33 +0800] "GET /el/register.jsp HTTP/1.1" 200 1336
86.104.131.213 - - [20/May/2020:10:44:59 +0800] "GET /el/index.jsp HTTP/1.1" 404 1022
55.249.94.97 - - [20/May/2020:10:45:09 +0800] "POST /el/book.jsp HTTP/1.1" 200 1301
0.45.116.44 - - [20/May/2020:10:46:45 +0800] "GET /el/music.jsp HTTP/1.1" 200 1375
177.200.147.39 - - [20/May/2020:10:46:45 +0800] "POST /favicon.ico HTTP/1.1" 200 21630
92.165.192.61 - - [20/May/2020:10:47:22 +0800] "GET /el/book.jsp HTTP/1.1" 200 1381
244.27.50.176 - - [20/May/2020:10:47:22 +0800] "POST /favicon.ico HTTP/1.1" 200 21630
219.7.147.24 - - [20/May/2020:10:50:49 +0800] "GET /el/hmm.png HTTP/1.1" 200 1360
```

这里的数据按照空格分隔，以第一条为例来说，第 1 列 211.191.131.84 为访问的 IP 地址；第 2～3 列为-，表示没有值；第 4 列[20/May/2020:10:42:30 为日期时间；第 5 列+0800]为与标准时区的时差；第 6 列"GET 为请求方式；第 7 列/el/book.jsp 为页面地址；第 8 列/HTTP/1.1" 为 HTTP 请求版本；第 9 列 200 为页面请求响应码，如 200 表示成功；第 10 列 11452 为请求的页面的字节大小。这 10 列数据，有些数据我们不打算要，如第 2、3、5、8 列；有些列的格式不太友好，需要重新整理，如第 4 列改为“2020-05-20 10:42:30”这种格式，第 6 列"GET

去掉"，第 7 列中有些行访问的是 jpg、png 或者 ico 格式的图片资源，需要把这些无效的访问行去掉；第 9～10 列保持原样。

需求明确后，我们来看程序清单 4.5。

```
package org.lanqiao.BigData.chapter4;

import java.net.URI;
import java.text.ParseException;
import java.text.SimpleDateFormat;
import java.util.Locale;

import org.apache.hadoop.conf.Configuration;
import org.apache.hadoop.fs.FileSystem;
import org.apache.hadoop.fs.Path;
import org.apache.hadoop.io.LongWritable;
import org.apache.hadoop.io.NullWritable;
import org.apache.hadoop.io.Text;
import org.apache.hadoop.mapreduce.Job;
import org.apache.hadoop.mapreduce.Mapper;
import org.apache.hadoop.mapreduce.lib.input.FileInputFormat;
import org.apache.hadoop.mapreduce.lib.output.FileOutputFormat;

public class WebLogProcess {
    public static void main(String[] args) throws Exception {
        Configuration conf = new Configuration();
        //获取集群访问路径
        FileSystem fileSystem = FileSystem.get(new URI("hdfs://192.168.128.131:9000/"), conf);
        //判断输出路径是否已经存在，如果存在则删除
        Path outPath = new Path(args[1]);
        if(fileSystem.exists(outPath)){
            fileSystem.delete(outPath, true);
        }
        //生成 job，并指定 job 的名称
        Job job = Job.getInstance(conf, "Web Log Process");
        //指定打成 jar 包后的运行类
        job.setJarByClass(WebLogProcess.class);
        //指定 Mapper 类
        job.setMapperClass(MyMapper.class);
        //指定 Mapper 的输出类型
        job.setMapOutputKeyClass(Text.class);
        job.setMapOutputValueClass(NullWritable.class);
        //无须 Reducer

        FileInputFormat.addInputPath(job, new Path(args[0]));
        FileOutputFormat.setOutputPath(job, new Path(args[1]));
        System.exit(job.waitForCompletion(true) ? 0 : 1);
    }
```

```
    static class MyMapper extends Mapper<LongWritable, Text, Text, NullWritable>{
        SimpleDateFormat sdf1 = new SimpleDateFormat("dd/MMM/yyyy:HH:mm:ss",Locale.US);
        SimpleDateFormat sdf2 = new SimpleDateFormat("yyyy-MM-dd HH:mm:ss");

        protected void map(LongWritable k1, Text v1, Context context) throws java.io.IOException,
InterruptedException {
            final String[] s = v1.toString().split(" ");

            String url = s[6];//请求地址
            if(url.contains(".jpg")||url.contains(".ico")||url.contains(".png")) {
                return;
            }
            String ip = s[0];//IP 地址
            String time = s[3];//日期时间
            try {
                time = sdf2.format(sdf1.parse(time.substring(1)));
            } catch (ParseException e) {
                e.printStackTrace();
            }
            String method = s[5];//请求方式
            method = method.substring(1);
            String status = s[8];//返回状态
            String num = s[9];//返回页面字节大小

            StringBuilder sb = new StringBuilder();
            sb.append(ip).append("\t").append(time).append("\t").append(method).append("\t").
            append(url).append("\t").append(status).append("\t").append(num);

            context.write(new Text(sb.toString()), NullWritable.get());
        };
    }
}
```

程序清单 4.5

把代码打成 jar 包上传到集群上，然后执行：

```
[hadoop@master ~]$ hadoop jar WebLogProcess.jar org.lanqiao.BigData.chapter4.WebLogProcess /input /out1
```

执行完毕，查看输出结果：

```
[hadoop@master ~]$ hadoop fs -cat /out1/part*
0.45.116.44      2020-05-20 10:46:45    GET     /el/music.jsp    200    1375
105.163.58.172   2020-05-20 10:42:33    GET     /el/register.jsp    200    1336
166.179.223.239  2020-05-20 10:42:31    GET     /el/index.jsp    200    1336
211.191.131.84   2020-05-20 10:42:30    GET     /el/book.jsp     200    11452
55.249.94.97     2020-05-20 10:45:09    POST    /el/book.jsp     200    1301
86.104.131.213   2020-05-20 10:44:59    GET     /el/index.jsp    404    1022
92.165.192.61    2020-05-20 10:47:22    GET     /el/book.jsp     200    1381
```

输出符合要求，这里没有用到 Reduce，只使用了 Map 就可以了。

除了 Java 操作，我们还可以在 Web 上查看 MapReduce 任务。访问 http://192.168.128.131: 8088 页面（如图 4.2 所示），可以看到已经完成的所有 MapReduce-App 执行过程中的统计信息，包括任务的 ID，任务提交者 User 如 hadoop，任务类型如 MAPREDUCE，使用队列如默认的 Capacity 调度器中的队列，任务优先级默认都是 0，任务开始时间，任务结束时间，当前状态如正在执行中或者已经完成等，结果状态如成功还是失败，以及其他相关资源如使用的 CPU、使用的内存等信息。该页面只支持读，不支持写。在 MapReduce 任务运行时，我们除了可以观察控制台打印的日志外，还可以通过 Web 界面查看具体的运行情况（如图 4.3 所示）。从图 4.3 中可以看到每个任务具体在哪个 DataNode 节点上运行，以及相关的日志信息和报错信息等。

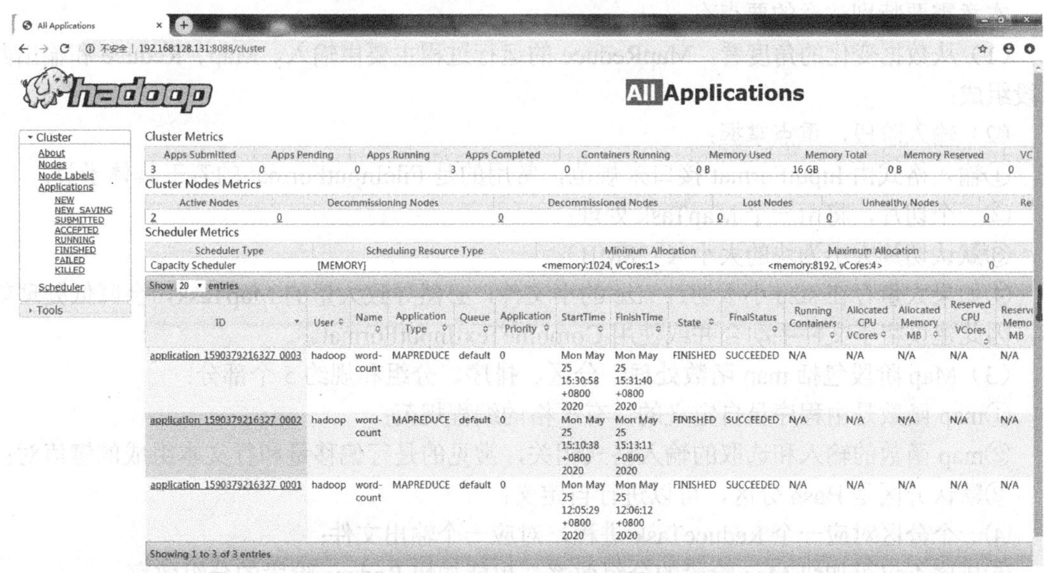

图 4.2　MapReduce Web 界面

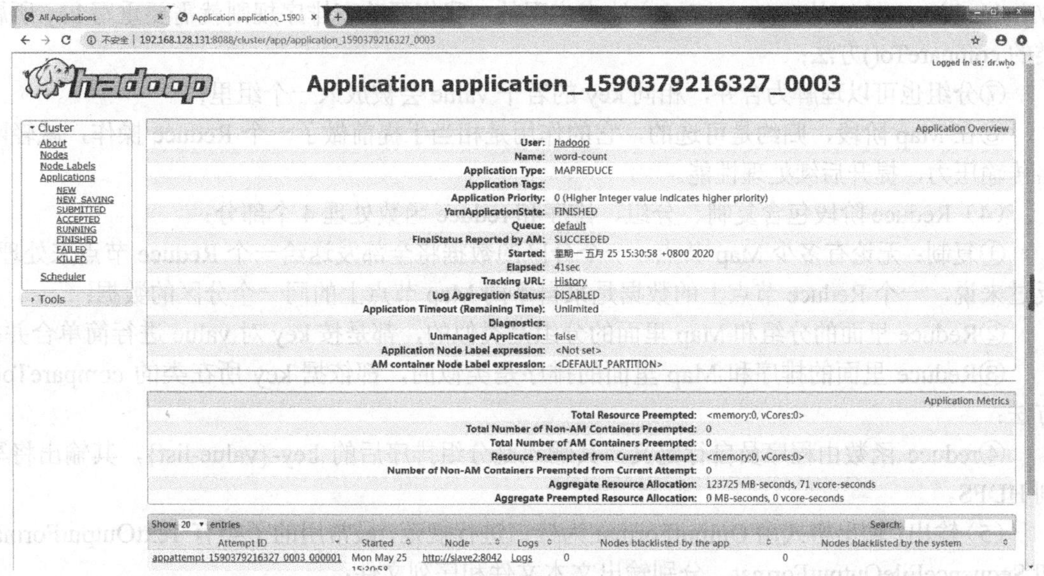

图 4.3　MapReduce 具体作业的详情

4.8 本章小结

本章从理论和实战两个角度详细介绍了 Hadoop 体系中的分布式计算框架 MapReduce。首先介绍了 MapReduce 的技术特征和 MapReduce 的核心运行机制；然后引入入门案例 WordCount，详细讲解了 MapReduce 的内部实现细节；接着介绍了 MapReduce 的数据类型和输入输出格式；之后详细分析了 MapReduce 的切片和 Shuffle 机制；最后通过实战案例再次感受 MapReduce 的强大功能。

本章需要特别注意的要点有：

（1）从数据变化的角度看，MapReduce 的运行过程主要由输入、Map、Reduce 和输出四阶段组成；

（2）输入阶段，重点掌握：

①输入格式由 InputFormat 接口来规范，常用的是 FileInputFormat 的若干具体子类；

②一个切片，将由一个 MapTask 处理；

③默认切片大小为块的大小（128MB）；

④如果大量存在 size 小于切片 size 的小文件，必然导致大量的 MapTask，会降低处理效率，因此建议将小文件手动合并或使用 CombineTextInputFormat。

（3）Map 阶段包括 map 函数处理、分区、排序、分组和规约 5 个部分：

①map 函数是由程序员自定义的，有严格的编程规范；

②map 函数的输入和选取的输入格式相关，常见的是行偏移量和行文本组成的键值对；

③默认分区是 Hash 分区，可以进行自定义；

④一个分区对应一个 ReduceTask 进程，对应一个输出文件；

⑤排序不仅可加快 Map 阶段的分组效率，也能加快 Reduce 阶段的分组效率；

⑥排序依据是 key 所属的类中所定义的排序规则，具体来说是通过实现 WritableComparable 的 compareTo()方法来实现的，我们要改变排序规则就需要重写 key 所属类的 compareTo()方法；

⑦分组也可以理解为合并，相同 key 的若干 value 会被放入一个组里；

⑧在 Map 阶段，归约是可选的，它的作用是相当于提前做了一个 Reduce 操作，减轻网络传输压力，提升后续处理性能。

（4）Reduce 阶段包含复制、分组、排序和 reduce 函数处理 4 个部分：

①复制：无论有多少 Map 节点，一个分区的数据将全部发送给一个 Reduce 节点来处理，反过来说，一个 Reduce 节点上的数据是来自不同 Map 节点上的同一个分区的数据；

②Reduce 里面的分组和 Map 里面的分组是类似的，都是按 key 对 value 进行简单合并；

③Reduce 里面的排序和 Map 里面的排序是类似的，都依据 key 所在类的 compareTo() 方法；

④reduce 函数由程序员自行定义，其输入是分组排序后的 key-{value-list}，其输出将写到 HDFS。

（5）输出：输出格式由 OutputFormat 为接口进行规范，最常用的子类有 TextOutputFormat 和 SequenceFileOutputFormat，分别输出文本文件和序列文件；

（6）在进行 MapReduce 编程时，一定要注意它有自己的数据类型，这些数据类型和 Java

的基本数据类型是对应的。

（7）从任务调度的角度看，要注意三类实例进程：MRAppMaster 负责整个任务的过程调度及状态协调；MapTask 负责 Map 阶段的整个数据处理流程；ReduceTask：负责 Reduce 阶段的整个数据处理流程。这部分知识在下一章还会深入探讨。

MapReduce 虽然功能强大，但是也开始慢慢地退出历史舞台，主要原因如下：

（1）高昂的维护成本。使用 MapReduce，需要严格地遵循分步的 Map 和 Reduce 步骤。当你构造更为复杂的处理架构时，往往需要协调多个 Map 和多个 Reduce 任务，而且每一步的 MapReduce 都有可能出错。

（2）时间性能达不到用户的要求。在实际的工作中，不是每个人都对 MapReduce 细微的配置细节了如指掌，事实上谷歌的 MapReduce 性能优化手册有 500 多页，上万个参数，对于程序员来说难度较大。

（3）更多更好的框架如雨后春笋般涌现。除了我们后面要学习的 HIVE、SPARK 外，还有其他一些计算框架相继出现，功能上也越来越丰富、强大。

4.9 本章练习

一、单选题

（1）Reduce 阶段不包括以下哪一步？（　　）

A．排序　　B．分区　　C．分组　　D．复制

（2）Shuffle 阶段中哪一步是可选的？（　　）

A．排序　　B．分区　　C．分组　　D．规约

（3）文件切割时，默认的切片大小是（　　）。

A．32MB　　B．64MB　　C．128MB　　D．256MB

（4）在 MapReduce 中，如果要编写自己的数据类型，需要实现哪个接口？（　　）

A．Writable　　B．NullWritable　　C．IntWritable　　D．Text

（5）MapReduce 中默认的文件输入格式是（　　）。

A．InputFormat　　B．TextInputFormat

C．CombineFileInputFormat　　D．KeyValueTextInputFormat

（6）MapReduce 中哪一种文件输入格式可以自动切割并合并小文件？（　　）

A．NLineInputFormat　　B．SequenceFileInputFormat

C．CombineFileInputFormat　　D．KeyValueTextInputFormat

（7）Combiner 不适合哪一种操作？（　　）

A．最大值　　B．求和　　C．平均值　　D．计数

（8）MapReduce 中分区的默认实现是（　　）。

A．Partition　　B．HashPartition　　C．Partitioner　　D．HashPartitioner

二、多选题

（1）MapReduce 中关于 Combiner 描述正确的是（　　）。

A．Combiner 本质上是 Reducer，所以如果代码与 Reducer 一样的话可以不用写，直接用

Reducer 来作为 Combiner。

B. Combiner 可有可无，有的情况下可以进行局部汇总，减少网络传输量。

C. Combiner 的输出 KV 对应该跟 Reducer 的输入 KV 对类型保持一致。

D. Combiner 的功能是实现本地 Key 的归并，Combiner 也被称为本地的 Reducer。

(2) MapReduce 自定义分区时，如果 getPartition()方法返回值有 0、1、2、3 共 4 个分区，以下描述正确的有哪些？（　　）

A. "job.setNumReduceTasks(1);" 会正常运行，但只会产生一个输出文件。

B. "job.setNumReduceTasks(2);" 会报错，因为自定义分区数大于配置的 Reducer 数量。

C. "job.setNumReduceTasks(3);" 会报错，因为自定义分区数大于配置的 Reducer 数量。

D. "job.setNumReduceTasks(5);" 会正常运行，产生 5 个输出文件，有 1 个是空文件。

第 5 章 统一资源管理和调度框架 YARN

本章简介

HDFS 专注于分布式存储，MapReduce 专注于分布式计算，而 YARN 则专注于集群的计算资源的统一管理和调度。本章就统一资源管理和调度框架 YARN 进行深入探讨。首先介绍 YARN 的基本概念，在此基础上介绍 YARN 的体系架构，然后是 YARN 的工作流程，最后介绍 YARN 的调度器。

本章虽然不涉及代码，但了解 YARN 的各种理论有助于更好地理解 Hadoop 框架。

5.1 YARN 概述

YARN（Yet Another Resource Negotiator，另一种资源协调者）是 Hadoop 2.9.2 的资源管理和调度框架，是一个通用的资源管理系统，在其上可以部署各种计算框架，它可为上层应用提供统一的资源管理和调度。YARN 的引入为集群高可用性、可扩展性、资源利用率和数据共享等方面带来了很大好处。

YARN 的基本思想是将资源管理和任务调度与监控的功能分解为单独的守护进程。具体来说，ResourceManager 负责资源管理，ApplicationMaster 则负责任务调度与监控，而它们都需要 NodeManager（资源的真正宿主）的协作。YARN 的优势包括以下几个方面。

（1）可扩展性（Scalability）。

YARN 可以在大规模的集群上运行。YARN 利用 ResourceManager 和 ApplicationMaster 分离的架构优点，可以将集群轻松扩展到将近 10000 个节点和 100000 个任务。另外，YARN Federation 联邦机制会进一步增强集群的水平横向扩展性。

（2）高可用性（High Availability）。

当 ResourceManager 进程失败时，备用的 ResourceManager 进程接管工作以便继续提供服务，从而可以获得高可用性（High Availability）。一方面，主备模式（Active/Standby——处于 Active 状态的节点提供客户端的各种服务；而处于 Standby 状态的节点暂时不提供客户端的各种服务，只进行数据同步。一旦 Active 状态的节点出现故障，处于 Standby 状态的节点立刻切换为 Active 状态，保证集群随时都能高可用）保证了 YARN 高可用性；另一方面，ResourceManager Restart 特性保证了若 ResourceManager 发生单点故障，ResourceManager 能尽快自动重启。

（3）资源利用率高（Utilization）。

YARN 将资源管理和任务控制分离，使得资源管理更加合理。同时，使用 Container 对资源进行抽象，它是一个动态资源划分单位，是根据任务的需求动态生成的，更加轻量级。YARN 中使用了容量调度器，支持多个调度队列同时运行，提高了资源的利用率。

（4）计算多样性（Variety）。

在某种程度上可以说，YARN 最大的优点是向 MapReduce 以外的其他分布式计算框架开放了 Hadoop，MapReduce 仅是许多 YARN 应用中的一个，Spark、Tez、Storm 等计算框架也都可以运行在 YARN 上。另外，用户甚至可以在同一个 YARN 集群上运行不同版本的 MapReduce，这使得升级 MapReduce 更好管理。

5.2 YARN 体系架构

和 HDFS 一样，YARN 也采用主从架构（Master/Slave）。ResourceManager（可简写为 RM）是 Master，NodeManager（可简写为 NM）是 Slave，它们是守护进程；而 ApplicationMaster（可简写为 AppMstr）是与任务同生命周期的临时进程。在这 3 个核心组件之外，还有一个重要概念——Container（容器）：Container 将内存、CPU、磁盘、网络等资源封装在一起，如规定“1 核 CPU+2GB 内存”为 1 个 Container。Container 就是我们一直在提的“资源”，它存在于 NM 上。

RM 和 NM 组成数据计算框架。RM 是集群中所有资源的大管家；NM 是每台机器上 Containers 的代言人，监控它们的资源使用情况并将其报告给 RM。

AppMstr 是某个任务的实例，它与 RM 协商资源并与 NM 一起工作，来执行和监视这些任务。

YARN 体系架构如图 5.1 所示。

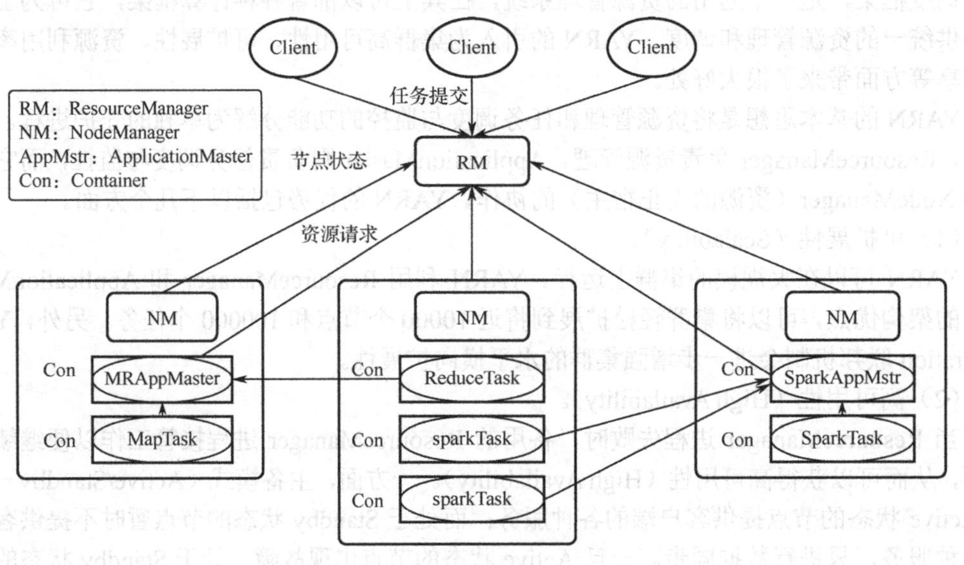

图 5.1　YARN 体系架构

结合图 5.1，我们进一步可知：

Client 负责任务的提交，RM 根据资源情况在某个 NM 上启动一个 Container 来运行

AppMstr；现在任务的管理权转移到了 AppMstr，它负责根据任务的情况，进一步向 RM 申请资源，RM 根据资源分配策略指令某些 NM 启动 Container 并分配给 AppMstr；接下来 Container 开始工作（运行各类 Task 如 MapTask 和 ReduceTask），NM 监视资源的使用情况并汇报给 RM，AppMstr 则监视应用的运行情况。

RM 有两个具体组件：Scheduler（调度器）和 ApplicationsManager（应用程序管理器）。

（1）Scheduler 根据系列限制条件，将系统中的资源分配给各个正在运行的任务，分配单位为 Container。需要注意的是，该调度器是一个"纯调度器"，它不从事任何与具体任务相关的工作，比如不负责监控或者跟踪应用的执行状态等，也不负责重新启动因应用执行失败或者硬件故障而产生的失败任务，这些均交由任务相关的 AppMstr 完成。

（2）ApplicationsManager 主要负责管理整个系统中的所有任务，接收任务的提交请求，与 Scheduler 协商资源并为应用分配第一个 Container 来运行 AppMstr，监控 AppMstr 的运行状态并在失败时重新启动它。

5.3 YARN 工作流程

Application（应用程序）在 YARN 中的执行过程可以简单理解为以下三步：

（1）应用程序的提交；

（2）启动应用程序的 AppMstr 实例；

（3）AppMstr 实例管理应用程序的执行。

其详细的工作流程如图 5.2 所示。

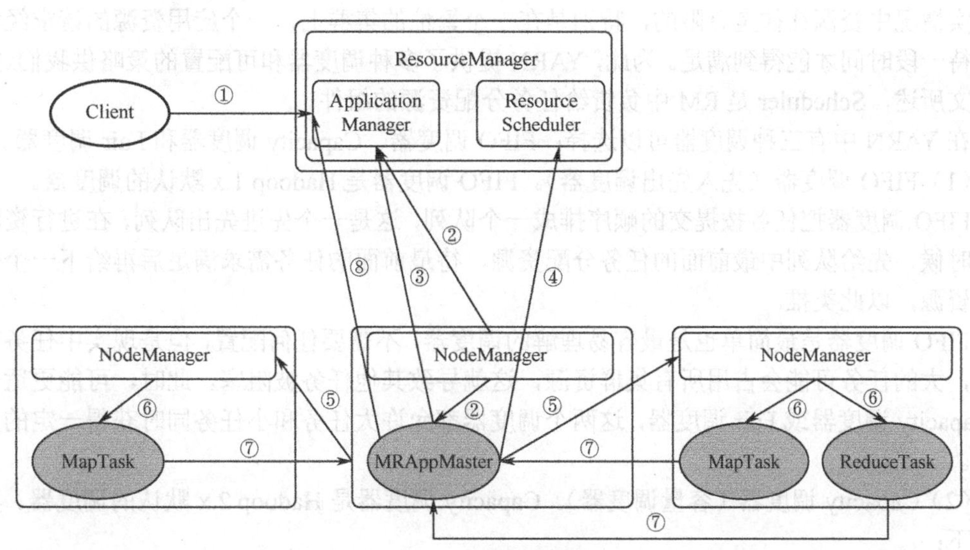

图 5.2 YARN 工作流程

在如图 5.2 所示工作流程中，任务从提交到完成需要经历的步骤如下：

①Client 向 YARN 提交 MapReduce 任务，提交的内容包括 AppMstr 程序、启动 AppMstr 的命令、用户程序等。

②RM 中的应用程序管理器 Application Manager 接收到 Client 任务请求后，为任务分配第一个 Container，并与对应的 NM 通信，要求它在这个 Container 中启动该任务的 AppMstr

（即图中的“MRAppMaster”）。

③AppMstr 被创建后会首先向 RM 中的应用程序管理器 Application Manager 注册，从而使得用户可以直接通过 RM 查询任务的运行状态。接下来的步骤④～⑦是具体任务的执行步骤。

④AppMstr 通过 RPC 请求向 RM 中的资源调度器 Resource Scheduler 申请资源。

⑤RM 中的资源调度器 Resource Scheduler 以“容器 Container”的形式向提出申请的 AppMstr 分配资源，一旦 AppMstr 申请到资源，便与对应的 NM 通信，要求它启动任务。

⑥当 AppMstr 要求容器启动任务时，它会为任务设置好运行环境，包括环境变量、jar 包、二进制程序等，然后将任务启动命令写到一个脚本中，最后 NM 在容器中运行该脚本以启动任务。

⑦各个任务通过 RPC 协议向 AppMstr 汇报自己的状态和进度，以便 AppMstr 随时掌握各个任务的运行状态，从而可以在任务失败时重启任务；在任务运行过程中，用户可以随时通过 RPC 向 AppMstr 查询任务当前运行状态。

⑧任务运行完成后，AppMstr 向 RM 中的应用程序管理器 Application Manager 请求注销并关闭自己。若 AppMstr 因故失败，RM 中的应用程序管理器 Application Manager 会监测到失败的情形，然后将其重新启动，直到所有的任务都执行完毕为止。

5.4 YARN 调度器与调度策略

Hadoop 集群在处理任务时，理想情况下，任务对 YARN 请求的资源应该立刻得到满足，但现实情况中资源往往是有限的，特别是在一个繁忙的集群上，一个应用资源的请求经常需要等待一段时间才能得到满足。为此，YARN 提供了多种调度器和可配置的策略供我们选择。如前文所述，Scheduler 是 RM 中负责给任务分配资源的组件。

在 YARN 中有三种调度器可以选择：FIFO 调度器、Capacity 调度器和 Fair 调度器。

（1）FIFO 调度器（先入先出调度器）。FIFO 调度器是 Hadoop 1.x 默认的调度器。

FIFO 调度器把任务按提交的顺序排成一个队列，这是一个先进先出队列，在进行资源分配的时候，先给队列中最前面的任务分配资源，待最前面的任务需求满足后再给下一个任务分配资源，以此类推。

FIFO 调度器是最简单也是最容易理解的调度器，不需要任何配置，但是现实中任务有大有小，大的任务可能会占用所有集群资源，这就导致其他任务被阻塞。此时，可能更适合采用 Capacity 调度器或 Fair 调度器，这两个调度器都允许大任务和小任务同时获得一定的系统资源。

（2）Capacity 调度器（容量调度器）。Capacity 调度器是 Hadoop 2.x 默认的调度器。其原理如下：

①支持多个队列，每个队列可配置一定量的资源，每个队列又采用 FIFO 的方式调度。

②为了防止同一个用户的任务独占队列中的资源，调度器会对同一用户提交的任务所占资源进行限制。

③分配新的任务时，首先计算每个队列中正在运行任务的个数与其队列实际分配的资源量的比值，然后选择比值最小的队列。假设有 3 个队列 A、B 和 C，其中 A 队列占用 20%的资源，目前已经有 15 个任务正在运行；B 队列占用 50%的资源，目前已经有 25 个任务正在

运行；C 队列占用 30%的资源，目前已经有 20 个任务正在运行。那么，3 个比值依次为：15/20%=75，25/50%=50，20/30%≈66.67，所以选择最小值队列 B。

④选定队列后，按照队列中的任务的优先级和时间顺序，同时要考虑到用户的资源量和内存的限制，对队列中的任务进行排序执行。

⑤多个队列同时并行执行，每个队列按照任务队列内的先后顺序依次执行。

（3）Fair 调度器（公平调度器）。

①支持多个队列，每个队列可以配置一定的资源，每个队列中的任务公平共享其所在队列的所有资源。

②队列中的任务都按照优先级分配资源，优先级越高分配的资源越多，但是为了确保公平，每个任务都会分配到一定的资源。优先级是根据每个任务的理想获取资源量减去实际获取资源量的差值决定的，差值越大优先级越高。

5.5　本 章 小 结

本章主要从理论的角度详细介绍了 Hadoop 体系中的统一资源管理和调度框架 YARN，主要涉及 YARN 的基本概况、YARN 的体系架构、YARN 的工作流程和 YARN 的资源调度。

Apache Hadoop YARN 是 Hadoop 的资源管理和调度框架，是一个通用资源管理系统，在其上可以部署各种计算框架，包括 MapReduce、Spark、Storm、Tez 等，它可为上层应用提供统一的资源管理和调度。它的引入为集群在利用率、资源统一管理和数据共享等方面带来了很大好处。

本章需要特别注意的要点包括：

（1）YARN 是由 ResourceManager、NodeManager 和 ApplicationMaster 三大进程构成的。

（2）ResourceManager 主要负责整个系统的资源的管理、分配和监控。

（3）NodeManager 主要负责每个节点上的资源和使用，具体包含如下功能：

①接收及处理来自 RM 的命令请求，分配 Container 给应用的某个任务；

②定时地向 RM 汇报以确保整个集群平稳运行，RM 通过收集每个 NM 的报告信息来追踪整个集群的健康状态，而 NM 负责监控自身的健康状态；

③处理来自 AppMstr 的请求；

④管理着所在节点上的每个 Container 的生命周期；

⑤管理每个节点上的日志；

⑥执行 YARN 上面应用的一些额外的服务，比如 MapReduce 的 Shuffle 过程。

（4）ApplicationMaster 主要负责 YARN 内运行的每一个任务的实例，具体包含如下功能：

①数据切分；

②为任务向 RM 申请资源（Container），并分配给内部任务；

③与 NM 通信，以启动/停止任务；

④任务监控和容错，在任务执行失败时重新为该任务申请资源并重启任务；

⑤接收并处理 RM 发出的命令，如终止 Container、重启 NM 等。

（5）YARN 的 Capacity 调度器的基本原理。

另外，读者可以扩展学习的内容包括 ResourceManager Restart 自动重启机制、ResourceMana ger HA 高可用机制和 YARN Federation 联邦机制。请读者朋友自行参考其他相

关资料学习这些知识点。

5.6 本章练习

一、单选题

（1）Hadoop 2.9.2 的默认调度器是（　　）。

A．FIFO Scheduler　　B．Capacity Scheduler

C．Fair Scheduler　　D．LATE Scheduler

（2）以下关于 Capacity 调度器的描述中错误的是（　　）。

A．支持多个队列，且每个队列采用 FIFO 的方式调度。

B．为了防止同一个用户的任务独占队列中的资源，采用公平共享的方式。

C．多个队列同时并行执行，每个队列按照任务队列内的先后顺序依次执行。

D．对队列中的任务进行排序，按照任务的优先级和时间顺序。

（3）以下关于 AppMstr 进程的描述中错误的是（　　）。

A．一个任务对应一个 AppMstr 进程。

B．与 NM 通信，以启动/停止任务。

C．在任务执行失败时重新为该任务申请资源并重启任务。

D．管理所有节点上的每个 Container 的生命周期。

（4）Capacity 调度器分配任务时，假设有 3 个队列 A、B 和 C，其中，A 队列占用 30%的资源，目前已经有 20 个任务正在运行；B 队列占用 20%的资源，目前已经有 15 个任务正在运行；C 队列占用 50%的资源，目前已经有 25 个任务正在运行。那么，新的任务应该分配给哪个队列？（　　）

A．A 队列　　B．B 队列　　C．C 队列　　D．随机分配

二、多选题

（1）一个完整的 YARN 体系架构包括哪些进程？（　　）

A．ResourceManager　　B．NodeManager

C．ApplicationMaster　　D．Container

（2）ResourceManager 包括哪些组件？（　　）

A．Scheduler　　B．NodeManager

C．ApplicationMaster　　D．ApplicationsManager

第6章

分布式协调框架 ZooKeeper

本章简介

在第 3～5 章我们分别介绍了 Hadoop 的三大核心 HDFS、MapReduce 和 YARN，本章开始我们来介绍分布式协调框架 ZooKeeper。

本章首先介绍分布式系统的困难与问题，进而引入 ZooKeeper。接着介绍 ZooKeeper 的系统模型和工作原理，这部分有助于读者了解其底层设计。典型应用可帮助读者了解 ZooKeeper 的设计如何应用到实际场景中。最后是实操层面，介绍 ZooKeeper 的安装部署和 Shell 操作，这部分需要读者练习并达到熟练程度。

6.1 ZooKeeper 概述

1. 分布式系统存在的难点问题

分布式系统已较为常见，因为单机服务器存在性能问题和单点失败风险。但分布式系统不仅仅是添加机器或进程那么简单，也存在着各种各样的困难。

第一，多节点（也可以认为是节点上的进程）联合对外提供服务，仍面临着单个节点失效的可能，那么就需要一个协调者告诉消费者哪些节点可用或者将消费者的请求路由到可用的节点来处理。另外，如果一个请求执行的过程中，提供服务的节点失效了，是调度别的节点接着处理还是直接告知消费者重新请求？

第二，如果用于协调的节点失效，那整个集群将不可用。

以上两条属于容错性问题。

第三，如果所有节点都同时提供读、写服务，那么公共数据面临着数据不一致的风险，即 A 节点不知道 B 节点正在做或者已完成数据变更，读到的就是旧的数据。这属于一致性（Consistency）问题。

第四，集群能否全时提供服务？或能提供服务的时间占比达到最高？这属于高可用（Availability）的问题。

2. CAP 定律

前面提到的这四个问题，可归纳为 CAP 三个方面。CAP 分别指：

Consistency:（强）一致性，类似于传统数据库中的事务，即一个节点上的数据变化必须同步到其余全部节点。

Availability：（高）可用性，即前面提到的可提供服务的时间占比要高。

Partition tolerance：分区容错性，即部分节点失效或节点间通信失败时，仍能对外提供服务。

CAP 理论指出，CAP 三项要求最多能满足两项。一般来说，分区容错是必须做到的，因为没有这个前提也就谈不上可用性和一致性了。但可用性和一致性是矛盾的。先看保证一致性的情况：假设有两个节点 G1 和 G2，在对 G1 进行写操作后，必须锁定 G2 的读操作和写操作，只有数据同步后，才能重新开放读写，锁定期间，G2 不能读写，没有可用性。如果要保证 G2 的全时可用，则 G2 不能被锁定，一致性无法得到保证。

分布式协调技术的存在是为了解决 CAP 问题，但仍受 CAP 理论的约束，即必须根据业务需求和特性在 C/A 中权衡。本章介绍的 ZooKeeper 则是典型的 CP 型，即 ZooKeeper 追求数据的强一致性，尽量兼顾高可用性。

3. ZooKeeper 简介

Apache ZooKeeper 是一个比较流行的分布式协调技术。它是 Google Chubby 的开源实现，是一个分布式的、开放源码的分布式协调框架，为大型分布式系统提供了高效且可靠的分布式协调服务，提供了诸如数据发布/订阅、负载均衡、命名服务、分布式协调/通知、集群管理、Master 选举、分布式锁、分布式队列等分布式基础服务，并广泛应用于 Hadoop、HBase、Kafka 等大型分布式开源系统。

ZooKeeper 是一个偏 CP 型(一致性+容错性)的分布式协调技术，即任何时刻对 ZooKeeper 的访问请求能得到一致的数据结果，它尽量提升服务的高可用，但不能保证每次服务请求的可用性。也就是在极端环境下，ZooKeeper 可能会丢弃一些请求，消费者程序需要重新请求才能获得结果。它的职责是保证数据在其管辖下的所有服务之间保持同步、一致。

6.2 ZooKeeper 系统模型

6.2.1 数据模型

1. 数据路径

ZooKeeper 采用类似文件系统的目录结构的数据模型，其数据节点构成了一个具有层次关系的树状结构，如图 6.1 所示。注意：它们是数据节点而不是物理机器节点。数据节点被写作 ZNode，ZNode 是 ZooKeeper 中数据的最小单元，每个 ZNode 上可以存储数据，同时也可以挂载子节点，因此构成了一个层次化的目录树。

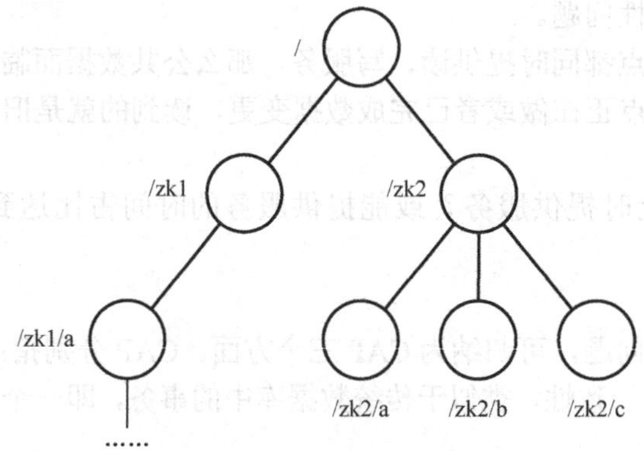

图 6.1 ZooKeeper 数据模型

ZNode 通过路径来引用，如同 Linux 中的文件路径。路径必须是绝对的，因此它们必须由斜杠“/”来开头。在 ZooKeeper 中，路径由 Unicode 字符串组成，并且有一些限制。例如 ZooKeeper 系统的保留 ZNode“/zookeeper”用以保存关键配额信息等管理信息。

2．数据节点 ZNode

（1）ZNode 类型。在 ZooKeeper 中，ZNode 有以下 4 种类型：

①持久 ZNode。

持久 ZNode（PERSISTENTZNode）是指此类节点的生命周期不依赖于会话，自节点被创建就会一直存在于 ZooKeeper 服务器上，并且只有在客户端显式执行删除操作时，它们才能被删除。

②持久顺序 ZNode。

持久顺序 ZNode（PERSISTENT_SEQUENTIALZNode）的基本特性与持久 ZNode 相同，额外特性表现在顺序性上。此类节点的父节点会为它的第一级子节点维护一份顺序，用于记录每个子节点创建的先后顺序。ZooKeeper 会给此类节点名称进行顺序编号，自动在给定节点名后加上一个数字后缀。这个数字后缀的上限是整型的最大值，其格式为“%10d”（10 位数字，没有数值的数位用 0 补充，例如“0000000001”）。

③临时 ZNode。

与持久 ZNode 不同的是，临时 ZNode（EPHEMERALZNode）的生命周期依赖于创建它的会话，也就是说，如果客户端会话失效，临时节点将被自动删除，当然也可以手动删除。注意：这里提到的是客户端会话失效，而非 TCP 连接断开。另外，ZooKeeper 规定临时节点不允许拥有子节点。

④临时顺序 ZNode。

临时顺序 ZNode（EPHEMERAL_SEQUENTIALZNode）的基本特性和临时 ZNode 也是一致的，同样是在临时 ZNode 的基础上添加了顺序的特性。

（2）ZNode 结构。ZooKeeper 命名空间中的 ZNode，兼具文件和目录两种特点，既能像文件一样维护着数据、元信息、ACL、时间戳等，又能像目录一样可以作为路径标识的一部分。每个 ZNode 由 3 部分组成：

①stat：状态信息，描述该 ZNode 的版本、权限等信息。

②data：与该 ZNode 关联的数据。

③children：该 ZNode 下的子节点。

（3）ZNode 状态信息。可以通过 ZooKeeper Shell 的 get 命令来获取一个 ZNode 的内容及状态，如下所示：

```
[zk: slave1:2181(CONNECTED) 1] get /zk
hello
cZxid = 0x600000002
ctime = Mon Jun 08 10:15:00 EDT 2020
mZxid = 0x600000002
mtime = Mon Jun 08 10:15:00 EDT 2020
pZxid = 0x600000002
cversion = 0
dataVersion = 0
aclVersion = 0
```

```
ephemeralOwner = 0x0
dataLength = 5
numChildren = 0
```

从上面的返回结果中可以看到，第一行是当前 ZNode 的数据内容，从第二行开始就是 ZNode 的状态信息了，这其实就是 ZNode 的 stat 对象的格式化输出。关于 ZNode 的 stat 对象所有状态属性的说明如表 6.1 所示。

表 6.1 ZNode 的 stat 对象状态属性

状态属性	说明
czxid	ZNode 创建时的事务 ID
mzxid	ZNode 最后一次更新时的事务 ID
ctime	ZNode 创建时的时间
mtime	ZNode 最后一次更新时的时间
version	ZNode 数据内容的版本号
cversion	ZNode 子节点的版本号
aversion	ZNode 的 ACL 版本号
ephemeralOwner	如果节点是临时 ZNode，则表示创建该节点的会话的 SessionID；如果节点是持久 ZNode，则该属性值为 0
dataLength	数据内容的长度
numChildren	ZNode 当前的子节点个数
pzxid	ZNode 的子节点列表最后一次被修改（子节点列表的变更而非子节点内容的变更）时的事务 ID

3．数据版本

ZooKeeper 中为 ZNode 引入了版本的概念，每个 ZNode 都具有三种类型的版本信息（版本信息也存在于 stat 对象中，详见表 6.1），对 ZNode 的任何更新操作都会引起版本号的改变。这三种类型的版本信息分别为：

①version：当前 ZNode 数据内容的版本号。

②cversion：当前 ZNode 子节点的版本号。

③aversion：当前 ZNode 的 ACL 版本号。

ZooKeeper 中的版本概念和传统意义上的软件版本有很大区别，它表示的是对 ZNode 的数据内容、子节点列表或节点 ACL 信息的修改次数。以 version 为例，在一个 ZNode“/zk1”被创建完毕之后，节点的 version 是 0，表示“当前节点自从创建之后，被更新过 0 次”。如果现在对该节点的数据内容进行更新操作，那么，随后 version 的值就会变成 1。同时需要注意的是，在上文中提到的关于 version 的说明，其表示的是 ZNode 数据内容的变更次数，强调的是变更次数，因此即使前后两次变更并没有使数据内容发生变化，version 的值依然会变更。

这个版本的目的是保证分布式数据的一致性。这个版本号的用途和分布式场景的乐观锁有关。乐观锁：它假定所有不同事务的处理不一定会出现干扰，所以在大部分操作里不许加锁，但是既然是并发就有出现干扰的可能，如何解决冲突就是一个问题。在乐观锁中，当你在提交更新请求之前，要先去检查你读取这个数据之后该数据是否发生了变化，如果有变化那么你此次的提交就要放弃，如果没有变化就可以提交。

ZooKeeper 中的版本号就用到了乐观锁，修改节点数据之前会读取这个数据并记录该数

据版本号，当需要更新时会携带这个版本号去提交，如果此时携带的版本号（就是上次读取出来的）和当前节点的版本号相同则说明该数据没有被修改过，那么你的提交就会成功，如果提交失败则说明该数据在你读取之后和提交之前这段时间内被修改了。

如下所示：

```
[zk: localhost:2181(CONNECTED) 5] get /book
dataVersion = 3
……
[zk: localhost:2181(CONNECTED) 6] set /book "新的内容 1"
dataVersion = 4
……
[zk: localhost:2181(CONNECTED) 7] set /book "新的内容 2" 4
dataVersion = 5
……
[zk: localhost:2181(CONNECTED) 7] set /book "新的内容 3" 4
version No is not valid : /book
```

首先查看节点/book 的版本号是 3，第一次不带版本号更新，因为只有一个客户端在更新，不存在版本不一致的问题，更新成功后版本号变为 4；第二次更新带着版本号 4 去更新，因为与版本号一样，所以更新成功后变成 5；第三次更新带着版本号 4 去更新，因为 4 不等于 5，所以不能成功更新。

6.2.2 集群模型

在 ZooKeeper 集群中，有 Leader、Follower 和 Observer 三种类型的服务器角色。

（1）Leader。Leader 服务器是整个 ZooKeeper 集群工作机制中的核心，其主要工作包括以下两个方面：

①事务请求的唯一调度和处理者，保证集群事务处理的顺序性。

②集群内部各服务器的调度者。

（2）Follower。Follower 服务器是 ZooKeeper 集群状态的跟随者，其主要工作包括以下三个方面：

①处理客户端非事务请求，转发事务请求给 Leader 服务器。

②参与 Proposal（提议，可理解为事务请求）的投票。

③参与 Leader 选举投票。

（3）Observer。Observer 观察 ZooKeeper 集群的最新状态变化并将这些状态变化同步过来。Observer 服务器在工作原理上和 Follower 基本上是一致的，对于非事务请求，都可以进行独立的处理，而对于事务请求，则会转发给 Leader 服务器进行处理。和 Follower 唯一的区别在于，Observer 不参与任何形式的投票，包括 Proposal 的投票和 Leader 的选举投票。简单地说，Observer 服务器只提供非事务服务，通常用于在不影响集群事务处理能力的前提下提升集群的非事务处理能力。

6.3 ZooKeeper 核心机制

1. ZAB 协议与数据一致性

ZooKeeper 采用了一种称为 ZooKeeper Atomic Broadcast（ZAB，ZooKeeper 原子消息广

播协议）的协议作为其数据一致性的核心算法。基于该协议，ZooKeeper 实现了一种主/备模式的系统架构来保持集群中各副本之间数据的一致性。

具体讲，ZooKeeper 使用一个单一的主进程来接收并处理客户端的所有事务请求，并采用 ZAB 的原子广播协议，将服务器数据的状态变更以 Proposal 的形式广播到所有的副本进程上去。另一方面，考虑到在分布式环境中顺序执行的一些状态，其变更前后会存在一定的依赖关系，有些状态变更必须依赖于比它早生成的那些状态变更。这样的依赖关系也对 ZAB 协议提出了一个要求：ZAB 协议必须能够保证一个全局的变更序列被顺序应用。也就是说，假设变更 B 依赖于变更 A，ZAB 协议需要保证 B 被处理之前 A 一定被处理了。最后，考虑到主进程在任何时候都有可能出现崩溃退出或重启，因此，ZAB 协议还需要做到在当前主进程出现上述异常情况的时候，依旧能够正常工作。

ZAB 协议的核心是定义了对于那些会改变 ZooKeeper 服务器数据状态的事务请求的处理方式，即所有事务请求必须由一个全局唯一的服务器来协调处理，这样的服务器就是 Leader，而其他服务器则成为 Follower。Leader 服务器负责将一个客户端事务请求转换成一个 Proposal，并将该 Proposal 分发给集群中的所有 Follower，之后 Leader 需要等待所有 Follower 的反馈，一旦超过半数的 Follower 服务器进行了正确的反馈后，那么 Leader 就会再次向所有的 Follower 分发 Commit 消息，要求其将前一个 Proposal 进行提交。

2．Leader 选举与容错性

Leader 选举机制是 ZooKeeper 中最重要的技术之一，也是保证分布式容错性和数据一致性的关键所在。Leader 选举时要求"可用节点数量>总节点数量/2"，即 ZooKeeper 集群中的存活节点必须过半。因此，在节点数量是奇数的情况下，ZooKeeper 集群总能对外提供服务。如果节点数量是偶数，会存在 ZooKeeper 集群不能用的可能性。所以，ZooKeeper 集群的节点数一般采用奇数。

（1）选举机制中的术语。

①SID：服务器 ID。

SID 是一个数字，用来唯一标识一台 ZooKeeper 集群中的机器，每台机器不能重复，和 myid 值一致。

②ZXID：事务 ID。

ZXID 也就是事务 ID，为了保证事务的顺序一致性，ZooKeeper 采用了递增的事务 ID 号（ZXID）来标识事务。所有的提议（Proposal）都在被提出的时候加上了 ZXID。实现中 ZXID 是一个 64 位的数字，它的高 32 位是 epoch（ZAB 协议通过 epoch 编号来区分 Leader 周期变化的策略），用来标识 leader 关系是否改变，每次一个 Leader 被选出来，它都会有一个新的 epoch=原来的 epoch+1，标识当前属于哪个 leader 的统治时期；低 32 位用于递增计数。其中，epoch 可以理解为当前集群所处的年代或者周期，每个 Leader 就像皇帝，都有自己的年号，所以每次改朝换代，Leader 变更之后，都会在前一个年代的基础上加 1。这样就算旧的 Leader 崩溃恢复之后，也没有人听它的了，因为 Follower 只听从当前年代的 Leader 的命令。

③Vote：投票。

Leader 选举必须通过投票来实现。当集群中的机器发现自己无法检测到 Leader 机器时，就会开始尝试进行投票。

④Quorum：过半机器数。

这是整个 Leader 选举算法中最重要的一个术语，可以把它理解为一个量词，指的是

ZooKeeper 集群中过半的机器数。如果集群中总的机器数是 n 的话，那么可以通过以下公式计算 quorum 值：quorum = $n/2+1$。

⑤服务器状态。

服务器状态有 4 种：LOOKING 竞选状态，FOLLOWING 随从状态，OBSERVING 观察状态，LEADING 领导者状态。

（2）Leader 选举概述。

先从整体上认识 ZooKeeper 的 Leader 选举。读者需要注意的一点是，ZooKeeper 集群最好拥有奇数台机器，这里，以 3 台机器组成的服务器集群为例进行介绍。假设 3 台机器的 myid 依次为 1、2、3，依次称它们为 Server1、Server2 和 Server3，那么 Server1 的 SID 为 1，Server2 的 SID 为 2，Server3 的 SID 为 3。

下面我们分两种情况来讨论选举机制。

第一种：服务器启动时期的 Leader 选举。

在服务器集群初始化阶段，当只有服务器 Server1 启动时，它是无法完成 Leader 选举的。当第二台服务器 Server2 也启动后，此时这两台机器已经能够进行互相通信，每台机器都试图找到一个 Leader，于是便进入了 Leader 选举流程。

①每个 Server 会发出一个投票。

由于是初始状态，因此 Server1 和 Server2 都会将自己作为 Leader 服务器来进行投票，每次投票包含的最基本的元素包括：所推举的服务器的 SID 和 ZXID，以(SID,ZXID)形式表示。因为是初始化阶段，因此无论是 Server1 还是 Server2，都会投给自己，即 Server1 的投票为(1,0)，Server2 的投票为(2,0)，然后各自将这个投票发给集群中其他所有机器。

②接收来自各个服务器的投票。

每个服务器都会接收来自其他服务器的投票。集群中的每个服务器在接收到投票后，首先会判断该投票的有效性，包括检查是否为本轮投票、是否来自 LOOKING 状态的服务器。

③处理投票。

在接收到来自其他服务器的投票后，针对每一个投票，服务器都需要将别人的投票和自己的投票进行比较，比较规则如下：

a．优先检查 ZXID。ZXID 比较大的服务器优先作为 Leader 服务器。

b．如果 ZXID 相同，那么就比较 SID。SID 比较大的服务器作为 Leader 服务器。

根据以上规则，对于 Server1，它自己的投票是(1,0)，而接收到的投票为(2,0)。首先对比两者的 ZXID，因为都是 0，所以无法决定谁是 Leader；接下来会对比两者的 SID，很显然，Server1 发现接收到的投票中的 SID 是 2，大于自己，于是就会更新自己的投票为(2,0)，然后重新将投票发出去。而对于 Server2 来说，不需要更新自己的投票信息，只是再一次向集群中所有机器发出上一次的投票信息即可。

④统计投票。

每次投票后，服务器都会统计所有投票，判断是否已经有过半的机器收到相同的投票信息。对于 Server1 和 Server2 服务器来说，都统计出集群中已经有 2 台机器接受了(2,0)这个投票信息，对于由 3 台机器构成的集群，2 台即达到了“过半”要求（$\geqslant n/2+1$）。那么，当 Server1 和 Server2 都收到相同的投票信息(2,0)时，即认为已经选出了 Leader。

⑤改变服务器状态。

一旦确定了 Leader，每个服务器都会更新自己的状态：如果是 Follower，那么就变更为

FOLLOWING；如果是 Leader，那么就变更为 LEADING。

第二种：服务器运行期间的 Leader 选举。

在 ZooKeeper 集群正常运行过程中，一旦选出一个 Leader，那么所有服务器的集群角色一般不会再发生变化。也就是说，Leader 服务器将一直作为集群的 Leader，即使集群中有非 Leader 宕机或是有新机器加入集群，也不会影响 Leader。但是，一旦 Leader 宕机，那么整个集群将暂时无法对外服务，而是进入新一轮的 Leader 选举。服务器运行期间的 Leader 选举和启动时期的 Leader 选举基本过程是一致的。

假设当前正在运行的 ZooKeeper 集群由 Server1、Server2、Server3 三台机器组成，当前 Leader 是 Server2。假设某一瞬间，Leader 宕机，这个时候便开始了新一轮 Leader 选举，具体过程如下所示。

①变更服务器状态。

当 Leader 宕机后，余下的非 Observer 服务器就会将自己的服务器状态变更为 LOOKING，然后开始进入 Leader 选举流程。

②每个 Server 都会发出一个投票。

在这个过程中，需要生成投票信息(SID,ZXID)。因为是运行期间，因此每个服务器上的 ZXID 可能不同，假定 Server1 的 ZXID 为 123，而 Server3 的 ZXID 为 122。在第一轮投票中，Server1 和 Server3 都会投自己，即分别产生投票(1,123)和(3,122)，然后各自将投票发给集群中的所有机器。

③接收来自各个服务器的投票。

④处理投票。

对于投票的处理，和上面提到的服务器启动期间的处理规则是一致的。在这个例子中，由于 Server1 的 ZXID 值大于 Server3 的 ZXID 值，因此，Server1 会成为 Leader。

⑤统计投票。

⑥改变服务器状态。

3. Watcher 机制

在 ZooKeeper 中，引入了 Watcher 机制来实现分布式的通知功能。ZooKeeper 允许客户端向服务端注册一个 Watcher 监听，当服务端的一些指定事件触发了这个 Watcher，那么就会向指定客户端发送一个事件通知来实现分布式的通知功能。

ZooKeeper 的 Watcher 机制主要包括客户端线程、客户端 WatcherManager 和 ZooKeeper 服务器三个部分。在工作流程上，简单地讲，客户端在向 ZooKeeper 服务器注册的同时，会将 Watcher 对象存储在客户端的 WatcherManager 当中。当 ZooKeeper 服务器触发 Watcher 事件后，会向客户端发送通知，客户端线程从 WatcherManager 中取出对应的 Watcher 对象来执行回调逻辑。整个 Watcher 注册与通知过程如图 6.2 所示。

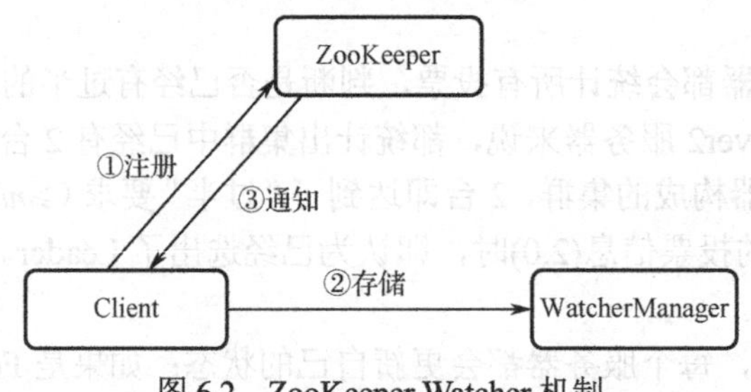

图 6.2　ZooKeeper Watcher 机制

6.4 ZooKeeper典型应用

1. 分布式锁

ZooKeeper除了在Hadoop中的应用外，还有很多应用场景，这里我们来介绍一下经典的分布式锁。

分布式锁是控制分布式系统之间同步访问共享资源的一种方式。如果不同的系统间或者同一个系统的不同主机之间共享了一个或一组资源，那么访问这些资源的时候，往往需要通过一些互斥手段来防止彼此之间的干扰，以保证一致性，在这种情况下，就需要使用分布式锁了。

排他锁，又称为写锁或独占锁。如果事务T1对数据对象O1加上了排他锁，那么在整个加锁期间，只允许事务T1对O1进行读取和更新操作，其他任何事务都不能再对这个数据对象进行任何类型的操作，直到T1释放了排他锁。排他锁的核心是如何保证当前有且仅有一个事务获得锁，并且锁被释放后，所有正在等待获取锁的事务都能够被通知到。借助ZooKeeper的临时ZNode特性和Watcher机制可实现排他锁。

（1）定义锁。

通过ZooKeeper上的临时ZNode来表示一个锁，例如，/exclusive_lock/lock节点就可以被定义为一个锁。

（2）获取锁。

在需要获取排他锁时，所有客户端都会试图在/exclusive_lock节点下创建临时子节点/exclusive_lock/lock。ZooKeeper会保证在所有的客户端中，最终只有一个客户端能够创建成功，那么就可以认为该客户端获取了锁。同时，所有没有获取到锁的客户端就需要在/exclusive_lock节点上注册一个子节点变更的Watcher监听，以便实时监听到lock节点的变更情况。

（3）释放锁。

在“定义锁”部分，已经提到/exclusive_lock/lock是一个临时节点，因此在以下两种情况下，都有可能释放锁：

①当前获取锁的客户端机器发生宕机，那么ZooKeeper上的这个临时节点就会被移除。

②正常执行完业务逻辑后，客户端就会主动将自己创建的临时节点删除。

无论在什么情况下移除了lock节点，ZooKeeper都会通知所有在/exclusive_lock节点上注册了子节点变更Watcher监听的客户端。这些客户端在接收到通知后，再次发起分布式锁获取申请，即重复“获取锁”过程。

2. Hadoop高可用

在Hadoop 1.0时代，Hadoop的两大核心组件HDFS NameNode和JobTracker都存在着单点问题，这其中以NameNode的单点问题尤为严重。因为NameNode保存了整个HDFS的元数据信息，一旦NameNode失效，整个HDFS就无法访问，同时Hadoop生态系统中依赖于HDFS的各个组件，包括MapReduce、Hive、Pig以及HBase等也都无法正常工作，并且重新启动NameNode和进行数据恢复的过程也会比较耗时。同时，JobTracker的单点问题也是一个隐患，随时会影响业务流程。这些问题在给Hadoop的使用者带来困扰的同时，也极大地限制了Hadoop的使用场景，使得Hadoop在很长的时间内仅能用作离线存储和离线计算，无法应用到对可用性和数据一致性要求很高的在线应用场景中。

所幸的是，在 Hadoop 2.0 中，HDFS NameNode 和 YARN ResourceManager（JobTracker 在 2.0 中已经被整合到 YARN ResourceManager 之中）的单点问题都得到了解决，经过多个版本的迭代和发展，目前已经能用于生产环境。HDFS NameNode 和 YARN ResourceManager 的高可用（High Availability，HA）方案基本类似，都是使用 ZooKeeper 来实现的，两者也复用了部分代码。但是由于 HDFS NameNode 对于数据存储和数据一致性的要求比 YARN ResourceManager 高得多，所以 HDFS NameNode 的高可用实现更为复杂一些。

下面我们以 NameNode HA 为例进行简单介绍。为了解决 NameNode 单点故障问题，在 HDFS 集群中设置多个 NameNode 节点，但是一旦引入多个 NameNode，就至少需要解决以下问题：

（1）保证 NameNode 内存中元数据一致，并保证编辑日志文件的安全性。

（2）多个 NameNode 如何协作。

（3）客户端如何能正确地访问到可用的那个 NameNode。

（4）怎么保证任意时刻只能有一个 NameNode 处于对外服务状态。

解决方法：

如图 6.3 所示，ZooKeeper 通过 ZKFC（ZooKeeperFailOverController）进程来管理以上问题。ZKFC 进程是一个 ZooKeeper 的客户端，它主要用来监测和管理 NameNodes 的状态，每个 NameNode 机器上都会运行一个 ZKFC 程序，它们是一对一的关系。

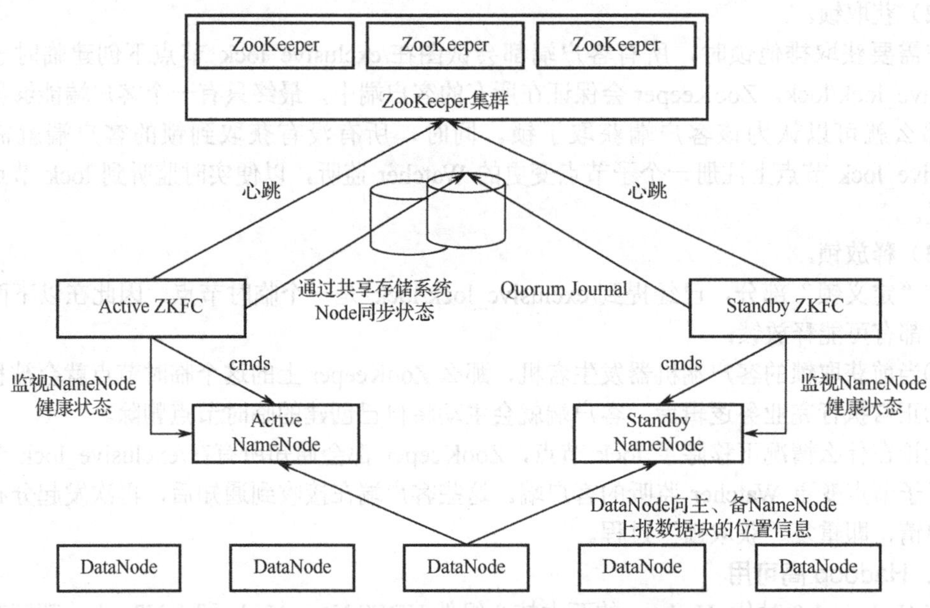

图 6.3　HDFS NameNode 高可用机制体系架构

ZKFC 的运行机制是：

（1）监控 NameNode 的健康。ZKFC 间歇性地 ping NameNode，得到 NameNode 返回状态，如果 NameNode 失效或者不健康，那么 ZKFC 将会标记其为不健康。

（2）当本地 NameNode 运行良好时，ZKFC 将会持有一个 ZooKeeper 的会话，如果本地 NameNode 是活动的（即对外提供服务），它同时也持有一个“排他锁”ZNode。如果本地 NameNode 失效，则 ZKFC 会终止与 ZooKeeper 的会话，其持有的锁被释放；其他 ZKFC 进

程将重新竞争这个锁。

（3）激活新的 NameNode。当活动的 NameNode 失效，其本地的 ZKFC 释放排他锁，其他节点上的 ZKFC 会重新竞争这个锁，竞争成功的 ZKFC 会执行故障转移，并激活对应的 NameNode 使其处于活动状态，对外提供服务。

3．消息订阅

消息订阅系统，就是发布者将数据发布到 ZooKeeper 的一个或一系列节点上，供订阅者进行消息订阅，进而达到动态获取数据的目的，实现配置信息的集中式管理和数据的动态更新。

消息订阅系统一般有两种设计模式，分别是推模式和拉模式。在推模式中，服务端主动将数据更新发送给所有订阅的客户端；而拉模式则是客户端主动发起请求来获取最新数据，通常客户端都采用定时进行轮询拉取的方式。这两种模式各自都有优缺点，ZooKeeper 采用推拉相结合的方式，即客户端向服务端注册自己需要关注的节点，一旦该节点的数据发生变更，那么服务端就会向相应的客户端发送 Watcher 事件通知，客户端接收到这个消息通知之后需要主动到服务端获取最新数据。

如果将配置信息存放到 ZooKeeper 上进行集中管理，那么通常情况下，应用在启动时都会主动到 ZooKeeper 服务端上进行一次配置信息的获取，同时，在指定节点上注册一个 Watcher 监听。这样一来，但凡配置信息发生变更，服务端都会实时通知到所有订阅的客户端，从而达到实时获取最新配置信息的目的。

4．集群监控

随着分布式系统规模的日益扩大，集群中的机器规模也随之变大，因此，如何更好地进行集群管理也显得越来越重要了。

所谓集群管理，包括集群监控和集群控制两大块，前者侧重对集群运行时状态的收集，后者则是对集群进行操作与控制。在日常开发和运维过程中，经常会有类似如下的需求：希望知道当前集群中究竟有多少机器在工作；对集群中每台机器的运行时状态进行数据收集；对集群中机器进行上下线操作。

在传统的基于 Agent（代理）的分布式集群管理体系中，都是通过在集群中的每台机器上部署一个 Agent，由这个 Agent 负责主动向指定的一个监控中心系统汇报自己所在机器的状态。在集群规模适中的场景下，这确实是一种在生产实践中广泛使用的解决方案，能够快速有效地实现分布式环境集群监控。但是一旦系统的业务场景增多，集群规模变大之后，该解决方案的弊端就显现出来了，如大规模升级困难、统一的 Agent 无法满足多样的需求、编程语言多样性等。

ZooKeeper 具有以下两大特性：

（1）客户端如果对 ZooKeeper 的一个数据节点注册 Watcher 监听，那么当该数据节点的内容或其子节点列表发生变更时，ZooKeeper 服务器就会向订阅客户端发送变更通知。

（2）在 ZooKeeper 上创建的临时节点，一旦客户端与服务器之间的会话失效，那么该临时节点也就被自动清除。

利用 ZooKeeper 的这两个特性，就可以实现另一种集群机器存活性监控的系统。例如，监控系统在/clusterServers 节点上注册一个 Watcher 监听，那么但凡进行动态添加机器的操作，就会在/clusterServers 节点下创建一个临时节点/clusterServers/[Hostname]。这样一来，控制系统就能够实时检测到机器的变动情况，至于后续的处理就是监控系统的业务了。

6.5 ZooKeeper 安装部署

（1）运行环境。我们采用前面几章的环境，使用虚拟机模拟的 3 台节点，已经安装好了 Java 和 Hadoop。计划在这 3 个节点上安装 ZooKeeper 集群，具体规划如表 6.2 所示。

表 6.2 ZooKeeper 集群部署规划表

机 器 名	IP 地址	运 行 进 程	软硬件配置
master（主节点）	192.168.128.131	QuorumPeerMain （ZooKeeper 的进程名）	操作系统：CentOS 7.6.1810 Java：Oracle JDK 8u65 Hadoop：Hadoop 2.9.2 内存：1GB CPU：1 个 1 核 硬盘：20GB ZooKeeper：ZooKeeper 3.4.5
slave1（从节点 1）	192.168.128.132	QuorumPeerMain	同上
slave2（从节点 2）	192.168.128.133	QuorumPeerMain	同上

（2）下载并上传。到 Zookeeper 官方网站下载 zookeeper-3.4.5.tar.gz，然后将其上传到 3 台机器的/soft 目录下即可。

（3）解压并重命名。在 3 台节点上执行解压和重命名，如下所示：

```
[hadoop@master soft]$ tar -zxvf zookeeper-3.4.5.tar.gz
[hadoop@master soft]$ mv zookeeper-3.4.5 zookeeper
```

（4）配置环境变量。在 3 台节点上执行环境变量配置，如下所示：

```
[hadoop@master soft]$ sudo vi /etc/profile
export ZOOKEEPER_HOME=/soft/zookeeper
export
PATH=$JAVA_HOME/bin:$HADOOP_HOME/bin:$HADOOP_HOME/sbin:$ZOOKEEPER_HOME/
bin:$PATH
[hadoop@master soft]$ source /etc/profile
```

（5）修改配置文件。在 3 台节点上执行配置文件修改，如下所示：

进入$ZOOKEEPER_HOME/conf 目录，可以看到一个示例配置文件 zoo_sample.cfg。而 ZooKeeper 启动时，默认读取的是$ZOOKEEPER_HOME/conf/zoo.cfg 文件。所以，我们需要复制一份并改名为 zoo.cfg：

```
[hadoop@masterconf]$ cp zoo_sample.cfg zoo.cfg
```

该配置文件有很多参数，这里挑几个最常用的参数加以说明，如表 6.3 所示。完整的参数说明请读者到官网上查询。

表 6.3　ZooKeeper 部分配置参数

参数名	说明
tickTime	用于配置 ZooKeeper 中最小时间单元（单位：毫秒）。ZooKeeper 所有时间均以这个时间单元的整数倍配置，例如 Session 的最小超时时间是 2×tickTime
initLimit	用于配置 Leader 服务器等待 Follower 启动，并完成数据同步的时间，以 tickTime 的倍数来表示，当超过设置倍数的 tickTime 时间，则连接失败
syncLimit	用于配置 Leader 服务器和 Follower 之间进行心跳检测的最大延迟时间，如果超过此时间 Leader 还没有收到响应，那么 Leader 就会认为该 Follower 已经脱离了和自己的同步
dataDir	用于配置 ZooKeeper 服务器存储 ZooKeeper 数据快照文件的目录，同时用于存放集群的 myid 文件
dataLogDir	用于配置 ZooKeeper 服务器存储 ZooKeeper 事务日志文件的目录。默认情况下，ZooKeeper 会将事务日志文件和数据快照文件存储在同一个目录即 dataDir 中。应尽量给事务日志的输出配置一个单独的磁盘或者挂载点，这将允许使用一个专用日志设备，帮助避免事务日志和数据快照之间的竞争
clientPort	用于配置当前服务器对外的服务端口，客户端会通过该端口和 ZooKeeper 服务器创建连接，一般设置为 2181
server.id=host:port:port	用于配置组成 ZooKeeper 集群的机器列表。集群中每台机器都需要感知到整个集群是由哪几台机器组成的，表示不同 ZooKeeper 服务器的自身标识。“id”被称为 Server ID，用来标识该机器在集群中的机器序号，与每台服务器 myid 文件中的数字相对应；“host”代表服务器的 IP 地址；第一个端口“host”用于指定 Follower 服务器与 Leader 进行运行时通信和数据同步时所使用的端口；第二个端口“port”代表进行 Leader 选举时服务器相互通信的端口。myid 文件应创建于服务器的 dataDir 目录下，这个文件的内容只有一行且是一个数字，对应于每台机器的 Server ID 数字，比如服务器“1”应该在 myid 文件中写入“1”，该 id 必须在集群环境下服务器标识中是唯一的，且大小在 1～255 之间

修改配置文件 zoo.cfg 如下：

```
[hadoop@masterconf]$ vizoo.cfg
tickTime=2000
initLimit=10
syncLimit=5
clientPort=2181
dataDir=/soft/zookeeper/data
dataLogDir=/soft/zookeeper/datalog
server.1=192.168.128.131:2888:3888
server.2=192.168.128.132:2888:3888
server.3=192.168.128.133:2888:3888
```

这里需要在 zookeeper 目录下创建好 2 个目录 data 和 datalog，命令如下：

```
[hadoop@master zookeeper]$ mkdir -m 755 data
[hadoop@master zookeeper]$ mkdir -m 755 datalog
```

进入/data，然后创建 myid 文件，内容需要和上面配置文件中的“server.id=host:port:port”配置项 host 机器对应的 id 保持一致，如下所示：

```
[hadoop@master zookeeper]$ cd data
[hadoop@master data]$ vi myid
1
```

需要注意的是：在 192.168.128.131 这台节点上该文件内容为 1，在 192.168.128.132 这台节点上该文件内容为 2，在 192.168.128.133 这台节点上该文件内容为 3。

（6）启动集群。在$ZOOKEEPER_HOME/bin 目录下有一些脚本可以用来启动和停止 ZooKeeper，其中，.cmd 是 Windows 下使用的；.sh 是 Linux 下使用的。zkCli.sh 是客户端登录与退出的命令，zkServer.sh 是服务器端开启、停止与重启的命令。

下面分别在 3 台节点上使用命令“zkServer.sh start”启动 ZooKeeper 服务器。

（7）查看集群状态。分别在 3 台节点上使用命令“zkServer.sh status”查看集群状态，可以看到集群已经成功启动，其中，slave1 是 leader，master 和 slave2 是 follower。

分别在 3 台节点上使用“jps”命令，可以看到 QuorumPeerMain 进程。

在 zkServer.sh start 命令启动的目录下，会出现一个 zookeeper.out 文件，该文件是 ZooKeeper 进程运行时的日志文件，包括报错信息等日志信息。如果我们的 ZooKeeper 集群没有启动成功，可以去查看该文件的详细信息。

（8）关闭集群。在 3 台节点上分别执行“zkServer.sh stop”命令就可以停止 ZooKeeper 集群。

6.6 ZooKeeper Shell

启动 ZooKeeper 集群后，就可以使用 zkCli.sh 登录客户端了，如下所示：

```
[hadoop@master soft]$ zkCli.sh
……//省略输出日志
[zk: localhost:2181(CONNECTED) 0]
```

此处是直接连接到本地服务器。如果想要连接到其他服务器，可以使用命令“zkCli.sh -server host:port”来实现。

由于命令非常多，我们挑选一些常用命令来演示。

（1）ls。ls 命令格式：

```
ls path [watch]
```

作用：用于列出 ZooKeeper 指定节点下的所有子节点。这个命令仅能看到指定节点下第一级的所有子节点，其中，参数 path 用于指定 ZNode 的节点路径；可选参数 watch 用于监听子节点是否有变化。

```
[zk: localhost:2181(CONNECTED) 1] ls /
[zookeeper]
```

可以看到根目录/下目前只有一个默认的子节点 zookeeper。

（2）create。create 命令格式：

```
create [-s] [-e] path data acl
```

作用：用于创建 ZooKeeper 的 ZNode。其中，参数-s 和-e 用于指定节点特性，-s 为顺序节点，-e 为临时节点，默认情况下是不添加-s 或-e 参数的，创建的是持久节点；参数 path 指定节点路径；参数 data 指定节点数据内容；参数 acl 用来进行权限控制，默认情况下，不做任何权限控制。

```
[zk: localhost:2181(CONNECTED) 2] create /book 四大名著
Created /book
[zk: localhost:2181(CONNECTED) 3] create /book/xyj 西游记
Created /book/xyj
[zk: localhost:2181(CONNECTED) 4] create /book/shz 水浒传
Created /book/shz
```

（3）get。get 命令格式：

```
get path [watch]
```

作用：获取 ZooKeeper 指定节点的数据内容和属性信息。

```
[zk: localhost:2181(CONNECTED) 5] get /book
四大名著
cZxid = 0x200000003
ctime = Fri Jun 12 09:11:35 CST 2020
mZxid = 0x200000003
mtime = Fri Jun 12 09:11:35 CST 2020
pZxid = 0x200000005
cversion = 2
dataVersion = 0
aclVersion = 0
ephemeralOwner = 0x0
dataLength = 12
numChildren = 2
```

（4）set。set 命令格式：

```
set path data [version]
```

作用：更新 ZooKeeper 指定节点的数据内容。其中，参数 data 就是要更新的新内容；参数 version 用于指定本次更新操作是基于 ZNode 的哪一个数据版本进行的。

```
[zk: localhost:2181(CONNECTED) 6] set /book book
cZxid = 0x200000003
ctime = Fri Jun 12 09:11:35 CST 2020
mZxid = 0x200000007
mtime = Fri Jun 12 11:07:46 CST 2020
pZxid = 0x200000005
cversion = 2
dataVersion = 2
aclVersion = 0
ephemeralOwner = 0x0
dataLength = 4
numChildren = 2
```

（5）delete。delete 命令格式：

```
delete path [version]
```

作用：删除 ZooKeeper 上指定的 ZNode。其中，参数 version 的作用与 set 命令中 version 参数一致。

```
[zk: localhost:2181(CONNECTED) 7] delete /book/shz
```

（6）rmr。rmr 命令格式：

```
rmr path
```

作用：递归地删除 ZooKeeper 上指定的 ZNode 以及下面的子节点。

```
[zk: localhost:2181(CONNECTED) 8] rmr /book
```

有了上面的基础，我们来看一下以上操作中涉及 watch 的操作：

```
[zk: localhost:2181(CONNECTED) 9] ls /book watch
[xyj]
[zk: localhost:2181(CONNECTED) 10] create /book/hlm 红楼梦
WATCHER::
WatchedEventstate:SyncConnectedtype:NodeChildrenChanged path:/book
Created /book/hlm
```

ls 命令的 watch 选项用来监听子字节是否有变化，当我们创建一个子节点或者删除一个子节点时，就会触发该事件，通知客户端。需要注意的是：这个监听功能只生效一次，如果希望一直监听，那么可以在回调函数中继续订阅监听，这就需要在代码中来实现了。

```
[zk: localhost:2181(CONNECTED) 11] get /book/hlm watch
红楼梦
……//后面内容省略
[zk: localhost:2181(CONNECTED) 12] set /book/hlmhongloumeng
WATCHER::
WatchedEventstate:SyncConnectedtype:NodeDataChanged path:/book/hlm
……//后面内容省略
```

get 命令的 watch 选项用来监听节点内容是否改变。可以看到，当我们使用 set 命令重新赋值时，该监听事件被触发，反馈给客户端。同理，该监听只生效一次。

6.7 本章小结

ZooKeeper 在数据发布/订阅、负载均衡、命名服务、分布式协调/通知、集群管理、Master 选举、分布式锁、分布式队列等典型的分布式应用场景均可以使用，并广泛应用于大型分布式系统如 Hadoop、HBase、Kafka 等开源系统。本章主要介绍了 ZooKeeper 的系统模型、工作原理、安装部署以及客户端 Shell 编程等知识点。

本章需要特别注意的要点包括：

（1）CAP 原理告诉我们，这三个因素最多只能满足两个，不可能三者兼顾，通常强一致性和高可用性是矛盾的。

（2）ZooKeeper 是个 CP（一致性+容错性）型分布式协调框架。

（3）ZooKeeper 的系统模型：数据模型（树形结构及 ZNode 的结构）和集群模型（Leader、Follower 和 Observer 的角色作用）；

（4）数据模型包括数据路径、数据节点。

①数据路径类似标准文件系统，其节点构成了一个具有层次关系的树状结构；

②数据节点有 4 种类型；

③数据版本的目的是保证分布式数据的一致性。

（5）集群模型包括三种服务器角色：Leader、Follower 和 Observer。

（6）ZooKeeper 的核心机制包括 ZAB 协议、选举机制和 Watcher 机制。

①ZooKeeper 通过 ZAB 协议来保证分布式事务的最终一致性；

②ZooKeeper 的选举机制发生在服务器启动时期和服务器运行期间；

③Watcher 机制为客户端提供了对服务器端数据变化的监听功能。

（7）ZooKeeper 的典型应用：Hadoop 高可用、分布式锁、消息订阅和集群监控。

（8）ZooKeeper 集群的安装配置重点是关注 zoo.cfg 这个配置文件及各种参数。

（9）ZooKeeper 的客户端 Shell 操作，也可以归纳为增、删、改、查。

另外，读者可以扩展学习的内容有：

（1）针对 ZooKeeper 选举机制，通过手动地杀死某些节点，然后手动地登录某些节点来验证其逻辑。

（2）尝试学习 Java 客户端操作 ZooKeeper。

6.8 本章练习

一、单选题

（1）ZooKeeper 中哪种服务器角色没有选举权？（　　）

A．Leader　　B．Follower　　C．Looker　　D．Observer

（2）ZooKeeper 集群一共有 7 个节点，某一节点被选举为 Leader 需要至少几个节点的投票？（　　）

A．1　　B．2　　C．3　　D．4

（3）Leader 选举机制中，主要的判断逻辑是（　　）。

A．首先判断 ZXID，然后判断 SID　　B．首先判断 SID，然后判断 ZXID

C．直接判断 SID　　D．直接判断 ZXID

（4）ZXID 在什么情况下不会更新？（　　）

A．有节点数据更新时　　B．有节点数据删除时

C．新的 Leader 被选出时　　D．Follower 节点宕机时

（5）ZooKeeper 应用于“排他锁”时，主要使用了哪些功能？（　　）

A．监听节点内容变化和创建临时节点　　B．监听子节点变化和创建临时节点

C．监听节点内容变化和创建临时顺序节点　　D．监听子节点变化和创建临时顺序节点

（6）假设 ZooKeeper 集群由 5 台机器（A、B、C、D、E）组成，SID 分别为 1、2、3、4、5，ZXID 分别为 9、9、9、8、8，那么哪一台机器会被选举为 Leader？（　　）

A．C　　B．E　　C．D　　D．A

（7）客户端使用“get /book watch”命令时，在什么情况下会触发 Watcher？（　　）

A．更新节点/book 内容时　　B．删除节点/book 时

C．在节点/book 下创建子节点时　　D．更新节点/book 下面的子节点时

（8）ZooKeeper 的 ZNode 版本中哪个代表子节点的版本号？（　　）

A．version　　B．cversion　　C．aversion　　D．dversion

二、多选题

（1）Follower 角色拥有哪些功能？（　　）

A．参与 Leader 选举投票　　B．参与 Proposal（事务请求）的投票

C．处理客户端事务请求　　D．转发事务请求给 Leader 服务器

（2）以下关于 ZNode 数据版本的描述中正确的是（　　）。

A．ZNode 数据版本的目的是保证分布式数据一致性。

B．version 是当前 ZNode 数据内容的版本号。

C．cversion 是当前 ZNode 子节点的版本号。

D．aversion 是当前 ZNode 的 ACL 版本号。

（3）客户端使用“ls /book watch”命令时，在什么情况下会触发 Watcher？（　　）

A．查看节点/book 内容时　　B．更新节点/book 内容时

C．在/book 节点下面创建新节点时　　D．在/book 节点下面删除子节点时

第7章 数据仓库 Hive

本章简介

Hive是一个开源的、分布式、适合处理大规模离线数据的数据仓库系统。Hive的基础数据仍然存储在HDFS上，HiveQL执行时会将查询命令翻译和解释为MapReduce并行指令，这样Hive就充分利用了HDFS的分布式存储能力和MapReduce的并行计算能力。

本章首先介绍Hive的特点，然后介绍Hive的体系架构，学习这部分有助于读者了解Hive的底层设计。接着介绍Hive的安装部署，为后面Hive实战做好准备。然后介绍Hive的数据类型和文件格式，接着介绍Hive数据模型和函数，最后详细介绍Hive的实战操作，将之前的知识点都囊括进来，这部分需要读者反复练习以达到熟练程度。

7.1 Hive概述

Hive由Facebook公司开源，主要用于海量结构化日志数据的离线分析。Hive是建立在Hadoop上的一个开源的数据仓库工具，提供了一系列工具，可以用来进行数据提取、转化、加载。这是一种在Hadoop上实现大规模数据存储、查询和分析的机制。Hive可以将结构化的数据文件映射为一张表，并提供了类SQL查询语言HiveQL（Hive Query Language）。Hive的本质是将HiveQL语句转化成MapReduce程序，并提交到Hadoop集群上运行。Hive让不熟悉MapReduce的开发人员直接编写SQL语句来实现对大规模数据的统计分析操作，大大降低了学习门槛，同时也提升了开发效率。总之，Hive处理的数据存储在HDFS上，Hive分析数据底层是通过把HiveQL语句转化为MapReduce程序来实现的，执行程序运行在YARN上。

相对于传统关系型数据库，从内部实现原理和HiveQL语句运行机制来看，Hive具有如下特点：

（1）查询语言与SQL接近。由于SQL被广泛应用在数据仓库中，因此，专门针对Hive的特性设计了类SQL的查询语言HiveQL。熟悉SQL开发的开发者可以很方便地使用Hive进行开发。HiveQL中对查询语句的解释、优化及生成查询计划是由Hive引擎完成的。

（2）并行执行。Hive中大多数查询的执行是通过Hadoop提供的MapReduce来实现的，查询计划被转化为MapReduce任务，在Hadoop中并行执行。

（3）使用 HDFS 存储。Hive 是建立在 Hadoop 之上的，所有 Hive 的数据都是存储在 HDFS 中的。而其他数据库则将数据保存在块设备或者本地文件系统中。

（4）支持自定义数据格式。Hive 中没有定义专门的数据格式，数据格式可以由用户指定，用户定义数据格式需要指定 3 个属性：列分隔符（通常为空格、"\t"、"\x001"）、行分隔符（"\n"）以及读取文件数据的方法（Hive 默认的文件格式包括 TextFile、SequenceFile、RCFile 等）。由于在加载数据的过程中不需要从用户数据格式到 Hive 定义的数据格式的转换，因此，Hive 在加载的过程中不会对数据本身进行任何修改，而只是将数据内容复制或者移动到相应的 HDFS 目录中。其加载数据的效率高于传统数据库。

（5）不支持数据更新。由于 Hive 是针对数据仓库应用设计的，而数据仓库的内容是读多写少的，因此，Hive 不支持对数据的改写和添加，所有的数据都是在加载时确定好的。这与传统数据库支持增、删、改有所不同。

（6）不支持索引。之前已介绍过，Hive 在加载数据的过程中不会对数据进行任何处理，甚至不会对数据进行扫描，因此也没有对数据中的某些 Key 建立索引。Hive 要访问数据中满足条件的特定值时，需要暴力扫描整个数据，因此访问延迟较高。由于 MapReduce 的引入，Hive 可以并行访问数据，因此即使没有索引，对于大数据量的访问，Hive 仍然可以体现出优势。传统数据库中，通常会针对一个或者几个列建立索引，因此对于少量特定条件的数据的访问，数据库可以有很高的效率、较低的延迟。由于数据的访问延迟较高，决定了 Hive 不适合在线数据查询。

（7）执行延迟高。Hive 在查询数据的时候，由于没有索引，需要扫描整个表，因此执行延迟较高。另外一个导致 Hive 执行延迟较高的因素是 MapReduce 框架。由于 MapReduce 本身具有较高的延迟，因此在利用 MapReduce 执行 Hive 查询时，也会有较高的延迟。相对来说，传统数据库的执行延迟较低。当然，这个"低"是有条件的，即数据规模较小，当数据规模大到超过数据库处理能力时，Hive 的并行计算优势就能够显现出来了。

（8）可扩展性高。由于 Hive 是建立在 Hadoop 之上的，因此 Hive 的可扩展性和 Hadoop 的可扩展性是一致的。而传统数据库由于 ACID 语义的严格限制，扩展性非常有限，目前主流的数据库 Oracle，其集群在理论上的扩展能力也只有 100 台左右。

（9）数据规模大。由于 Hive 建立在集群上并可以利用 MapReduce 进行并行计算，因此可以支持很大规模的数据；而传统数据库可以支持的数据规模较小。

下面以在第 4 章学习过的 WordCount 为例，先来直观地感受一下使用 Hive 如何实现 WordCount。

首先准备一个数据文件 wc.txt，内容如下：

```
hello world world
hello onetwo world
```

然后在 Hive 中创建一张表 wc，含有一个字段，内容为上述数据文件中的每一行，然后把该数据文件导入 Hive 表中。

然后使用如下 HiveQL 语句：

```
hive> select word, count(*) as count from
hive>(select explode(split(line, '\s')) as word from wc) w
hive> groupby word
hive> orderby count desc;
```

就可以得到如下统计结果：

```
world   3
hello   2
one     1
two     1
```

可以发现，这条 HiveQL 语句和之前学习的 SQL 语句语法基本是一样的，所以有 SQL 基础的程序员很容易学习 HiveQL。另外，与 MapReduce 相比，这条短短 3～4 行的语句就能实现之前要写很多代码的 MapReduce 程序的功能，大大简化了程序员的工作量。

7.2 Hive 体系架构

Hive 通过给用户提供的一系列交互接口，接收到用户提交的 Hive 脚本后，使用自身的驱动器 Driver，结合元数据 MetaStore，将这些脚本翻译成 MapReduce，并提交到 Hadoop 集群中执行，最后将执行返回的结果输出到用户交互接口。Hive 体系架构如图 7.1 所示。

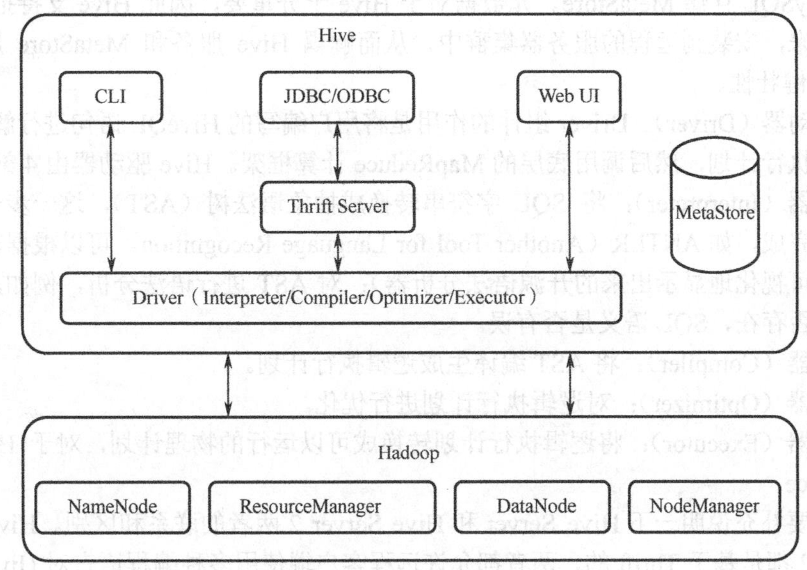

图 7.1　Hive 体系架构

由图 7.1 可知，Hive 体系架构中主要包括如下组件：Cli、JDBC/ODBC、Web UI、Thrift Server、MetaStore 和 Driver。这些组件可以分为两类：客户端组件和服务端组件。另外，Hive 还需要 Hadoop 的支持，它使用 HDFS 进行存储，使用 MapReduce 进行计算。

1. 客户端组件

作为数据仓库，Hive 充分利用 Hadoop 分布式存储和计算的能力，向用户提供丰富的编程和命令接口，以支持数据查询、汇总和分析功能。

（1）CLI。CLI（Command Line Interface）是 Hive 命令行接口，也是最常用的一种用户接口。CLI 启动时会同时启动一个 Hive 副本。CLI 是和 Hive 交互的最简单也是最常用方式，只需要在一个具备完整 Hive 环境下的 Shell 终端中输入“hive”即可启动服务。用户可以在 CLI 上输入 HiveQL 来执行创建表、更改属性以及查询等操作。

（2）JDBC/ODBC。JDBC 是 Java Database Connection 规范，它定义了一系列 Java 访问各类数据库的接口，因此，Hive-JDBC 本质上扮演了一个协议转换的角色，把 JDBC 标准协议转换为访问 Hive Server 服务的协议。Hive-JDBC 除了扮演网络协议转化的工作，并不承担其他工作，比如 SQL 的合法性校验和解析等。ODBC 是一组对数据库访问的标准 API，它的底层实现源码是采用 C/C++编写的。JDBC/ODBC 都是通过 Hive Client 与 Hive Server 保持通信的，借助 Thrift RPC 协议来实现交互。

（3）Web UI。Web UI 是 Hive 的 Web 访问接口，可以通过浏览器来访问 Hive 的服务。

2．服务端组件

（1）Thrift Server。Thrift 是 Facebook 开发的一个软件框架，用来进行可扩展且跨语言的服务开发。Hive 集成了 Thrift Server 服务，能让不同的编程语言如 Java、Python 等调用 Hive 接口。

（2）MetaStore 服务（MetaStore Service）。MetaStore 服务组件用于管理 Hive 的元数据，包括表名、表所属的数据库（默认是 default）、表的拥有者、列/分区字段、表的类型（是否为外部表）、表的数据所在目录等。Hive 元数据默认存储在自带的 Derby 数据库中，但一般推荐使用 MySQL 存储 MetaStore。元数据对于 Hive 十分重要，因此 Hive 支持把 MetaStore 服务独立出来，安装到远程的服务器集群中，从而解耦 Hive 服务和 MetaStore 服务，保证 Hive 运行的健壮性。

（3）驱动器（Driver）。Driver 组件的作用是将用户编写的 HiveQL 语句进行解析、编译、优化，生成执行计划，然后调用底层的 MapReduce 计算框架。Hive 驱动器由 4 部分组成：

①解析器（Interpreter）：将 SQL 字符串转换成抽象语法树（AST），这一步一般都用第三方工具库完成，如 ANTLR（Another Tool for Language Recognition，可以根据输入自动生成语法树并可视化地显示出来的开源语法分析器）；对 AST 进行语法分析，例如，表是否存在，字段是否存在，SQL 语义是否有误。

②编译器（Compiler）：将 AST 编译生成逻辑执行计划。

③优化器（Optimizer）：对逻辑执行计划进行优化。

④执行器（Executor）：将逻辑执行计划转换成可以运行的物理计划，对于 Hive 来说就是 MapReduce。

这里需要补充说明一下 Hive Server 和 Hive Server 2 两者的联系和区别。Hive Server 和 Hive Server 2 都是基于 Thrift 的，两者都允许远程客户端使用多种编程语言对 Hive 中的数据进行操作。但是官方表示，从 Hive 0.15 起就不再支持 Hive Server 了。为什么不再支持 Hive Server 了呢？这是因为 Hive Server 不能处理多于一个客户端的并发请求，究其原因是由于 Hive Server 使用 Thrift 接口而导致的限制，不能通过修改 Hive Server 的代码获得修正。因此，在 Hive 0.11.0 版本中重写了 Hive Server 代码得到了 Hive Server 2，进而解决了该问题。Hive Server 2 支持多客户端的并发和认证，为开放 API 客户端如 JDBC、ODBC 提供更好的支持。

7.3 Hive 安装部署

1．安装模式简介

根据元数据 MetaStore 存储位置的不同，Hive 安装模式共有以下 3 种。

（1）内嵌模式（Embedded MetaStore）。内嵌模式是 Hive MetaStore 最简单的部署方式，

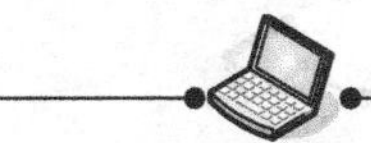

Hive 服务和 MetaStore 服务在同一个 JVM 中，使用 Hive 内嵌的 Derby 数据库来存储元数据。但这种模式只能接受一个 Hive 会话，即只能面向一个客户端提供服务。Hive 官方并不推荐使用内嵌模式，此模式通常用于开发者调试环境中，真正生产环境中很少使用。

Hive 内嵌模式如图 7.2 所示。

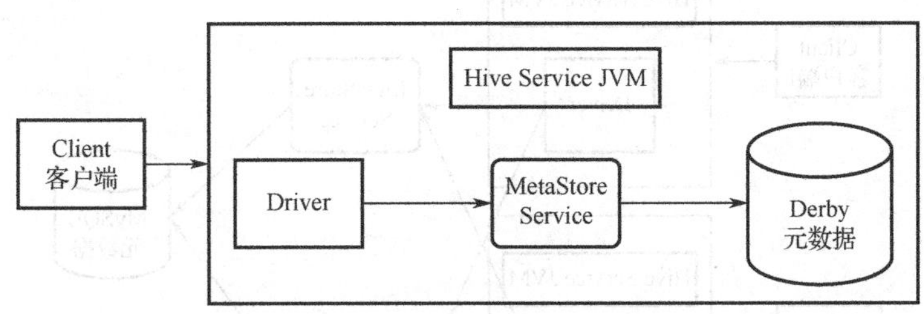

图 7.2　Hive 内嵌模式

（2）本地模式（Local MetaStore）。本地模式是 MetaStore 的默认模式。该模式下，Hive 服务和 MetaStore 服务仍在同一个 JVM 中，一个 Hive 会话将启动一个这样的 JVM 来提供服务。不同的是，本地模式不使用 Derby，而是使用 MySQL 这样的独立数据库来存储 MetaStore。常见 JDBC 兼容的数据库都可以作为元数据的存储载体。MySQL 可以部署在本地，也可以部署在独立的物理机器上（本书的操作系统虚拟机可视为独立机器）。

Hive 本地模式如图 7.3 所示。

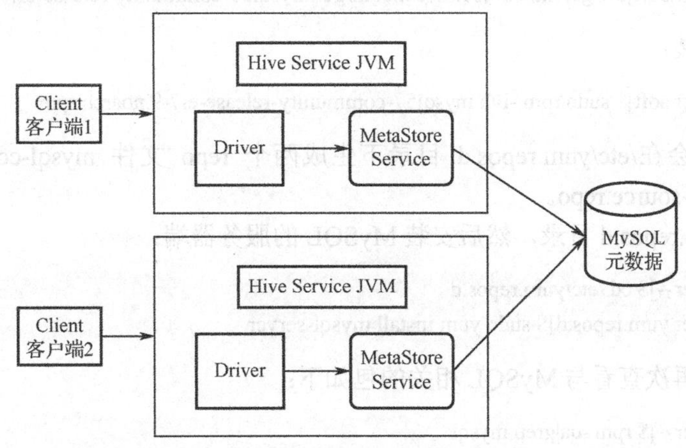

图 7.3　Hive 本地模式

（3）远程模式（Remote MetaStore）。远程模式将“MetaStore 服务”分离出来，成为一个独立的服务，而不是和 Hive 服务运行在同一个 JVM 上。MetaStore 服务可以部署多个，以提高数据仓库可用性。

Hive 远程模式如图 7.4 所示。

总体而言，从内嵌模式到远程模式是逐渐分离的。本地模式将数据分离，而远程模式将两种服务分离。本书采用本地模式，计划在之前的 master 机器上安装 MySQL，在 slave1 机器上安装 Hive。

2. 安装 MySQL

查询之前系统是否安装过 MySQL：

```
[hadoop@master ~]$ rpm -qa|grep mysql
```

发现没有；如果有的话，需要先删除。

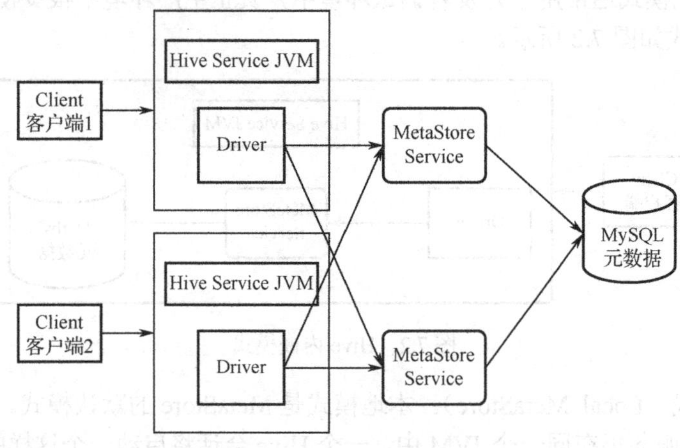

图 7.4　Hive 远程模式

CentOS 7 的 yum 源中默认没有 MySQL，所以没法直接使用 yum 的在线安装，需要到 MySQL 的官网下载 yum repo 配置文件，这里下载的是 MySQL 5.7 版本。

```
[hadoop@master soft]$ wget https://dev.mysql.com/get/mysql57-community-release-el7-9.noarch.rpm
```

然后进行安装：

```
[hadoop@master soft]$ sudo rpm -ivh mysql57-community-release-el7-9.noarch.rpm
```

执行完成后会在/etc/yum.repos.d 目录下生成两个 repo 文件 mysql-community.repo 和 mysql-community-source.repo。

进入/etc/yum.repos.d 目录，然后安装 MySQL 的服务器端：

```
[hadoop@master ~]$ cd /etc/yum.repos.d
[hadoop@master yum.repos.d]$ sudo yum install mysql-server
```

安装完毕，再次查看与 MySQL 相关的包如下：

```
[hadoop@master ~]$ rpm -qa|grep mysql
mysql-community-libs-compat-5.7.30-1.el7.x86_64
mysql-community-common-5.7.30-1.el7.x86_64
mysql57-community-release-el7-9.noarch
mysql-community-libs-5.7.30-1.el7.x86_64
mysql-community-server-5.7.30-1.el7.x86_64
mysql-community-client-5.7.30-1.el7.x86_64
```

可以看到，服务器端、客户端以及相关依赖包都已经安装好了。

首先查看 MySQL 的服务器是否启动：

```
[hadoop@master ~]$ systemctl status mysqld
Active: active (running) since 五 2020-06-19 12:24:57 CST; 2h 0min ago
……
```

可以看到已经启动。

查看安装时的临时密码：

```
[hadoop@master ~]$ sudo grep 'temporary password' /var/log/mysqld.log
[sudo] hadoop 的密码：
2020-06-19T04:24:48.694158Z 1 [Note] A temporary password is generated for root@localhost:
W;NOdB:A:6yq
```

使用上面的密码登录：

```
[hadoop@master ~]$ mysql -u root -p
Enter password:
Welcome to the MySQL monitor.   Commands end with ; or \g.
Your MySQL connection id is 3
Server version: 5.7.30
Copyright (c) 2000, 2020, Oracle and/or its affiliates. All rights reserved.
Oracle is a registered trademark of Oracle Corporation and/or its
affiliates. Other names may be trademarks of their respective
owners.
Type 'help;' or '\h' for help. Type '\c' to clear the current input statement.
mysql>
```

如果觉得上面的密码记不住的话，也可以设置简单密码。

默认的密码设置必须包含大小写字母、特殊符号、数字，并且长度大于 8 位。

首先设置密码为简单密码，且长度为 6 位，然后修改密码为 123456。

```
mysql>set global validate_password_policy=LOW;
mysql>set global validate_password_length=6;
mysql>ALTER USER 'root'@'localhost' IDENTIFIED BY '123456';
```

使用 quit 命令退出，然后再重新使用新密码登录。

由于 MySQL 安装在 master 这台机器上，而 Hive 需要安装在 slave1 上，所以需要设置 MySQL 的远程访问。

```
mysql>grant all privileges on *.* to root@'%' identified by '123456';
mysql>flush privileges;
```

其中，*.*表示所有数据库的所有权限；%表示来自任意域（所有 IP）；flush privileges 重新加载权限表。

3. 安装 Hive

首先下载 Hive，这里先到官方网站上下载 apache-hive-2.3.4-bin.tar.gz，然后放到 slave1 的/soft 目录下。

解压，然后重命名：

```
[hadoop@slave1 soft]$ tar -zxvf apache-hive-2.3.4-bin.tar.gz
[hadoop@slave1 soft]$ mv apache-hive-2.3.4-bin hive-2.3.4
```

进入 conf 目录，创建 hive-site.xml 文件，然后添加 MySQL 的连接信息：

```
[hadoop@slave1 hive-2.3.4]$ cd conf
[hadoop@slave1 conf]$ vi hive-site.xml
<configuration>
#配置 MySQL 的连接地址、连接数据库
<property>
        <name>javax.jdo.option.ConnectionURL</name>
        <value>jdbc:mysql://192.168.128.131:3306/hivedb?createDatabaseIfNotExist=true</value>
</property>
#配置 MySQL 的驱动类
<property>
        <name>javax.jdo.option.ConnectionDriverName</name>
        <value>com.mysql.jdbc.Driver</value>
</property>
#配置登录 MySQL 的用户名
<property>
        <name>javax.jdo.option.ConnectionUserName</name>
        <value>root</value>
</property>
#配置登录 MySQL 的密码
<property>
        <name>javax.jdo.option.ConnectionPassword</name>
        <value>123456</value>
</property>
</configuration>
```

然后把 MySQL 驱动包（mysql-connector-java-5.1.35-bin.jar）放置在 Hive 的根目录下的 lib 目录中：

```
[hadoop@slave1 soft]$ cp mysql-connector-java-5.1.35-bin.jar hive-2.3.4/lib/
```

配置环境变量：

```
[hadoop@slave1 soft]$ sudo vi /etc/profile
export HIVE_HOME=/soft/hive-2.3.4
export PATH=$JAVA_HOME/bin:$HADOOP_HOME/bin:$HADOOP_HOME/sbin:$ZOOKEEPER_HOME/bin:$PATH:$HIVE_HOME/bin
[hadoop@slave1 soft]$ source /etc/profile
```

初始化元数据库：

```
[hadoop@slave1 soft]$ schematool -dbType mysql -initSchema
```

然后在 master 上的 MySQL 数据库中就多了一个 hivedb 数据库，这里面有很多与 Hive 元数据相关的表。

4．启动 Hive

由于 Hive 要使用到 Hadoop 的 HDFS 和 YARN，所以需要先把 Hadoop 集群启动起来。

根据前文，每个 Hive 会话都会启动一个 JVM 来处理，所以直接使用“hive”命令即可，它相当于“hive --service cli”。

```
[hadoop@slave1 soft]$ hive
……
hive>show databases;
default
```

至此，Hive 安装结束，可以看到默认有一个数据库 default。

7.4　Hive 数据类型

Hive 数据类型分为两类：基本数据类型和集合数据类型。

（1）基本类型。又称为原始类型，与大多数关系数据库中的数据类型相同。

Hive 的基本数据类型及说明如表 7.1 所示。

表 7.1　Hive 的基本数据类型及说明

类　型	描　述	示　例
boolean	true/false	TRUE
tinyint	1 个字节的有符号整数	-128～127
smallint	2 个字节的有符号整数	1S
int	4 个字节的带符号整数	1
bigint	8 个字节的带符号整数	1L
float	4 个字节的单精度浮点数	1.0
double	8 个字节的双精度浮点数	1.0
deicimal	任意精度的带符号小数	1.0
string	字符串，变长	“a”,‘b’
varchar	变长字符串	“a”,‘b’
char	固定长度字符串	“a”,‘b’
binary	字节数组	无法表示
timestamp	时间戳，纳秒精度	122327493795
date	日期	‘2020-06-19’

和其他的 SQL 语言一样，这些都是保留字。需要注意的是，所有这些数据类型都是对 Java 中接口的实现，因此，这些类型的具体行为细节和 Java 中对应的类型是完全一致的。例如，string 实现的是 Java 中的 String，float 实现的是 Java 中的 float，等等。

（2）集合数据类型。除了基本数据类型，Hive 还提供了 3 种集合数据类型：Array、Map、Struct。所谓集合类型是指该字段可以包含多个值，有时也称为复杂数据类型。

Hive 的集合数据类型及说明如表 7.2 所示。

表 7.2　Hive 的集合数据类型及说明

类　型	描　述	示　例
Array	有序的同类型的集合	array(1,2)
Map	键值对，key 为基本类型，value 可以为任意类型	map('a',1,'b',2)
Struct	字段集合，类型可以不同	struct('1',1,1.0)

7.5 Hive 文件格式

Hive 支持多种文件格式，常用的有以下几种：TextFile、SequenceFile、RCFile、ORCFile 和 Parquet。

（1）TextFile。默认格式，建表时不指定则默认为这个格式，导入数据时会直接把数据文件拷贝到 HDFS 上不进行处理；源文件可以直接通过“hadoop fs -cat”命令查看；采用行式存储，数据不做压缩，磁盘开销大，数据解析开销大；可结合 Gzip、Bzip2 等压缩算法（系统自动检查，执行查询时自动解压），但使用压缩方式时，Hive 反而不会对数据进行合并和拆分；生产中用得比较多。

（2）SequenceFile。SequenceFile 是 Hadoop API 提供的一种二进制文件，其具有使用方便、可分割、可压缩的特点。SequenceFile 将数据以 key-value 键值对的形式序列化到文件中；采用行式存储，比默认的 TextFile 源文件格式的还要大；生产中基本上不会用。

（3）RCFile。RCFile 是一种行列存储相结合的存储方式。首先，其将数据按行分块，保证同一行数据在一个块上，避免读一行数据需要读取多个块。其次，块数据列式存储，有利于数据压缩和快速的列存取。理论上具有高查询效率，但 Hive 官方说效果不明显，只有存储上能省 10%的空间，所以不好用，生产中用得少。

（4）ORCFile。属于 RCFile 的升级版，存储方式为列式存储，有多种压缩方式，并且有很高的压缩比，支持多种索引和复杂的数据结构，生产中用得多。

（5）Parquet。Parquet 采用列式存储，具有高效的压缩方式，不与任何数据处理技术绑定，可用于多种数据处理框架。但是不支持增、删、改，只支持查询。适用于字段多、无更新、只取部分列的查询；生产中用得多。

通过以上对比可以发现：

（1）生产中用得最多的是 TextFile、ORCFile 和 Parquet，其余基本不用。

（2）这三者压缩比由高到低依次是 ORCFile、Parquet 和 TextFile。

（3）这三者查询速度由高到低依次是 Parquet、ORCFile 和 TextFile。

另外，SequenceFile、RCFile、ORCFile 和 Parquet 格式的表不能直接从本地文件导入数据，数据要先导入 TextFile 格式的表中，然后再从表中用 insert 导入 SequenceFile、RCFile、ORCFile 和 Parquet 表中。

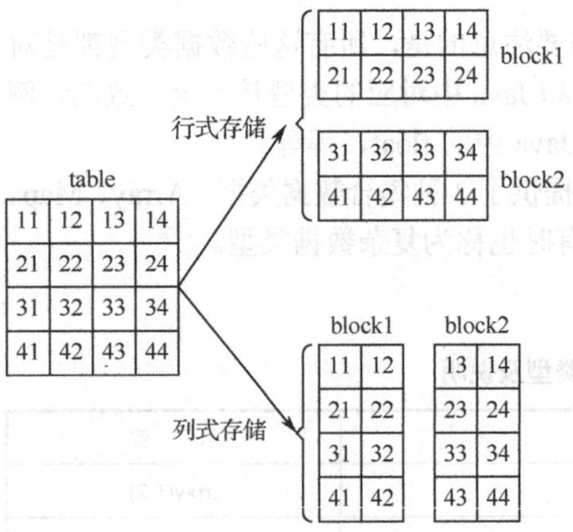

以上文件格式中涉及行式存储与列式存储，如图 7.5 所示，这里做个简单的对比：

（1）行式存储一定会把同一行数据存到同一个块中，在 select 查询的时候是对所有字段的查询，不可单独查询某一列。

（2）列式存储一定会把同一列数据存到同一个块中，换句话说，就是不同的列可以放到不同块中，在进行 select 查询的时候可以单独查询某一列。

图 7.5 行式存储与列式存储

行式存储的优点：全字段查询比较快。

行式存储的缺点：当查询一张表里的几个字段

时，底层依旧是读取所有的字段，这样查询效率降低，并且会造成不必要的资源浪费。而且，生产中很少会出现需要全字段查询的场景。

列式存储的优点：当查询某个或者某几个字段时，只需要查看存储这几个字段的几个块就可以了，大大减少了数据的查询范围，提高了查询效率。

列式存储的缺点：当进行全字段查询时，数据需要重组，比单独查一行要慢。

当数据存储在文本文件中时，必须按照一定格式区别行和列，并且在 Hive 中指明这些区分符。Hive 默认使用了几个平时很少出现的字符，这些字符一般不会作为内容出现在记录中。Hive 默认的行和列分隔符如表 7.3 所示。

表 7.3　Hive 默认的行和列分隔符

分 隔 符	描　述
\n	对于文本文件来说，每行是一条记录，用\n 来分隔记录
^A(Ctrl+A)	分隔字段，也可以用\001 来表示
^B(Ctrl+B)	用于分隔 Arrary 或者 Struct 中的元素，或者用于 Map 中键和值之间的分隔，也可以用\002 分隔
^C(Ctrl+C)	用于 Map 中键和值之间分隔，也可以用\003 表示

7.6　Hive 数据模型

Hive 可以非常自由地组织表，只需在创建表时告诉 Hive 数据中的列分隔符和行分隔符，Hive 就可以解析数据。Hive 中所有的数据都存储在 HDFS 中，根据对数据的划分粒度，Hive 包含以下数据模型：表（Table）、分区（Partition）和桶（Bucket）。从表到分区，再到桶，对数据的划分粒度越来越小。

（1）表。Hive 的表和关系数据库中的表相同，具有各种关系代数操作。Hive 中有两种表：内部表（Table）和外部表（External Table）。

①内部表。Hive 默认创建的表都是内部表，这些表的数据存储在由配置项 hive.metastore.warehouse. dir（例如/user/hive/warehouse）所定义的 HDFS 目录下，每一个 Table 在该数据仓库目录下都拥有一个对应的子目录。当删除一个内部表时，Hive 会同时删除这个数据目录。内部表不适合与其他工具共享数据。

②外部表。Hive 创建外部表时需要指定数据读取的目录，外部表仅记录数据所在的路径，不对数据的位置做任何改变。而内部表创建时就把数据存放到默认路径下，当删除表时，内部表会将数据和元数据全部删除。而对外部表只删除元数据，数据文件不会被删除。外部表和内部表在元数据的组织上是相同的，外部表加载数据和创建表同时完成，并不会移动数据到数据仓库目录中。

（2）分区和分区表。假设 Hive 中有一个数据库 test，test 中有一个内部表 student，存储在/user/hive/warehouse/ test.db/student 目录中，现在按照院系来分区，包括数学系、艺术系、物理系等。那么所有属于同一个院系的学生将会存储在同一个分区中，而一个分区在存储上表示为一个表目录下面的一个子目录。例如，数学系的学生都存储在/user/hive/warehouse/test.db/student/department=Maths 目录下。此例中，“department”称为分区字段（注意：它不是表的字段），“Maths”称为分区标识。对于数学系学生的查询将在这个子目录下进行，这样比在全表中查询效率更高。定义了分区的表称为分区表。

分区分为静态分区和动态分区，在建表时都需要规定分区字段，不同的是，静态分区需要手动指定分区标识（导入或插入数据时，需像“department=Maths”这样指定），动态分区可按插入的数据自动生成分区标识。后面会有示例说明。

注意：内部表、外部表都可以使用分区。

（3）桶和分桶表。分桶就是将同一个目录下的一个文件拆分成多个文件，每个文件包含一部分数据，方便获取值，提高检索效率。分区产生不同的存储路径，分桶产生不同的数据文件。分区提供一个隔离数据和优化查询的便利方式，但并非所有的数据集都可形成合理的分区；分桶是将数据集分解成更容易管理的若干部分的另一种技术。分桶的表称为分桶表。

用户可以将表数据按某列的 Hash 函数值分配到桶中。例如，将表再划分为 *n* 个桶，则将在表目录下产生 *n* 个文件。对于上面的学生表，可先分区，如果将每个分区再划分为两个桶，则在每个分区目录下会有两个文件，记录了同一个院系（因为是一个分区）的不同学生。

Hive 通过某列的 Hash 值取模来决定桶的分配。使用桶分配数据的原因有两个：第一，合理设计的 Hash 函数可以将数据均匀地分割，查询时可将查询条件值按同样的 Hash 函数运算得到一个 Hash 值，这样就可以快速定位到某个桶，而不用进行全量数据扫描；第二，分桶使采样过程更高效，从而降低 Hive 的查询时间。

注意：分桶可在内部表、外部表、分区表上进行。

简而言之，表（内部表、外部表）是基本形式，分区和分桶都是按某种规则将表进一步拆分以提高查询效率的手段。

7.7 Hive 函数

Hive 支持多种内置运算符和内置函数，方便开发人员调用，还可以自定义函数来实现特定功能。

（1）内置运算符。内置运算符包括算术运算符、关系运算符、逻辑运算符和复杂运算符。Hive 内置运算符及说明如表 7.4 所示。

表 7.4 Hive 内置运算符及说明

类型	运算符	说明
算术运算符	+、-、*、/	加、减、乘、除
	%	求余
	&、|、^、~	按位与、或、异或、非
关系运算符	=、!=（或<>）、<、<=、>、>=	等于、不等于、小于、小于等于、大于、大于等于
	IS NULL、IS NOT NULL	判断值是否为 NULL
	LIKE、RLIKE、REGEXP	LIKE 进行 SQL 匹配，RLIKE 进行 Java 匹配，REGEXP 与 RLIKE 相同
逻辑运算符	AND、&&	逻辑与
	OR、|	逻辑或
	NOT、!	逻辑非
复杂运算符	A[n]	A 是一个数组，n 为 int 型。返回数组 A 的第 n 个元素，第一个元素的索引为 0
	M[key]	M 为 Map，关键值是 key，返回键对应的值
	S.x	S 为 Struct，返回 x 在结构 S 中的存储值

（2）内置函数。Hive 的内置函数非常多，包括数学函数、集合函数、类型转换函数、日期函数、条件函数、字符函数、聚合函数和表生成函数等，建议使用时再去查询相关资料。这里仅列出部分字符串函数，如表 7.5 所示。

表 7.5 Hive 部分内置字符串函数

返回类型	函数名	描述
int	length(string A)	返回字符串的长度
string	reverse(string A)	返回倒序字符串
string	concat(string A,string B,…)	连接多个字符串，合并为一个字符串，可以接受任意数量的输入字符串
string	concat_ws(string SEP,string A,string B,…)	连接多个字符串，字符串之间以指定的分隔符分开
string	substr(string A, int start) substring(string A, int start)	从字符串中指定的起始位置后的字符
string	substr(string A, int start, int len) substring(string A, int start, int len)	从字符串中指定的起始位置后的指定长度的字符

读者也可以使用"describe function 函数名"命令来查看该函数的英文帮助。

（3）自定义函数。虽然 HiveQL 内置了许多函数，但是在某些特殊场景下可能还是需要自定义函数，具体操作放到 7.8 节 Hive 实战中介绍。

7.8 Hive 实战

7.8.1 DDL 操作

1. 数据库操作

（1）创建数据库。

进入 Hive 客户端后，首先创建一个普通的数据库：

```
hive> create database t1;
hive>show databases;
default
t1
```

此时查看 HDFS 上多了一个/user/hive/warehouse/t1.db 目录。

也可以在创建时检查数据库是否存在：

```
hive> create database if not exists t1;
```

（2）查看数据库。

查看有哪些数据库：

```
hive>show databases;
default
t1
```

查看数据库的详细属性信息：

```
hive> desc database t1;
t1 hdfs://192.168.128.131:9000/user/hive/warehouse/t1.db     hadoop   USER
```

其中，t1 是数据库名；hdfs://192.168.128.131:9000/user/hive/warehouse/t1.db 是数据库 t1 的存储路径；hadoop USER 是操作用户。

查看创建数据库的详细语句：

```
hive> show create database t1;
CREATE DATABASE `t1`
LOCATION
  'hdfs://192.168.128.131:9000/user/hive/warehouse/t1.db'
```

（3）删除数据库。

删除指定数据库：

```
hive> drop database t1;
```

或者：

```
hive> drop database if exists t1;
```

默认情况下，Hive 不允许删除包含表的数据库，有两种解决办法：

①手动删除数据库下所有表，然后删除数据库。

②使用 cascade 关键字，例如，“drop database if exists t1 cascade;”。

（4）切换数据库。

当前使用 t1 这个数据库，现在要切换到 t2 这个数据库：

```
hive>select current_database();
t1
hive>use t2;
hive>select current_database();
t2
```

2．表的操作

（1）创建表。

创建表的语法如下：

```
CREATE [EXTERNAL] TABLE [IF NOT EXISTS] table_name
        [(col_name data_type [COMMENT col_comment], ...)]
        [COMMENT table_comment]
        [PARTITIONED BY (col_name data_type [COMMENT col_comment], ...)]
        [CLUSTERED BY (col_name, col_name, ...)
        [SORTED BY (col_name [ASC|DESC], ...)] INTO num_buckets BUCKETS]
        [ROW FORMAT row_format]
        [STORED AS file_format]
        [LOCATION hdfs_path]
        [LIKE table_name]
```

注意：该语法中，“[]”内的内容都是可选的。

第 1 行：

- CREATE TABLE：建表命令。table_name 指定表的名字。如果相同名字的表已经存在，则抛出异常；用户可以用 IF NOT EXIST 选项来忽略这个异常。
- EXTERNAL：该关键字可以让用户创建一个外部表，在建表的同时指定一个指向实际数据的路径（LOCATION）。

第 2 行：

- col_name 和 data_type 分别指列的名字和数据类型。
- COMMENT：为字段添加描述。

第 3 行：

- COMMENT：为表添加描述。

第 4 行：

- PARTITIONED BY：设定分区字段。

第 5 行：

- CLUSTERED BY：该语句声明的字段中相同的内容会被分配到同一个 reduce 处理，并且为分桶提供依据。

第 6 行：

- SORTED BY：保证一个 reduce 任务中的数据有序，但不保证全局有序。

第 7 行，行格式的完整语法如下：

```
ROW FORMAT
DELIMITED [FIELDS TERMINATED BY char] [COLLECTION ITEMS TERMINATED BY char] [MAP KEYS TERMINATED BY char] [LINES TERMINATED BY char]
| SERDE serde_name [WITH SERDEPROPERTIES (property_name=property_value, property_name=property_value, ...)];
```

其中，DELIMITED 和 SERDE 是二选一的，DELIMITED 设定行的分割方式，可以对 FIELDS/ COLLECTION ITEMS/MAP KEYS/LINES 按某字符来进行行的划分；SERDE 设定序列化和反序列化方式，可以自定义 SERDE（序列化与反序列化）或者使用自带的 SERDE，也可以为列指定 SERDE。

如果没有指定 ROW FORMAT 或者 ROW FORMAT DELIMITED，将会使用自带的 SERDE。

第 8 行：

- STORED AS SEQUENCEFILE | TEXTFILE | RCFILE | INPUTFORMAT：设定以何种文件格式进行存储。

SEQUENCEFILE：序列化文件。

TEXTFILE：普通的文本文件格式。

RCFILE：行列存储相结合的文件。

INPUTFORMAT input_format_classname OUTPUTFORMAT output_format_classname：自定义文件格式。

第 9 行：

- LOCATION：指定外部表的数据存储路径或者内部表的数据来源。

第 10 行：

- LIKE：允许用户复制现有的表结构，但是不复制数据。

Hive 的建表语法非常复杂，更多细节可到官网查询。

（2）建表示例。

①创建内部表：

```
hive>create table student(id int, name string, sex string, age int,department string)
hive>row format delimited fields terminated by ",";
```

创建一张内部表，表名为 student，含有 5 个字段：id 学号为整数，name 名字为字符串，sex 性别为字符串，age 年龄为整数，department 系为字符串，字段之间用“,”隔开。注意：HiveQL 以“;”作为语句结束标志。

②创建外部表：

```
hive>create external table student_ext(id int, name string, sex string, age int,department string)
hive>row format delimited fields terminated by "," location "/hive/student_ext";
```

创建一张外部表，表名为 student_ext，字段含义与 student 相同，字段之间用“,”隔开，外部表的数据位置为“/hive/student_ext”。

③创建分区表：

```
hive>create external table student_par(id int, name string, sex string, age int,department string)
hive>partitioned by (city string)
hive>row format delimited fields terminated by ","
hive>location "/hive/student_par";
```

创建一张分区表（且为外部表），表名为 student_par，字段含义与前面 2 个表相同，数据位置为“/hive/student_par”。该表的分区字段是 city，即按 city 进行分区，后续可静态地指定若干个城市来作为分区标识，也可以在批量插入数据时以新数据的 city 字段自动分区。因为某个区的 city 都是一样的，所以表中没必要再存在 city 这个字段。

④创建分桶表：

```
hive>create external table student_bck(id int, name string, sex string, age int,department string)
hive>clustered by (id) into 4 buckets
hive>row format delimited fields terminated by ","
hive>location "/hive/student_bck";
```

创建一张分桶表（且为外部表），表名为 student_bck，字段含义与之前相同，分桶表的数据位置为“/hive/student_bck”，按照 id 这个字段分成 4 个桶。

⑤通过查询来创建表：

```
hive>create table student_1 as select * from student where id<95012;
```

⑥通过复制表结构来创建表：

```
hive>create table student_copy like student;
```

（3）查看表。

①查看当前使用的数据库中有哪些表：

```
hive>show tables;
student
```

```
student_1
student_copy
……
```

②查看某个表的信息：

```
hive>desc student;
id              int
name            string
sex             string
age             int
department      string
```

③查看表的扩展信息：

```
hive>desc extended student;
id              int
name            string
sex             string
age             int
department      string
Detailed Table Information Table(tableName:student, dbName:t1, owner:hadoop, createTime:1595669348, lastAccessTime:0, retention:0, sd:StorageDescriptor(cols:[FieldSchema(name:id, type:int, comment:null), FieldSchema(name:name, type:string, comment:null), FieldSchema(name:sex, type:string, comment:null), FieldSchema(name:age, type:int, comment:null), FieldSchema(name:department, type:string, comment:null)], location:hdfs://192.168.128.131:9000/user/hive/warehouse/t1.db/student, inputFormat:org.apache.hadoop.mapred.TextInputFormat, outputFormat:org.apache.hadoop.hive.ql.io.HiveIgnoreKeyTextOutputFormat, compressed:false, numBuckets:-1, serdeInfo:SerDeInfo(name:null, serializationLib:org.apache.hadoop.hive.serde2.lazy.LazySimpleSerDe, parameters:{serialization.format=,, field.delim=,}), bucketCols:[], sortCols:[], parameters:{}, skewedInfo: SkewedInfo(skewedColNames:[], skewedColValues:[], skewedColValueLocationMaps:{}), storedAsSubDirectories:false), partitionKeys:[], parameters:{totalSize=0, numRows=0, rawDataSize=0, COLUMN_STATS_ACCURATE= {"BASIC_STATS":"true"}, numFiles=0, transient_lastDdlTime=1595669348}, viewOriginalText:null, viewExpandedText: null, tableType:MANAGED_TABLE, rewriteEnabled:false)
```

④以良好的格式来查看表的扩展信息：

```
hive>desc formatted student;
# col_name                data_type              comment
id                        int
name                      string
sex                       string
age                       int
department                string

# Detailed Table Information
Database:                 t1
Owner:                    hadoop
CreateTime:               Sat Jul 25 17:29:08 CST 2020
LastAccessTime:           UNKNOWN
```

```
Retention:              0
Location:                           hdfs://192.168.128.131:9000/user/hive/warehouse/t1.db/student
Table Type:                         MANAGED_TABLE
Table Parameters:
        COLUMN_STATS_ACCURATE       {\"BASIC_STATS\":\"true\"}
        numFiles        0
        numRows                     0
        rawDataSize                 0
        totalSize                   0
        transient_lastDdlTime       1595669348
# Storage Information
SerDe Library:                      org.apache.hadoop.hive.serde2.lazy.LazySimpleSerDe
InputFormat:                        org.apache.hadoop.mapred.TextInputFormat
OutputFormat:                       org.apache.hadoop.hive.ql.io.HiveIgnoreKeyTextOutputFormat
Compressed:                         No
Num Buckets:                        -1
Bucket Columns:                     []
Sort Columns:                       []
Storage Desc Params:
        field.delim                 ,
        serialization.format        ,
```

⑤查看分区信息：

```
hive>show partitions student_par;
city=beijing
ciry=shenzhen
……
```

⑥查看表的详细建表语句：

```
hive>show create table student;
CREATE TABLE `student`(
  `id` int,
  `name` string,
  `sex` string,
  `age` int,
  `department` string)
ROW FORMAT SERDE
  'org.apache.hadoop.hive.serde2.lazy.LazySimpleSerDe'
WITH SERDEPROPERTIES (
  'field.delim'=',',
  'serialization.format'=',')
STORED AS INPUTFORMAT
  'org.apache.hadoop.mapred.TextInputFormat'
OUTPUTFORMAT
  'org.apache.hadoop.hive.ql.io.HiveIgnoreKeyTextOutputFormat'
LOCATION
```

```
    'hdfs://192.168.128.131:9000/user/hive/warehouse/t1.db/student'
TBLPROPERTIES (
    'transient_lastDdlTime'='1595669348')
```

（4）修改表。

①修改表名：

```
hive>alter table student rename to new_student;
```

②增加一个字段：

```
hive>alter table student add columns (score int);
```

③修改一个字段：

```
hive>alter table student change name myname string;
```

④删除一个字段：不支持。

⑤替换所有字段：原来的字段全部没有了，但是表的数据没有改变，如果列的数据类型改变了，或者少了几列，或者多了几列，可能会导致查询时出现某些列的值为 NULL。所以，实际中如果是大量替换、更新已经存在数据的表的字段的话，通常是建新表，然后再把旧表数据导入新表，再删除旧表。

```
hive>alter table student replace columns (id int,name string,address string);
```

⑥添加分区（或分区标识）。

对于静态分区，直接添加：

```
hive>alter table student_par add partition(city="chongqing");
```

也可以一次添加多个分区：

```
hive>alter table student_par add partition(city="sichuan") partition(city="guizhou") partition (city="shandong")
```

⑦删除分区：

```
hive>alter table student_par drop partition (city='beijing');
```

（5）删除表：

```
hive>drop table new_student;
```

（6）清空表：

```
hive>truncate table new_student;
```

表结构还存在，表的内容被删除了。

7.8.2 DML 操作

1. 装载数据 load

对于内部表，load 操作只是单纯的数据移动操作，将数据文件移动到 Hive 表对应的位置。对于外部表，一般不使用 load 来加载数据，而是在定义时指定数据目录 location。如果定义时没有指定该目录，可以使用如下命令来挂载一个目录：

```
hive>alter table test set location '/hive/test';
```

然后再往该目录下上传数据即可。

load 语句的语法如下：

```
LOAD DATA [LOCAL] INPATH 'filepath' [OVERWRITE] INTO
TABLE tablename [PARTITION (partcol1=val1, partcol2=val2 …)]
```

其中：

①filepath。

相对路径，例如 project/data1。

或绝对路径，例如/user/hive/project/data1。

或包含模式的完整 URI，例如 hdfs://namenode:9000/user/hive/project/data1。

②LOCAL 关键字。

如果指定了 LOCAL，load 命令会去查找本地文件系统中的 filepath。

如果没有指定 LOCAL 关键字，则根据 INPATH 中的 URI 查找文件。

③OVERWRITE 关键字。

如果使用了 OVERWRITE 关键字，则目标表（或者分区）中的内容会被删除，然后再将 filepath 指向的文件/目录中的内容添加到表/分区中。

如果目标表（分区）已经有一个文件，并且文件名和 filepath 中的文件名冲突，那么现有的文件会被新文件所替代。

加载相对路径数据：

先准备一个文件 student.data，内容如下：

```
[hadoop@master ~]$ more student.data
1,zs,male,20,Maths
2,ls,female,21,English
3,ww,male,22,Maths
```

然后在 Hive 中导入该数据到 student 表中：

```
hive>load data local inpath 'student.data' into table student;
hive>select * from student;
1    zs    male      20    Maths
2    ls    female    21    English
3    ww    male      22    Maths
```

加载绝对路径数据：

下面以绝对路径的方式再导入一遍：

```
hive>load data local inpath '/home/hadoop/student.data' into table student;
hive>select * from student;
1    zs    male      20    Maths
2    ls    female    21    English
3    ww    male      22    Maths
1    zs    male      20    Maths
2    ls    female    21    English
3    ww    male      22    Maths
```

加载 HDFS 全路径数据：

先把 student.data 文件上传到 HDFS 上的/hive 目录下，然后执行：

```
hive>load data inpath 'hdfs://192.168.128.131:9000/hive/student.data' into table student;
hive>select * from student;
1	zs	male	20	Maths
2	ls	female	21	English
3	ww	male	22	Maths
1	zs	male	20	Maths
2	ls	female	21	English
3	ww	male	22	Maths
1	zs	male	20	Maths
2	ls	female	21	English
3	ww	male	22	Maths
```

使用 OVERWRITE 关键字：

```
hive>load data local inpath 'student.data' overwrite into table student;
hive>select * from student;
1	zs	male	20	Maths
2	ls	female	21	English
3	ww	male	22	Maths
```

可见，使用 OVERWRITE 关键字后，数据被覆盖写入了，而之前都是增量导入。

2．插入数据 insert

Hive 中的 insert 和关系型数据库中的 insert 不太一样，Hive 中的 insert 只支持从别的表查询数据后插入到目标表中，而不支持直接插入数据。

（1）将一张表的数据查询出来插入另一张表中。这里首先准备 2 张表，一张是 student_city_1 (id, name, sex, age,department)，另一张是 student_city(id, name, sex, age,department,city)。建表如下：

```
hive>create table student_city_1(id int, name string, sex string, age int,department string)
hive>row format delimited fields terminated by ","
hive>create table student_city(id int, name string, sex string, age int,department string,city string)
hive>row format delimited fields terminated by ","
```

然后往 student_city 导入数据：

```
[hadoop@master ~]$ vi /home/hadoop/student_city.data
1,zs,male,20,Maths,hangzhou
2,ls,female,21,English,shanghai
3,ww,male,22,Maths,hangzhou
hive>load data local inpath '/home/hadoop/student_city.data' overwrite into table student_city;
```

内容分别如下：

```
hive>select * from student_city_1;
空
hive>select * from student_city;
1	zs	male	20	Maths	hangzhou
```

```
2    ls    female    21    English    shanghai
3    ww    male      22    Maths      hangzhou
```

然后把 student_city 这张表中 city 为 hangzhou 的数据查询出来插入表 student_city_1 中。

```
hive>insert overwrite table student_city_1
hive>select id,name,sex,age,department from student_city where city='hangzhou';
```

再次查看 student_city_1 表的数据：

```
hive>select * from student_city_1;
1    zs    male    20    Maths    hangzhou
3    ww    male    22    Maths    hangzhou
```

（2）还可以把一张表的数据查询出来插入多张表中。这里将 student_city 这张表的数据查询出来，插入 student_city_1 和 student_city_2（表结构同 student_city_1）两张表中。将 city 为 hangzhou 的数据插入 student_city_1 中，将 city 为 shanghai 的数据插入 student_city_2 中。

```
hive>from student_city
>insert overwrite table student_city_1
>select id,name,sex,age,department where city='hangzhou'
>insert overwrite table student_city_2
>select id,name,sex,age,department where city='shanghai';
```

再次查看 student_city_1 和 student_city_2 两张表的数据：

```
hive>select * from student_city_1;
1    zs    male      20    Maths      hangzhou
3    ww    male      22    Maths      hangzhou
hive>select * from student_city_2;
2    ls    female    21    English    shanghai
```

3．查询数据并导出

（1）将一个表的数据查询出来导出到本地：

```
hive>insert overwrite local directory '/soft/student' select * from student_city;
[hadoop@master ~]$ more /soft/student/000000_0
1,zs,male,20,Maths,hangzhou
2,ls,female,21,English,shanghai
3,ww,male,22,Maths,hangzhou
```

（2）将一个表的数据查询出来导出到多个 HDFS 路径中：

```
hive>from student_city
>insert overwrite directory 'hdfs://192.168.128.131:9000/user/hive/warehouse/student1'
>select id,name,sex,age,department where city='hangzhou'
>insert overwrite directory 'hdfs://192.168.128.131:9000/user/hive/warehouse/student2'
>select id,name,sex,age,department where city='shanghai';
[hadoop@master ~]$ hadoop fs -cat /user/hive/warehouse/student1/000000_0
1,zs,male,20,Maths,hangzhou
3,ww,male,22,Maths,hangzhou
```

```
[hadoop@master ~]$ hadoop fs -cat /user/hive/warehouse/student2/000000_0
2,ls,female,21,English,shanghai
```

4．静态分区与动态分区

Hive 中支持的分区类型有两种：静态分区（static partition）和动态分区（dynamic partition）。以静态分区的方式导入数据时，其分区标识（如前面提到的“数学系”）需要手动指定；而以动态分区的方式导入数据时，其分区标识是基于字段的不同值（如前面提到的“数学系”“英语系”等）自动建立分区。

（1）静态分区。

①单分区。

创建静态分区表 t1 并向其中导入 test.txt 文件中的测试数据：

```
hive>create table t1(id int,name string)
>partitioned by (department string)
>row format delimited fields terminated by ',';
[hadoop@master ~]$ vi /home/hadoop/test.txt
001,Ace
002,Jack
003,Maria
004,Jimmy
005,Tom
hive>load data local inpath '/home/hadoop/test.txt' into table t1 partition(department='Maths');
```

通过 load 语句向 t1 分区表中以静态分区的方式把/home/hadoop/test.txt 内容插入静态分区 department='Maths'中：

```
hive>show partitions t1;
Maths
```

查看分区，可以看到有 1 个分区 Maths：

```
hive>select * from t1;
t1.id     t1.name    t1.department
001       Ace        Maths
002       Jack       Maths
003       Maria      Maths
004       Jimmy      Maths
005       Tom        Maths
```

查看内容，可以看到所有数据都属于一个分区，但是该分区 department 并不是表 t1 的字段，而是表 t1 下面的一个子目录而已。如果去访问 HDFS 上的路径的话，看到的应该是这样的一个子目录：/user/hive/warehouse/test.db/t1/department=Maths，在该目录下才是开先导入的 test.txt 文件。

再导入一遍数据到 Chinese 分区中：

```
hive>load data local inpath '/home/hadoop/test.txt' into table t1 partition(department='Chinese');
hive>show partitions t1;
Maths
```

```
Chinese
hive>select * from t1;
t1.id     t1.name   t1.department
001       Ace       Maths
002       Jack      Maths
003       Maria     Maths
004       Jimmy     Maths
005       Tom       Maths
001       Ace       Chinese
002       Jack      Chinese
003       Maria     Chinese
004       Jimmy     Chinese
005       Tom       Chinese
```

可以看到，同样的数据存在了两份，这是因为将相同的数据导入了一个表中的两个分区。

②多分区。

创建多分区表 t2 并向表中导入 test.txt 文件中的测试数据，分区逻辑是部门分区 department 下有性别分区 sex，表现在文件结构上是部门分区子目录下的性别分区子目录。

```
hive>create table t2(id int,name string)
>partitioned by (department string,sex string)
>row format delimited fields terminated by ',';
hive>load data local inpath '/home/hadoop/test.txt' into table t2 partition(department='Maths',sex='M');
hive>load data local inpath '/home/hadoop/test.txt' into table t2 partition(department='Maths',sex='F');
hive>load data local inpath '/home/hadoop/test.txt' into table t2 partition(department='Chinese',sex='M');
hive>load data local inpath '/home/hadoop/test.txt' into table t2 partition(department='Chinese',sex='F');
hive>show partitions t2;
department=Maths/sex=M
department=Maths/sex=F
department=Chinese/sex=M
department=Chinese/sex=F
```

接下来查询全表数据：

```
hive>select * from t2;
t2.id     t2.name   t2.department   t2.sex
001       Ace       Maths           M
002       Jack      Maths           M
003       Maria     Maths           M
004       Jimmy     Maths           M
005       Tom       Maths           M
001       Ace       Maths           F
002       Jack      Maths           F
003       Maria     Maths           F
004       Jimmy     Maths           F
005       Tom       Maths           F
001       Ace       Chinese         M
002       Jack      Chinese         M
```

```
003        Maria      Chinese      M
004        Jimmy      Chinese      M
005        Tom        Chinese      M
001        Ace        Chinese      F
002        Jack       Chinese      F
003        Maria      Chinese      F
004        Jimmy      Chinese      F
005        Tom        Chinese      F
```

可以发现，同样的数据存在了 4 份。如果去访问 HDFS 上的路径的话，看到的应该是诸如这样的子目录：/user/hive/warehouse/test.db/t1/department=Maths/sex=M。

注意：对于多分区表，导入数据时必须指定所有的分区字段标识。

（2）动态分区。

在往 Hive 分区表中插入数据时，如果需要创建的分区很多，比如要以表中某个字段进行分区存储，则需要复制、粘贴修改很多 HiveQL 去执行，如此一来效率就会很低。在关系型数据库中，对分区表 insert 插入数据时，数据库会自动根据分区字段的值将数据插入相应的分区中。Hive 也提供了一个动态分区功能，可以基于查询结果中字段的值去推断分区的标识，从而建立分区。

①多分区（全部为动态分区）。

因为单分区比较简单，这里以多分区为例。

创建一个测试用表 t3 并向该表导入测试数据/home/hadoop/test1.txt：

```
hive>create table t3(id int,name string,age int,gender string)
>row format delimited fields terminated by ',';
[hadoop@master ~]$ vi /home/hadoop/test1.txt
001,Ace,20,M
002,Jack,22,M
003,Maria,21,F
004,Jimmy,20,F
005,Tom,25,M
hive>load data local inpath '/home/hadoop/test1.txt' into table t3;
hive>select * from t3;
t3.id      t3.name     t3.age     t3.gender
001        Ace         20         M
002        Jack        22         M
003        Maria       21         F
004        Jimmy       20         F
005        Tom         25         M
```

创建目标表 t4，该表具有两个分区字段——age 和 gender：

```
hive>create table t4(id int,name string)
>partitioned by (age int,gender string)
>row format delimited fields terminated by ',';
```

采用动态分区方式将 t3 中的数据加载到目标表 t4 中，加载之前先开启动态分区参数设置，不然会报错：

```
hive>set hive.exec.dynamic.partition=true;              //开启动态分区功能（默认 true，开启）
hive>set hive.exec.dynamic.partition.mode=nonstrict;    //设置为非严格模式（默认 strict，表示必须指定至少一个分区为静态分区，nonstrict 模式表示允许所有的分区字段都可以使用动态分区）
hive>insert into table t4 partition(age,gender) select id,name,age,gender from t3;
hive>show partitions t4;
age=20/gender=M
age=22/gender=M
age=21/gender=F
age=20/gender=F
age=25/gender=M
```

可以看到有 5 个分区：

```
hive>select * from t4;
t4.id   t4.name   t4.age   t4.gender
001     Ace       20       M
002     Jack      22       M
003     Maria     21       F
004     Jimmy     20       F
005     Tom       25       M
```

如果去访问 HDFS 上的路径的话，看到的应该是诸如/user/hive/warehouse/test.db/t2/age=20/gender=M 这样的子目录。

②多分区（静态分区混合动态分区）。

注意：混合分区下，建表时静态分区字段需要排在动态分区字段的前面。

创建一个具有两个分区字段的分区表 t5：

```
hive>create table t5(id int)
>partitioned by (countrystring,city string)
>row format delimited fields terminated by ',';
```

再创建一个测试用表 t6，并导入测试数据/home/hadoop/test2.txt：

```
hive>create table t6(id int,city string)
>row format delimited fields terminated by ',';
[hadoop@master ~]$ vi /home/hadoop/test2.txt
111,beijing
222,shanghai
333,guangzhou
444,shenzhen
555,hangzhou
hive>load data local inpath '/home/hadoop/test2.txt' into table t6;
hive>select * from t6;
t6.id   t6.city
111     beijing
222     shanghai
333     guangzhou
444     shenzhen
555     hangzhou
```

往目标分区表 t5 中以静态混合动态的方式插入测试用表 t6 中的数据：

```
hive>set hive.exec.dynamic.partition=true;
hive>set hive.exec.dynamic.partition.mode=nonstrict;
hive>insert overwrite table t5 partition(country='China',city) select id,city from t6;
```

其中，country 分区为静态分区字段；city 为动态分区字段，以查询结果的 city 字段为分区标识。这里要求静态分区 country 写在动态分区 city 的前面。

```
hive>show partitions t5;
country=China/city=beijing
country=China/city=shanghai
country=China/city=guangzhou
country=China/city=shenzhen
country=China/city=hangzhou
hive>select * from t5;
t5.id       t5.country      t5.city
111         China           beijing
222         China           shanghai
333         China           guangzhou
444         China           shenzhen
555         China           hangzhou
```

另外，还需要注意一些与动态分区相关的配置参数：

```
hive>hive.exec.max.dynamic.partitions=1000
```

上述语句配置集群中可以创建的动态分区的最大数目，该参数需要根据实际的数据来设定。例如，源数据中包含了一年的数据，即 day 字段有 365 个值，如果要以 day 为分区字段，那么该参数就需要设置成大于 365，如果使用默认值 100 则会报错。

```
hive>hive.exec.max.dynamic.partitions.pernode=100
```

上述语句配置集群中单个节点上可以创建的动态分区的最大数目。

```
hive>hive.exec.max.created.files=100000
```

上述语句配置可以创建的文件的最大数目。

最后总结一下它们的区别：

静态分区：

- 静态分区需手动指定分区标识。
- 支持 load 和 insert 两种插入方式。

load 方式：

①会将分区标识全部修改为指定的内容。

②一般是在确定数据的分区标识一致时才会使用。

insert 方式：

①必须先将数据放在一个没有设置分区的普通表中。

②该方式可以筛选原始表的数据，并导入指定的分区。

③从普通表中查出的数据不能包含分区字段。

- 适用于分区数少，分区标识可以明确的数据。

动态分区：

- 根据分区字段的实际值动态进行分区。
- 需要先将动态分区设置打开（set hive.exec.dynamic.partition.mode=nonstrict）。
- 只能用 insert 方式。
- 通过原始表查询出来的数据需包含分区字段。

5．查询数据 select

select 语句的语法如下：

```
SELECT [ALL | DISTINCT] select_expr, select_expr, …
FROM table_reference
[WHERE where_condition]
[GROUP BY col_list [HAVING condition]]
[CLUSTER BY col_list
| [DISTRIBUTE BY col_list] [SORT BY| ORDER BY col_list] ]
[LIMIT number]
```

其中：

①GROUP BY：使用 GROUP BY 按照某个字段分组汇总。

```
hive>select sex,count(*) as num from student group by sex having num>2;
male	4
```

可以看到，按照 sex 分组，并且筛选出分组计数总数大于 2 的组，得到 sex 和计数这两个字段。female 有 2 人，male 有 4 人，所以只有 male 这个组满足条件。

②ORDER BY：Hive 中的 ORDER BY 语句和 SQL 语言中的定义是一样的，会对查询结果集执行一个全局排序，就是说所有的数据都通过一个 Reducer 进行处理。对于大数据集，这个过程效率很低。

```
hive>select * from student order by age desc;
3	ww	male	22	Maths
2	ls	female	21	English
1	zs	male	20	Maths
4	zl	male	19	English
6	qb	female	18	Chinese
5	sq	male	17	Chinese
```

③SORT BY：只保证每个 Reducer 的输出有序，不保证全局有序。

```
hive>set mapreduce.job.reduces=2;
hive>select * from student sort by age desc;
3	ww	male	22	Maths
1	zs	male	20	Maths
4	zl	male	19	English
5	sq	male	17	Chinese
2	ls	female	21	English
6	qb	female	18	Chinese
```

这里需要把 Reducer 的数量设置为大于 1（默认为 1），才能体现局部排序。如果等于 1，则和 ORDER BY 效果一样。

根据查询结果，可以推断前面 4 行由一个 Reducer 处理，后面 2 行由另一个 Reducer 处理（注意：查询结果看似按 sex 进行了分组，但这只是一个巧合）。

④DISTRIBUTE BY：DISTRIBUTE BY 类似于 MapReduce 中 partition（自定义分区，注意不是 Hive 的分区表），用于控制 Mapper 中的输出如何划分到 Reducer，也可以理解为控制表中的哪些行被同一个 Reducer 处理。使用 DISTRIBUTE BY 可以保证在某字段上拥有相同值的行被划分到一个 Reducer 中，具体规则是用分区字段的字段值的 Hash 码对 Reducer 的个数取模，余数相同的分到一个区。通常会配合着 SORT BY 一起使用，这时 DISTRIBUTE BY+SORT BY 等价于 CLUSTER BY，即分区排序。

```
hive>set mapreduce.job.reduces=2;
hive>select * from student distribute by sex sort by age;
6    qb    female    18    Chinese
2    ls    female    21    English
5    sq    male      17    Chinese
4    zl    male      19    English
1    zs    male      20    Maths
3    ww    male      22    Maths
```

可以看到，查询结果按照 sex 分成 2 个区，前 2 行数据一个区，后面 4 行数据一个区，然后每个区内数据按照 age 升序排序。

为了更好地理解分区而不是分组这个概念，用另一个例子来演示：

```
hive>set mapreduce.job.reduces=2;
hive>create table x(key string,value int)
>row format delimited fields terminated by ',';
[hadoop@master ~]$ vi /home/hadoop/test3.txt
a,1
a,4
b,2
b,3
c,3
c,6
d,4
d,1
e,5
e,9
f,6
f,2
g,7
g,3
h,8
h,4
i,9
i,5
hive>load data local inpath '/home/hadoop/test3.txt' into table x;
```

```
hive>select * from x;
a    1
a    4
b    2
b    3
c    3
c    6
d    4
d    1
e    5
e    9
f    6
f    2
g    7
g    3
h    8
h    4
i    9
i    5
hive>select * from x distribute by key sort by value desc;
h    8
f    6
h    4
d    4
b    3
b    2
f    2
d    1
e    9
i    9
g    7
c    6
i    5
e    5
a    4
c    3
g    3
a    1
```

可以看到，从“h　　8”到“d　　1”为一个分区，按照 value 降序排列，这个分区里面的 key 有 h、f、d、b；从“e　　9”到“a　　1”为另一个分区，按照 value 降序排列，这个分区里面的 key 有 e、i、g、c、a。相同的 key 肯定在同一个分区里面。

⑤CLUSTER BY：除了具有 DISTRIBUTE BY 的功能，还会在分区内对该字段进行排序。因此，常常认为 CLUSTER BY=DISTRIBUTE BY+SORT BY，即分区排序。

```
hive>set mapreduce.job.reduces=2;
hive>select * from x cluster by key;
```

```
b    2
b    3
d    1
d    4
f    2
f    6
h    4
h    8
a    4
a    1
c    6
c    3
e    5
e    9
g    7
g    3
i    9
i    5
```

可以看到，b、d、f、h 四个为一个分区，同时按照 key 的升序排序；a、c、e、g、i 为另一个分区，同时按照 key 的升序排序。所以，CLUSTER BY KEY 等价于 DISTRIBUTE BY key SORT BY key。

注意：CLUSTER BY 不支持 desc 降序，只支持 asc 升序。

⑥LIMIT：限制输出个数，取前面几个数据。

```
hive>select * from student order by age desc limit 3;
3    ww   male      22    Maths
2    ls   female    21    English
1    zs   male      20    Maths
```

可以看到，输出年龄最大的 3 个学生。

6．join

Hive 支持等值连接（equality join）、外连接（outer join）和左/右外连接（left/right outer join，outer 可省略）。Hive 不支持非等值连接，因为非等值连接非常难转化为 MapReduce 任务。Hive 支持多于 2 个表的连接。

这里准备 3 张表，分别是学生表 student(sid 学号,sname 姓名,age 年龄,sex 性别)、课程表 course(cid 课程编号,cname 课程名称)和成绩表 score(sid 学号,cid 课程编号,score 成绩)，再导入相关数据：

```
hive>create table student(sid int,sname string, age int,sex string)
>row format delimited fields terminated by ",";
hive>create table course(cid int,cname string)
>row format delimited fields terminated by ",";
hive>create table score(sid int,cid int,scoreint)
>row format delimited fields terminated by ",";
[hadoop@master ~]$ vi /home/hadoop/student.data
1,zs,20,male
```

```
2,ls,21,female
3,ww,22,male
4,zl,25,female
5,sq,24,male
6,qb,23,female
[hadoop@master ~]$ vi /home/hadoop/course.data
1,English
2,Maths
3,Chinese
[hadoop@master ~]$ vi /home/hadoop/score.data
1,1,90
1,2,80
3,1,50
3,3,60
2,2,95
2,1,80
4,3,100
4,2,70
hive>load data local inpath "/home/hadoop/student.data" into table student;
hive>load data local inpath "/home/hadoop/course.data" into table course;
hive>load data local inpath "/home/hadoop/score.data" into table score;
hive>select * from student;
1    zs    20    male
2    ls    21    female
3    ww    22    male
4    zl    25    female
5    sq    24    male
6    qb    23    female
hive>select * from course;
1    English
2    Maths
3    Chinese
hive>select * from score;
1    1    90
1    2    80
3    1    50
3    3    60
2    2    95
2    1    80
4    3    100
4    2    70
```

①支持等值连接。

查询 zs 的所有已经考了的成绩：

```
hive>select a.sname,b.*from student a join score b on (a.sid = b.sid and a.sname='zs');
zs    1    1    90
zs    1    2    80
```

可见，zs 这个学生参与了 English 和 Maths 这两门课的考试，并获得了 90 分和 80 分的成绩。

②可以连接多于 2 张表。

查询 zs 的 Maths 成绩：

```
hive>selectb.sname,c.cname,a.score from score a join student b on (a.sid=b.sid) join course c on (a.cid=c.cid)where b.sname='zs' and c.cname='Maths';
zs	Maths	80
```

结果更为直观了。

③支持子查询。

Hive 只支持 FROM 和 WHERE 子句中的子查询。

查询 zs 的所有已经考了的成绩：

```
hive>select * from score where sid in (select sid from student where sname='zs');
1	1	90
1	2	80
```

④支持左外连接（left outer join）、右外连接（right outer join）、全外连接（full outer join）。

查询所有学生的成绩（暂时没有成绩的学生用 NULL 来表示其成绩）：

```
hive>select * from student a left outer join score b on a.sid=b.sid;
1	zs	20	male	1	1	90
1	zs	20	male	1	2	80
2	ls	21	female	2	2	95
2	ls	21	female	2	1	80
3	ww	22	male	3	1	50
3	ww	22	male	3	3	60
4	zl	25	female	4	3	100
4	zl	25	female	4	2	70
5	sq	24	male	NULL	NULL	NULL
6	qb	23	female	NULL	NULL	NULL
```

这里用到了左外连接 left outer join，左边的表 student 的数据全部保留，右边的表 score 没有连接的全部都以 NULL 来表示。

7. 修改和删除数据 update|delete

Hive 可以通过修改参数达到修改和删除数据的效果，但是速度远远没有传统关系型数据库快。频繁的 update 和 delete 操作已经违背了 Hive 的初衷，建议不到万不得已的情况不要使用。

7.8.3 WordCount 详解

前面在 7.1 节展示了使用 Hive 实现 WordCount 时的简洁，短短 3～4 行 HiveQL 语句就足够了。下面展开来具体分析一下完整的过程。

（1）准备文本内容。

新建一个/home/hadoop/wc.txt 文本，内容如下：

```
hello world world
hello one two world
```

（2）新建 Hive 表。

```
hive>create table wc(line string);
```

没有指定列的分隔符，因为只有一列，行数据整体是二维结构中的单元格内容。

（3）加载数据到 Hive 表中。

```
hive>load data local inpath "/home/hadoop/wc.txt" into table wc;
hive>select * from wc;
hello world world
hello one two world
```

（4）分割文本。

```
hive>select split(line,'\s') as word from wc;
["hello","world","world"]
["hello","one","two","world"]
```

这里使用了 Hive 的内置函数 split 来切割每一行的内容，使用正则表达式“\s”空白符（包括空格、Tab 缩进、换行等所有的空白）来进行分割。可以看出，分割后呈现为字符串数组的形式。

（5）行转列。

上一步切割完成后，单词仍然在一行里面，无法统计，需要行转列。

```
hive>select explode(split(line,'\s')) as word from wc;
hello
world
world
hello
one
two
world
```

使用 Hive 的内置函数 explode 可以做到行转列，现在所有的单词都是单独占据一行的。

（6）统计计数。

```
hive>select word,count(*) as count from
hive>(select explode(split(line,'\s')) as word from wc) w
hive>group by word
hive>order by count desc;
world         3
hello     2
one       1
two       1
```

至此，Hive 已实现 WordCount 计数功能。

7.8.4 Hive 高级操作

（1）复杂数据类型。

前面已经讲解了 Array、Map 和 Struct，下面通过一个案例来看如何使用它们。

现有数据 cdt.txt 如下：

```
1    zs    guangzhou,xianggang,shenzhen    a1:30,a2:20,a3:100    30,male,1.75,120
2    ls    xianggang                       b2:50,b3:40           25,female,1.68,98
3    ww    beijing,zhejiang                c1:200                40,male,1.70,110
```

其中：

第 1 个字段是人员编号，为整数类型，如 1。

第 2 个字段是人员姓名，为字符串类型，如 zs。

第 3 个字段是人员工作地，为 Array 类型，含有多个地址，地址间用逗号分隔，如 guangzhou,xianggang,shenzhen。

第 4 个字段是电影票房，类型为 Map。其中，key 为字符串类型，表示电影；value 为整数类型，表示票价；key 与 value 之间用冒号分隔，k-v 对之间用逗号分隔，如 a1:30,a2:20,a3:100。

第 5 个字段为人员信息，类型为 Struct，含有 4 个属性，分别是：年龄，类型为整数；性别，类型为字符串；身高，类型为浮点小数；体重，类型为整数，如 30,male,1.75,120。

现建表如下，其中，cdt 为表名；id 为人员编号，采用 int 类型；name 为人员姓名，采用 string 类型；address 为人员地址，采用 Array 类型；piaofang 为票房，采用 Map 类型；info 为人员信息，采用 Struct 类型，具体包含 age 年龄、sex 性别、height 身高、weight 体重 4 项。字段之间用“\t”分隔，集合项之间用“,”分隔，如 Array 中的各项，还有 Map 中的各项，Map 中 key 与 value 之间用“:”分隔，行之间用“\n”分隔。

```
hive>create table cdt(id int,name string,address array<string>, piaofang map<string,bigint>,
hive>info struct<age:int,sex:string,height:float,weight:int>)
hive>row format delimited
hive>fields terminated by "\t"
hive>collection items terminated by ","
hive>map keys terminated by ":"
hive>lines terminated by "\n";
```

导入数据：

```
hive>load data local inpath "/home/hadoop/cdt.txt" into table cdt;
```

对于 Array，主要通过字段的下标来访问，下标是从 0 开始的整数：

```
hive>select address from cdt;
["guangzhou","xianggang","shenzhen"]
["xianggang"]
["beijing","zhejiang"]
```

上述语句实现了访问所有人的所有地址。

```
hive>select address[0] from cdt;
guangzhou
xianggang
beijing
```

上述语句实现了访问所有人的第 1 个地址。

```
hive>select address[1] from cdt;
xianggang
NULL
zhejiang
```

上述语句实现了访问所有人的第 2 个地址。

```
hive>select address[2] from cdt where id=1;
shenzhen
```

上述语句实现了访问 id 为 1 的人的第 3 个地址。

对于 Map，主要通过字段的 key 来访问：

```
hive>select piaofang from cdt;
{"a1":30,"a2":20,"a3":100}
{"b2":50,"b3":40}
{"c1":200}
```

上述语句实现了访问所有人的所有票房。

```
hive>select piaofang["a1"] from cdt;
30
NULL
NULL
```

上述语句实现了访问所有人的“a1”这部电影的票房。

```
hive>select piaofang["a1"] from cdt where id=1;
30
```

上述语句实现了访问 id 为 1 的人的“a1”这部电影的票房。

对于 Struct，主要通过“字段.属性”的方式来访问：

```
hive>select info from cdt;
{"age":30,"sex":"male","height":1.75,"weight":120}
{"age":25,"sex":"female","height":1.68,"weight":98}
{"age":40,"sex":"male","height":1.70,"weight":110}
```

上述语句实现了访问所有人的信息。

```
hive>select info.sex from cdt;
male
female
male
```

上述语句实现了访问所有人的性别。

```
hive>select info.age from cdt where name='zs';
30
```

上述语句实现了访问“zs”这个人的年龄。

（2）自定义函数。

当 Hive 提供的内置函数无法满足业务处理需要时，就可以考虑使用用户自定义函数。用户自定义函数分为 3 种：

UDF（User-Defined Functions，用户定义函数）：作用于单个数据行，产生一个数据行作为输出（如数学函数、字符串函数）。

UDAF（User Defined Aggregate Function，用户定义聚合函数）：接收多个数据行，并产生一个输出数据行（如 count、max 函数）。

UDTF（User-Defined Table-Generating Functions，用户定义表生成函数）：接收一行输入，输出多行（如 explode 函数）。

自定义函数需要先用 Java 实现其功能，然后在 Hive 中注册该函数，再创建临时函数与之关联，就可以直接使用该函数了。

①UDF。

首先导入依赖包：

```
<dependency>
    <groupId>org.apache.hive</groupId>
    <artifactId>hive-exec</artifactId>
    <version>2.3.4</version>
</dependency>
```

UDF 支持一个输入产生一个输出，需要继承 org.apache.hadoop.hive.ql.exec.UDF，重写类中的 evaluate()方法。这里创建一个 ToLower 类，实现把大写字母转换为小写字母的功能。完整代码如程序清单 7.1 所示。

```
package org.lanqiao.BigData.chapter7;

import org.apache.hadoop.hive.ql.exec.UDF;

/**
 * 继承 UDF，重写 evaluate()方法
 */
public class ToLower extends UDF {
    /**
     * 转换为小写字符串
     */
    public String evaluate(String s) {
        return s.toLowerCase();
    }
}
```

程序清单 7.1

将代码打包成 jar 包 tolower.jar，上传到 Hive 服务器，使用“add”命令把 tolower.jar 注册到 Hive 中，使用“list jar”命令可以查看所有已经注册的 jar 文件：

```
hive> list jar;
hive> add JAR /soft/tolower.jar;
Added [/soft/tolower.jar] to class path
Added resources:[/soft/tolower.jar]
```

```
hive> list jar;
/soft/tolower.jar
```

创建临时函数与 org.lanqiao.BigData.chapter7.ToLower 类进行一一映射，便于使用时直接调用：

```
hive> create temporary function tolower as 'org.lanqiao.BigData.chapter7.ToLower';
```

下面就可以直接使用了：

```
hive>select tolower("HELLO");
hello
```

注销自定义函数：

```
hive>drop temporary function tolower;
```

上面的操作把 tolower.jar 注册到 Hive 中只是临时的，退出 Hive 就会失效。如果希望永久有效，可以直接在配置文件 hive-site.xml 中配置 hive.aux.jars.path 参数：

```
<property>
    <name>hive.aux.jars.path</name>
    <value>/soft/tolower.jar,a.jar,b.jar</value>
</property>
```

②UDAF。

UDAF 支持多个输入和一个输出。自定义聚集函数需要继承类 org.apache.hadoop.hive.ql.exec.UDAF，然后自定义一个内部类来实现接口 org.apache.hadoop.hive.ql.exec.UDAFEvaluator。相对于普通自定义函数，聚集自定义函数较为复杂，需要依次实现 UDAFEvaluator 的 5 个方法：

init()：一般负责初始化内部字段，通常初始化用来存放最终结果的变量。

iterate()：每次对一个新的值进行聚合计算时都会调用该方法，一般会根据计算结果更新用来存放最终结果的变量，如果计算正确或者输入值合法就返回 true。

terminatePartial()：部分聚合结果时调用该方法，必须返回一个封装了聚合计算当前状态的对象，类似于 MapReduce 的 Combiner。

merge()：接收来自 terminatePartial()的返回结果，进行合并，Hive 合并两部分聚合时会调用这个方法。

terminate()：返回最终聚合结果。

在 Hive 中，HiveQL 以及内置函数从本质上讲是一个 MapReduce 过程，只不过 Hive 已经帮助用户写好并隐藏了 MapReduce 细节，而直接提供了上层接口 HiveQL 和内置函数。而 UDAF 函数同样如此，所以，如果要理解这个函数，就需要结合 Mapper、Combiner 与 Reducer。

在 UDAF 中定义了以下 4 种子阶段：

- PARTIAL1：相当于 Mapper，其调用步骤为 init()→iterate()→terminatePartial()。
- PARTIAL2：相当于 Combiner，其调用步骤为 init()→merge()→terminatePartial()。
- FINAL：相当于 Reducer，其调用步骤为 init()→merge()→terminate()。
- COMPLETE：相当于只有 Mapper，没有 Reducer，其调用步骤为 init()→iterate()→terminate()。

通常来说，一个完整的 UDAF 函数逻辑上是一个 MapReduce 过程，根据其含有的子阶段不同，可以大概分类以下 3 类：

- PARTIAL1（Mapper）、FINAL（Reducer）。
- PARTIAL1（Mapper）、PARTIAL2（Combiner）、FINAL（Reducer）。
- COMPLETE（有 Mapper，没有 Reducer）。

这里创建一个 SumUDAF 类，实现累计求和函数，用到的是第二种方式。完整代码如程序清单 7.2 所示。

```
package org.lanqiao.BigData.chapter7;

import org.apache.hadoop.hive.ql.exec.UDAF;
import org.apache.hadoop.hive.ql.exec.UDAFEvaluator;
import org.apache.hadoop.hive.serde2.io.DoubleWritable;

@SuppressWarnings("deprecation")
public class SumUDAF extends UDAF {
    // 内部类实现接口 UDAFEvaluator
    public static class Evaluator implements UDAFEvaluator {
        private boolean mEmpty;            //是否为空
        private double mSum;               //最终求和

        public Evaluator() {
            super();
            init();
        }

        /**
         * 初始化最终结果变量及中间变量
         */
        public void init() {
            mSum = 0;
            mEmpty = true;
        }

        /**
         * 迭代地更新聚合结果，这里是累计求和
         */
        public boolean iterate(DoubleWritable o) {
            if (o != null) {
                mSum += o.get();
                mEmpty = false;
            }
            return true;
        }

        /**
         * iterate()结束后调用，返回当前 iterate()迭代结果，类似于 Hadoop 的 Combiner
```

```
        */
        public DoubleWritable terminatePartial() {
            //返回当前 iterate 结束后累计的值
            return mEmpty ? null : new DoubleWritable(mSum);
        }

        /**
         * 接收 terminatePartial()返回的数据，进行聚合操作
         */
        public boolean merge(DoubleWritable o) {
            if (o != null) {
                mSum += o.get();
                mEmpty = false;
            }
            return true;
        }

        /**
         * 返回最后聚合结果
         */
        public DoubleWritable terminate() {
            return mEmpty ? null : new DoubleWritable(mSum);
        }
    }
}
```

程序清单 7.2

同 UDF 操作一样，将该文件编译并打包为 sumudaf.jar，上传到 Hive 服务器，使用“add jar”命令将其注册到 Hive 中，使用“create temporary function”命令创建临时函数 sumudaf。

下面先准备一张表：

```
hive>create table student(id int, name string, score map<string,bigint>) row format delimited
hive>fields terminated by "\t" collection items terminated by "," map keys terminated by ":"
hive>lines terminated by "\n";
```

然后准备好数据文件 student.txt：

```
1    zs    English:80,Maths:90,Chinese:70
2    ls    English:70,Maths:100,Chinese:60
3    ww    English:20,Maths:80,Chinese:90
```

把本地数据文件导入表中：

```
hive> load data local inpath '/soft/student.txt' into table student;
```

下面就可以使用 sumudaf 函数了：

```
hive> select sumudaf(score['English']) from student;
......
170
```

可以看到，计算结果 170=80+70+20，计算正确。

③UDTF。

UDTF 支持一个输入和多个输出。实现表生成自定义函数需要继承类 org.apache.hadoop.hive.ql.udf.generic. GenericUDTF，需要依次实现以下 3 个方法：

initialize()：行初始化，返回 UDTF 的输出结果的行信息（行数、类型等）。

process()：对传入的参数进行处理，可以通过父类 GenericUDTF 的 forward()返回结果。

close()：清理资源。

这里创建一个 ScoreUDTF 类，可以把 1 行字符串“English:80;Maths:90;Chinese:70”按分号拆分成 3 行输出。完整代码如程序清单 7.3 所示。

```
package org.lanqiao.BigData.chapter7;

import java.util.ArrayList;

import org.apache.hadoop.hive.ql.exec.UDFArgumentException;
import org.apache.hadoop.hive.ql.exec.UDFArgumentLengthException;
import org.apache.hadoop.hive.ql.metadata.HiveException;
import org.apache.hadoop.hive.ql.udf.generic.GenericUDTF;
import org.apache.hadoop.hive.serde2.objectinspector.ObjectInspector;
import org.apache.hadoop.hive.serde2.objectinspector.ObjectInspectorFactory;
import org.apache.hadoop.hive.serde2.objectinspector.StructObjectInspector;
import org.apache.hadoop.hive.serde2.objectinspector.primitive.PrimitiveObjectInspectorFactory;

public class ScoreUDTF extends GenericUDTF {
    /**
     * 方法调用完毕时关闭方法
     */
    public void close() throws HiveException {
    }

    /**
     * 对传入的参数进行初始化
     * 判断参数个数/类型
     * 初始化表结构
     */
    public StructObjectInspector initialize(ObjectInspector[] args) throws UDFArgumentException {
        if (args.length != 1) {
            throw new UDFArgumentLengthException("只接收一个输入");
        }
        if (args[0].getCategory() != ObjectInspector.Category.PRIMITIVE) {
            throw new UDFArgumentException("只接收字符串输入");
        }
        //初始化表结构
        //创建数组列表存储表字段
        ArrayList<String> fieldNames = new ArrayList<String>();
        ArrayList<ObjectInspector> fieldOIs = new ArrayList<ObjectInspector>();
```

```
        //表字段
        fieldNames.add("course");
        fieldNames.add("score");
        //表字段数据类型
        fieldOIs.add(PrimitiveObjectInspectorFactory.javaStringObjectInspector);
        fieldOIs.add(PrimitiveObjectInspectorFactory.javaStringObjectInspector);
        //将表结构两部分聚合在一起
        return ObjectInspectorFactory.getStandardStructObjectInspector(fieldNames, fieldOIs);
    }

    /**
     * 对数据处理的代码
     * 如果是多列的话，可以将每一行的数据存入数组中，然后将数组传入 forward，
     * forward 每调用一次都会产生一行数据
     */
    public void process(Object[] args) throws HiveException {
        //获取数据
        String input = args[0].toString();
        //切分数据
        String[] test = input.split(";");
        //遍历输出
        for (int i = 0; i < test.length; i++) {
            try {
                //冒号分割课程和成绩
                String[] result = test[i].split(":");
                //调用 forward 返回结果
                forward(result);
            } catch (Exception e) {
                continue;
            }
        }
    }
}
```

程序清单 7.3

同 UDF 操作一样，将该文件编译并打包为 scoreudtf.jar，上传到 Hive 服务器，使用“add jar”命令将其注册到 Hive 中，使用“create temporary function”命令创建临时函数 scoreudtf。下面就可以使用 scoreudtf 函数了：

```
hive> select scoreudtf("English:80;Maths:90;Chinese:70");
English     80
Maths       90
Chinese     70
```

该函数把一行内容输出为多行内容。

7.9 本章小结

Hive 是建立在 Hadoop 基础上的数据仓库，它使用 MapReduce 对存储在 HDFS 上的数据进行分析，将数据映射成数据库和一张张的表。它定义了一种被称为 HiveQL 的类 SQL 的查询语言，简化了 MapReduce 实现过程，只需要通过构造 HiveQL 语句即可实现数据分析功能。Hive 在操作层面还存在一些限制，存在执行效率低等问题。

本章需要特别注意的要点包括：

（1）Hive 的体系架构主要由客户端和服务器端构成。

（2）Hive 客户端包括 CLI、JDBC/ODBC、Web UI。

①CLI（Command Line Interface）是 Hive 命令行接口，是最常用的一种用户接口，用户可以在 CLI 上输入 HiveQL 来执行创建表、更改属性以及查询等操作。

②JDBC/ODBC 通过 Hive Client 与 Hive Server 保持通信，借助 Thrift RPC 协议来实现交互。

③Web UI 是 Hive 的 Web 访问接口，可以通过浏览器来访问 Hive 的服务。

（3）Hive 服务器端包括 Thrift Server、MetaStore 服务、驱动器 Driver。

①Thrift Server 能让不同的编程语言如 Java、Python 等调用 Hive 接口。

②MetaStore 服务用于管理 Hive 的元数据，包括表、数据库、表的拥有者、列/分区字段、表的类型（是否为外部表）、表的数据所在目录等信息。

③驱动器 Driver 将用户编写的 HiveQL 语句进行解析、编译、优化，生成执行计划，然后调用底层的 MapReduce 计算框架。

（4）Hive 的安装部署采用本地模式，Hive 服务和 MetaStore 服务仍在同一个 JVM 中，一个 Hive 会话将启动一个 JVM 来提供服务。

（5）Hive 的元数据需要安装并配置 MySQL 数据库。

（6）Hive 的数据分为基本类型和集合类型。

①基本类型和其他数据库的数据类型类似，如 int、boolean、float、string、char、varchar、date、timestamp 等。

②集合类型包括 Array 集合、Map 映射和 Struct 结构。

（7）Hive 支持多种文件格式，包括 TextFile、SequenceFile、RCFile、ORCFile 和 Parquet 等。

①TextFile：默认格式，导入数据时会直接把数据文件拷贝到 HDFS 上不进行处理。

②SequenceFile：采用行式存储，比默认的 TextFile 源文件格式的还要大，生产中基本上不会用到。

③RCFile：一种行列存储相结合的存储方式，生产中用得少。

④ORCFile：存储方式为列式存储，有多种压缩方式，并且有很高的压缩比，支持多种索引和复杂的数据结构，生产中用得多。

⑤Parquet：采用列式存储，具有高效的压缩方式，适用于字段多、无更新、只取部分列的查询，生产中用得多。

（8）Hive 的数据模型包括表、分区和桶。

①Hive 的表和关系数据库中的表相同，具有各种关系代数操作。Hive 中有两种表：内部表（Table）和外部表（External Table）。

②Hive 的分区能够让用户的查询在特定的区域检索数据，减少扫描成本，在一定程度上

提高查询效率。Hive 中有两种分区：静态分区（static partition）和动态分区（dynamic partition）。

③Hive 的分桶就是将同一个目录下的一个文件拆分成多个文件，每个文件包含一部分数据，方便获取值，提高检索效率。

（9）Hive 的函数有内置运算符、内置函数和自定义函数。

①内置运算符包含常见的各种运算符，如算术运算符、关系运算符、逻辑运算符、复杂运算符等。

②内置函数据数学函数、集合函数、类型转换函数、日期函数、条件函数、字符函数、聚合函数和表生成函数等。

③自定义函数包括 UDF、UDAF 和 UDTF。

（10）Hive 的实际操作主要涉及 DDL 操作、DML 操作和高级操作。

①DDL 操作包括创建数据库、查看数据库、删除数据库、切换数据库、创建表、查看表、修改表、删除表、清空表等。

②DML 操作包括 load 语句、insert 语句、静态分区与动态分区、select 语句、join 语句、修改和删除数据 update|delete 等。

③高级操作包括复杂数据类型和自定义函数。

另外，读者可以扩展学习的内容有：

（1）Hive 的数据倾斜问题；

（2）Hive 的语句优化；

（3）Hive 的窗口函数在数据分析中的应用。

7.10 本章练习

一、单选题

（1）Hive 的驱动器中哪个部分负责将 SQL 转换成抽象语法树？（　　）

A．Interpreter　　B．Compiler　　C．Optimizer　　D．Executor

（2）“grant all privileges on *.* to root@'%' identified by '123456';”中“*.*”表示（　　）。

A．数据库的所有权限　　B．任意域的 IP 地址

C．任意用户　　D．没有密码

（3）Hive 的各种文件格式中，哪一种的压缩率最高？（　　）

A．TextFile　　B．RCFile　　C．Parquet　　D．ORCFile

（4）Hive 中有一个数据库为 a，里面有一个表为 b，该表下有按照字段 c 的分区 d，那么以下各项中该分区 d 的表示正确的是（　　）。

A．/user/hive/warehouse/a.db/b/d　　B．/user/hive/warehouse/a/b/c=d

C．/user/hive/warehouse/a.db/b/c=d　　D．/user/hive/warehouse/a.db/b/c/d

（5）Hive 的自定义函数中，哪一种类型表示一行输入对应多行输出？（　　）

A．UDF　　B．UDAF　　C．UDTF　　D．UDPF

（6）以下各项中，哪一个不是 Hive 适用的场景？（　　）

A．数据挖掘（用户行为分析、兴趣分区、区域展示）

B．实时的在线数据分析

C．数据汇总（每天|每周用户点击数、几点排行）

D．非实时分析（日志分析、统计分析）

（7）对于 Hive 中的分区概念，以下描述中错误的是（　　）。

A．分区字段要在创建表时定义。

B．分区字段只能有一个，不可创建多级分区。

C．使用分区可以减少某些查询的数据扫描范围，进而提高查询效率。

D．分区字段可以作为 WHERE 子句的条件。

（8）以下各项中，不属于 Hive 优点的选项是（　　）。

A．提供与 SQL 相近的语法，容易上手，可以非常容易地完成数据分析

B．适合处理结构化的数据

C．存储格式灵活多样，有较强的扩展性

D．适用于海量结构化数据分析汇总，查询速度非常快

（9）Hive 的文件格式中，采用列式存储的是（　　）。

A．SequenceFile　　B．RCFile　　C．TextFile　　D．Parquet

（10）Hive 的内置函数 substr("hello",2)的返回结果是（　　）。

A．he　　B．llo　　C．ello　　D．lo

二、多选题

（1）以下关于 Hive 中内部表与外部表的描述正确的有（　　）。

A．内部表要把数据加载到 Hive 所在的 HDFS 目录。

B．内部表删除时，元数据和数据文件都删除。

C．外部表可以被多个任务共享，无须把数据加载到 Hive 所在的 HDFS 目录。

D．外部表删除时，只删除表结构。

（2）以下关于 Hive 的架构描述中正确的是（　　）。

A．MetaStore 是用来存放元数据的，为关系型数据库。

B．Thrift Server 提供 Thrift 接口，作为 JDBC 和 ODBC 的服务端，并将 Hive 和其他应用程序集成起来。

C．Driver 用于管理 HiveQL 执行的生命周期并贯穿 Hive 任务整个执行期间。

D．Compiler 用于编译 HiveQL 并将其转化为一系列相互依赖的 Map/Reduce 任务。

第 8 章

日志采集工具 Flume

本章简介

Apache Flume 是 Cloudera 公司提供的一个开源的、分布式的、高可靠的、高可用的海量日志采集、聚合和传输系统，是 Apache 的顶级项目。

本章首先介绍 Flume 的基本概况，然后介绍 Flume 的体系架构，这部分内容有助于读者了解 Flume 的底层设计；接着介绍 Flume 的安装部署，为后面 Flume 实战做好准备；最后详细介绍 Flume 的实战操作，将之前的知识点都囊括进来，这部分需要读者反复练习以达到熟练程度。

8.1 Flume 概述

众所周知，日志是大数据分析的主要数据来源之一，如何将线上大量的业务系统日志高效、可靠地迁移到 HDFS 中呢？答案是：可以使用 shell 编写脚本，采用 crontab 进行调度。但是，如果日志量太大，涉及存储格式、压缩格式、序列化等问题时又如何解决呢？从不同的源端收集日志是不是要写多个脚本呢？若要存放到不同的地方该如何处理？Flume 提供了一个很好的解决方案。

Flume 采用 Java 语言编写，致力于解决海量日志流式数据的迁移问题，它可以高效地收集、聚合和移动海量日志，是一个纯粹为流式数据迁移而产生的分布式服务。Flume 支持在日志系统中定制各类数据发送方，用于收集数据。同时，Flume 提供对数据进行简单处理，并写到各类数据接收方的能力。Flume 具有基于数据流的简单灵活架构、高可靠性机制以及故障转移和恢复机制。

8.2 Flume 体系架构

Apache Flume 由一组以分布式拓扑结构相互连接的代理构成，Flume 代理是由持续运行的 Source（数据来源）、Sink（数据目标）以及 Channel（通道，用于连接 Source 和 Sink）三个 Java 进程构成的。Flume 的 Source 产生事件，并将其传送给 Channel；Channel 存储这些事件直至转发给 Sink。可以把 Source-Channel-Sink 的组合看作是 Flume 的基本构件。Apache Flume 的体系架构如图 8.1 所示。

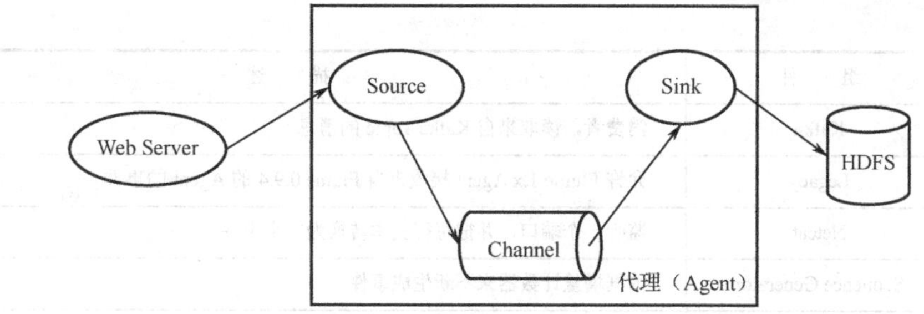

图 8.1 Flume 体系架构

关于 Flume 体系架构中涉及的概念说明如下：

（1）Event。Event 是 Flume 事件处理的最小单元，Flume 在读取数据源时，会将一行数据包装成一个 Event。Event 主要由两个部分组成：Header 和 Body。其中，Header 主要记录该数据的一些附加信息，可用来唯一标记数据，利用 Header 的信息可以对数据做出一些额外操作，如对数据进行一个简单过滤；Body 则是数据本身。

（2）Agent。Agent 代表一个独立的 Flume 进程，包含组件 Source、Channel 和 Sink。Agent 本身是一个 Java 进程，运行在日志收集节点，可以在一个 Agent 中包含多个 Source、Channel 和 Sink。Flume 之所以强大，就源于其 Agent 的设计。

（3）Source。Source 组件是专门用来收集数据的，可以处理各种类型、各种格式的日志数据，包括 Avro、Thrift、Exec、JMS、Spooling Directory、Netcat、Sequence Generator、Syslog、HTTP 等类型，并将接收的数据以 Flume 的 Event 格式传递给一个或多个 Channel。

（4）Channel。Channel 组件是一种短暂的存储容器，它将从 Source 处接收到的 Event 缓存起来，可对数据进行处理，直到它们被 Sink 消费掉。它在 Source 和 Sink 间起着桥梁的作用。Channel 用事件保证数据收发一致性。它可以与任意数量的 Source 和 Sink 连接，数据可存放在数据库中、File 文件中、Memory（内存）中，等等。

（5）Sink。Sink 组件用于处理 Channel 中发送过来的数据，处理完成后可以发送给 HDFS、Logger、Avro、Thrift、IRC、File Roll、HBase、Solr 等接收端。

总之，Flume 处理数据的最小单元是 Event，一个 Agent 代表一个 Flume 进程，Agent=Source+Channel+Sink，Flume 可以进行各种组合选型。

Flume 提供了大量内置的 Source、Channel 和 Sink 类型，它们的简单介绍如表 8.1 所示。

表 8.1 Flume 内置的 Source、Channel 和 Sink 类型

类 型	组 件	描 述
Source	Avro	监听由 Avro Sink 或 Flume SDK 通过 Avro RPC 发送的事件
	Exec	运行一个 UNIX 命令，并将从标准输出上读取的行转换为事件。请注意，此类 Source 不能保证事件被传递到 Channel 中，更好的选择可以参考 Spooling Directory Source 或 Flume SDK
	HTTP	监听一个端口，并使用可插拔句柄将 HTTP 请求转换为事件
	JMS	读取来自 JMS Queue 或 Topic 的消息并将其转换为事件

续表

类　型	组　件	描　述
Source	Kafka	消费者，读取来自 Kafka Topic 的消息
	Legacy	允许 Flume 1.x Agent 接收来自 Flume 0.9.4 的 Agent 的事件
	Netcat	监听一个端口，并把每行文本转换为一个事件
	Sequence Generator	依据增量计数器来不断生成事件
	Scribe	类似于 Flume 的另一种采集系统
	Spooling Directory	按行读取保存在文件缓冲目录中的文件，并将其转换为事件
	Syslog	从日志中读取行，并将其转换为事件
	Taildir	监控一个目录下的多个文件，并且实现了实时读取记录并保存的功能
	Thrift	监听由 Thrift Sink 或 Flume SDK 通过 Thrift RPC 发送的事件
	Twitter 1% firehose	连接 Streaming API（firehose 的 1%），并将 tweet 转换为事件
	Custom	用户自定义 Source
Sink	Avro	通过 Avro RPC 发送事件到一个 Avro Source 中
	ElasticSearchSink	使用 Logstash 格式将事件写到 ElasticSearch 集群中
	File Roll	将事件写到本地文件系统中
	HBase	使用某种序列化工具将事件写到 HBase 中
	HDFS	以文本、序列文件将事件写到 HDFS 中
	Hive	以分割文本或 JSON 格式将事件写到 Hive 中
	HTTP	从 Channel 获取事件，并使用 HTTP POST 请求发送事件给远程服务器
	IRC	将事件发送给 IRC 通道
	Kafka	导出数据到一个 Kafka Topic 中
	Kite Dataset	将事件写到 Kite Dataset 中
	Logger	使用 SLF4J 记录 INFO 级别的事件
	MorphlineSolrSink	从 Flume 事件提取数据并转换，在 Apache Solr 服务端实时加载
	Null	丢弃所有事件
	Thrift	通过 Thrift RPC 发送事件到 Thrift Source 中
	Custom	用户自定义 Sink
Channel	Memory	将事件存储在一个内存队列中
	JDBC	将事件存储在数据库中（嵌入式 Derby）
	Kafka	将事件存储在 Kafka 集群中
	File	将事件存储在本地文件系统中
	Spillable Memory	将事件存储在内存缓存中或者磁盘上，内存缓存作为主要存储器，磁盘则接收溢出的事件
	Pseudo Transaction	只用于单元测试，不用于生产环境

其中，Source 中的 Netcat、Avro、Exec 和 Spooling Directory 是比较常用的；Sink 中的 HDFS、Logger、Avro 和 File Roll 是比较常用的；Channel 中的 Memory、File 和 Spillable Memory 是比较常用的。

Flume 允许表中不同类型的 Source、Channel 和 Sink 自由组合，组合方式基于用户设置的配置文件，非常灵活。例如，Channel 可以把事件暂存在内存里，也可以持久化到本地硬盘上；Sink 可以把日志写入 HDFS、HBase、ElasticSearch 甚至是另外一个 Source 等。

除了前面如图 8.1 所示的单一流程，Flume 还支持多种复杂的流程。

（1）多代理串联流程（多个 Agent 顺序连接）。

可以将多个 Agent 顺序连接起来，如图 8.2 所示。一般情况下，应该控制这种顺序连接的 Agent 的数量，因为数据流经的路径过长，出现故障将影响整个流上的 Agent 收集服务。

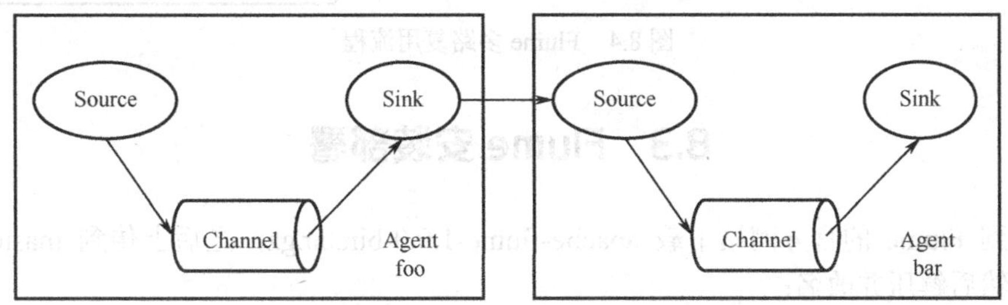

图 8.2　Flume 多代理串联流程

（2）多路合并流程（多个 Agent 的数据汇聚到同一个 Agent）。

这种情况应用的场景比较多，比如要收集 Web 网站的用户行为日志，Web 网站为了降低集群的负载，每个节点都产生各自的用户行为日志。可以为每个节点都配置一个 Agent 来单独收集日志数据，然后将多个 Agent 数据最终汇聚到一个存储系统，如 HDFS 上。如图 8.3 所示。

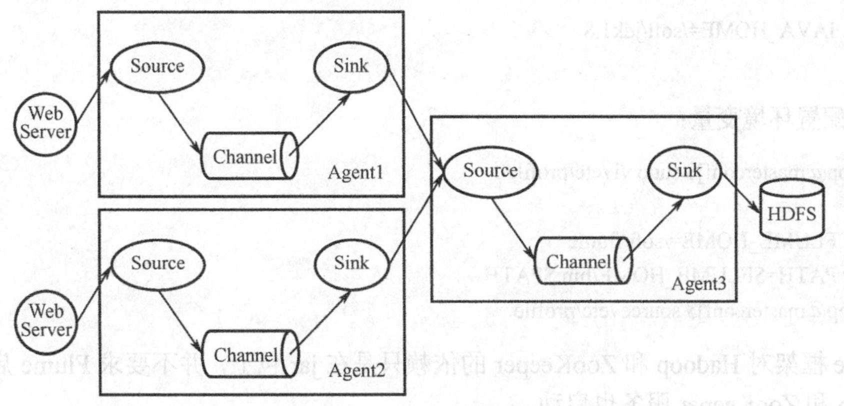

图 8.3　Flume 多路合并流

（3）多路复用流程。

Flume 还支持多路复用流程。举例来说，当 Syslog、Java、Nginx、Tomcat 等混合在一起的日志流开始流入一个 Agent 后，可以在 Agent 中将混杂的日志流分开，然后给每种日志建立一个自己的传输通道。如图 8.4 所示。

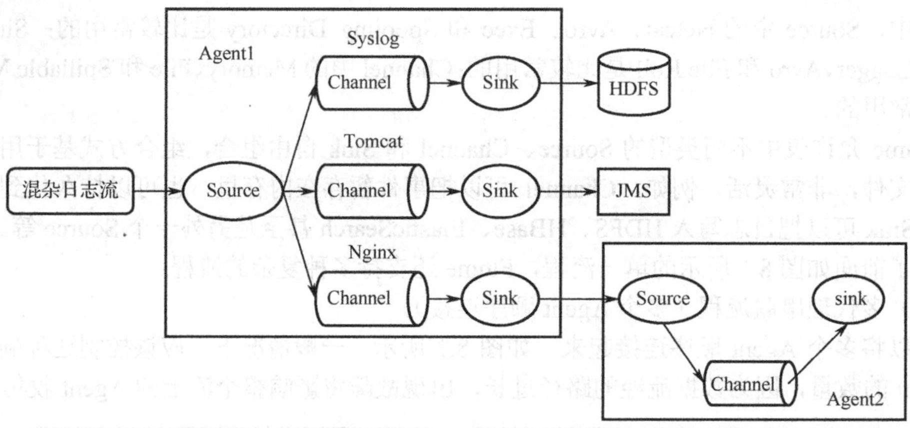

图 8.4　Flume 多路复用流程

8.3　Flume 安装部署

首先到 Flume 的官方网站下载 apache-flume-1.9.0-bin.tar.gz，之后上传到 master 的/soft 目录下，然后解压并改名：

```
[hadoop@master soft]$ tar -zxvf apache-flume-1.9.0-bin.tar.gz
[hadoop@master soft]$ mv apache-flume-1.9.0-bin flume
```

接着修改配置文件：

```
[hadoop@master flume]$ cd conf/
[hadoop@masterconf]$ cp flume-env.sh.template flume-env.sh
[hadoop@masterconf]$ vi flume-env.sh
……
export JAVA_HOME=/soft/jdk1.8
……
```

然后配置环境变量：

```
[hadoop@masterconf]$ sudo vi /etc/profile
……
export FLUME_HOME=/soft/flume
export PATH=$FLUME_HOME/bin:$PATH
[hadoop@masterconf]$ source /etc/profile
```

Flume 框架对 Hadoop 和 ZooKeeper 的依赖只是在 jar 包上，并不要求 Flume 启动时必须将 Hadoop 和 ZooKeeper 服务也启动。

下面来验证一下 Flume 的安装是否成功：

```
[hadoop@masterconf]$ flume-ng version
Flume 1.9.0
Source code repository: https://git-wip-us.apache.org/repos/asf/flume.git
Revision: d4fcab4f501d41597bc616921329a4339f73585e
Compiled by fszabo on Mon Dec 17 20:45:25 CET 2018
From source with checksum 35db629a3bda49d23e9b3690c80737f9
```

从输出可知，安装已经成功。

8.4　Flume 实战

Flume 提供了大量内置的 Source、Channel 和 Sink 类型，Flume 允许不同类型的 Source、Channel 和 Sink 自由组合，组合方式基于用户自定义的配置文件（*.conf），这些配置文件控制着 Source、Channel 和 Sink 的类型以及它们的连接方式，使用非常灵活。这里挑选几个常用的 Source 类型来看如何使用。

1．Avro Source

Avro Source 可接受携带数据的 RPC 调用。它的配置文件必须包含以下三个参数：

type：avro，也可以使用完整类别名称 org.apache.flume.source.AvroSource。

bind：绑定的 IP 地址或主机名，使用 0.0.0.0 表明可接受所有主机的数据。

port：监听端口。

（1）创建配置文件。

在 master 节点上的/soft/flume/conf 目录下新建 avro.conf，内容如下：

```
#为当前 Agent 所涉及的组件命名
a1.sources = r1
a1.sinks = k1
a1.channels = c1

#描述 Source 类型并指定主机以及端口
a1.sources.r1.type = avro
a1.sources.r1.bind = 0.0.0.0
a1.sources.r1.port = 4141

#描述 Sink 类型
a1.sinks.k1.type = logger

#描述 Channel 的类型及容量
a1.channels.c1.type = memory
a1.channels.c1.capacity = 1000
a1.channels.c1.transactionCapacity = 100

#将 Source 与 Sink 通过 Channel 连接起来
a1.sources.r1.channels = c1
a1.sinks.k1.channel = c1
```

整个配置文件内容分为三个部分：

①从整体上描述 Agent 中 Sources、Sinks、Channels 所涉及的组件。

②详细描述 Agent 中每一个 Source、Sink 与 Channel 的具体实现，即在描述 Source 时指定 Source 的类型，本例中 Source 为 avro；指定 Sink 的类型，本例中 Sink 为 Logger，将数据写入日志文件；指定 Channel 的类型，本例中 Channel 为内存。

③通过 Channel 将 Source 与 Sink 连接起来。

（2）启动 Agent。

```
[hadoop@master conf]$ flume-ng agent -n a1 -f /soft/flume/conf/avro.conf -Dflume.root.logger=INFO,console
```

参数解释：

-n：指定 agent 名称，要与配置文件一致（等价于“--name”）。

-f：指定 agent 配置文件（等价于“--conf-file”）。

-Dflume.root.logger=INFO,console：设置日志等级及输出目的地。

（3）验证。

Agent 启动成功后，master 界面会一直处于等待状态，等待接收 avro-client 发送的数据。通过 avro-client 向 master 发送文件，代码如下：

```
[hadoop@master conf]$ flume-ng avro-client -H master -p 4141 -F /home/hadoop/avro_test.log
```

其中，-H 表示哪个节点作为数据发送方，这里是 master 节点；-p 表示数据发送到哪个端口，这里是 4141 端口；-F 表示数据文件是哪个。

这样就可以在 master 界面上看到 avro_test.log 日志文件的内容了。

2. Exec Source

Exec Source 可监听某个命令的执行，并把执行结果作为它的数据源。例如，可监听“tail -F file”指令，该指令的作用是将文件的变化进行输出。监听了该指令之后，只要有应用程序向日志文件里写数据，Source 组件就可以获取日志文件中的最新内容。

（1）创建配置文件。

在 master 的 conf 目录下新建 exec.conf，内容如下：

```
#为当前 Agent 所涉及的组件命名
a1.sources = r1
a1.sinks = k1
a1.channels = c1

#描述 Source 类型并指定要监听的命令
a1.sources.r1.type = exec
a1.sources.r1.command = tail -F /home/hadoop/exec_tail_test.log
a1.sources.r1.channels = c1

#描述 Sink 类型
a1.sinks.k1.type = logger

#描述 Channel 的类型及容量
a1.channels.c1.type = memory
a1.channels.c1.capacity = 1000
a1.channels.c1.transactionCapacity = 100

#将 Source 与 Sink 通过 Channel 连接起来
a1.sources.r1.channels = c1
a1.sinks.k1.channel = c1
```

（2）启动 Agent。

```
[hadoop@masterconf]$ flume-ng agent -n a1 -f /soft/flume/conf/exec.conf -Dflume.root.logger=INFO,console
```

各参数的含义和上一个例子相同。

（3）验证。

Agent 启动成功后，master 界面会一直处于等待状态，等待 exec_tail_test.log 文件的尾部内容是否有增加。一旦有日志追加到该文件的尾部，就会被显示出来。例如，用如下命令往日志文件中追加内容，即可看到 master 界面的变化：

```
[hadoop@masterconf]$ echo 'hello' >> /home/hadoop/exec_tail_test.log
```

3. Spooling Directory Source

Spool Source 监听一个指定的目录，即只要应用程序向这个指定的目录中添加新的文件，Source 组件就可以获取该信息，并解析该文件的内容，然后写入 Channel。等待 Sink 处理完之后，标记该文件已完成处理，文件名会被添加.completed 后缀。虽然是自动监控整个目录，但是只能监控文件。如果向已被标记为处理完成的文件中添加内容，Source 就不能识别；如果在被监控目录下出现了一个新文件，则会被立即处理。

值得注意的是，无法监控子目录的变动。

（1）创建配置文件。

在 master 的 conf 目录下新建 spool.conf，内容如下：

```
#为当前 Agent 所涉及的组件命名
a1.sources = r1
a1.sinks = k1
a1.channels = c1

#描述 Source 类型并指定需要监控的文件夹
a1.sources.r1.type = spooldir
a1.sources.r1.spoolDir = /home/hadoop/logs
a1.sources.r1.fileHeader = true

#描述 Sink 类型
a1.sinks.k1.type = logger

#描述 Channel 的类型及容量
a1.channels.c1.type = memory
a1.channels.c1.capacity = 1000
a1.channels.c1.transactionCapacity = 100

#将 Source 与 Sink 通过 Channel 连接起来
a1.sources.r1.channels = c1
a1.sinks.k1.channel = c1
```

（2）启动 Agent。

```
[hadoop@masterconf]$ flume-ng agent -n a1 -f /soft/flume/conf/spool.conf -Dflume.root.logger=INFO,console
```

（3）验证。

Agent 启动成功后，master 界面会一直处于等待状态，等待/home/hadoop/logs 目录中的文件的变动。可以随意往里面放一个文件，就可以在 master 界面看到对应文件的内容，同时，放

进去的文件会被加上.completed 后缀。如果再往加了后缀的文件中追加内容，则不会被识别。

8.5 本章小结

Flume 是 Cloudera 提供的一个高可用的、高可靠的、分布式的海量日志采集、聚合和传输的系统。Flume 支持在日志系统中定制各类数据发送方，用于收集数据；同时，Flume 提供对数据进行简单处理，并写到各种数据接受方（可定制）的能力。Flume 提供了从 console（控制台）、RPC（Avro-RPC、Thrift-RPC）、Text（文件）、Tail（UNIX Tail）、Syslog（Syslog 日志系统）、TCP|UDP（传输协议）和 Exec（命令执行）等数据源上收集数据的能力。

本章需要特别注意的要点有：

（1）Flume 体系架构包括 Source、Channel 和 Sink 这 3 个部分；

（2）Flume 实战重点掌握 Avro Source、Exec Source 和 Spooling Directory Source 这 3 种类型。

另外，读者可以扩展学习的内容有：

（1）Flume 的其他 Source、Channel 和 Sink 类型；

（2）Flume 的复杂案例，如多路合并、多路复用等。

8.6 本章练习

一、单选题

（1）Flume 中哪一种 Source 可以监听日志文件内容的变化？（　　）

A. Exec　　B. Netcat　　C. Avro　　D. Spooldir

（2）Flume 中哪一种 Source 可以监听某个目录下文件的变化？（　　）

A. Exec　　B. Netcat　　C. Avro　　D. Spooldir

（3）Flume 的配置文件中哪一个参数用来设置类型？（　　）

A. Exec　　B. Type　　C. Port　　D. Bind

二、多选题

（1）Flume 的代理主要由哪些部分组成？（　　）

A. Source　　B. Agent　　C. Channel　　D. Sink

（2）Flume 的 Source 可以是哪些类型？（　　）

A. Avro　　B. Exec　　C. Netcat　　D. HTTP

（3）Flume 中关于 Spooling Directory Source 的描述，正确的有哪些？（　　）

A. 可以监听目录下的文件内容的增加。

B. 可以监听目录下子目录中文件的增加。

C. 可以监听目录下文件的增加。

D. 被监控目录下增加的文件会被加上.completed 后缀。

第9章

工作流调度器 Azkaban

本章简介

Azkaban 是由 LinkedIn 公司推出的一款批量工作流任务调度器，用于在一个工作流内以一个特定的顺序运行一组工作和流程。Azkaban 使用配置文件建立任务之间的依赖关系，并提供一个易于使用的 Web 界面维护和跟踪工作流。

本章首先介绍 Azkaban 基本概况；然后介绍 Azkaban 安装部署，为后面 Azkaban 实战做好准备；最后详细介绍 Azkaban 的实战操作。

9.1 Azkaban 概述

1. 为什么需要工作流调度器

通常一个完整的数据分析系统都是由大量任务单元组成的，如 Shell 脚本程序、Java 程序、MapReduce 程序、Hive 脚本等，并且各个任务单元之间存在时间先后及依赖关系。为了很好地组织起这样复杂的执行计划，需要一个工作流调度系统来实施调度。

例如，有这样一个需求，某个业务系统每天产生 20GB 原始数据，每天都要对其进行处理，处理步骤如下：

（1）通过 Hadoop 先将原始数据同步到 HDFS 上；

（2）借助 MapReduce 计算框架对原始数据进行清洗转换，生成的数据以分区表的形式存储到多张 Hive 表中；

（3）对 Hive 中多个表的数据进行 join 处理，得到一个存储明细数据的 Hive 大表；

（4）对明细数据进行各种统计分析，得到结果报表信息；

（5）将统计分析结果同步到业务系统中，供业务调用使用。

上面的工作每天都要做，而且多个步骤之间有着明显的先后顺序。为了统一地管理这些业务流程，需要工作流调度器来辅助。

2. 常见工作流调度系统

对于简单的任务调度，可直接使用 Linux 的 crontab 来定义；对于复杂的任务调度，需要开发调度平台或使用现成的开源调度系统，如 Ooize、Azkaban、Cascading、Hamake 等。

表 9.1 对上述 4 种工作流调度器的关键特性进行了比较。尽管这些工作流调度器能够应对的需求场景基本一致，但在设计理念、目标用户等方面还是存在显著区别，在进行技术选

型时，表 9.1 可以提供参考。

表 9.1　4 种工作流调度系统

特　　性	Hamake	Oozie	Azkaban	Cascading
工作流描述语言	XML	XML（基于 XPDL）	键值对	Java API
依赖机制	数据驱动	显式指明	显式指明	显式指明
是否要 Web 容器	不支持	支持	支持	不支持
进度跟踪	控制台/日志信息	Web 页面	Web 页面	Java API
Hadoop Job 调度支持	不支持	支持	支持	支持
运行模式	命令行	后台运行	后台运行	API
Pig 支持	支持	支持	支持	支持
事件通知	不支持	不支持	不支持	支持
需要安装	不支持	支持	支持	不支持
支持的 Hadoop 版本	0.18 及以上	0.20 及以上	未知	0.18 及以上
重试支持	不支持	workflownode	支持	支持
运行任意命令	支持	支持	支持	支持
Amazon EMR 支持	支持	不支持	未知	支持

3．Azkaban 的特点

Azkaban 是由 LinkedIn 开源的一款批量工作流任务调度器，用于在一个工作流内以一个特定的顺序运行一组工作和流程。Azkaban 定义了一种 KV 文件格式来建立任务之间的依赖关系，并提供一个易于使用的 Web 界面维护和跟踪工作流。它有如下功能特点：

（1）具有 Web 界面。
（2）方便上传工作流。
（3）方便设置任务之间的关系。
（4）可以调度工作流。
（5）具有认证/授权（权限的工作）功能。
（6）能够杀死并重新启动工作流。
（7）具有模块化和可插拔的插件机制。
（8）拥有项目工作区。
（9）拥有工作流和任务的日志记录及审计功能。

4．Azkaban 调度的任务类型

Azkaban 可以调度的任务类型有很多，具体如下：

（1）Shell 脚本。
（2）Java 程序。
（3）MapReduce 程序。
（4）Spark 程序。
（5）HiveQL。
（6）Python 脚本。
（7）Sqoop 任务。

9.2　Azkaban 安装部署

（1）下载软件。到 Azkaban 的官网下载相关软件：

Azkaban Web 服务器：azkaban-web-server-2.5.0.tar.gz。

Azkaban Executor 执行服务器：azkaban-executor-server-2.5.0.tar.gz。

Azkaban 初始化脚本文件：azkaban-sql-script-2.5.0.tar.gz。

（2）上传软件。将安装文件上传到集群，最好上传到 Hive、Sqoop 所在集群，便于命令的执行。这里我们安装到节点 master 上：

```
[hadoop@master soft]$ ll
-rw-rw-r--   1 hadoop hadoop 11157302 10 月  30 2016 azkaban-executor-server-2.5.0.tar.gz
-rw-rw-r--   1 hadoop hadoop         1928 10 月  30 2016 azkaban-sql-script-2.5.0.tar.gz
-rw-rw-r--   1 hadoop hadoop 11989669 10 月  30 2016 azkaban-web-server-2.5.0.tar.gz
......
```

（3）执行初始化脚本文件。

①创建一个公共目录：

```
[hadoop@master soft]$ mkdir azkaban-2.5.0
```

②把 3 个压缩文件全部解压到该目下：

```
[hadoop@master soft]$ tar -zxvf azkaban-executor-server-2.5.0.tar.gz -C azkaban-2.5.0/
[hadoop@master soft]$ tar -zxvf azkaban-web-server-2.5.0.tar.gz -C azkaban-2.5.0/
[hadoop@master soft]$ tar -zxvf azkaban-sql-script-2.5.0.tar.gz -C azkaban-2.5.0/
[hadoop@master azkaban-2.5.0]$ ll
drwxrwxr-x 2 hadoop hadoop 4096 7 月      6 18:28 azkaban-2.5.0
drwxrwxr-x 7 hadoop hadoop      92 7 月      6 18:27 azkaban-executor-2.5.0
drwxrwxr-x 8 hadoop hadoop    103 7 月      6 18:27 azkaban-web-2.5.0
```

③打开 MySQL，执行初始化 SQL 脚本文件：

```
mysql> create database azkaban;
mysql> use azkaban;
mysql> source /soft/azkaban-2.5.0/create-all-sql-2.5.0.sql
mysql> show tables;
active_executing_flows
active_sla
execution_flows
execution_jobs
execution_logs
project_events
project_files
project_flows
project_permissions
project_properties
project_versions
```

```
projects
properties
schedules
triggers
```

可以看到，在 MySQL 中创建了一系列 Azkaban 元数据表。

（4）配置 SSL。

```
[hadoop@master azkaban-2.5.0]$ keytool -keystore keystore -alias jetty -genkey -keyalg RSA
输入密钥库口令:  hadoop
再次输入新口令:  hadoop
您的名字与姓氏是什么?
  [Unknown]:
您的组织单位名称是什么?
  [Unknown]:
您的组织名称是什么?
  [Unknown]:
您所在的城市或区域名称是什么?
  [Unknown]:
您所在的省/市/自治区名称是什么?
  [Unknown]:
该单位的双字母国家/地区代码是什么?
  [Unknown]:  CN
CN=Unknown, OU=Unknown, O=Unknown, L=Unknown, ST=Unknown, C=CN 是否正确?
  [否]:  是      y

输入<jetty>的密钥口令
        （如果和密钥库口令相同，按回车）：
```

完成上述工作后，将在当前目录生成 keystore 证书文件，将 keystore 拷贝到 Azkaban Web 服务器根目录下：

```
[hadoop@master azkaban-2.5.0]$ mv keystore azkaban-web-2.5.0/
```

（5）修改时区。先用交互式命令“tzselect”生成时区配置文件 Asia/Shanghai，实际已经存在，默认就是 Asia/Shanghai，不用再配置。

```
[hadoop@master azkaban-2.5.0]$ tzselect
```

再拷贝该时区文件，覆盖系统本地时区配置，实际上本地就是 Asia/Shanghai，不用覆盖。

```
[hadoop@master azkaban-2.5.0]$sudo cp /usr/share/zoneinfo/Asia/Shanghai /etc/localtime
```

这一步主要用来保证后面的配置文件中的时区与本机一致。

（6）修改 Azkaban Web 服务器配置。

①进入 Azkaban Web 服务器目录下的 conf 目录：

```
[hadoop@master conf]$ pwd
/soft/azkaban-2.5.0/azkaban-web-2.5.0/conf
[hadoop@master conf]$ ll
```

```
-rw-r--r-- 1 hadoop hadoop 1022 7 月      6 18:41 azkaban.properties
-rw-r--r-- 1 hadoop hadoop    266 7 月      6 18:41 azkaban-users.xml
```

②修改 azkaban.properties 文件：

```
#Azkaban Personalization Settings
#服务器 UI 名称，用于服务器上方显示的名字
azkaban.name=Test
#描述
azkaban.label=My Local Azkaban
#UI 颜色
azkaban.color=#FF3601
azkaban.default.servlet.path=/index
#默认根 Web 目录，需要写绝对路径
web.resource.dir= /soft/azkaban-2.5.0/azkaban-web-2.5.0/web
#默认时区，已改为亚洲/上海，默认为美国
default.timezone.id=Asia/Shanghai

#Azkaban UserManager class
#用户权限管理默认类
user.manager.class=azkaban.user.XmlUserManager
#用户配置，具体配置参见下文，需要写绝对路径
user.manager.xml.file= /soft/azkaban-2.5.0/azkaban-web-2.5.0/conf/azkaban-users.xml

#Loader for projects
executor.global.properties= /soft/azkaban-2.5.0/azkaban-executor-2.5.0/conf/global.properties
# global 配置文件所在位置，需要绝对路径。
azkaban.project.dir=projects

#数据库类型
database.type=mysql
#端口号
mysql.port=3306
#数据库连接 IP，最好是 IP 地址
mysql.host=192.168.128.131
#数据库实例名
mysql.database=azkaban
#数据库用户名
mysql.user=root
#数据库密码
mysql.password=123456
#最大连接数
mysql.numconnections=100

# Velocity dev mode
velocity.dev.mode=false
# Jetty 服务器属性
#最大线程数
```

```
jetty.maxThreads=25
#Jetty SSL 端口
jetty.ssl.port=8443
#Jetty 端口
jetty.port=8081
#SSL 文件名，需要绝对路径
jetty.keystore= /soft/azkaban-2.5.0/azkaban-web-2.5.0/keystore
#SSL 文件密码
jetty.password=hadoop
#Jetty 主密码与 keystore 文件相同
jetty.keypassword=hadoop
#SSL 文件名，需要绝对路径
jetty.truststore=/soft/azkaban-2.5.0/azkaban-web-2.5.0/keystore
# SSL 文件密码
jetty.trustpassword=hadoop

# 执行服务器属性
#执行服务器端口
executor.port=12321

# 邮件设置
#发送邮箱
mail.sender=xxxxxxxx@163.com
#发送邮箱 SMTP 地址
mail.host=smtp.163.com
#发送邮件时显示的名称
mail.user=xxxxxxxx
#邮箱密码
mail.password=**********
#任务失败时发送邮件的地址
job.failure.email=xxxxxxxx@163.com
#任务成功时发送邮件的地址
job.success.email=xxxxxxxx@163.com
lockdown.create.projects=false
#缓存目录
cache.directory=cache
```

③修改 azkaban-users.xml 配置文件：

```
<azkaban-users>
        <user username="azkaban" password="azkaban" roles="admin" groups="azkaban" />
        <user username="metrics" password="metrics" roles="metrics"/>
        <user username="admin" password="admin" roles="admin,metrics" />
        <role name="admin" permissions="ADMIN" />
        <role name="metrics" permissions="METRICS"/>
</azkaban-users>
```

相对原文件，增加管理员 admin 用户、密码以及角色。

（7）修改 Azkaban Executor 服务器配置。

①进入 Azkaban Executor 服务器目录的 conf 子目录：

```
[hadoop@master conf]$ pwd
/soft/azkaban-2.5.0/azkaban-executor-2.5.0/conf
[hadoop@master conf]$ ll
-rw-r--r-- 1 hadoop hadoop  55 7 月   6 18:41 azkaban.private.properties
-rw-r--r-- 1 hadoop hadoop 469 7 月   6 18:41 azkaban.properties
-rw-r--r-- 1 hadoop hadoop   0 7 月   6 18:41 global.properties
```

②修改 azkaban.properties 文件：

```
#Azkaban
#时区
default.timezone.id=Asia/Shanghai

# Azkaban JobTypes 插件配置
#JobType 插件所在位置
azkaban.jobtype.plugin.dir=plugins/jobtypes

#Loader for projects
#需要绝对路径
executor.global.properties=/soft/azkaban-2.5.0/azkaban-executor-2.5.0/conf/global.properties
azkaban.project.dir=projects

#数据库设置
#数据库类型（目前只支持 MySQL）
database.type=mysql
#数据库端口号
mysql.port=3306
#数据库 IP 地址，最好用 IP 地址
mysql.host=192.168.128.131
#数据库实例名
mysql.database=azkaban
#数据库用户名
mysql.user=root
#数据库密码
mysql.password=123456
#最大连接数
mysql.numconnections=100

# 执行服务器配置
#最大线程数
executor.maxThreads=50
#端口号（如修改，请与 Web 服务中一致）
executor.port=12321
#线程数
executor.flow.threads=30
```

（8）配置环境变量。

```
[hadoop@master conf]$ sudo vi /etc/profile
……
export AZKABAN_WEB_HOME=/soft/azkaban-2.5.0/azkaban-web-2.5.0
export AZKABAN_EXE_HOME=/soft/azkaban-2.5.0/azkaban-executor-2.5.0
export PATH=$AZKABAN_WEB_HOME/bin:$AZKABAN_EXE_HOME/bin:$PATH
[hadoop@master conf]$ source /etc/profile
```

（9）启动服务器。

①首先启动 Web 服务器：

```
[hadoop@master conf]$ azkaban-web-start.sh
……省略输出
```

②由于是前台进程，所以另开一个 master 主机的 Shell，然后启动 Executor 服务器：

```
[hadoop@master conf]$ azkaban-executor-start.sh
……省略输出
```

（10）验证。

①打开浏览器，在地址栏输入 https://192.168.128.131:8443，可以看到如图 9.1 所示界面。

图 9.1　Azkaban 访问界面

②单击“高级”按钮，继续前往 192.168.128.131，可以看到如图 9.2 所示登录界面。

③输入之前在 azkaban-users.xml 配置文件中添加的用户名“admin”和密码“admin”后，就进入了 Azkaban 的主界面了，如图 9.3 所示。

（11）关闭服务器。

①关闭 Web 服务器：

```
[hadoop@master conf]$ azkaban-web-shutdown.sh
```

②关闭 Executor 服务器：

```
[hadoop@master conf]$ azkaban-executor-shutdown.sh
```

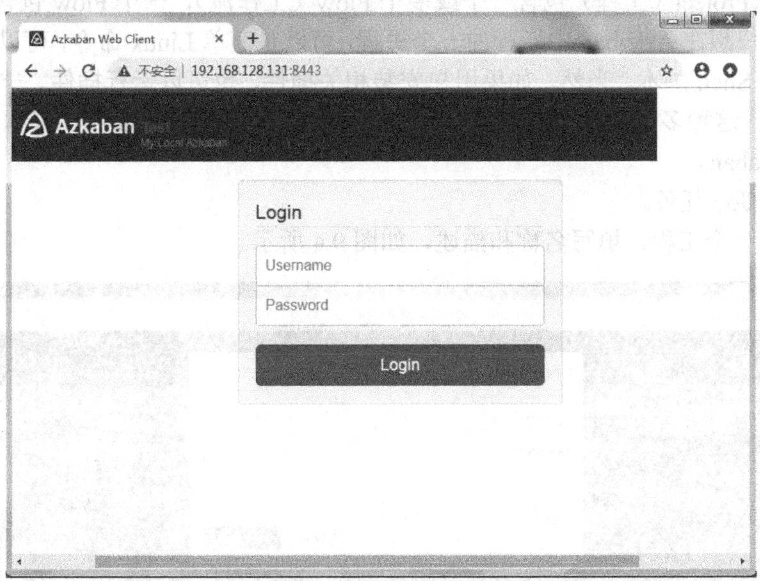

图 9.2　Azkaban 登录界面

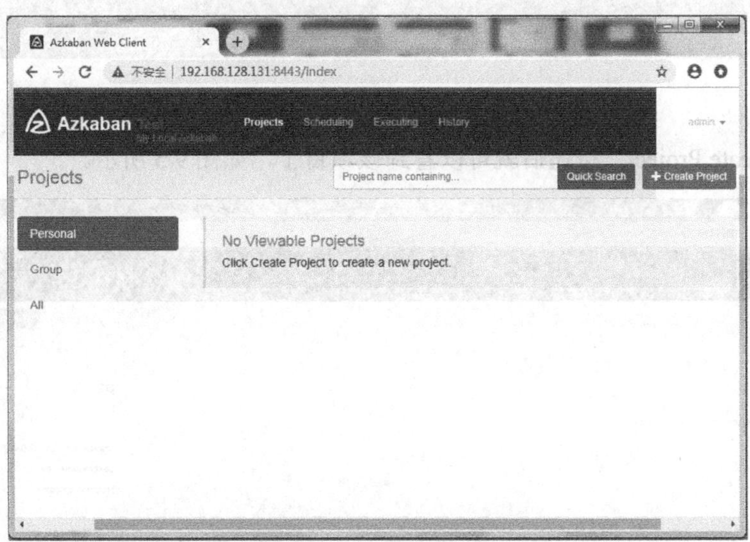

图 9.3　Azkaban 主界面

9.3　Azkaban 实战

在图 9.3 中可以看到 Azkaban 首页有四个菜单，分别是：

- Projects：最重要的部分，用于创建工程——所有的工作流将在工程中运行。
- Scheduling：显示定时任务。

- Executing：显示当前运行的任务。
- History：显示历史运行任务。

通常一个 Project（工程）包含一个或多个 Flow（工作流），一个 Flow 包含多个 Job（任务）。Job 是用户想在 Azkaban 中运行的一个进程，可以是简单 Linux 命令，可以是 Java 程序，也可以是复杂 Shell 脚本。当然，如果用户安装相关插件，也可以运行插件。一个 Job 可以依赖另一个 Job，这种多个 Job 和它们的依赖组成关系叫作 Flow。下面我们来举几个例子看看如何使用 Azkaban。

（1）单一 Job 任务。

首先创建一个工程，填写名称和描述，如图 9.4 所示。

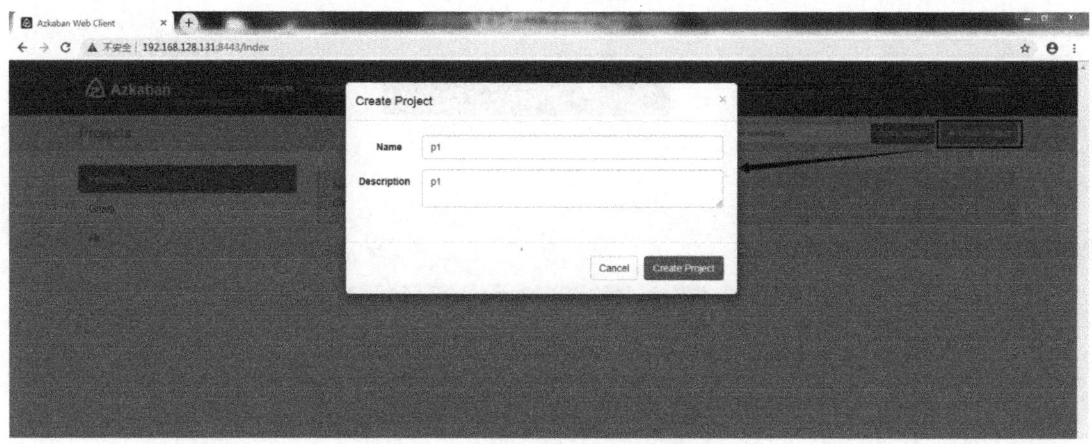

图 9.4　在 Azkaban 中创建项目

单击“Create Project”按钮后就可以看到该项目了，如图 9.5 所示。

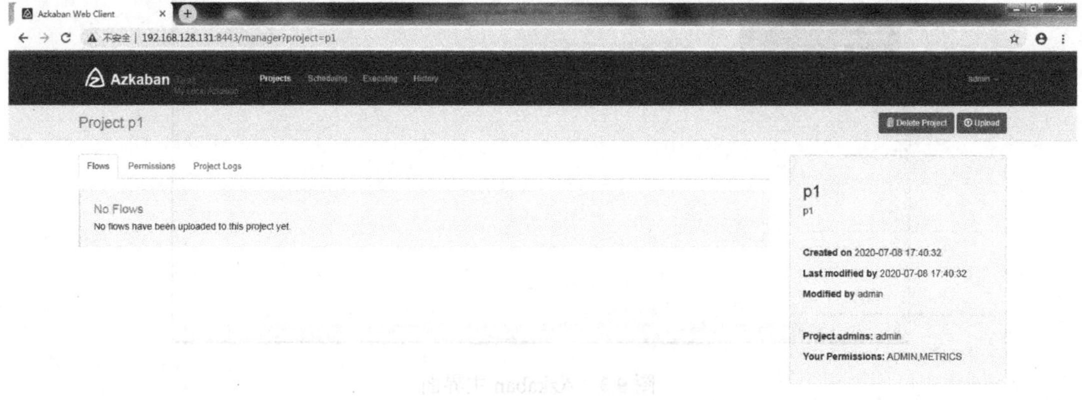

图 9.5　Azkaban 项目概览

下面创建 Job 任务。

创建一个以.job 结尾的文本文件 command.job，内容如下：

```
type=command
command=echo 'hello'
```

一个简单的 Job 就创建好了，type 为 command，告诉 Azkaban 运行 Linux 原生命令，本例运行“echo 'hello'”。

将该文件 command.job 压缩成 Zip 格式，如 command.zip。

然后使用项目右上角的“Upload”按钮，上传该 Zip 文件。

然后单击“Execute Flow”按钮就可以执行该工作流了，如图 9.6 所示。

执行成功后可以看到相关的日志文件。

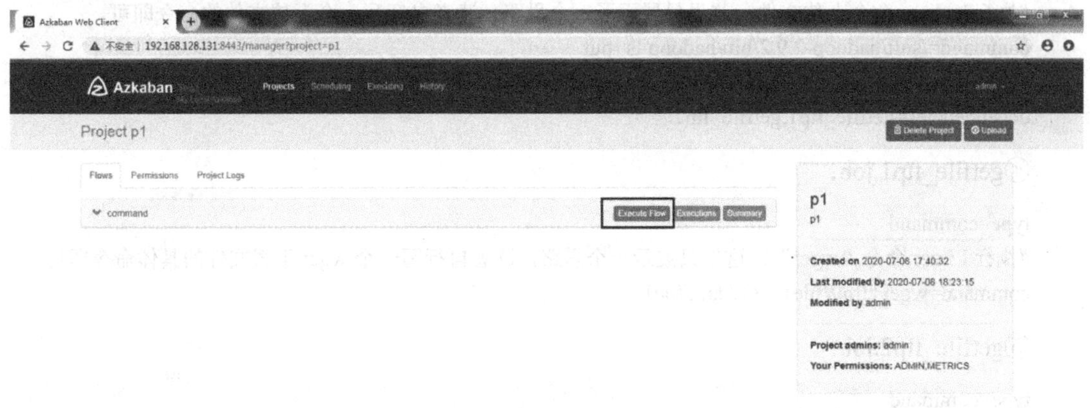

图 9.6　Azkaban 执行工作流

（2）多 Job 任务。

之前介绍过，多个 Job 和它们的依赖关系组成 Flow，那么怎么创建依赖？只要指定 dependencies 参数就行了。例如，导入 Hive 前需要进行数据清洗，数据清洗前需要上传，上传之前需要从 FTP 获取日志，定义 5 个 Job：

①hive.job：将清洗完的数据导入 Hive 库。

②clean_data.job：调用 MapReduce 清洗 HDFS 数据。

③upload_hdfs.job：将文件上传至 HDFS。

④getfile_ftp1.job：从 ftp1 获取日志。

⑤getfile_fip2.job：从 ftp2 获取日志。

其依赖关系：③依赖④和⑤，②依赖③，①依赖②，④和⑤没有依赖关系。

代码文件如下：

①hive.job：

```
type=command
#执行 Hive 脚本，具体的 HiveQL 写在 hive.sql 中，这里省略该文件，只是表达一个思路，读者自行写一个简单的 HiveQL 脚本即可。
command=/soft/hive-2.3.4/bin/hive -f 'hive.sql'
#依赖于 clean_data.job
dependencies=clean_data
```

②clean_data.job：

```
type=command
#执行“hadoop jar”命令，主要做数据清洗工作，这里省略 clean_data.jar 的代码，只是表达一个思路，
```

读者自行写一个 MapReduce 程序即可。

```
command=/soft/hadoop-2.9.2/bin/hadoop jar clean_data.jar
#依赖于 upload_hdfs.job
dependencies=upload_hdfs
```

③upload_hdfs.job：

```
type=command
#执行 hadoop 命令上传文件，这里只展示了一个思路，读者自行写一个上传文件的命令即可。
command=/soft/hadoop-2.9.2/bin/hadoop fs -put ……
#依赖于 getfile_ftp1.job 和 getfile_ftp2.job，多个依赖用逗号分隔
dependencies=getfile_ftp1,getfile_ftp2
```

④getfile_ftp1.job：

```
type=command
#执行 Linux 命令“wget”，这里只展示一个思路，读者自行写一个 wget 下载文件的具体命令即可。
command=wget "ftp://file1" -O /data/file1
```

⑤getfile_ftp2.job：

```
type=command
#执行 linux 命令 wget，这里只展示一个思路，读者自行写一个 wget 下载文件的具体命令即可。
command=wget "ftp://file2" -O /data/file2
```

将上述涉及的所有文件打包成一个 Zip 文件，上传至项目就可以执行了，步骤和上一个案例一样，这里不再赘述。

（3）周期性 Job 任务。

上面的案例都属于一次性任务，还可以配置周期性 Job 任务，只需要在单击“Execute Flow”按钮后，单击“Execute”按钮之前配置 Schedule 即可，如图 9.7 和 9.8 所示。

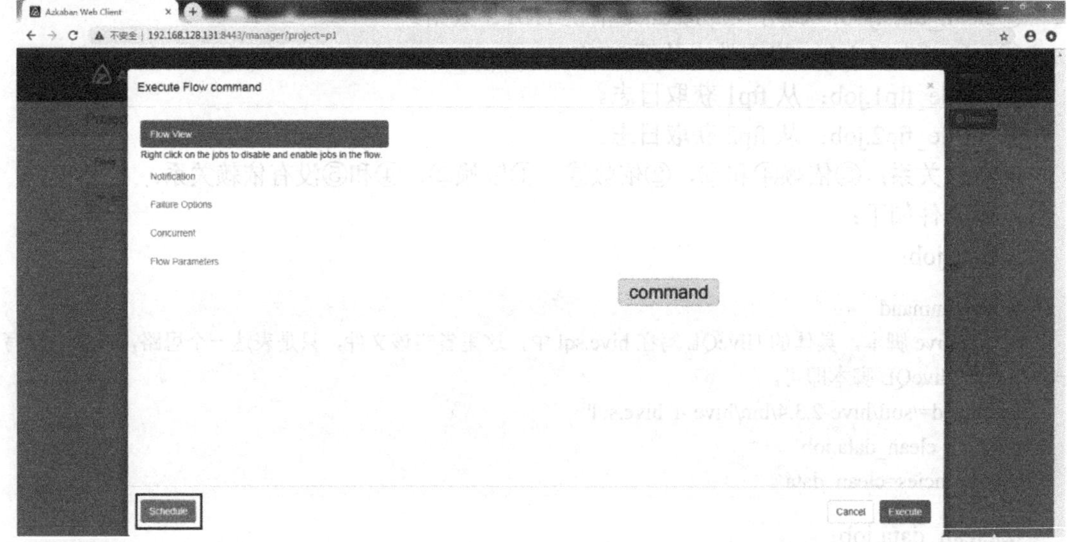

图 9.7　单击“Schedule”按钮对 Job 进行周期性配置

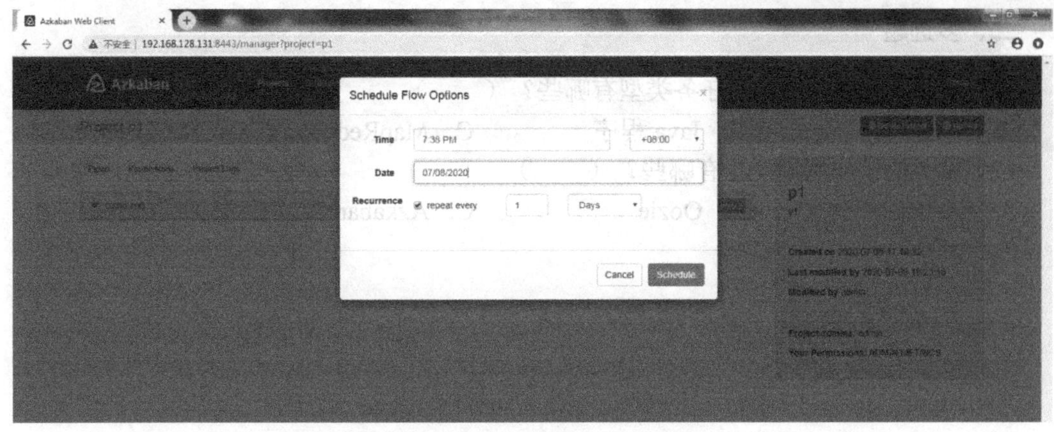

图 9.8　Azkaban 配置周期性任务

在图 9.8 中，Time 和 Date 用于设置时间；Recurrence 用于设置周期的频率，如每天 1 次。

9.4　本 章 小 结

无论是在业务开发还是在大数据开发中，脚本都是必不可少的存在，在初期我们会使用 crontab 来解决问题，但当规模变大，监控需求、可视化需求到来时，crontab 已经显然满足不了需求，这时就可以选择调取器 Azkaban 来作为公共任务调度系统。

本章需要特别注意的要点包括：

（1）Azkaban 的安装部署：下载解压、执行初始化脚本文件、配置 SSL、修改时区、修改 Azkaban Web 服务器配置、修改 Azkaban Executor 服务器配置、配置环境变量、启动服务器、关闭服务器。

（2）Azkaban 的实战：单一 Job、多 Job 和周期性 Job 的 Job 文件的配置使用。

另外，读者可以扩展学习的内容有：

（1）Azkaban 的各种案例。

（2）其他调度器如 Oozie 的使用。

9.5　本 章 练 习

一、单选题

（1）Azkaban 中多任务的依赖主要依靠哪个参数来实现？（　　）

A．command　　B．execute　　C．dependencies　　D．job

（2）Azkaban 中周期性任务的时间周期主要依靠哪个配置来实现？（　　）

A．Time　　B．Date　　C．Schedule　　D．Recurrence

（3）Azkaban 的工作文件（*.job）中，哪个参数表示具体的命令？（　　）

A．job　　B．command　　C．dependencies　　D．Recurrence

（4）Azkaban Web 服务器的默认端口是哪个？（　　）

A．8443　　B．8088　　C．50070　　D．2181

二、多选题

（1）Azkaban 可以调度的任务类型有哪些？（　　）

A．Shell 脚本　　B．Java 程序　　C．MapReduce 程序　　D．HiveQL

（2）常见的工作流调度器有哪些？（　　）

A．Hamake　　B．Oozie　　C．Azkaban　　D．Cascading

第 10 章 数据迁移工具 Sqoop

本章简介

大数据时代，多信息源形成了大量的异构数据，如日志数据的采集可以用第 8 章介绍的 Flume 来完成，而现有系统的结构化数据可以用本章介绍的 Sqoop 迁移到 Hadoop 数据分析平台。本章首先介绍 Sqoop 的基本概况；然后介绍 Sqoop 的安装部署，为后面 Sqoop 实战做好准备；最后详细介绍 Sqoop 的实战操作。

10.1　Sqoop 概述

假设用户要将现有业务系统 MySQL 数据库中的数据导入 HDFS，或者将数据分析结果存储到 MySQL 中，一种解决方案是编写 MapReduce 程序，在 MapReduce 程序中调用 JDBC 的 API 来完成上述功能。数据导入时 MapReduce 输入为 DBInputFormat，输出为 TextOutputFormat；数据导出时 MapReduce 输入为 TextInputFormat，输出为 DBOutputFormat。但是使用 MapReduce 处理以上场景时存在问题，那就是每次都需要编写 MapReduce 程序，非常麻烦。Sqoop 正是为了简化上述业务场景而研制的解决方案。

Apache Sqoop 是一个开源工具，主要用于在 Hadoop 和关系数据库、数据仓库、NoSQL 之间传递数据。通过 Sqoop 可以方便地将数据从关系数据库（Oracle、MySQL、PostgreSQL 等）导入 Hadoop（HDFS/Hive/HBase），用于进一步的处理，一旦生成最终的分析结果，便可以再将这些结果导出到关系数据库中，供其他客户端使用。使用 Sqoop 导入/导出数据的处理流程如图 10.1 所示。

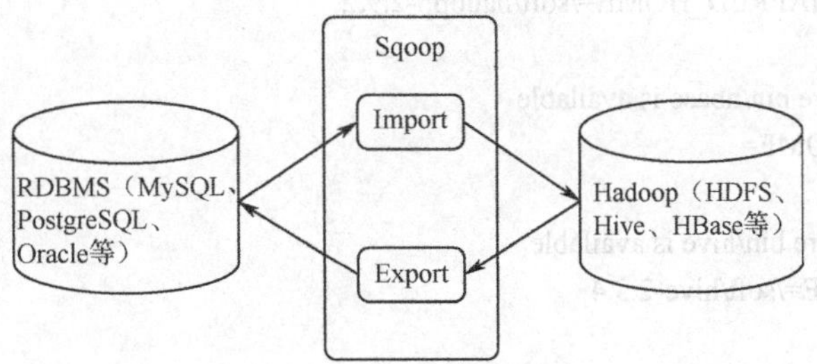

图 10.1　Sqoop 工作流程

Sqoop 是连接传统关系型数据库和 Hadoop 的桥梁，它不需要开发人员编写 MapReduce 程序，只需要编写简单的配置脚本即可，大大提升了开发效率。Sqoop 的核心设计思想是利用 MapReduce 加快数据传输速度。也就是说，Sqoop 的导入和导出功能是通过 MapReduce 作业实现的，它采用批处理方式进行数据传输，难以实现实时数据的导入和导出。

目前 Sqoop 的版本主要分为 Sqoop1 和 Sqoop2，Sqoop1 中最新的版本是 1.4.x，Sqoop2 中最新的版本是 1.99.x。Sqoop1 和 Sqoop2 在架构和使用上有很大区别。Sqoop1 是目前比较稳定的发布版本，本章围绕 Sqoop1 展开描述。Sqoop2 正处于开发期间，可能并不具备 Sqoop1 的所有功能。

从工作模式角度来看 Sqoop1 架构，Sqoop 是基于客户端模式的，用户只需在一台机器上即可完成。从 MapReduce 角度来看 Sqoop1 架构，Sqoop 只提交一个 MapReduce 作业，数据的传输和转换都是使用 Mapper 来完成的，而且该 MapReduce 作业仅有 Mapper，并不需要 Reducer。从安全角度来看 Sqoop1 架构，可以在执行时将用户名或密码显式指定，也可以固定写在配置文件中，总体来说，安全性不高。

10.2 Sqoop 安装部署

（1）下载。

首先到官方网站上下载 sqoop-1.4.7.bin__hadoop-2.6.0.tar.gz，考虑到之前的 Hive、MySQL、Azkaban 等都安装在 master 上，所以 Sqoop 也安装到 master 上，将该文件上传到 master 上的 /soft 目录下即可。

（2）解压并重命名。

```
[hadoop@master soft]$ tar -zxvf sqoop-1.4.7.bin__hadoop-2.6.0.tar.gz
[hadoop@master soft]$ mv sqoop-1.4.7.bin__hadoop-2.6.0 sqoop-1.4.7
```

（3）修改配置文件。

```
[hadoop@master soft]$ cd sqoop-1.4.7/conf
[hadoop@master conf]$ mv sqoop-env-template.sh sqoop-env.sh
[hadoop@master conf]$ vi sqoop-env.sh
#Set path to where bin/hadoop is available
export HADOOP_COMMON_HOME=/soft/hadoop-2.9.2

#Set path to where hadoop-*-core.jar is available
export HADOOP_MAPRED_HOME=/soft/hadopp-2.9.2

#set the path to where bin/hbase is available
#export HBASE_HOME=

#Set the path to where bin/hive is available
export HIVE_HOME=/soft/hive-2.3.4

#Set the path for where zookeper config dir is
export ZOOCFGDIR=/soft/zookeeper/conf
```

这里暂时没有配置 HBase 的路径，后面学完 HBase 后就可以配置了。

（4）加载 MySQL 驱动。把 MySQL 的驱动复制到 sqoop-1.4.7/lib 目录下即可。

```
[hadoop@master soft]$ cp hive-2.3.4/lib/mysql-connector-java-5.1.35-bin.jar sqoop-1.4.7/lib/
```

（5）配置环境变量。

```
[hadoop@master soft]$ sudo vi /etc/profile
export SQOOP_HOME=/soft/sqoop-1.4.7
export PATH=$SQOOP_HOME/bin:$PATH
[hadoop@master soft]$ source /etc/profile
```

（6）验证安装是否成功。

```
[hadoop@master soft]$ sqoop version
Warning: /soft/sqoop-1.4.7/../hbase does not exist! HBase imports will fail.
Please set $HBASE_HOME to the root of your HBase installation.
Warning: /soft/sqoop-1.4.7/../hcatalog does not exist! HCatalog jobs will fail.
Please set $HCAT_HOME to the root of your HCatalog installation.
Warning: /soft/sqoop-1.4.7/../accumulo does not exist! Accumulo imports will fail.
Please set $ACCUMULO_HOME to the root of your Accumulo installation.
20/07/18 14:11:16 INFO sqoop.Sqoop: Running Sqoop version: 1.4.7
Sqoop 1.4.7
git commit id 2328971411f57f0cb683dfb79d19d4d19d185dd8
Compiled by maugli on Thu Dec 21 15:59:58 STD 2017
```

可以看到已经安装成功，几个警告提示可以暂时不处理。

10.3 Sqoop 实战

首先可以使用“sqoop help”命令查看有哪些操作，然后进一步可以使用“sqoop help COMMAND”命令查看某个具体命令的使用，如下所示：

```
[hadoop@master soft]$ sqoop help
......
usage: sqoop COMMAND [ARGS]

Available commands:
  codegen            Generate code to interact with database records
  create-hive-table  Import a table definition into Hive
  eval               Evaluate a SQL statement and display the results
  export             Export an HDFS directory to a database table
  help               List available commands
  import             Import a table from a database to HDFS
  import-all-tables  Import tables from a database to HDFS
  import-mainframe   Import datasets from a mainframe server to HDFS
  job                Work with saved jobs
  list-databases     List available databases on a server
  list-tables        List available tables in a database
```

```
  merge                 Merge results of incremental imports
  metastore             Run a standalone Sqoop metastore
  version               Display version information

See 'sqoop help COMMAND' for information on a specific command.
```

Sqoop1.4.7 中提供的参数 COMMAND 的具体描述如表 10.1 所示。

表 10.1　Sqoop 1.4.7 中提供的参数 COMMAND

命　令	功 能 描 述
codegen	将关系数据库的表映射为 Java 文件、Java Class 文件以及 jar 包
create-hive-table	生成与关系数据库表的表结构对应的 Hive 表
eval	预先了解 SQL 语句是否正确，并查看 SQL 执行结果
export	将数据从 HDFS 导出到关系数据库某个表
help	显示 Sqoop 帮助信息
import	将数据从关系数据库某个表导入 HDFS
import-all-tables	导入某个数据库下所有表到 HDFS
import-mainframe	将数据集从某个主机导入 HDFS
job	用来生成一个 Sqoop Job，生成后，该任务并不执行，除非使用命令执行该任务
list-databases	列出所有数据库名
list-tables	列出某个数据库下的所有表
merge	将 HDFS 中不同目录下的数据整合一起，并存放在指定目录中
metastore	记录 Sqoop Job 的元数据信息。如果不启动 metastore 实例，则默认的元数据存储目录为~/.sqoop；如果要更改存储目录，可在配置文件 sqoop-site.xml 中进行更改
version	显示 Sqoop 版本信息

（1）Sqoop 基本命令。

①查看 Sqoop 的版本：

```
[hadoop@master soft]$ sqoop version
输出省略
```

②查看指定 URL 的数据库：

```
[hadoop@master soft]$ sqoop list-databases --connect jdbc:mysql://192.168.128.131:3306 --username root --password 123456
……
information_schema
azkaban
hivedb
mysql
performance_schema
sys
```

此实例要求 MySQL 数据库服务处于启动状态，并且允许远程访问。访问数据库时，有几个参数必不可少，包括数据库 URL、用户名和密码。使用 Sqoop 操作数据库的其他命令，也必须指定这几个参数。

③查看指定 URL 的数据库中的所有表：

```
[hadoop@master soft]$ sqoop list-tables --connect jdbc:mysql://192.168.128.131:3306/mysql --username root
--password 123456
……
columns_priv
db
engine_cost
event
……
```

（2）导入 MySQL 数据到 HDFS。

首先要保证 MySQL 和 Hadoop 集群处于启动状态。

通过命令“sqoop import”，可以方便地将数据从关系数据库（Oracle、MySQL、PostgreSQL 等）导入到 Hadoop（HDFS/Hive/HBase），该命令的参数很多，大家可以自行使用“sqoop help import”命令查看相关参数。

命令“sqoop import”使用注意事项：

- 使用“--connect”指定源数据库。
- 使用“--username”和“--password”指定数据库的用户名和密码。
- 使用“--table”指定需要导入的数据表。
- 使用“--num-mappers”指定导入数据的并行度，即 MapTask 个数，Sqoop 默认的并行度是 4。有几个并行度，在 HDFS 上最终输出的文件个数就是几个。
- 使用 Sqoop 从关系数据库 MySQL 中导入数据到 HDFS 时，默认存储路径是/user/用户名/表名。
- Sqoop 从关系型数据库 MySQL 导入数据到 HDFS 时，默认以文本文件格式存储，字段分隔符是“,”，行分隔符是“\n”。

接下来通过实例介绍命令“sqoop import”的各种用法。在介绍各个实例前，首先进行 MySQL 数据准备。在 MySQL 下建立数据库 sqoop，并建立学生表 student 和插入数据。在 MySQL 下使用的 SQL 语句依次如下所示：

```
//创建数据库 sqoop
CREATE DATABASE sqoop;
//创建学生表 student
CREATE TABLE sqoop.student(id int(4) primary key auto_increment,name varchar(50),sex varchar(10));
//向学生表 student 中插入数据
INSERT INTO sqoop.student(name,sex) VALUES('Tom','Male');
INSERT INTO sqoop.student(name,sex) VALUES('Cat','Male');
INSERT INTO sqoop.student(name,sex) VALUES('Fish','Female');
INSERT INTO sqoop.student(name,sex) VALUES('Tiger','Male');
INSERT INTO sqoop.student(name,sex) VALUES('Dog','Female');
```

①导入所有字段。

例如，将 MySQL 中表 sqoop.student 所有数据导入 HDFS，并采用默认存储路径。

使用的命令如下：

```
[hadoop@master soft]$ sqoop import --connect jdbc:mysql://192.168.128.131:3306/sqoop --username root --password 123456 --table student --num-mappers 1
……输出省略
```

其中，导入的并行度为 1，即在 HDFS 上最终输出的文件个数为 1。通过省略的日志可以看到，Sqoop 将命令转换成一个 MapReduce 任务来执行，且只有 Mapper 而没有 Reducer。执行完毕后，在/user/用户名/表名（/user/hadoop/student）下可以看到 part-m-00000 输出文件：

```
[hadoop@master soft]$ hadoop fs -ls -R /user
drwxr-xr-x   - hadoop supergroup          0 2020-07-18 16:25 /user/hadoop
drwxr-xr-x   - hadoop supergroup          0 2020-07-18 16:26 /user/hadoop/student
-rw-r--r--   2 hadoop supergroup          0 2020-07-18 16:26 /user/hadoop/student/_SUCCESS
-rw-r--r--   2 hadoop supergroup         62 2020-07-18 16:26 /user/hadoop/student/part-m-00000
[hadoop@master soft]$ hadoop fs -cat /user/hadoop/student/part-m-00000
1,Tom,Male
2,Cat,Male
3,Fish,Female
4,Tiger,Male
5,Dog,Female
```

当再次执行上述“sqoop import”命令时，会抛出文件已存在的错误，可以在导入命令中添加参数“--delete-target-dir”用于自动删除已存在的输出路径。

②导入指定字段。

例如，将 MySQL 中表 sqoop.student 的字段 name 和 sex 导入 HDFS，并保存在 student_column 文件中。

使用的命令如下：

```
[hadoop@master soft]$ sqoop import --connect jdbc:mysql://192.168.128.131:3306/sqoop --username root --password 123456 --target-dir student_column --delete-target-dir --columns name,sex --mapreduce-job-name FromMySQLToHDFS_column --table student --num-mappers 1
……输出省略
```

关于上述命令，有以下几点需要说明：

- 使用“--columns”指定要导入的字段，字段名中间用逗号相隔，且不加空格。
- 使用“--target-dir”指定 HDFS 上的目标目录。
- 使用“--mapreduce-job-name”指定该作业的名称，可以通过 YARN Web 或 MapReduce Web 界面查看。
- 使用“--delete-target-dir”可以自动删除已存在的导入路径。

执行完毕后，在/user/hadoop/student_column 下可以看到 part-m-00000 输出文件：

```
[hadoop@master soft]$ hadoop fs -cat /user/hadoop/student_column/part-m-00000
Tom,Male
Cat,Male
Fish,Female
Tiger,Male
Dog,Female
```

③导入指定条件的数据。

例如，将 MySQL 中表 sqoop.student 的男性数据导入 HDFS，并保存在 student_where 文件中。

使用的命令如下：

```
[hadoop@master soft]$ sqoop import --connect jdbc:mysql://192.168.128.131:3306/sqoop --username root --password 123456 --target-dir student_where --delete-target-dir --mapreduce-job-name FromMySQLToHDFS_where --table student --where 'sex="Male"'
……输出省略
```

关于上述命令，有以下几点需要说明：

- 使用"--where"指定筛选条件，具体条件需要使用单引号引起来。
- 未使用"--num-mappers"并指定为 1，所以采用 Sqoop 默认并行度 4，将会在 HDFS 上输出 4 个文件。

执行完毕后，在/user/hadoop/student_where 下可以看到 part-m-00000 到 part-m-00003 共 4 个输出文件：

```
[hadoop@master soft]$ hadoop fs -cat /user/hadoop/student_where/part-m-00000
1,Tom,Male
[hadoop@master soft]$ hadoop fs -cat /user/hadoop/student_where/part-m-00001
2,Cat,Male
[hadoop@master soft]$ hadoop fs -cat /user/hadoop/student_where/part-m-00002
[hadoop@master soft]$ hadoop fs -cat /user/hadoop/student_where/part-m-00003
4,Tiger,Male
```

④导入指定查询语句的数据。

例如，将 MySQL 中表 sqoop.student 的"SELECT * FROM sqoop.student WHERE sex="Female""导入 HDFS，并保存在 student_query 文件中。

使用的命令如下：

```
[hadoop@master soft]$ sqoop import --connect jdbc:mysql://192.168.128.131:3306/sqoop --username root --password 123456 --target-dir student_query --delete-target-dir --mapreduce-job-name FromMySQLToHDFS_query --query 'SELECT * FROM sqoop.student WHERE sex="Female" AND $CONDITIONS' --num-mappers 1
……输出省略
```

关于上述命令，有以下几点需要说明：

- 使用"--query"指定查询语句，就能将 query 中的查询结果导入 HDFS 中，具体 SQL 语句需要使用单引号引起来。
- "--query"指定的 SQL 语句必须有 WHERE 子句，且必须添加"$CONDITIONS"，这是固定写法。

对于$CONDITIONS 主要从以下 2 个角度来理解：

a.如果并行度"--num-mappers"为 1，即只有 1 个 MapTask，那么所有数据都在 1 个分区中，不用加"--split-by"来指定依据哪个字段来分区数据。此时$CONDITIONS 等价于 1=1。

b.如果并行度"--num-mappers"大于 1，那么需要使用"--split-by"来指定某个字段为分区字段（通常为主键）。但是每个分区的数据是如何划分的呢？首先 Sqoop 会查询"--split-by"字段（这里为 id）的最小值（这里为 1）和最大值（这里为 5），然后根据"--num-mappers"

数量（这里为 3）平均划分这些数据。此时，每个分区的 MapTask 执行一定 id 区间范围的数值导入任务。

举例来说：

```
[hadoop@master soft]$ sqoop import --connect jdbc:mysql://192.168.128.131:3306/sqoop --username root --password 123456 --target-dir student --delete-target-dir --query 'SELECT * FROM sqoop.student where $CONDITIONS' --num-mappers 3 --split-by id
```

此 Sqoop 命令执行完毕后，将会生成 3 个输出文件：

```
[hadoop@master soft]$ hadoop fs -cat /user/hadoop/student/part-m-00000
1,Tom,Male
2,Cat,Male
[hadoop@master soft]$ hadoop fs -cat /user/hadoop/student/part-m-00001
3,Fish,Female
[hadoop@master soft]$ hadoop fs -cat /user/hadoop/student/part-m-00002
4,Tiger,Male
5,Dog,Female
```

可以看到，第一个分区，MapTask 执行的 SQL 等价于“select * from sqoop.student where id>=1 and id<=2”；第二个分区，MapTask 执行的 SQL 等价于“select * from sqoop.student where id>2 and id<=3”；第三个分区，MapTask 执行的 SQL 等价于“select * from sqoop.student where id>3 and id<=5”。换句话说，$CONDITIONS 会根据分区数和分区字段，自动构造 SQL 子句。

参数“--query”和“--table”不能同时使用，也不能同时使用“--columns”指定输出列。

执行完毕后，在/user/hadoop/student_query 下可以看到 part-m-00000 输出文件：

```
[hadoop@master soft]$ hadoop fs -cat /user/hadoop/student_query/part-m-00000
3,Fish,Female
5,Dog,Female
```

⑤使用指定分隔符导入数据。

例如，将 MySQL 中表 sqoop.student 的所有数据导入 HDFS，并保存在 student_delimiter 文件中，要求输出结果的字段分隔符为“\t”。

使用的命令如下：

```
[hadoop@master soft]$ sqoop import --connect jdbc:mysql://192.168.128.131:3306/sqoop --username root --password 123456 --target-dir student_delimiter --delete-target-dir --mapreduce-job-name FromMySQLToHDFS_delimiter --fields-terminated-by '\t' --table student --num-mappers 1
……输出省略
```

关于上述命令，有以下几点需要说明：

- 使用“--fields-terminated-by”指定字段之间的分隔符。
- 另外可以使用“--lines-terminated-by”指定行之间的分隔符。

执行完毕后，在/user/hadoop/student_delimiter 下可以看到 part-m-00000 输出文件：

```
[hadoop@master soft]$ hadoop fs -cat /user/hadoop/student_delimiter/part-m-00000
1	Tom	Male
2	Cat	Male
3	Fish	Female
```

```
4    Tiger Male
5    Dog  Female
```

（3）导入 MySQL 数据到 Hive。

①把 MySQL 的数据导入 Hive 中。

使用的命令如下所示：

```
[hadoop@master soft]$ sqoop import --connect jdbc:mysql://192.168.128.131:3306/sqoop --username root --password 123456 --table student --fields-terminated-by "\t" --lines-terminated-by "\n" --hive-import --hive-overwrite --create-hive-table --delete-target-dir --hive-database t1 --hive-table student1
```

关于上述命令，有以下几点需要说明：

- 使用“--table”指定 MySQL 中数据来源表。
- 使用“--fields-terminated-by”指定 Hive 字段分隔符，使用“--lines-terminated-by”指定 Hive 行分割符。
- 使用“--hive-import”表明数据将被导入 Hive 中。
- 使用“--hive-overwrite”指定以重写的方式导入数据。
- 使用“--create-hive-table”表明将自动创建 Hive 表。
- 使用“--delete-target-dir”自动删除 HDFS 中的目录。
- 使用“--hive-database”指定 Hive 中的数据库（需要提前存在，否则会报错）。
- 使用“--hive-table”来指定 Hive 中的表名。

执行完毕后，在 Hive 中查询 student1：

```
hive> select * from t1.student1;
1    Tom  Male
2    Cat  Male
3    Fish Female
4    Tiger Male
5    Dog  Female
```

②增量导入。

先往 MySQL 的 student 表中插入 3 条数据，这样一共有 8 条数据了。

```
INSERT INTO sqoop.student(name,sex) VALUES('zs','Male');
INSERT INTO sqoop.student(name,sex) VALUES('ls','Male');
INSERT INTO sqoop.student(name,sex) VALUES('ww','Female');
```

使用如下命令来把这 3 条数据追加到 Hive 的 student1 表中：

```
[hadoop@master soft]$ sqoop import --connect jdbc:mysql://192.168.128.131:3306/sqoop --username root --password 123456 --table student --fields-terminated-by "\t" --lines-terminated-by "\n" --hive-import --delete-target-dir --hive-table t1.student1 --incremental append --check-column id --last-value 5
```

关于上述命令，有以下几点需要说明：

- 使用“--incremental”指定以 append 追加的方式导入数据。
- 使用“--check-column”指定以 id 这个字段为比较标准。
- 使用“--last-value”指定 id=5 后面的数据被导入。

执行完毕后，在 Hive 中查询 student1：

```
hive> select * from t1.student1;
1	Tom	Male
2	Cat	Male
3	Fish	Female
4	Tiger	Male
5	Dog	Female
6	zs	Male
7	ls	Male
8	ww	Female
```

（4）导出 HDFS 数据到 MySQL。

通过命令“sqoop export”，可以方便地将数据从 Hadoop（HDFS/Hive/HBase）导出到关系数据库（Oracle、MySQL、PostgreSQL 等），该命令的参数很多，大家可以自行使用“sqoop help export”命令查看相关参数。

命令“sqoop export”使用注意事项（与“sqoop import”重复的不再赘述）：

- 使用“--export-dir”指定被导出数据的路径。
- 使用“--fields-terminated-by”指定数据列的分隔符，使用“--lines-terminated-by”指定数据行的分隔符。

在介绍导出数据前，需要首先在 MySQL 下创建接受数据的表，若该表不存在则报错。在 MySQL 下使用 SQL 语句创建一个跟上文 sqoop.student 表结构相同的表，具体使用的 SQL 语句如下所示：

```
mysql> CREATE TABLE sqoop.student_export as SELECT * from sqoop.student where 1=2;
```

现在 student_export 表结构和 student 一模一样，但是没有数据内容。

①导出所有字段。

例如，将 HDFS 上/user/hadoop/student 数据导出到 sqoop.student_export 中。

使用的命令如下：

```
[hadoop@master soft]$ sqoop export --connect jdbc:mysql://192.168.128.131:3306/sqoop --username root --password 123456 --table student_export --export-dir /user/hadoop/student --num-mappers 1
```

执行完毕后，在 MySQL 中查询 student_export：

```
mysql> select * from sqoop.student_export;
```

内容和 HDFS 上的文件内容一致。

②导出指定字段。

例如，将 HDFS 上/user/hadoop/student 文件中 name 和 sex 导出到 sqoop.student_export 中。

先清空 sqoop.student_export 表：

```
mysql> delete from sqoop.student_export;
```

使用的命令如下所示：

```
[hadoop@master soft]$ sqoop export --connect jdbc:mysql://192.168.128.131:3306/sqoop --username root --password 123456 --table student_export --columns name,sex --export-dir /user/hadoop/student --fields-terminated-
```

```
by '\t' --num-mappers 1
```

这里添加了参数“--columns”来指定导出的列为 name 和 sex，“--fields-terminated-by”指定 HDFS 文件的列分隔符为'\t'。

执行完毕后，在 MySQL 中查询 student_export：

```
mysql> select * from sqoop.student_export;
```

内容和 HDFS 上的文件内容相比较，会发现 id 这一列的值都是 0，因为该列的值没有被导入，数据类型为数值且不允许为空，所以使用 0 来代替。

③批量导出。

Sqoop 默认情况下是读取一行就插入一条记录到关系数据库中，造成性能低下。可以使用参数“-Dsqoop.export.records.pre.statement”来指定一次批量导出的数据量。

使用的命令如下所示：

```
[hadoop@master soft]$ sqoop export -Dsqoop.export.records.pre.statement=10 --connect jdbc:mysql://192.168.128.131:3306/sqoop --username root --password 123456 --table student_export --export-dir /user/hadoop/student --num-mappers 1
```

执行完毕后，内容和 HDFS 上的文件内容一致。读者可以到 YARN Web 界面上去查看这两个任务的耗时，可以发现使用批量导出可以大大提高效率，节约时间。

（5）Sqoop 脚本。

前面都是以 Sqoop 命令行方式进行数据导入/导出，这种方式重用性差。在 Sqoop 中允许先将 Sqoop 命令封装到一个文件中，然后使用参数“--options-file”执行封装后的脚本，这样更加方便后期维护。

下面先创建一个脚本文件，文件名没有限制，比如叫 mysql2hdfs，内容如下：

```
[hadoop@master soft]$ vi mysql2hdfs
#sqoop 作业脚本文件
sqoop
import
--connect
jdbc:mysql://192.168.128.131:3306/sqoop
--username
root
--password
123456
--table
student
--num-mappers
1
```

注意：格式要求所有的参数及参数值都必须各占一行。

以下为执行脚本的命令：

```
[hadoop@master soft]$ sqoop --options-file /soft/mysql2hdfs
```

（6）Sqoop Job（作业）。

也可以将常用的 Sqoop 脚本定义成 Sqoop Job，方便其他人调用。

①创建 Job：

```
[hadoop@master soft]$ sqoop job --create myjob -- import --connect jdbc:mysql://192.168.128.131:3306/sqoop --username root --password 123456 --target-dir student_job --table student --num-mappers 1
```

注意：上述命令中“import”和其前的“--”中间必须有 1 个空格，否则出错。

②列举 Job：

```
[hadoop@master soft]$ sqoop job --list
Available jobs:
myjob
```

“--list”参数用来列举所有的 Job 作业。

③执行 Job：

```
[hadoop@master soft]$ sqoop job --exec myjob
……省略输出
```

“--exec”参数用来执行保存的 Job 作业。

除此之外，还可以把 Sqoop 命令集成到 Azkaban 中去，在 Azkaban 的.job 文件中进行如下配置：

```
type=command
command=/soft/sqoop-1.4.7/bin/sqoop import --connect jdbc:mysql://192.168.128.131:3306/sqoop --username root -- password 123456 --table student --num-mappers 1
```

10.4 本章小结

Apache Sqoop 是一个开源的基于 Hadoop 的数据迁移工具，是 Apache 的顶级项目，主要用于在 Hadoop 和关系型数据库之间传递数据。

本章需要特别注意的要点包括：

（1）Sqoop 的安装部署，包括下载、解压重命名、修改配置文件、加载 MySQL 驱动、配置环境变量及验证等操作。

（2）Sqoop 的实战主要包括 Sqoop 基本命令、MySQL 数据导入 HDFS、MySQL 数据导入 Hive、导出 HDFS 数据到 MySQL、Sqoop 脚本、Sqoop 作业。

①Sqoop 基本命令主要涉及查看数据库、查看数据表、版本等操作；

②MySQL 数据导入 HDFS 主要涉及导入所有字段、导入指定字段、导入指定条件的数据、导入指定查询语句的数据、使用指定分隔符导入数据等操作；

③MySQL 数据导入 Hive 主要涉及把 MySQL 的数据导入 Hive 中、增量导入等操作；

④导出 HDFS 数据到 MySQL 主要涉及导出所有字段、导出指定字段、批量导出等操作；

⑤Sqoop 脚本允许把 Sqoop 命令封装到一个脚本文件中来执行；

⑥Sqoop 作业允许把 Sqoop 命令定义成 Job，方便调用。

另外，读者可以扩展学习的内容包括：

（1）MySQL 数据导入 HBase。

（2）Sqoop 在 Azkaban 中以脚本的形式运行。

10.5　本章练习

一、单选题

（1）以下哪种数据迁移可称之为 Sqoop 数据导入？（　　）

A．MySQL→HDFS　　B．HDFS→MySQL

C．Hive→MySQL　　D．Hive→HDFS

（2）Sqoop 中把 MySQL 的数据导入 HDFS 时，通过哪个参数来指定目标目录？（　　）

A．--table　　B．--columns

C．--target-dir　　D．--delete-target-dir

（3）Sqoop 中关于参数“--query”的描述错误的是（　　）。

A．“--query”不能和“--table”一起使用。

B．“--query”不能和“--columns”一起使用。

C．“--query”语句必须包含“$CONDITIONS”。

D．“--query”语句可以不带 WHERE 子句。

（4）Sqoop 命令中可以通过哪个参数来运行文件脚本？（　　）

A．--import　　B．--exec　　C．--list　　D．--options-file

二、多选题

（1）Sqoop 把 MySQL 的数据导入 Hive 时，与 Hive 有关的参数有哪些？（　　）

A．--hive-import　　B．--hive-overwrite

C．--hive-database　　D．--hive-table

（2）Sqoop 在实现增量导入时用到的关于增量的参数有哪些？（　　）

A．--incremental　　B．--check-column

C．--last-value　　D．--append

第 11 章

分布式列存储数据库 HBase

本章简介

传统关系型数据库如 Oracle、Microsoft SQL Server 无法高效地存储和处理 Web 2.0 及大数据时代的多种非关系型数据，因此，以 Google BigTable 技术为代表的新型 NoSQL 数据库产品得到了飞速发展和应用。HBase 数据库是 BigTable 的开源实现。作为 Hadoop 生态系统的重要组成部分之一，HBase 提供分布式的、面向列的、非结构化的数据存储和管理功能。HBase 的底层数据存储依赖于 HDFS，而并行批处理计算通过 MapReduce 实现，所以具备 HDFS 类似的优点：高可靠性、高性能、可扩展性强等。

本章首先介绍 HBase 的基本概况，然后介绍 HBase 的数据模型、体系架构和运行机制，接着详细介绍 HBase 安装部署和实战，最后介绍 HBase 性能优化。

11.1 HBase概述

HBase 是一个高可靠、高性能、列存储、可伸缩、实时读写的分布式数据库系统，是 Hadoop 生态系统的重要组成部分之一。HBase 是 Google 的 BigTable 的开源实现，使用 Java 语言编写。

HBase 利用 MapReduce 来处理海量数据，实现高性能计算；使用 ZooKeeper 作为协同服务，实现稳定服务和失败恢复；使用 HDFS 作为高可靠的底层存储，利用廉价集群提供海量数据存储能力。与 Hadoop 一样，HBase 主要依靠横向扩展，通过不断增加廉价的商用服务器，来增加计算和存储能力。

HBase 数据库有如下特点：

（1）它介于 NoSQL 和 RDBMS 之间，仅能通过行键（Row Key）和行键的范围（Range）来检索数据。

（2）HBase 查询数据功能很简单，不支持连接（join）等复杂操作。

（3）不支持复杂的事务，只支持行级事务（可通过 Hive 来实现多表连接等复杂操作）。

（4）HBase 中支持的数据类型为 byte[]（底层所有数据的存储都是字节数组）。

（5）主要用来存储结构化和半结构化的松散数据（结构化：数据结构字段含义确定、清晰，典型的如数据库中的表结构。半结构化：具有一定结构，但语义不够确定，典型的如 HTML 网页。非结构化：杂乱无章的数据，很难按照一个概念去进行抽取，无规律性）。

11.2 HBase 数据模型

逻辑上，HBase 以表的形式呈现给最终用户；物理上，HBase 以文件的形式存储在 HDFS 中。同时，为了高效管理数据，HBase 设计了一些元数据表来提高数据存取效率。

1. 逻辑模型

HBase 以表（Table）的形式存储数据，每个表由行和列组成，表中的行和列确定的存储单元称为一个元素（Cell）。

行键（Row Key）是数据行在表中的唯一标识，并作为检索记录的主键。在 HBase 中访问表中的行只有 3 种方式：通过单个行健访问、给定行键的范围扫描、全表扫描。行健可以是任意字符串，默认按字典顺序存储。

每个列属于一个特定的列族（Column Family），列声明为<family>:<qualifier>（<列族>:<列限定符>），通过列族和列限定符可以唯一确定存储列。

每个元素（Cell）保存了同一份数据的多个版本，多个版本由时间戳（Time Stamp）来区分。元素由行健、列（<列族>:<列限定符>）和时间戳唯一确定，元素中的数据以字节数组（byte[]）的形式存储，没有类型之分。

关于 HBase 逻辑模型中涉及的相关概念如表 11.1 所示。

表 11.1 HBase 逻辑模型相关概念

术 语	说 明
表（Table）	由行和列组成，列划分为若干个列族
行键（Row Key）	每一行代表着一个数据对象，由行键来标识，行键会被建立索引，数据的获取通过 Row Key 完成。行键采用字节数组 byte[]格式
列族（Column Family）	列的集合，一个表中列可以分成不同列族，列族需在表创建时就定义好，数量不能太多，不能频繁修改
列限定符（Column Qualifier）	表中具体一个列的名字，列族里的数据通过列限定符来定位，列限定符不用事先定义，也无须在不同行之间保持一致。列限定符采用字节数组 byte[]格式。列名以列族作为前缀，列族:列限定符
单元格（Cell）	每一个行键、列族和列标识符共同确定的一个单元，存储在单元格里的数据称为单元格数据，单元格和单元格数据也没有特定的数据类型，以字节数组 byte[]来存储
时间戳（Time Stamp）	每个单元格都保存着同一份数据的多个版本，这些版本采用时间戳进行索引。时间戳采用 64 位整型，降序存储

例如，存储学生成绩的 HBase 逻辑视图如表 11.2 所示。

表 11.2 HBase 数据的逻辑视图

Row Key	Time Stamp	Column Family:info			Column Family:score		
		info:name	info:age	info:sex	score:Chinese	score:Maths	score:English
001	t2	zs	20	male	90	90	90
001	t1	zs	20	male	90	91	90
002	t5	ls	21	female	80	80	80

续表

Row Key	Time Stamp	Column Family:info			Column Family:score		
		info:name	info:age	info:sex	score:Chinese	score:Maths	score:English
002	t4	ls	22	female	80	80	80
002	t3	ls	22	female	80	80	81
003	t6	ww	23	male	70	70	×

行键为学生的学号，这里存储了 3 个学生的信息。时间戳的先后顺序为：t1<t2<t3<t4<t5<t6。对于 001 学生来说，存储了 2 个时间戳版本的数据 t1 和 t2，t2 排在 t1 的前面。对于 002 学生来说，存储了 3 个时间戳版本的数据 t3、t4 和 t5，按照时间倒序排列。对于 003 学生来说，存储了 1 个时间戳版本的数据 t6。含有 2 个列族，分别是信息 info 和成绩 score。列族 info 里面含有 name、age 和 sex 等列，列族 score 含有 Chinese、Maths 和 English 等列。但是，不是所有行都有这些列，如 003 学生就没有 English 这列，×代表没有这个列。注意：没有列和列为空值是不一样的。

2. 物理模型

HBase 是按照列存储的稀疏行/列矩阵，其物理模型实际上就是把逻辑模型中的行进行分割，并按照列族存储。例如，表 11.2 所示的逻辑视图在物理存储的时候会存成 2 个小片段，也就是说，这个 HBase 表会按照列族 info 和 score 分别存放，属于同一个列族的数据保存在一起，同时，和每个列族一起存放的还包括行键和时间戳。存储学生成绩的 HBase 数据物理视图如表 11.3 所示。

表 11.3　HBase 数据的物理视图

（1）列族 info

Row Key	Time Stamp	Column Family:info		
		info:name	info:age	info:sex
001	t2	zs	20	male
001	t1	zs	20	male
002	t5	ls	21	female
002	t4	ls	22	female
002	t3	ls	22	female
003	t6	ww	23	male

（2）列族 score

Row Key	Time Stamp	Column Family:score		
		score:Chinese	score:Maths	score:English
001	t2	90	90	90
001	t1	90	91	90
002	t5	80	80	80
002	t4	80	80	80
002	t3	80	80	81
003	t6	70	70	X

HBase 中的所有数据文件都存储在 Hadoop HDFS 文件系统上，主要包括两种文件类型：HFile 和 HLog。

（1）HFile。

HFile 是存放实际数据和元数据的文件，是以 Key-Value 形式存储数据的二进制文件，它是参考 BigTable 的 SSTable 和 Hadoop 的 TFile 的实现。从 HBase 开始到现在，HFile 经历了三个版本，其中 V2 在 0.92 引入，V3 在 0.98 引入。HFile V1 版本在实际使用过程中发现其占用内存多；HFile V2 版本针对此问题进行了优化；HFile V3 版本基本和 V2 版本相同，只是在 Cell 层面添加了 Tag 数组的支持。鉴于此，编者主要针对 V2 版本进行分析，对 V1 和 V3 版本感兴趣的读者可以查阅其他资料。HFile 的 V2 逻辑结构如表 11.4 所示。

表 11.4　HFile 的 V2 逻辑结构

Scanned Block Section	Data Block
	Leaf Index Block，Bloom Block
Non-scanned Block Section	Meta Block
	Intermediate Level Data Index Blocks
Load-on-open Section	Root Data Index
	Meta Index
	File Info
	Bloom Filter Metadata
	Fields for Midkey
Trailer	Trailer Fields
	Version

从表 11.4 可以看出，HFile 主要分为 4 个部分：Scanned Block Section、Non-scanned Block Section、Load-on-open Section 和 Trailer。

①Scanned Block Section：被扫描数据块部分。这个部分又包含叶子索引块（Leaf Index Block）、布隆块（Bloom Block）和数据块（Data Block）。

②Non-scanned Block Section：不被扫描数据块部分。这个部分又包含元数据块（Meta Block）和中间层数据索引块（Intermediate Level Data Index Blocks）。

③Load-on-open Section：启动时加载部分，包括根数据索引（Root Data Index）、元数据索引（Meta Index）、文件信息（File Info）、布隆过滤元数据（Bloom Filter Metadata）以及字段中键（Fields for Midkey）等。

④Trailer：文件尾，主要记录文件版本（Version）以及各个部分的偏移量和寻址信息。

对这些概念，我们只需先有个基本印象，后续还会进一步说明。

（2）HLog。

HLog 是 HBase 中存放日志的文件，以预写式日志（Write Ahead Log-WAL，核心思想是：所有的修改在提交之前都要先写入 log 文件中，log 文件中通常包括 redo 和 undo 信息，通过日志记录描述好数据的改变后再写入缓存，等缓存区写满后，最后再往持久层修改数据）存储格式，物理上是 Hadoop 的 Sequence File。

3. 元数据表

HBase 使用类似 B+树的三层结构来保存数据位置信息，如图 11.1 所示。HBase 的三层结构中各层次的名称和作用如表 11.5 所示。

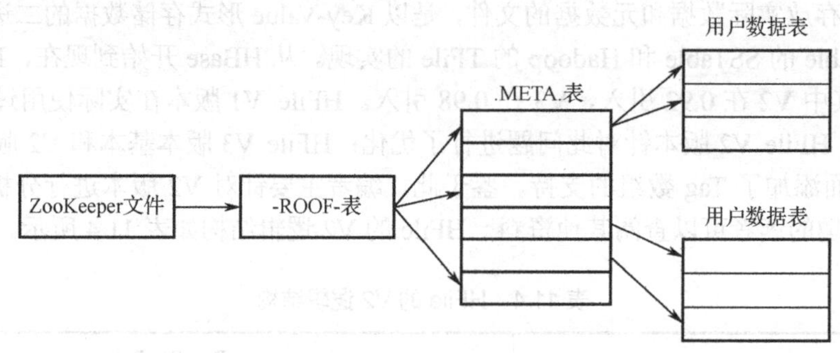

图 11.1　HBase 的 V2 元数据三层结构

表 11.5　HBase 的 V2 元数据三层结构中各层次的名称和作用

层　次	名　称	作　用
第一层	ZooKeeper 文件	记录了-ROOT-表的位置信息
第二层	-ROOT-表	记录了.META.表位置信息，通过-ROOT-表来定位.META.表；-ROOT-表自身的数据由 ZooKeeper 管理
第三层	.META.表	记录了用户数据表位置信息，保存了 HBase 中所有用户数据表的位置；.META.表的数据本身是分布式存储的，所以需要-ROOT-表来索引

客户端访问用户数据，需要首先访问 ZooKeeper 获得-ROOT-表的位置，然后访问-ROOT-表获得.META.表的位置信息，接着访问.META.表，找到所需数据的位置并读取数据。该过程需要多次网络操作，如果客户端上没有缓存，则需要进行 6 次网络来回，才能定位到数据的准确位置，其中 3 次用来发现缓存失效，另外 3 次用来获取位置信息。为了加快寻址过程，一般客户端会将查询过的位置信息缓存起来。

上述设计存在性能缺陷。实际上，在 0.96 版本以后去掉了-ROOT-表，只保留两层元数据索引设计，也可以满足需求。

11.3　HBase 体系架构

HBase 采用 Master/Slave 架构，HBase 集群成员包括 Client、ZooKeeper 集群、HMaster 节点、HRegionServer 节点，在底层 HBase 将数据存储于 HDFS 中。HBase 的体系架构如图 11.2 所示。

（1）Client。

HBase Client 使用 HBase 的 RPC 机制与 HMaster 和 HRegionServer 进行通信，对于管理类操作，Client 与 HMaster 进行 RPC；对于数据读写类操作，Client 与 HRegionServer 进行 RPC。客户端包含访问 HBase 的接口，通常维护一些缓存来加快 HBase 数据的访问速度，如缓存元数据信息。

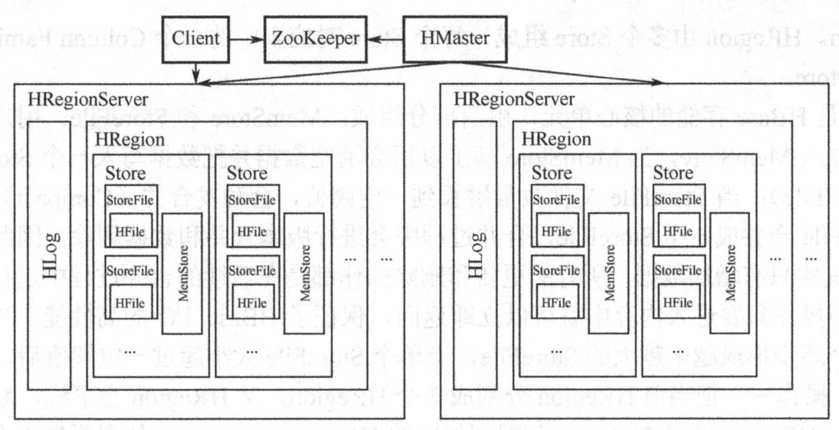

图 11.2　HBase 的体系架构

（2）ZooKeeper。

ZooKeeper 作为管理者，保证任何时候，集群中只有一个 HMaster。对于 HBase，ZooKeeper 提供以下基本功能：

①存储-ROOT-表的地址、HMaster 的地址、HRegionServer 的地址。

②通过 ZooKeeper，HMaster 可以随时感知各个 HRegionServer 的健康状态。

③ZooKeeper 避免 HMaster 单点故障问题，HBase 中可以启动多个 HMaster，通过 ZooKeeper 的选举机制确保只有一个为当前 HBase 集群的 HMaster。

（3）HMaster。

HMaster 是 HBase 的主服务程序，HBase 中可以启动多个 HMaster，通过 ZooKeeper 选举机制保证每个时刻只有 1 个 HMaster 运行。HMaster 主要完成以下任务：

①管理 HRegionServer，实现其负载均衡。

②管理和分配 HRegion，比如在 HRegion 分割时分配新的 HRegion；在 HRegionServer 退出时迁移其中的 HRegion 到其他 HRegionServer 上。

③实现 DDL（Data Definition Language）操作，如 Namespace 和 Table 的增、删、改，Column Familiy 的增、删、改等）。

④管理 Namespace 和 Table 的元数据（实际存储在 HDFS 上）。

⑤权限控制（ACL）。

（4）HRegionServer。

HRegionServer 是 HBase 的从服务程序，HBase 集群中可以有多个 HRegionServer，其主要功能包括以下几个方面：

①存放和管理本地 HRegion。

②读写 HDFS，管理 Table 中的数据。

③Client 直接通过 HRegionServer 读写数据（从 HMaster 中获取元数据，找到 Row Key 所在的 HRegion/HRegionServer 后）。

④HRegionServer 和 DataNode 一般会放在相同的机器节点上实现数据的本地化。

（5）HRegion。

HRegionServer 内部管理了一系列 HRegion 对象，HRegion 实际管理着表中的数据。一开始一个表只有一个 HRegion，随着表中记录增加到某个阈值，HRegion 会被分割形成两个新

的 HRegion。HRegion 由多个 Store 组成，每个 Store 对应表中的一个 Column Family。

（6）Store。

Store 是 HBase 存储的核心单元，由两部分组成：MemStore 和 StoreFile。用户写入的数据首先会放入 MemStore，当 MemStore 满了以后会清空数据并把数据写入一个 StoreFile（底层实现是 HFile）；当 StoreFile 文件数量增长到一定阈值，会触发合并（Compact）操作，将多个 StoreFile 合并成一个 StoreFile，合并过程中会进行版本合并和数据删除。因此，可以看出 HBase 其实只有增加数据，所有的更新和删除操作都是在后续的合并过程中进行的，这使得用户的写操作只要进入内存中就可以立即返回，保证了 HBase I/O 的高性能。当 StoreFile 合并后，会逐步形成越来越大的 StoreFile，当单个 StoreFile 大小超过一定阈值后，会触发分割（Split）操作——把当前 HRegion 分割成 2 个 HRegion，父 HRegion 会下线，新分割出来的 2 个孩子 HRegion 会被 HMaster 分配到相应的 HRegionServer 上，使得原先 1 个 HRegion 的压力得以分流到 2 个 HRegion 上。

（7）HLog。

每个 HRegionServer 维护一个 HLog，而不是每个 HRegion 一个 HLog。这样不同 HRegion 的日志会混在一起，其目的是不断追加单个文件相对于同时写多个文件而言，可以减少磁盘寻址次数，因此可以提高对表的写性能。但同时带来的麻烦是，如果一台 HRegionServer 下线，为了恢复其上的 HRegion，需要将 HRegionServer 上的 HLog 进行拆分，然后分发到其他 HRegionServer 上进行恢复。

11.4 HBase 运行机制

（1）读机制。

前面提到 Store 由 MemStore 和 StoreFile 构成。StoreFile 是只读的，一旦创建后就不可再修改。因此，HBase 的更新其实是不断追加的操作。由于对表的更新是不断追加的，处理读请求时，需要访问 Store 中全部的 StoreFile 和 MemStore，将它们按照 Row Key 进行合并，由于 StoreFile 和 MemStore 都是经过排序的，并且 StoreFile 带有内存索引，合并的过程比较高效。

具体来说，读操作的处理过程如下：

①客户端通过 ZooKeeper 以及-ROOT-表和.META.表找到目标数据所在的 HRegionServer。

②联系 HRegionServer 查询目标数据。

③HRegionServer 定位到目标数据所在的 HRegion，发出查询请求。

④HRegion 先在 MemStore 中查找，命中则返回。

⑤如果在 MemStore 中找不到，则在 StoreFile 中扫描。为了能快速地判断要查询的数据在不在这个 StoreFile 中，应用了 BloomFilter（布隆过滤器），它能迅速判断一个元素是不是在一个庞大的集合内，但是它有一个弱点：有一定的误判率。原本不存在于该集合的元素，布隆过滤器有可能会判断说它存在。但是，如果布隆过滤器判断说某个元素不存在该集合，那么该元素就一定不在该集合内。

（2）写机制。

HBase 通过 Store 中的 MemStore 和 StoreFile 存储对表的更新。数据在更新时首先写入 Log（WAL log）和内存（MemStore）中，MemStore 中的数据是排序的，当 MemStore 累积到一定阈值时，就会创建一个新的 MemStore，并且将老的 MemStore 清空的同时把其中的数

据写入队列，由单独的线程负责清空数据并把数据写入磁盘，成为一个 StoreFile。与此同时，系统会在 ZooKeeper 中记录一个重做 Redo Point，表示这个时刻之前的变更已经持久化了（Minor Compact）。当系统出现意外时，可能导致内存（MemStore）中的数据丢失，此时使用 Log（WAL log）来恢复 Redo Point 之后的数据。

具体来说，写操作的处理过程如下：

①客户端向 HRegionServer 提交写请求。

②HRegionServer 找到目标 HRegion。

③HRegion 检查数据是否与表的设计模式（Schema）一致。

④如果客户端没有指定版本，则获取当前系统时间作为数据版本。

⑤将更新写入 WAL log。

⑥将更新写入 MemStore。

⑦判断 MemStore 是否需要清空数据并把数据写入 Store 文件。

（3）Master 工作机制。

任何时刻，一个 HRegion 只能分配给一个 HRegionServer。Master 记录了当前有哪些可用的 HRegionServer，以及当前哪些 HRegion 分配给了哪些 HRegionServer，哪些 HRegion 还没有分配。当存在未分配的 HRegion，并且有一个 HRegionServer 上有可用空间时，Master 就给这个 HRegionServer 发送一个装载请求，把 HRegion 分配给这个 HRegionServer。HRegionServer 得到请求后，就开始对此 HRegion 提供服务。

Master 使用 ZooKeeper 来跟踪 HRegionServer 状态。当某个 HRegionServer 启动时，会首先在 ZooKeeper 上的 Server 目录下建立代表自己的文件，并获得该文件的独占锁。由于 Master 订阅了 Server 目录上的变更消息，当 Server 目录下的文件出现新增或删除操作时，Master 可以得到来自 ZooKeeper 的实时通知。因此，一旦 HRegionServer 上线，Master 能马上得到消息。

当 HRegionServer 下线时，它和 ZooKeeper 的会话断开，ZooKeeper 会自动释放代表这台 Server 的文件上的独占锁。而 Master 不断轮询 Server 目录下文件的锁状态。如果 Master 发现某个 HRegionServer 丢失了它自己的独占锁，或者 Master 连续几次和 HRegionServer 通信都无法成功，Master 就尝试去获取代表这个 HRegionServer 的读写锁，一旦获取成功，就可以确定这个 HRegionServer 和 ZooKeeper 之间的网络断开了，或者 HRegionServer 宕机。无论哪种情况，HRegionServer 都无法继续为它的 HRegion 提供服务了，此时 Master 会删除 Server 目录下代表这台 HRegionServer 的文件，并将这台 HRegionServer 的 HRegion 分配给其他还“活着”的节点。如果网络短暂出现问题导致 HRegionServer 丢失了它的锁，那么 HRegionServer 重新连接到 ZooKeeper 之后，只要代表它的文件还在，它就会不断尝试获取这个文件上的锁，一旦获取到了，就可以继续提供服务。

Master 启动后进行以下操作：

①从 ZooKeeper 上获取唯一一个代表 Active Master 的锁，用来阻止其他 Master 成为“活着”的 Master。

②扫描 ZooKeeper 上的 Server 目录，获得当前可用的 HRegionServer 列表。

③与第②步获得的每个 HRegionServer 通信，获得当前已分配的 HRegion 和 HRegionServer 的对应关系。

④扫描.META.的 HRegion 集合，计算得到当前还未分配的 HRegion，将它们放入待分配

HRegion 列表。

由于 Master 仅仅维护表和 HRegion 的元数据，而不参与表数据 I/O 过程，Master 下线仅导致所有元数据的修改被冻结，即无法创建、删除表，无法修改表的 Schema，无法进行 HRegion 的负载均衡，无法处理 HRegion 上下线，无法进行 HRegion 的合并。唯一例外的是 HRegion 的分割可以正常进行，因为，只有 HRegionServer 参与，表的数据读写可以正常进行，因此，Master 下线短时间内对整个 HBase 集群没有影响。从上线过程可以看到，Master 保存的信息全是可冗余信息（都可以从系统其他地方收集到或者计算出来），因此，一般 HBase 集群中总是有一个 Master 在提供服务，还有一个以上的 Master 在等待时机抢占它的位置。

11.5 HBase 安装部署

HBase 有以下 3 种运行模式：

（1）单机模式（Standalone Mode）：只在一台计算机上运行，这种模式下，HBase 所有进程包括 Master、HRegionServers 和 ZooKeeper 都运行在一个 JVM 中，存储采用本地文件系统，没有采用分布式文件系统 HDFS。

（2）伪分布模式（Pseudo-Distributed Mode）：只在一台计算机上运行，在这种模式下，HBase 所有进程都运行在一个节点上，在一个节点上模拟了一个具有 HBase 完整功能的微型集群，存储采用分布式文件系统 HDFS，但是 HDFS 的 NameNode 和 DataNode 都位于同一台计算机上。

（3）全分布模式（Fully-Distributed Mode）：在多台计算机上运行，在这种模式下，HBase 的守护进程运行在多个节点上，形成一个真正意义上的集群，存储采用分布式文件系统 HDFS，且 HDFS 的 NameNode 和 DataNode 位于不同计算机上。

这里我们采用全分布模式，HBase 的版本为 1.4.13。采用和前面几章相同的虚拟环境，计划在 3 个节点上安装 HBase 集群，具体规划如表 11.6 所示。

表 11.6　全分布模式 HBase 集群部署规划表

主 机 名	IP 地址	运 行 进 程	软硬件配置
master	192.168.128.131	NameNode SecondaryNameNode ResourceManagerQuorumPeerMain **HMaster** **HRegionServer**	操作系统：CentOS 7.6.1810 Java：Oracle JDK 8u65 Hadoop：Hadoop 2.9.2 内存：1GB CPU：1 个 1 核 硬盘：20GB ZooKeeper：3.4.5 HBase：1.4.13
slave1	192.168.128.132	DataNode NodeManager QuorumPeerMain **HRegionServer**	同上
slave2	192.168.128.133	DataNode NodeManager QuorumPeerMain **HRegionServer**	同上

（1）下载 HBase。

到 HBase 官方网站上下载 hbase-1.4.13-bin.tar.gz，然后上传到 3 台节点的/soft 目录下，这里以 master 为例进行配置，另外 2 个节点的操作与 master 节点上的操作一样。

```
[hadoop@master soft]$ ll
-rw-rw-r--    1 hadoop hadoop 118343766 7 月    29 18:47 hbase-1.4.13-bin.tar.gz
……
```

（2）解压并修改配置文件。

先解压：

```
[hadoop@master soft]$ tar -zxvf hbase-1.4.13-bin.tar.gz
[hadoop@master soft]$ ll
drwxrwxr-x    7 hadoop hadoop            160 7 月    29 19:11 hbase-1.4.13
……
```

进入 hbase-1.4.13 目录下的 conf 目录：

```
[hadoop@master soft]$ cd hbase-1.4.13/conf
```

修改 hbase-env.sh：

```
[hadoop@master conf]$ vi hbase-env.sh
export JAVA_HOME=/usr/local/jdk1.8.0_73
export HBASE_MANAGES_ZK=false
```

这里主要修改 2 个地方：第 1 个是 JDK 路径；第 2 个是 HBASE_MANAGES_ZK=false，false 表示使用独立安装的 ZooKeeper。如果要使用 HBase 自带的 ZooKeeper 集群，就要设置为 true。这里使用我们自己安装的 ZooKeeper 集群。

修改 hbase-site.xml：

```
[hadoop@master conf]$ vi hbase-site.xml
<configuration>
      <property>
            <!-- 指定 HBase 在 HDFS 上存储的路径 -->
            <name>hbase.rootdir</name>
            <value>hdfs://192.168.128.131:9000/hbase</value>
      </property>
      <property>
            <!-- 指定 HBase 是分布式的 -->
            <name>hbase.cluster.distributed</name>
            <value>true</value>
      </property>
      <property>
            <!-- 指定 ZooKeeper 的地址，多个用“,”分割 -->
            <name>hbase.zookeeper.quorum</name>
            <value>192.168.128.131:2181,192.168.128.132:2181,192.168.128.133:2181</value>
      </property>
</configuration>
```

修改 regionservers 文件：

```
[hadoop@master conf]$ vi regionservers
192.168.128.131
```

```
192.168.128.132
192.168.128.133
```

这里设置哪些节点作为 HBase 的从节点，即 HRegionServer 所在的节点，一行一个节点。

把 Hadoop 配置文件中的 hdfs-site.xml 和 core-site.xml 拷贝到/soft/hbase-1.4.13/conf 目录下。

```
[hadoop@master conf]$ cp /soft/hadoop-2.9.2/etc/hadoop/hdfs-site.xml /soft/hbase-1.4.13/conf/
[hadoop@master conf]$ cp /soft/hadoop-2.9.2/etc/hadoop/core-site.xml /soft/hbase-1.4.13/conf/
```

注意：在 slave1 和 slave2 上进行同样的操作，或者使用“scp”命令直接把 hbase-1.4.13 目录拷贝到两个节点的/soft 目录下。

```
[hadoop@master soft]$ scp -r hbase-1.4.13 hadoop@192.168.128.132:/soft/
[hadoop@master soft]$ scp -r hbase-1.4.13 hadoop@192.168.128.133:/soft/
```

（3）同步时间。

HBase 集群对于时间的同步要求比 HDFS 严格，所以，集群启动之前千万记住要进行时间同步，要求相差不要超过 30s。

先查看系统时间：

```
[hadoop@master soft]$ date
2020 年 07 月 29 日星期三 19:58:59 CST
[hadoop@slave1 soft]$ date
2020 年 07 月 29 日星期三 19:58:58 CST
[hadoop@slave2 soft]$ date
2020 年 07 月 29 日星期三 19:58:58 CST
```

相差仅 1s，无须同步。

如果相差超过 30s 的话，就需要统一设置系统时间了。

（4）配置环境变量。

```
[hadoop@master soft]$ sudo vi /etc/profile
export HBASE_HOME=/soft/hbase-1.4.13
export PATH=$HBASE_HOME/bin:$PATH
[hadoop@master soft]$ source /etc/profile
```

注意：在 slave1 和 slave2 上进行同样的操作。

（5）启动 HBase。

启动前需要确保 Hadoop 和 ZooKeeper 已经启动。

启动 HBase：

```
[hadoop@master soft]$ start-hbase.sh
```

在哪台节点上执行此命令，哪个节点就是主节点。

查看进程：

```
[hadoop@master soft]$ jps
3520 HRegionServer
2449 QuorumPeerMain
2999 ResourceManager
```

```
2842 SecondaryNameNode
2637 NameNode
3421 HMaster

[hadoop@slave1 soft]$ jps
2465 DataNode
2775 HRegionServer
2360 QuorumPeerMain
2537 NodeManager

[hadoop@slave2 soft]$ jps
2416 DataNode
2769 HRegionServer
2322 QuorumPeerMain
2488 NodeManager
```

可以看到，在 master 上有 HMaster 和 HRegionServer 这两个进程，slave1 和 slave2 上有 HRegionServer 进程。另外，还可以打开浏览器，输入主节点的 Web UI 地址 http://192.168.128.131:16010（图 11.3），输入从节点的 Web UI 地址 http://192.168.128.131:16030（图 11.4）、http://192.168.128.132:16030（图略，参考图 11.4）、http://192.168.128.133:16030（图略，参考图 11.4），如果这些地址都能够顺利打开，则表示全分布式的 HBase 集群部署成功。

如果节点有相应的进程没有启动，那么可以手动启动。

启动 HMaster 进程：

```
[hadoop@master soft]$ hbase-daemon.sh start master
```

启动 HRegionServer 进程：

```
[hadoop@master soft]$ hbase-daemon.sh start regionserver
```

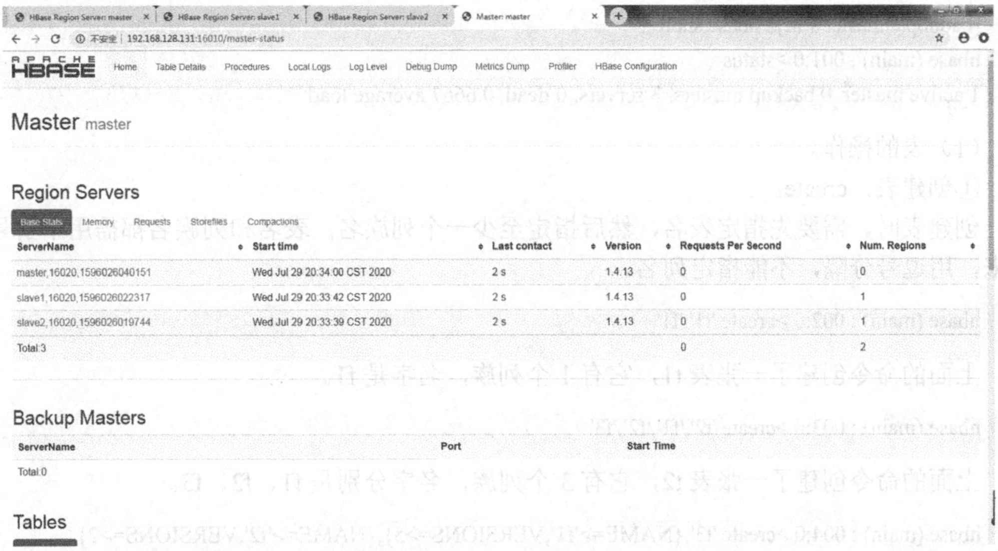

图 11.3　HBase 集群主节点 master Web UI 运行效果图

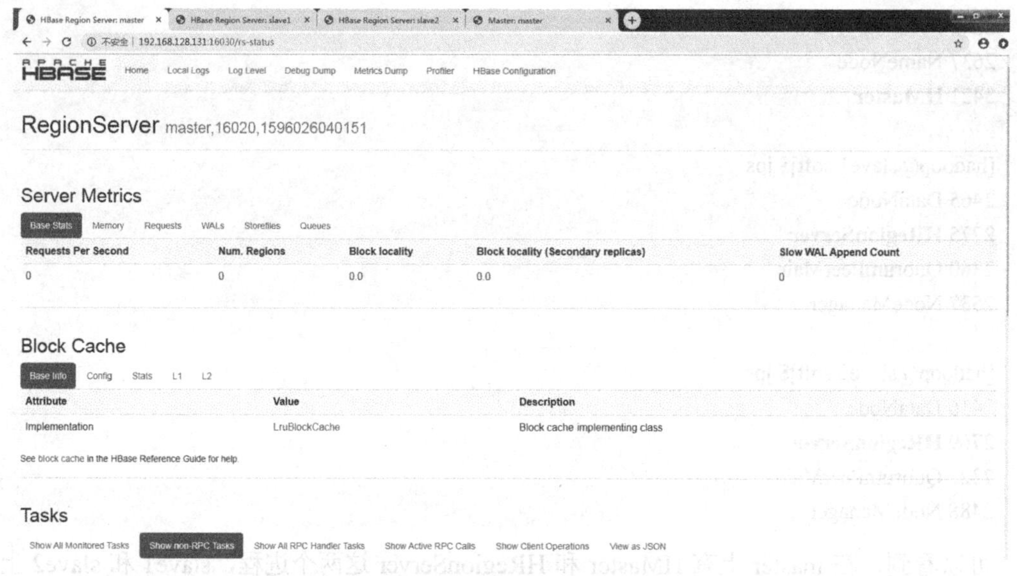

图 11.4 HBase 集群从节点 master Web UI 运行效果图

（6）关闭 HBase。

```
[hadoop@master soft]$ stop-hbase.sh
stopping hbase.........................................
```

11.6 HBase 实战

11.6.1 HBase Shell

HBase 集群启动后，就可以进入 Shell 客户端，进行相关操作：

```
[hadoop@master soft]$ hbase shell
hbase (main) : 001:0 >status
1 active master, 0 backup masters, 3 servers, 0 dead, 0.6667 average load
```

（1）表的操作。

①创建表：create。

创建表时，需要先指定表名，然后指定至少一个列族名，表名和列族名都需用单引号括起来，用逗号分隔，不能指定列名。

```
hbase (main) : 002:0 >create 't1','f1'
```

上面的命令创建了一张表 t1，它有 1 个列族，名字是 f1。

```
hbase (main) : 003:0 >create 't2','f1','f2','f3'
```

上面的命令创建了一张表 t2，它有 3 个列族，名字分别是 f1、f2、f3。

```
hbase (main) : 004:0 >create 't3',{NAME=>'f1',VERSIONS=>5},{NAME=>'f2',VERSIONS=>2}
```

上面的命令创建了一张表 t3，它有 2 个列族，分别是 f1、f2。f1 列族保存 5 个版本，即该列族下的每个列可以同时最多保存 5 个值，按照时间倒序排列，取值时默认取的是最近的一个值；如果不设置版本数，默认是保存 1 个版本。f2 列族保存 2 个版本。

②列举所有表：list。

使用 list 命令可以列举所有的表。

```
hbase (main) : 005:0 >list
TABLE
t1
t2
t3
```

③查看表的信息：desc。

```
hbase (main) : 006:0 >desc 't1'
Table t1 is ENABLED
t1
COLUMN FAMILIES DESCRIPTION
{NAME => 'f1', BLOOMFILTER => 'ROW', VERSIONS => '1', IN_MEMORY => 'false',
KEEP_DELETED_CELLS => 'FALSE', DATA_BLOCK_ENCODING => 'NONE', TTL => 'F
OREVER', COMPRESSION => 'NONE', MIN_VERSIONS => '0', BLOCKCACHE => 'true', BLOCKSIZE
=> '65536', REPLICATION_SCOPE => '0'}
```

④修改表结构。

- 添加一个列族。

```
hbase (main) : 007:0 >alter 't1',NAME=>'f2'
hbase (main) : 008:0 >desc 't1'
Table t1 is ENABLED
t1
COLUMN FAMILIES DESCRIPTION
{NAME => 'f1', BLOOMFILTER => 'ROW', VERSIONS => '1', IN_MEMORY => 'false',
KEEP_DELETED_CELLS => 'FALSE', DATA_BLOCK_ENCODING => 'NONE', TTL => 'F
OREVER', COMPRESSION => 'NONE', MIN_VERSIONS => '0', BLOCKCACHE => 'true', BLOCKSIZE
=> '65536', REPLICATION_SCOPE => '0'}
{NAME => 'f2', BLOOMFILTER => 'ROW', VERSIONS => '1', IN_MEMORY => 'false',
KEEP_DELETED_CELLS => 'FALSE', DATA_BLOCK_ENCODING => 'NONE', TTL => 'F
OREVER', COMPRESSION => 'NONE', MIN_VERSIONS => '0', BLOCKCACHE => 'true', BLOCKSIZE
=> '65536', REPLICATION_SCOPE => '0'}
```

- 删除一个列族。

```
hbase (main) : 009:0 >alter 't1',NAME=>'f2',METHOD=>'delete'
hbase (main) : 010:0 >desc 't1'
Table t1 is ENABLED
t1
COLUMN FAMILIES DESCRIPTION
{NAME => 'f1', BLOOMFILTER => 'ROW', VERSIONS => '1', IN_MEMORY => 'false',
KEEP_DELETED_CELLS => 'FALSE', DATA_BLOCK_ENCODING => 'NONE', TTL => 'F
```

```
OREVER', COMPRESSION => 'NONE', MIN_VERSIONS => '0', BLOCKCACHE => 'true', BLOCKSIZE
=> '65536', REPLICATION_SCOPE => '0'}
```

或者执行如下命令：

```
hbase (main) : 011:0 >alter 't1','delete'=>'f2'
```

⑤判断表是否存在：exists。

```
hbase(main):012:0> exists 't1'
Table t1 does exist
```

⑥判断表是否禁用（is_disabled）|启用（is_enabled）。

```
hbase(main):013:0>is_disabled 't1'
false
hbase(main):014:0>is_enabled 't1'
true
```

⑦删除表：drop。

```
hbase (main) : 015:0 >drop 't1'
ERROR: Table t1 is enabled. Disable it first.
```

删除表之前，需要先禁用，然后再删除。

```
hbase (main) : 016:0 >disable 't1'
hbase (main) : 017:0 >drop 't1'
```

（2）表中数据的操作。

首先创建一张表 student，含有 2 个列族——info 和 score。

```
hbase (main) : 018:0 >create 'student','info','score'
```

①插入数据：put。

```
hbase (main) : 019:0 >put 'student','001','info:name','zs'
```

其中，student 为表名；001 为行键；info:name 为 info 列族中的 name 列；zs 为该列的值。

```
hbase (main) : 020:0 >put 'student','001','info:age','19'
```

其中，student 为表名；001 为行键；info:age 为 info 列族中的 age 列；19 为该列的值。

```
hbase (main) : 021:0 >put 'student','001','score:chinese','90'
```

其中，student 为表名；001 为行键；score:chinese 为 score 列族中的 chinese 列；90 为该列的值。

通过以上 3 条语句，我们可以发现它们实质上是属于一个行键 001 的，列是可以动态增加的，不同行的列可以不一样。

为了便于后续操作，我们提前插入一批数据：

```
hbase(main):022:1> put 'student','001','info:name','zs'
hbase(main):023:1> put 'student','001','info:age','19'
hbase(main):024:1> put 'student','001','score:chinese','90'
```

```
hbase(main):025:1> put 'student','002','info:name','ls'
hbase(main):026:1> put 'student','002','info:age','20'
hbase(main):027:1> put 'student','002','score:chinese','80'
hbase(main):028:1> put 'student','002','score:maths','80'
hbase(main):029:1> put 'student','002','score:english','70'
hbase(main):030:1> put 'student','003','info:name','ww'
hbase(main):031:1> put 'student','003','info:age','21'
hbase(main):032:1> put 'student','003','info:sex','male'
hbase(main):033:1> put 'student','003','score:chinese','100'
hbase(main):034:1> put 'student','003','score:english','60'
```

②查询数据条数：count。

```
hbase (main) : 035:0 >count 'student'
3
```

③查询数据：get|scan。

- scan 扫描整个表的数据：

```
hbase (main) : 036:0 >scan 'student'
ROW                    COLUMN+CELL
 001                   column=info:age, timestamp=1596111495307, value=19
 001                   column=info:name, timestamp=1596111480919, value=zs
 001                   column=score:chinese, timestamp=1596111501891, value=90
 002                   column=info:age, timestamp=1596111511284, value=20
 002                   column=info:name, timestamp=1596111506455, value=ls
 002                   column=score:chinese, timestamp=1596111515586, value=80
 002                   column=score:english, timestamp=1596111524779, value=70
 002                   column=score:maths, timestamp=1596111520010, value=80
 003                   column=info:age, timestamp=1596111533960, value=21
 003                   column=info:name, timestamp=1596111529191, value=ww
 003                   column=info:sex, timestamp=1596111538488, value=male
 003                   column=score:chinese, timestamp=1596111542673,
value=100
 003                   column=score:english, timestamp=1596111546953, value=60
3 row(s) in 1.1290 seconds
```

可以看到，整个表的数据都被查询出来了。这个命令最好不用，因为实际中的数据量非常大。

- scan 扫描整个表的某个列族的数据：

```
hbase (main) : 037:0 >scan 'student',{COLUMNS=>'info'}
ROW                    COLUMN+CELL
 001                   column=info:age, timestamp=1596111495307, value=19
 001                   column=info:name, timestamp=1596111480919, value=zs
 002                   column=info:age, timestamp=1596111511284, value=20
 002                   column=info:name, timestamp=1596111506455, value=ls
 003                   column=info:age, timestamp=1596111533960, value=21
 003                   column=info:name, timestamp=1596111529191, value=ww
```

```
003                    column=info:sex, timestamp=1596111538488, value=male
3 row(s) in 0.1600 seconds
```

可以看到，整个表的 info 列族数据都被查询出来了。同样的原因，这个命令最好不用。

● 当然 scan 还可以再进一步扫描整个表的某个列族的某个列的数据：

```
hbase(main):038:0> scan 'student',{COLUMNS=>'info:name'}
ROW                    COLUMN+CELL
 001                   column=info:name, timestamp=1596111480919, value=zs
 002                   column=info:name, timestamp=1596111506455, value=ls
003                    column=info:name, timestamp=1596111529191, value=ww
```

● scan 按照行键的范围（[STARTROW,STOPROW)左闭右开区间）查找数据：

```
hbase(main):039:0> scan 'student',{STARTROW=>'001',STOPROW=>'003'}
ROW                    COLUMN+CELL
 001                   column=info:age, timestamp=1596111495307, value=19
 001                   column=info:name, timestamp=1596111480919, value=zs
 001                   column=score:chinese, timestamp=1596111501891, value=90
 002                   column=info:age, timestamp=1596111511284, value=20
 002                   column=info:name, timestamp=1596111506455, value=ls
 002                   column=score:chinese, timestamp=1596111515586, value=80
 002                   column=score:english, timestamp=1596111524779, value=70
 002                   column=score:maths, timestamp=1596111520010, value=80
```

● 此外，scan 还可以按照时间戳的范围（左闭右开区间）来查找数据：

```
hbase(main):040:0> scan 'student',{TIMERANGE=>[1596111480919,1596111524900]}
ROW                    COLUMN+CELL
 001                   column=info:age, timestamp=1596111495307, value=19
 001                   column=info:name, timestamp=1596111480919, value=zs
 001                   column=score:chinese, timestamp=1596111501891, value=90
 002                   column=info:age, timestamp=1596111511284, value=20
 002                   column=info:name, timestamp=1596111506455, value=ls
 002                   column=score:chinese, timestamp=1596111515586, value=80
 002                   column=score:english, timestamp=1596111524779, value=70
 002                   column=score:maths, timestamp=1596111520010, value=80
```

● get 命令获取某个行键的信息：

```
hbase(main):041:0> get 'student','001'
COLUMN                 CELL
 info:age              timestamp=1596111495307, value=19
 info:name             timestamp=1596111480919, value=zs
 score:chinese         timestamp=1596111501891, value=90
```

● get 命令获取某个行键的某个列族的信息：

```
hbase(main):042:0> get 'student','001','info'
COLUMN                 CELL
 info:age              timestamp=1596111495307, value=19
```

```
 info:name                                  timestamp=1596111480919, value=zs
```

- get 命令获取某个行键的某个列族的某个列的信息：

```
hbase(main):043:0> get 'student','001','info:name'
COLUMN                                      CELL
 info:name                                  timestamp=1596111480919, value=zs
```

④删除数据：delete。

删除某个行键的某个列族的某个列的信息：

```
hbase(main):044:0>delete 'student','001','score:chinese'
hbase(main):045:0> get 'student','001'
COLUMN                                      CELL
 info:age                                   timestamp=1596111495307, value=19
 info:name                                  timestamp=1596111480919, value=zs
```

delete 命令只能定位到列，不能直接删除列族或一条数据。

⑤删除整行数据：deleteall。

```
hbase(main):046:0>deleteall 'student','003'
hbase (main):047:0>scan 'student'
ROW                                         COLUMN+CELL
 001                                        column=info:age, timestamp=1596111495307, value=19
 001                                        column=info:name, timestamp=1596111480919, value=zs
 001                                        column=score:chinese, timestamp=1596111501891, value=90
 002                                        column=info:age, timestamp=1596111511284, value=20
 002                                        column=info:name, timestamp=1596111506455, value=ls
 002                                        column=score:chinese, timestamp=1596111515586, value=80
 002                                        column=score:english, timestamp=1596111524779, value=70
 002                                        column=score:maths, timestamp=1596111520010, value=80
```

⑥更新数据：put。

```
hbase(main):048:0>put 'student','001','info:age','20'
hbase(main):049:0> get 'student','001'
COLUMN                                      CELL
 info:age                                   timestamp=1596112972681, value=20
 info:name                                  timestamp=1596111480919, value=zs
```

注意：HBase 没有更新，put 实际是增加数据，只不过是覆盖了之前的数据而已。

⑦清空表：truncate。

```
hbase (main) : 050:0 >truncate 'student'
```

执行上述命令后，整个表就没有数据了，但是表还存在。

此外，我们还可以通过以下方式查看已建立的 HBase 表 student：使用 HBase 主节点的 Web UI 界面查看已建立的 student 表；使用命令“zkCli.sh”连接 ZooKeeper 客户端，从 ZooKeeper 的存储树中也可以查看已建立的 student 表（如/hbase/table/student）；通过 HDFS Web UI，也可以查看已建立的 student 表（如/hbase/default/student）。

如果我们要退出 HBase Shell，可以使用 exit 命令：

```
hbase (main) : 051:0 >exit
```

11.6.2 HBase Java API 编程

HBase Java API 用于数据存储管理，主要操作包括创建表、插入表数据、删除表数据、获取一行数据、表扫描、删除列族、删除表等。HBase 使用 Java 语言编写，提供丰富的 Java 编程接口供开发人员调用。同时，HBase 为其他多种编程语言也提供了 API，包括 C、C++、Scala、Python 等。总的来说，使用 Java API 不仅可以完成 Shell 命令所有操作，同时还支持 Shell 命令不支持的一些操作。学习 API 时可以和对应 Shell 进行对比，以快速理解和掌握。

HBase 部分核心 Java API 及其简单说明如表 11.7 所示。

表 11.7　HBase 部分核心 Java API 及其简单说明

类 或 接 口	说　明
org.apache.hadoop.hbase.HBaseConfiguration	用于管理 HBase 配置信息
org.apache.hadoop.hbase.HBaseAdmin	用于操作数据表的结构
org.apache.hadoop.hbase.HTableDescriptor	包含表的详细信息，如表中的列族、该表的类型、该表是否只读、MemStore 最大空间、HRegion 什么时候应该分裂等
org.apache.hadoop.hbase.HColumnDescriptor	包含列族的详细信息，如列族的版本号、压缩设置等
org.apache.hadoop.hbase.HTable	用于从 HBase 数据库中获取表信息或者更新
org.apache.hadoop.hbase.client.Put	用于对单元格执行添加数据操作
org.apache.hadoop.hbase.client.Get	用于获取单行的信息
org.apache.hadoop.hbase.client.Scan	限定需要查找的数据，如限定版本号、起始行号、终止行号、列族、列限定符、返回值的数量上限等
org.apache.hadoop.hbase.client.Result	用于存放 Get 和 Scan 操作后的查询结果，并以格式存储在 Map 结构中
org.apache.hadoop.hbase.client.ResultScanner	客户端获取值的接口

接下来将详细介绍 HBase Java API 的核心类和方法。

（1）HBaseConfiguration：初始化 HBase 的配置信息。所有操作都必须使用该类。其功能是从 hbase-default.xml 和 hbase-site.xml 文件中获取配置信息，可以使用成员方法 create()来初始化 HBase 的配置文件。

（2）HBaseAdmin：对数据表结构进行操作，包括创建表、删除表、列出表项、添加或删除表列族、启用或禁用表等，提供的方法具体如下：

①createTable(HTableDescriptor desc)：void，根据指定属性创建 HBase 表。

②deleteTable(byte[] tableName)：void，根据表名删除表。

③enableTable(byte[] tableName)：void，启用表。

④disableTable(byte[] tableName)：void，禁用表。

⑤tableExists(String tableName)：boolean，检查指定名称的表是否存在。

⑥modifyTable(byte[] tableName, HTableDescriptor htd)：void。修改表结构，异步操作，需要花费一定时间。

（3）HTableDescriptor：对数据表列进行操作。提供的方法具体如下：

①addFamily(HColumnDescriptor desc)：HTableDescriptor，添加一个列族。

②removeFamily(byte[] column)：HColumnDescriptor，移除一个列族。

③getName()：byte[]，获取表的名称。

④getValue(byte[] key)：byte[]，获取某列的值。

⑤setValue(String key, String value)：HTableDescriptor，设置某列的值。

（4）HColumnDescriptor：该类维护列族的信息，通常在创建表或者添加列族时使用。列族创建后不能更新，只能通过删除后重新创建的方式更改。列族删除时，它包括的数据被同时删除。提供的方法具体如下：

①getName()：byte[]，获取列族名称。

②getValue(byte[] key)：byte[]，获取某列的值。

③setValue(String key, String value)：HColumnDescriptor，设置某列的值。

（5）HTable：用于从 HBase 数据库中获取表信息或者更新。提供的方法具体如下：

①close()：void，释放所有的资源或者挂起内部缓冲区中的更新。

②exists(Get get)：boolean，检查 get 实例所指定的值是否存在于 HTable 的列中。

③getEndKeys()：byte[][]，获取当前打开的表每个区域的结束键值。

④getScanner(byte[] family)：ResultScanner，获取当前给定列族的 Scanner 实例。

⑤getTableDescriptor()：HTableDescriptor，获取当前表的 HTableDescriptor 实例。

⑥getTableName()：byte[]，获取表名。

⑦isTableEnabled(HBaseConfiguration conf, String table)：boolean，检查表是否有效。

⑧put(Put put)：向表中添加值。

（6）Put：执行单行添加操作。一个 Put 实例代表一行记录。提供的方法具体如下：

①add(byte[] family, byte[] qualifier, byte[] value)：Put，将列族和列对应值添加到一个 Put 实例中。

②add(byte[] family, byte[] qualifier, long ts, byte[] value)：Put，类似上面的函数，增加参数 ts 表示时间戳。

③getRow()：byte[]，获取实例对应的行数据。

④getTimeStamp()：long，获取实例对应的行时间戳。

⑤isEmpty()：boolean，检查实例的 familyMap 是否为空，即不包含列族。

（7）Get：获取单行实例相关信息，包括列、列族、时间戳等。提供的方法具体如下：

①addColumn(byte[] family, byte[] qualifier)：Get，指定列族和列。

②addFamily(byte[] family)：Get，指定列族。

③setTimeRange(long minStamp, long maxStamp)：Get，指定时间范围。

④setFilter(Filter filter)：Get，指定过滤器。

⑤getFamilyMap()：Map<byte[],NavigableSet<byte[]>>，获取一个 Map 映射，键为列族，值为对应的列集合。

（8）Scan：获取所有行信息。提供的方法具体如下：

①addColumn(byte[] family, byte[] qualifier)：Scan，类似 Get 类的对应函数。

②addFamily(byte[] family)：Scan，类似 Get 类的对应函数。

③setMaxVersions(int maxVersions)：Scan，设定最大的版本个数。如果不提供参数，表示

取所有版本。如果不指定参数，只会取到最新的版本。

④setTimeRange(long minStamp, long maxStamp) throws IOException：Scan，指定最大时间戳和最小时间戳，提取指定范围的所有Cell。

⑤setTimeStamp()：Scan，指定时间戳。

⑥setFilter()：Scan，指定 Filter 来过滤掉不需要的信息。

⑦setStartRow(byte[] startRow)：Scan，指定开始行，不调用此函数时默认从第一行开始。

⑧setStopRow(byte[], stopRow)：Scan，指定结束行（不含此行）。

⑨setBatch(int batch)：Scan，指定返回的 Cell 数量，用于防止一行中数据量过大，超过 JVM 内存限制。

（9）Result：存储 get 或 scan 操作后获取的单行值。此类提供的方法可以直接获取 Cell 值或者各种 Map 结构，即键-值对。提供的方法具体如下：

①containsColumn(byte[] family, byte[] qualifier)：boolean，检查指定的列修饰符是否存在。

②getFamilyMap(byte[] family)：NavigableMap<byte[],byte[]>，获取指定列族包含的修饰符和值之间的键-值对。

③getValue(byte[] family, byte [] qualifier)：byte[]，获取列的最新值。

（10）ResultScanner：该类帮助客户端获取查询结果。提供的方法具体如下：

①next()：Result，获取下一行的值。

②close()：void，关闭 scanner，释放内存资源。

下面我们来看具体代码。

首先配置 pom.xml 依赖：

```
<dependency>
        <groupId>org.apache.hbase</groupId>
        <artifactId>hbase-client</artifactId>
        <version>1.4.13</version>
</dependency>
```

完整代码如程序清单 11.1 所示。

```
package org.lanqiao.BigData.chapter11;

import java.io.IOException;
import java.util.ArrayList;
import java.util.List;

import org.apache.hadoop.conf.Configuration;
import org.apache.hadoop.hbase.Cell;
import org.apache.hadoop.hbase.HBaseConfiguration;
import org.apache.hadoop.hbase.HColumnDescriptor;
import org.apache.hadoop.hbase.HTableDescriptor;
import org.apache.hadoop.hbase.MasterNotRunningException;
import org.apache.hadoop.hbase.TableName;
import org.apache.hadoop.hbase.ZooKeeperConnectionException;
import org.apache.hadoop.hbase.client.Admin;
import org.apache.hadoop.hbase.client.Connection;
```

```
import org.apache.hadoop.hbase.client.ConnectionFactory;
import org.apache.hadoop.hbase.client.Delete;
import org.apache.hadoop.hbase.client.Get;
import org.apache.hadoop.hbase.client.Put;
import org.apache.hadoop.hbase.client.Result;
import org.apache.hadoop.hbase.client.ResultScanner;
import org.apache.hadoop.hbase.client.Scan;
import org.apache.hadoop.hbase.client.Table;

public class HBaseClient {
    private static Connection con;
    private static Admin admin;

    static{
        try {
            Configuration conf = HBaseConfiguration.create();
            //配置 ZooKeeper 的地址
            conf.set("hbase.zookeeper.quorum",
"192.168.128.131:2181,192.168.128.132:2181,192.168.128.133:2181");
            con = ConnectionFactory.createConnection(conf);
            admin = con.getAdmin();
        } catch (IOException e) {
            e.printStackTrace();
        }
    }

    /*
     * 1.创建表
     */
    public static void createTable(String tablename,String[] columns){
        try {
            HTableDescriptor table = new HTableDescriptor(TableName.valueOf(tablename));
            for (String column : columns) {
                HColumnDescriptor c = new HColumnDescriptor(column);//列族
                table.addFamily(c);//添加列族
            }
            admin.createTable(table);//创建表
        } catch (MasterNotRunningException e) {
            e.printStackTrace();
        } catch (ZooKeeperConnectionException e) {
            e.printStackTrace();
        } catch (IOException e) {
            e.printStackTrace();
        }
    }

    /*
```

```
     * 2.删除表
     */
    public static void deleteTable(String tablename){
        try {
            admin.disableTable(TableName.valueOf(tablename));//禁用表
            admin.deleteTable(TableName.valueOf(tablename));//删除表
        } catch (MasterNotRunningException e) {
            e.printStackTrace();
        } catch (ZooKeeperConnectionException e) {
            e.printStackTrace();
        } catch (IOException e) {
            e.printStackTrace();
        }
    }

    /*
     * 3.list 所有表
     */
    public static void listTables(){
        try {
            TableName[] listTableNames = admin.listTableNames();
            //命名空间:stu 开头的表
            //TableName[] listTableNames = admin.listTableNames("default:stu.*");
            for (TableName tableName : listTableNames) {

System.out.println(tableName.getNamespaceAsString()+"-"+tableName.getNameAsString());
            }
        } catch (IOException e) {
            e.printStackTrace();
        }
    }

    /*
     * 4.插入一条数据|批量插入数据
     */
    public static void insert(){
        Table table = null;
        try {
            table = con.getTable(TableName.valueOf("student".getBytes()));
            //插入一条数据
            /*Put put = new Put("001".getBytes());//rowkey
            put.addColumn("info".getBytes(), "name".getBytes(), "zs".getBytes());
            put.addColumn("info".getBytes(), "age".getBytes(), "19".getBytes());
            put.addColumn("score".getBytes(), "chinese".getBytes(), "60".getBytes());
            put.addColumn("score".getBytes(), "maths".getBytes(), "70".getBytes());
            table.put(put);*/
```

```
                //批量插入数据
                List<Put>list = new ArrayList<Put>();
                for(int i=1;i<=3;i++){
                    Put put = new Put(("00"+i).getBytes());//rowkey
                    put.addColumn("info".getBytes(), "name".getBytes(), "zs".getBytes());
                    put.addColumn("info".getBytes(), "age".getBytes(), (19+i+"").getBytes());
                    put.addColumn("score".getBytes(), "chinese".getBytes(), (60+i+"").getBytes());
                    put.addColumn("score".getBytes(), "maths".getBytes(), (70+i+"").getBytes());
                    list.add(put);
                }
                table.put(list);
            } catch (IllegalArgumentException e) {
                e.printStackTrace();
            } catch (IOException e) {
                e.printStackTrace();
            } finally {
                try {
                    table.close();//关闭连接
                } catch (IOException e) {
                    e.printStackTrace();
                }
            }
        }

        /*
         * 5.查询一条数据|批量查询数据
         */
        public static void select(){
            Table table = null;
            try {
                table = con.getTable(TableName.valueOf("student".getBytes()));

                //查询一条数据
                /*Get get = new Get("001".getBytes());
                Result result = table.get(get);
                while(result.advance()){
                    Cell current = result.current();
                    String row = new String(current.getRowArray(),current.getRowOffset(),current.
getRowLength());
                    String family = new String(current.getFamilyArray(),current.getFamilyOffset(),current.
getFamilyLength());
                    String qualifier = new String(current.getQualifierArray(),current.getQualifierOffset(),
current.getQualifierLength());
                    String value = new String(current.getValueArray(),current.getValueOffset(),current.
getValueLength(),"utf-8");
                    long ts = current.getTimestamp();
```

```
                        System.out.println(row+"-"+family+"-"+qualifier+"-"+value+"-"+ts);
                    }*/

                    //批量查询数据
                    List<Get>list = new ArrayList<Get>();
                    list.add(new Get("001".getBytes()).addFamily("info".getBytes()));
                    list.add(new Get("002".getBytes()).addColumn("score".getBytes(), "chinese".getBytes()));
                    Result[] results = table.get(list);
                    for (Result result : results) {
                        while(result.advance()){
                            Cell current = result.current();
                            String row = new String(current.getRowArray(),current.getRowOffset(),current.
getRowLength());
                            String family = new String(current.getFamilyArray(),current.getFamilyOffset(),
current.getFamilyLength());
                            String qualifier = new String(current.getQualifierArray(),current.getQualifierOffset(),
current. getQualifierLength());
                            String value = new String(current.getValueArray(),current.getValueOffset(),
current.getValueLength(),"utf-8");
                            long ts = current.getTimestamp();

                            System.out.println(row+"-"+family+"-"+qualifier+"-"+value+"-"+ts);
                        }
                        System.out.println("-------------------------");
                    }
                } catch (IllegalArgumentException e) {
                    e.printStackTrace();
                } catch (IOException e) {
                    e.printStackTrace();
                } finally {
                    try {
                        table.close();//关闭连接
                    } catch (IOException e) {
                        e.printStackTrace();
                    }
                }
            }

        /*
         * 6.删除一条数据|批量删除数据
         */
        public static void delete(){
            Table table = null;
            try {
                table = con.getTable(TableName.valueOf("student".getBytes()));
                //删除一条数据
                /*Delete d = new Delete("001".getBytes());
```

```
            table.delete(d);*/

            //批量删除数据
            List<Delete>list = new ArrayList<Delete>();
            list.add(new Delete("001".getBytes()).addFamily("score".getBytes()));
            list.add(new Delete("002".getBytes()).addColumn("score".getBytes(), "maths".getBytes()));
            table.delete(list);
        } catch (IllegalArgumentException e) {
            e.printStackTrace();
        } catch (IOException e) {
            e.printStackTrace();
        } finally {
            try {
                table.close();//关闭连接
            } catch (IOException e) {
                e.printStackTrace();
            }
        }
    }

    /*
     * 7.全表扫描|指定范围扫描
     */
    public static void scan(){
        Table table = null;
        try {
            table = con.getTable(TableName.valueOf("stu".getBytes()));
            //全表扫描
            //Scan scan = new Scan();//全表扫描
            //指定范围扫描
            Scan scan = new Scan("001".getBytes(),"003".getBytes());//包含左边的值，不包含右边的值
            ResultScanner scanner = table.getScanner(scan);
            for (Result result : scanner) {
                String rowkey = new String(result.getRow());
                byte[] nameByte = result.getValue("info".getBytes(), "name".getBytes());
                String name = nameByte==null?"":new String(nameByte);
                byte[] ageByte = result.getValue("info".getBytes(), "age".getBytes());
                String age = ageByte==null?"":new String(ageByte);
                byte[] sexByte = result.getValue("info".getBytes(), "sex".getBytes());
                String sex = sexByte==null?"":new String(sexByte);
                byte[] chineseByte = result.getValue("score".getBytes(), "chinese".getBytes());
                String chinese = chineseByte==null?"":new String(chineseByte);
                byte[] mathsByte = result.getValue("score".getBytes(), "maths".getBytes());
                String maths = mathsByte==null?"":new String(mathsByte);
                byte[] englishByte = result.getValue("score".getBytes(), "english".getBytes());
                String english = englishByte==null?"":new String(englishByte);
```

```
System.out.println(rowkey+"-"+name+"-"+age+"-"+sex+"-"+chinese+"-"+maths+"-"+english);
                }
            } catch (IllegalArgumentException e) {
                e.printStackTrace();
            } catch (IOException e) {
                e.printStackTrace();
            } finally {
                try {
                    table.close();//关闭连接
                } catch (IOException e) {
                    e.printStackTrace();
                }
            }
        }

    public static void main(String[] args) {
        createTable("student",new String[]{"info","score"});
        //deleteTable("student");
        //listTables();
        //insert();
        //select();
        //delete();
        //scan();
    }
}
```

程序清单 11.1

上述代码可运行在有 JVM 且能连通 HBase 集群的任意客户端。在 Windows 客户端上，如果程序无法连通 HBase 集群，需要在 C:\Windows\System32\drivers\etc\hosts 文件中配置主机名和 IP 地址的映射，例如：

```
192.168.128.131 master
192.168.128.132 slave1
192.168.128.133 slave2
```

11.6.3 HBase 中使用过滤器 Filter

如果希望为查询添加过滤条件，则要使用过滤器 Filter。Filter 用于封装过滤条件。Scan 实例的 setFilter()方法可接收 Filter 实例为参数，这样就为查询增加了过滤条件，这也是分页查询和复杂条件查询的基础。

常见的过滤器实现类有列值过滤器 SingleColumnValueFilter、列族过滤器 FamilyFilter、列名过滤器 QualifierFilter、列名前缀过滤器 ColumnPrefixFilter、多列名前缀过滤器 MultipleColumnPrefixFilter、列范围过滤器 ColumnRangeFilter、行键过滤器 RowFilter 等。

过滤器（Filter）有以下两个关键构造参数：

（1）比较运算符。

比较运算符是枚举类 CompareFilter.CompareOp 的枚举值，有相等（EQUAL）、大于

（GREATER）、大于等于（GREATER_OR_EQUAL）、小于（LESS）、小于等于（LESS_OR_EQUAL）、不等于（NOT_EQUAL）。

（2）比较器。

比较器有多种实现类：匹配完整字节数组（BinaryComparator）、匹配字节数组前缀（BinaryPrefixComparator）、按位比较（BitComparator）、空值比较（NullComparator）、正则表达式比较（RegexStringComparator）和子串比较（SubstringComparator）。

可以用 FilterList 将多个 Filter 组合成复杂的过滤条件。

首先，我们来做个基本的查询，代码如程序清单 11.2 所示。

```
package org.lanqiao.BigData.chapter11;

import java.io.IOException;

import org.apache.hadoop.conf.Configuration;
import org.apache.hadoop.hbase.HBaseConfiguration;
import org.apache.hadoop.hbase.TableName;
import org.apache.hadoop.hbase.client.Admin;
import org.apache.hadoop.hbase.client.Connection;
import org.apache.hadoop.hbase.client.ConnectionFactory;
import org.apache.hadoop.hbase.client.Result;
import org.apache.hadoop.hbase.client.ResultScanner;
import org.apache.hadoop.hbase.client.Scan;
import org.apache.hadoop.hbase.client.Table;
import org.apache.hadoop.hbase.filter.CompareFilter.CompareOp;
import org.apache.hadoop.hbase.filter.FilterList;
import org.apache.hadoop.hbase.filter.SingleColumnValueFilter;

public class HBaseFilter1 {
    private static Connection con;
    private static Admin admin;

    static{
        try {
            Configuration conf = HBaseConfiguration.create();
            //配置 ZooKeeper 的地址
            conf.set("hbase.zookeeper.quorum",
"192.168.128.131:2181,192.168.128.132:2181,192.168.128.133:2181");
            con = ConnectionFactory.createConnection(conf);
            admin = con.getAdmin();
        } catch (IOException e) {
            e.printStackTrace();
        }
    }

    /*
     * SingleColumnValueFilter 列值过滤器
```

```
     */
    public static void filter1(){
        try {
            Table table = con.getTable(TableName.valueOf("student".getBytes()));
            Scan scan = new Scan();

            //等值条件：info:name=zs
            SingleColumnValueFilter  f1  =  new  SingleColumnValueFilter("info".getBytes(),  "name".
getBytes(), CompareOp.EQUAL, "zs".getBytes());
            //非等值条件：score:chinese>80
            SingleColumnValueFilter f2 = new SingleColumnValueFilter("score".getBytes(), "chinese".
getBytes(), CompareOp.GREATER, "80".getBytes());
            // 将上述两个条件组合为：info:name=zs or score:chinese>80
            //MUST_PASS_ONE 表示或者关系
            FilterList list1 = new FilterList(FilterList.Operator.MUST_PASS_ONE);
            list1.addFilter(f1);
            list1.addFilter(f2);

            //非等值条件：score:maths<80
            SingleColumnValueFilter  f3  =  new  SingleColumnValueFilter("score".getBytes(),  "maths".
getBytes(), CompareOp.LESS, "80".getBytes());
            //进一步整合条件，组合为：(info:name=zs or score:chinese>80) andscore:maths<80
            //MUST_PASS_ALL 表示并且关系
            FilterList list2 = new FilterList(FilterList.Operator.MUST_PASS_ALL);
            list2.addFilter(f3);
            list2.addFilter(list1);
            //添加过滤器 list2
            scan.setFilter(list2);

            ResultScanner scanner = table.getScanner(scan);
            for (Result result : scanner) {
                String rowkey = new String(result.getRow());
                byte[] nameByte = result.getValue("info".getBytes(), "name".getBytes());
                String name = nameByte==null?"":new String(nameByte);

                byte[] ageByte = result.getValue("info".getBytes(), "age".getBytes());
                String age = ageByte==null?"":new String(ageByte);

                byte[] sexByte = result.getValue("info".getBytes(), "sex".getBytes());
                String sex = sexByte==null?"":new String(sexByte);

                byte[] chineseByte = result.getValue("score".getBytes(), "chinese".getBytes());
                String chinese = chineseByte==null?"":new String(chineseByte);

                byte[] mathsByte = result.getValue("score".getBytes(), "maths".getBytes());
                String maths = mathsByte==null?"":new String(mathsByte);
```

```
                byte[] englishByte = result.getValue("score".getBytes(), "english".getBytes());
                String english = englishByte==null?"":new String(englishByte);

System.out.println(rowkey+"-"+name+"-"+age+"-"+sex+"-"+chinese+"-"+maths+"-"+english);
            }
            table.close();
        } catch (IllegalArgumentException e) {
            e.printStackTrace();
        } catch (IOException e) {
            e.printStackTrace();
        }
    }

    public static void main(String[] args) {
        filter1();
    }
}
```

程序清单 11.2

在程序清单 11.2 中，我们使用了 SingleColumnValueFilter，它被称为列值过滤器，其第 4 个参数是纳入比较的值而不是比较器，在这种情况下默认使用的是完整匹配比较器（BinaryComparator）。除此之外，我们还可以尝试使用别的比较器，代码如程序清单 11.3 所示。

```
package org.lanqiao.BigData.chapter11;

import java.io.IOException;

import org.apache.hadoop.conf.Configuration;
import org.apache.hadoop.hbase.HBaseConfiguration;
import org.apache.hadoop.hbase.TableName;
import org.apache.hadoop.hbase.client.Admin;
import org.apache.hadoop.hbase.client.Connection;
import org.apache.hadoop.hbase.client.ConnectionFactory;
import org.apache.hadoop.hbase.client.ResultScanner;
import org.apache.hadoop.hbase.client.Scan;
import org.apache.hadoop.hbase.client.Table;
import org.apache.hadoop.hbase.filter.CompareFilter.CompareOp;
import org.apache.hadoop.hbase.filter.RegexStringComparator;
import org.apache.hadoop.hbase.filter.SingleColumnValueFilter;

public class HBaseFilter2 {
    private static Connection con;
    private static Admin admin;

    static{
```

```
		try {
			Configuration conf = HBaseConfiguration.create();
			//配置 ZooKeeper 的地址
			conf.set("hbase.zookeeper.quorum",
"192.168.128.131:2181,192.168.128.132:2181,192.168.128.133:2181");
			con = ConnectionFactory.createConnection(conf);
			admin = con.getAdmin();
		} catch (IOException e) {
			e.printStackTrace();
		}
	}

	/*
	 * SingleColumnValueFilter 列值过滤器
	 * 第 4 个参数 ByteArrayComparable 的几种实现：
	 *（1）RegexStringComparator：正则表达式匹配
	 *（2）SubstringComparator：包含子字符串匹配
	 *（3）BinaryComparator：二进制匹配
	 */
	public static void filter2(){
		try {
			Table table = con.getTable(TableName.valueOf("student".getBytes()));
			Scan scan = new Scan();
			//正则表达式：6 开头的任意两位数
			RegexStringComparator regex = new RegexStringComparator("6\\d");
			//规则：含子串"z"
			//SubstringComparator sub = new SubstringComparator("z");
			//构造正则表达式匹配条件，即：score:chinese 为 60～69 中的任意值
			SingleColumnValueFilter f1 = new SingleColumnValueFilter("score".getBytes(), "chinese".
getBytes(), CompareOp.EQUAL, regex);
			//构造子串匹配条件，即：info:name 包含 z 这个字符
			//SingleColumnValueFilter f1 = new SingleColumnValueFilter("info".getBytes(), "name".
getBytes(), CompareOp.EQUAL, sub);
			scan.setFilter(f1);

			ResultScanner scanner = table.getScanner(scan);
			//……省略了 for 循环打印表的列值，同 filter1()中的 for 循环。
			table.close();
		} catch (IllegalArgumentException e) {
			e.printStackTrace();
		} catch (IOException e) {
			e.printStackTrace();
		}
	}

	public static void main(String[] args) {
		filter2();
```

```
        }
    }
```

程序清单 11.3

程序清单 11.4 示范了列族过滤器、列名过滤器等过滤器的使用。

```
package org.lanqiao.BigData.chapter11;

import java.io.IOException;

import org.apache.hadoop.conf.Configuration;
import org.apache.hadoop.hbase.HBaseConfiguration;
import org.apache.hadoop.hbase.TableName;
import org.apache.hadoop.hbase.client.Admin;
import org.apache.hadoop.hbase.client.Connection;
import org.apache.hadoop.hbase.client.ConnectionFactory;
import org.apache.hadoop.hbase.client.ResultScanner;
import org.apache.hadoop.hbase.client.Scan;
import org.apache.hadoop.hbase.client.Table;
import org.apache.hadoop.hbase.filter.ColumnRangeFilter;

public class HBaseFilter3 {
    private static Connection con;
    private static Admin admin;

    static{
        try {
            Configuration conf = HBaseConfiguration.create();
            //配置 ZooKeeper 的地址
            conf.set("hbase.zookeeper.quorum",
"192.168.128.131:2181,192.168.128.132:2181,192.168.128.133:2181");
            con = ConnectionFactory.createConnection(conf);
            admin = con.getAdmin();
        } catch (IOException e) {
            e.printStackTrace();
        }
    }

    /*
     * FamilyFilter：列族过滤器
     * QualifierFilter：列名过滤器
     * ColumnPrefixFilter：列名前缀过滤器
     * MultipleColumnPrefixFilter：多个列名前缀过滤器
     * ColumnRangeFilter：列范围过滤器
     */
    public static void filter3(){
        try {
```

```
                Table table = con.getTable(TableName.valueOf("student".getBytes()));
                Scan scan = new Scan();

                //列族过滤器：通过列族名来匹配，这里匹配列族名为 info 的列族
//              FamilyFilter f1 = new FamilyFilter(CompareOp.EQUAL, new BinaryComparator("info".
getBytes()));
//              scan.setFilter(f1);

                //列名过滤器：通过列名来匹配，这里匹配任意以“ch”开头的列名
//              QualifierFilter f1 = new QualifierFilter(CompareOp.EQUAL,new RegexStringComparator
("ch.*"));
//              scan.setFilter(f1);

                //列名前缀过滤器：通过列名的前缀来匹配，这里匹配列名前缀为 chi 的列，如 chinese 列
//              ColumnPrefixFilter f1 = new ColumnPrefixFilter("chi".getBytes());
//              scan.setFilter(f1);

                //多个列名前缀过滤器：通过多个列名的前缀来匹配，如 na 前缀的列 name，chi 前缀
的列 chinese
//              MultipleColumnPrefixFilter f1 = new MultipleColumnPrefixFilter(new byte[][]{"na".
getBytes(), "chi".getBytes()});
//              scan.setFilter(f1);

                //列范围过滤器：通过列名的范围来取列，这里是匹配：列名>=chinese and 列名<=maths
的列，即闭区间["chinese","maths"],
                //true 代表是否取等号，age、name、sex 这 3 列不符合匹配，chinese、english、maths
这 3 列符合匹配
                ColumnRangeFilter f1 = new ColumnRangeFilter("chinese".getBytes(), true, "maths".
getBytes(), true);
                scan.setFilter(f1);

                ResultScanner scanner = table.getScanner(scan);
                //……省略了 for 循环打印表的列值，同 filter1()中的 for 循环。
                table.close();
            } catch (IllegalArgumentException e) {
                e.printStackTrace();
            } catch (IOException e) {
                e.printStackTrace();
            }
        }

        public static void main(String[] args) {
            filter3();
        }
    }
```

程序清单 11.4

程序清单 11.5 示范了行键过滤器的使用：

```
package org.lanqiao.BigData.chapter11;

import java.io.IOException;

import org.apache.hadoop.conf.Configuration;
import org.apache.hadoop.hbase.HBaseConfiguration;
import org.apache.hadoop.hbase.TableName;
import org.apache.hadoop.hbase.client.Admin;
import org.apache.hadoop.hbase.client.Connection;
import org.apache.hadoop.hbase.client.ConnectionFactory;
import org.apache.hadoop.hbase.client.ResultScanner;
import org.apache.hadoop.hbase.client.Scan;
import org.apache.hadoop.hbase.client.Table;
import org.apache.hadoop.hbase.filter.BinaryComparator;
import org.apache.hadoop.hbase.filter.CompareFilter.CompareOp;
import org.apache.hadoop.hbase.filter.FilterList;
import org.apache.hadoop.hbase.filter.RowFilter;

public class HBaseFilter4 {
    private static Connection con;
    private static Admin admin;

    static{
        try {
            Configuration conf = HBaseConfiguration.create();
            //配置 ZooKeeper 的地址
            conf.set("hbase.zookeeper.quorum",
"192.168.128.131:2181,192.168.128.132:2181,192.168.128.133:2181");
            con = ConnectionFactory.createConnection(conf);
            admin = con.getAdmin();
        } catch (IOException e) {
            e.printStackTrace();
        }
    }

    /*
     * RowFilter：行键过滤器
     */
    public static void filter4(){
        try {
            Table table = con.getTable(TableName.valueOf("student".getBytes()));
            Scan scan = new Scan();

            //这里匹配行键["001","003"]之间的数据
            FilterList list1 = new FilterList(FilterList.Operator.MUST_PASS_ALL);
```

```
                //行键≥001
                RowFilter f1 = new RowFilter(CompareOp.GREATER_OR_EQUAL, new BinaryComparator
("001".getBytes()));
                //行键≤003
                RowFilter f2 = new RowFilter(CompareOp.LESS_OR_EQUAL, new BinaryComparator
("003".getBytes()));
                list1.addFilter(f1);
                list1.addFilter(f2);
                scan.setFilter(list1);

                ResultScanner scanner = table.getScanner(scan);
                //……省略了 for 循环打印表的列值，同 filter1()中的 for 循环。

                table.close();
            } catch (IllegalArgumentException e) {
                e.printStackTrace();
            } catch (IOException e) {
                e.printStackTrace();
            }
        }

        public static void main(String[] args) {
            filter4();
        }
    }
```

程序清单 11.5

11.6.4 HBase 中使用 MapReduce

HBase 提供了一些类利用 MapReduce 进行分布式计算，这些类对 MapReduce 细节操作进行了封装，方便用户进行快速开发。下面详细介绍 MapReduce 操作 HBase 数据库的关键类。

（1）TableMapper。

类 org.apache.hadoop.hbase.mapreduce.TableMapper 为抽象类，其父类为 org.apache.hadoop.mapreduce.Mapper，即 Mapper 类，用于将输入数据映射到不同 Reducer。

（2）TableReducer。

类 org.apache.hadoop.hbase.mapreduce.TableReducer 为抽象类，其父类为 org.apache.hadoop.mapreduce.Reducer，即 Reducer 类，输入的 key 和 value 必须是上个 Map 的输出值，用于 TableOutputFormat 类输出时必须是 Put 或 Delete 实例。

（3）TableInputFormat。

类 org.apache.hadoop.hbase.mapreduce.TableInputFormat 继承自 org.apache.hadoop.hbase.mapreduce.TableInputFormatBase，实现了接口 org.apache.hadoop.conf.Configurarble，可以把 HBase 的列数据转换为 Map/Reduce 使用的格式。

（4）TableOutputFormat。

类 org.apache.hadoop.hbase.mapreduce.TableOutputFormat 继承自 org.apache.hadoop.

mapreduce.OutputFormat，实现了接口 org.apache.hadoop.conf.Configurable，该类能够把 Map/Reduce 输出值写入 HBase 表。当输出值是 Put 或 Delete 实例时，KEY 会被忽略。

（5）TableMapReduceUtil。

类 org.apache.hadoop.hbase.mapreduce.TableMapReduceUtil 可以在 HBase 集群中建立 MapReduce 作业。静态成员方法 initTableMappperJob()用于在提交作业前对 Mapper 作业进行初始化；静态成员方法 initTableReducerJob()用于在提交作业前对 Reducer 作业进行初始化。

下面通过 HBase MapReduce 编程实例来说明如何在 HBase 中使用 MapReduce。

首先配置 pom.xml 依赖：

```
<dependency>
        <groupId>org.apache.hbase</groupId>
        <artifactId>hbase-server</artifactId>
        <version>1.4.13</version>
</dependency>
```

（1）MapReduce 从 HBase 的 student 表中读取数据，计算平均年龄并存储到 HDFS 中。完整代码如程序清单 11.6 所示。

```
package org.lanqiao.BigData.chapter11;

import java.io.IOException;
import java.util.List;

import org.apache.hadoop.conf.Configuration;
import org.apache.hadoop.conf.Configured;
import org.apache.hadoop.fs.FileSystem;
import org.apache.hadoop.fs.Path;
import org.apache.hadoop.hbase.Cell;
import org.apache.hadoop.hbase.CellUtil;
import org.apache.hadoop.hbase.HBaseConfiguration;
import org.apache.hadoop.hbase.client.Result;
import org.apache.hadoop.hbase.client.Scan;
import org.apache.hadoop.hbase.io.ImmutableBytesWritable;
import org.apache.hadoop.hbase.mapreduce.TableMapReduceUtil;
import org.apache.hadoop.hbase.mapreduce.TableMapper;
import org.apache.hadoop.hbase.util.Bytes;
import org.apache.hadoop.io.DoubleWritable;
import org.apache.hadoop.io.IntWritable;
import org.apache.hadoop.io.Text;
import org.apache.hadoop.mapreduce.Job;
import org.apache.hadoop.mapreduce.Reducer;
import org.apache.hadoop.mapreduce.lib.output.FileOutputFormat;
import org.apache.hadoop.util.Tool;
import org.apache.hadoop.util.ToolRunner;

public class ReadHbaseDataToHDFS extends Configured implements Tool{
    public static void main(String[] args) throws Exception {
```

```
        int run = ToolRunner.run(new ReadHbaseDataToHDFS(), args);
        System.exit(run);
    }

    public int run(String[] arg0) throws Exception {
        Configuration conf = HBaseConfiguration.create();
        conf.set("fs.defaultFS", "hdfs://192.168.128.131:9000/");
        conf.set("hbase.zookeeper.quorum",
"192.168.128.131:2181,192.168.128.132:2181,192.168.128.133:2181");
        System.setProperty("HADOOP_USER_NAME", "hadoop");
        FileSystem fs = FileSystem.get(conf);
        Job job = Job.getInstance(conf);
        job.setJarByClass(ReadHbaseDataToHDFS.class);

        // 只提取表中的一列 info:age
        Scan scan = new Scan();
        scan.addColumn("info".getBytes(), "age".getBytes()); //此处 scan 也可以加复杂过滤器

        TableMapReduceUtil.initTableMapperJob(
                "student".getBytes(),                    //指定表名
                scan,                                    //指定过滤数据的条件
                HbaseToHDFSMapper.class,                 //指定 mapper class
                Text.class,                   //outputKeyClass mapper 阶段的输出的 key 的类型
                IntWritable.class,            //outputValueClass mapper 阶段的输出的 value 的类型
                job,                          //job 对象
                false
                );


        job.setReducerClass(HbaseToHDFSReducer.class);
        job.setOutputKeyClass(Text.class);
        job.setOutputValueClass(DoubleWritable.class);

        Path outputPath = new Path("/student/avg/");

        if(fs.exists(outputPath)) {
            fs.delete(outputPath,true);
        }

        FileOutputFormat.setOutputPath(job, outputPath);
        boolean isDone = job.waitForCompletion(true);
        return isDone ? 0 : 1;
    }

  /**
     * 取每个行键中的 info:age 字段的第一个版本发送给 reducer
     */
```

```
        public static class HbaseToHDFSMapper extends TableMapper<Text, IntWritable>{
            Text outKey = new Text("age");
            IntWritable outValue = new IntWritable();
    /**
        *key 是表的行键
        *value 是行键对应的经过滤的一条记录
        */
            @Override
            protected void map(ImmutableBytesWritable key, Result value,Context context)
                    throws IOException, InterruptedException {
        //检查是否包含 info:age 这一列
                    boolean isContainsColumn = value.containsColumn("info".getBytes(), "age".getBytes());

                if(isContainsColumn) {
                    //指定列名，结合行键，这里就选中了一个单元格；但单元格有多个数据版本，将数据
的多个版本放入 List 容器中，以待进一步处理
                    List<Cell> listCells = value.getColumnCells("info".getBytes(), "age".getBytes());
                    System.out.println("listCells:\t"+listCells);
                    //取最新的数据版本
                    Cell cell = listCells.get(0);
                    System.out.println("cells:\t"+cell);

                    byte[] cloneValue = CellUtil.cloneValue(cell);
                    String ageValue = Bytes.toString(cloneValue);
                    outValue.set(Integer.parseInt(ageValue));
                //写出<age:值>这样的键-值对到 reducer
                    context.write(outKey,outValue);
                }
            }
        }

    /**
    * 计算年龄的平均值
    */
        public static class HbaseToHDFSReducer extends Reducer<Text, IntWritable, Text, DoubleWritable>{
            DoubleWritable outValue = new DoubleWritable();
            @Override
            protected void reduce(Text key, Iterable<IntWritable> values,Context context)
                    throws IOException, InterruptedException {
                int count = 0;
                int sum = 0;
                for(IntWritable value : values) {
                    count++;
                    sum += value.get();
                }

                double avgAge = sum * 1.0 / count;
```

```
                outValue.set(avgAge);
                context.write(key, outValue);
            }
        }
}
```

程序清单 11.6

（2）MapReduce 从 HDFS 读取数据存储到 HBase 中。

假设 HDFS 中有一个 student.txt 文件，格式如下：

```
001,zs,19,male,90,90,90
002,ls,20,female,80,80,80
003,ww,21,male,70,70,70
004,zl,19,female,90,80,70
005,sq,20,male,70,80,90
006,qb,21,female,70,90,60
```

现在将 HDFS 上的这个文件里面的数据写入 HBase 的 student 表中。

完整代码如程序清单 11.7 所示。

```
package org.lanqiao.BigData.chapter11;

import java.io.IOException;

import org.apache.hadoop.conf.Configuration;
import org.apache.hadoop.conf.Configured;
import org.apache.hadoop.fs.FileSystem;
import org.apache.hadoop.fs.Path;
import org.apache.hadoop.hbase.HBaseConfiguration;
import org.apache.hadoop.hbase.client.Put;
import org.apache.hadoop.hbase.mapreduce.TableMapReduceUtil;
import org.apache.hadoop.hbase.mapreduce.TableReducer;
import org.apache.hadoop.io.LongWritable;
import org.apache.hadoop.io.NullWritable;
import org.apache.hadoop.io.Text;
import org.apache.hadoop.mapreduce.Job;
import org.apache.hadoop.mapreduce.Mapper;
import org.apache.hadoop.mapreduce.lib.input.FileInputFormat;
import org.apache.hadoop.mapreduce.lib.output.FileOutputFormat;
import org.apache.hadoop.util.Tool;
import org.apache.hadoop.util.ToolRunner;

public class ReadHDFSDataToHbase extends Configured implements Tool{
    public static void main(String[] args) throws Exception {
        int run = ToolRunner.run(new ReadHDFSDataToHbase(), args);
        System.exit(run);
    }
```

```
        public int run(String[] arg0) throws Exception {
            Configuration conf = HBaseConfiguration.create();
            conf.set("fs.defaultFS", "hdfs://192.168.128.131:9000/");
            conf.set("hbase.zookeeper.quorum",
"192.168.128.131:2181,192.168.128.132:2181,192.168.128.133:2181");
            System.setProperty("HADOOP_USER_NAME", "hadoop");
            FileSystem fs = FileSystem.get(conf);

            Job job = Job.getInstance(conf);
            job.setJarByClass(ReadHDFSDataToHbase.class);

            job.setMapperClass(HDFSToHbaseMapper.class);
            job.setMapOutputKeyClass(Text.class);
            job.setMapOutputValueClass(NullWritable.class);

            TableMapReduceUtil.initTableReducerJob("student", HDFSToHbaseReducer.class, job,null,null,
null,null,false);
            job.setOutputKeyClass(NullWritable.class);
            //请注意此处，输出类型为 Put，这会将 reducer 的输出直接写入 HBase 的表中
            job.setOutputValueClass(Put.class);

            Path inputPath = new Path("/student/input/");
            Path outputPath = new Path("/student/output/");

            if(fs.exists(outputPath)) {
                fs.delete(outputPath,true);
            }

            FileInputFormat.addInputPath(job, inputPath);
            FileOutputFormat.setOutputPath(job, outputPath);
            boolean isDone = job.waitForCompletion(true);
            return isDone ? 0 : 1;
        }

        /**
         * 读取 HDFS 上每一行的数据发送给 reducer
         */
        public static class HDFSToHbaseMapper extends Mapper<LongWritable, Text, Text, NullWritable>{
            @Override
            protected void map(LongWritable key, Text value, Context context)
                    throws IOException, InterruptedException {
                context.write(value, NullWritable.get());
            }
        }

        /**
         * 把 001,zs,19,male,90,90,90 字符串拆开拼凑成一行数据插入 HBase 中
```

```
    */
    public static class HDFSToHbaseReducer extends TableReducer<Text, NullWritable, NullWritable>{
        @Override
        protected void reduce(Text key, Iterable<NullWritable> values,Context context)
                throws IOException, InterruptedException {

            String[] split = key.toString().split(",");
            Put put = new Put(split[0].getBytes());//设置行键
            put.addColumn("info".getBytes(), "name".getBytes(), split[1].getBytes());
            put.addColumn("info".getBytes(), "age".getBytes(), split[2].getBytes());
            put.addColumn("info".getBytes(), "sex".getBytes(), split[3].getBytes());
            put.addColumn("score".getBytes(), "chinese".getBytes(), split[4].getBytes());
            put.addColumn("score".getBytes(), "maths".getBytes(), split[5].getBytes());
            put.addColumn("score".getBytes(), "english".getBytes(), split[6].getBytes());

            context.write(NullWritable.get(), put);//值为 put 对象
        }
    }
}
```

程序清单 11.7

11.7 HBase 性能优化

11.7.1 数据库表设计优化

（1）预创建 HRegion。

用户可以在创建表的时候就预先创建好 HRegion，这样就可以避免后期 HRegion 自动拆分造成 I/O 负载。

（2）Row Key 的设计。

在 HBase 中，Row Key 可以是任意字符串，最大长度为 64KB，实际应用中一般为 10～100Bytes，存为 byte[]字节数组，一般设计成定长的。Row Key 是按照字典顺序存储的，也就是说行键在顺序上接近的数据大概率在物理上是存储在一起的。充分利用这个特性可提高数据查询效率。例如，最近写入 HBase 表中的数据是最可能被访问的，可以考虑将时间戳作为 Row Key 的一部分，由于是字典顺序排序的，所以可以使用 Long.MAX_VALUE – timestamp 作为 Row Key，这样既能保证新写入的数据排在前面，又能保证在读取时可以被快速命中。

（3）列族的限制。

不要在一张表里定义太多的列族 Column Family。目前 HBase 并不能很好地处理超过 3 个列族的表。因为某个列族在刷新缓冲区的时候，它邻近的列族也会因关联效应被触发刷新缓冲区，最终导致系统产生更多的 I/O。

（4）限定版本数。

通过 HColumnDescriptor.setMaxVersions(int maxVersions)设置表中数据的最大版本，如果只需要保存最新版本的数据，那么可以设置 setMaxVersions(1)。

11.7.2 数据库读写优化

HBase 支持并发读取，为了加快读取数据速度，可以创建多个 HTable 客户端同时进行读操作，提高吞吐量。

（1）Scanner 缓存。

调用 HTable.setScannerCaching(int scannerCaching)可以设置 HBase 扫描一次从服务端抓取的数据条数，默认情况下一次一条。通过将此值设置成一个合理的值，可以减少扫描过程中 next()的时间开销，代价是扫描需要通过客户端的内存来维持这些被缓存的行记录。扫描时指定需要的 Column Family，可以减少网络传输数据量，否则默认扫描操作会返回整行所有 Column Family 的数据。通过扫描取完数据后，要及时关闭 ResultScanner，否则 HRegionServer 可能会出现问题（对应的 Server 资源无法释放）。

（2）批量读取。

通过调用 HTable.get(Get)方法，可以根据一个指定的 Row Key 获取一行记录。同样地，HBase 提供了另一个方法：通过调用 HTable.get(List)方法，可以根据指定的 Row Key 列表批量获取多行记录。这样做的好处是批量执行，只需要一次网络 I/O 开销，这可能带来明显的性能提升。

（3）多线程并发读取。

在客户端开启多个 HTable 读线程，每个读线程都通过 HTable 对象进行 get 操作。

（4）缓存查询结果。

对于频繁查询 HBase 的应用场景，可以考虑在应用程序中进行缓存，当有新的查询请求时，首先在缓存中查找，如果存在则直接返回，不再查询 HBase；否则对 HBase 发起读请求查询，然后在应用程序中将查询结果缓存起来。至于缓存的替换策略，可以考虑 LRU 等常用的策略。

（5）块缓存。

HBase 上 HRegionServer 的内存分为两个部分：一部分作为 MemStore，主要用来写；另外一部分作为 BlockCache，主要用于读。写请求会先写入 MemStore，HRegionServer 会给每个 HRegion 提供一个 MemStore，当 MemStore 满 64MB 以后，会清空 MemStore 并把数据写入磁盘。

11.7.3 HBase 参数设置优化

（1）hbase.hregion.max.filesize。

说明：默认值为 256MB。当单个 HRegion 超过这个阈值时，这个 HRegion 会被自动分割（split）成更小的 HRegion。

当阈值比较小时，触发分割的几率更大，而分割的时候会将 HRegion 下线（offline），因此，在分割结束之前，访问该 HRegion 的请求将被阻塞（block）。当大量的 HRegion 同时发生分割时，系统的整体访问服务将大受影响，容易出现吞吐量及响应时间不稳定现象。

当阈值比较大时，单个 HRegion 中触发分割的几率较小，大量 HRegion 同时触发分割的几率也较小，因此吞吐量较之设置比较小的时候更加稳定。但是，由于长期得不到分割，同一个 HRegion 内发生多次合并（compact）的机会增加了。由于 HRegion 比较大，所以做一次合并和分割会产生较长时间的停顿，对应用的读写性能冲击非常大。另外，大的 HRegion 意味着大的 StoreFile，合并时对内存也是一个挑战。

调优：自己管理分割，首先禁用分割，将阈值设置成100GB（一般单个HRegion是不可能达到100GB的），然后使用RegionSplitter工具每天在访问量小的时候（如凌晨）进行分割。

（2）hfile.block.cache.size。

说明：默认值为0.2。StoreFile的读缓存占用JVM堆内存（Heap）的大小百分比，0.2表示20%，该值直接影响数据读的性能。

调优：理论上该值是越大越好。如果读比写多，可以设置为0.4～0.5；如果读写均衡，可以设置为0.3左右；如果写比读多，可保持默认。设置这个值的时候，同时要参考hbase.regionserver.global.memstore.upperlimit，该值是总MemStore占Heap的最大百分比。hfile.block.cache.size是读缓存，MemStore是写缓存。如果两值加起来超过JVM堆内存的80%～90%，会有OOM的风险，需谨慎设置。

（3）hbase.regionserver.global.memstore.upperLimit/lowerLimit。

说明：默认值为0.4/0.35。

upperLimit：hbase.hregion.memstore.flush.size这个参数的作用是当单个MemStore达到指定值时，清空该MemStore。一台HRegionServer可能有成百上千个MemStore，每个MemStore也许未达到flush.size，但是总MemStore可能已经超出JVM的堆内存了。该参数就是为了限制MemStore占用的总内存。

lowerLimit：同upperLimit，只不过当全局MemStore的内存达到35%时，它不会清空所有的MemStore，它会找一些内存占用较大的MemStore，个别清空，并阻塞当前Store的写操作。lowerLimit算是一个在全局清空前的补救措施。可以想象一下，如果MemStore需要在一段时间内全部清空，且这段时间内无法接受写请求，对HBase集群的性能影响是很大的。

调优：这是一个JVM堆内存保护参数，默认值已经能适用于大多数场景。它的调整一般是为了配合某些专属优化，如读密集型应用，将“hfile.block.cache.size”调高，将“hbase.regionserver.global.memstore.upperLimit/lowerLimit”调低，腾出更多内存给读缓存。

11.8 本章小结

作为键值型NoSQL数据库的代表，HBase具有以下特点：数据稀疏、高维度（面向列）、分布式、键值有序存储、数据一致性，并适用于数据规模大、需要快速随机存取、结构化数据、数据模式可变、压缩数据、数据分区等场景。HBase通过行键来检索数据，支持单行事务，主要用来存储结构化和半结构化的松散数据。

本章需要特别注意的要点如下：

（1）HBase的逻辑模型主要包括行键、列族、列、时间戳等。

①与NoSQL数据库一样，行键是用来表示唯一一行记录的主键，HBase的数据是按照行键的字典顺序进行全局排序的，所有的查询都只能依赖于这一个排序维度。

②列族是多个列的集合，列族是表的模式（Schema）的一部分，而列不是。数据文件是按照列族来存储的，而不是按照列来存储的，所以HBase是列式数据库。

③列是列族中的一个属性|字段，相当于NoSQL中的字段，不过不同行键的列可以不一样。列是动态添加的，而不是定义时事先写好的。

④时间戳是用来区分数据不同版本的，HBase默认保存最近的1个版本。

（2）HBase 的物理模型主要包括 HFile 和 HLog 两种文件。

①HFile 是 HBase 存储数据的文件组织形式，主要分为 4 个部分：Scanned Block Section、Non-scanned Block Section、Opening-time Data Section 和 Trailer。

②HLog 是 HBase 中 WAL（Write Ahead Log）的存储格式，物理上是 Hadoop 的 Sequence File。

（3）HBase 的元数据表在 0.96 版本之前以 ZooKeeper 文件、-ROOT-、.META.三层构成；在 0.96 之后以 ZooKeeper 文件、.META.两层构成。

（4）HBase 的体系架构主要包括 Client、ZooKeeper 集群、HMaster 节点、HRegionServer 节点。

①Client 是 HBase 集群的访问入口，使用 HBase RPC 机制与 HMaster 和 HRegionServer 进行通信。与 HMaster 进行管理类操作，与 HRegionServer 进行数据读写类操作，包含访问 HBase 的接口，并维护 Cache 来加快对 HBase 的访问。

②ZooKeeper 保证任何时候集群中只有一个 HMaster，存储所有 HRegion 的寻址入口，实时监控 HRegionService 的上线和下线信息，并实时通知 HMaster，存储 HBase 的 Table 和 Schema 元数据。

③HMaster 主要负责 HRegion 和 Table 的管理工作，具体包括：管理用户对 Table 表的增、删、改、查操作，管理 HRegion 服务器的负载均衡，调整 HRegion 分布，在 HRegion 分裂后负责新 HRegion 的分配，在 HRegion 服务器停机后负责失效 HRegion 服务器上的 HRegion 迁移。

④HRegionServer 维护 HMaster 分配给它的 HRegion，处理对这些 HRegion 的 I/O 请求，负责切分运行过程中变得过大的 HRegion。

（5）HBase 的运行主要包含读机制和写机制。

①读操作主要流程：

- Client 访问 ZooKeeper，查找-ROOT-表，获取.META.表信息。
- 从.META.表查找获取存放目标数据的 HRegion 信息，从而找到对应的 HRegionServer。
- 通过 HRegionServer 获取需要查找的数据。
- HRegionServer 的内存分为 MemStore 和 BlockCache 两部分：MemStore 主要用于写数据，BlockCache 主要用于读数据。读请求先到 MemStore 中查数据，查不到就到 BlockCache 中查，仍查不到就会到 StoreFile 上读，并把读的结果放入 BlockCache。

②写操作主要流程：

- Client 通过 ZooKeeper 的调度向 HRegionServer 发出写数据请求，在 HRegion 中写数据。
- 数据被写入 HRegion 的 MemStore，直到 MemStore 达到预设阈值。
- MemStore 中的数据被清空的同时将数据写入一个 StoreFile。
- 随着 StoreFile 文件的不断增多，当其数量增长到一定阈值后，触发合并操作，将多个 StoreFile 合并成一个 StoreFile 的同时进行版本合并和数据删除。
- StoreFile 通过不断的合并操作，逐步形成越来越大的 StoreFile。
- 单个 StoreFile 大小超过一定阈值后，触发分割操作，把当前 HRegion 分割成 2 个新的 HRegion。父 HRegion 会下线，新分割出的 2 个子 HRegion 会被 HMaster 分配到相应的 HRegionServer 上，使得原先 1 个 HRegion 的压力得以分流到 2 个 HRegion 上。

（6）HBase 集群的安装部署：环境搭建、安装部署、启动、验证、停止。

（7）HBase 实战：HBase Shell、HBase Java API、过滤器 Filter、HBase 中使用 MapReduce。

①HBase Shell：表的操作、表中数据的操作。

②HBase Java API：包括增、删、改、查等常见数据库操作。

③HBase 过滤器：列值过滤器 SingleColumnValueFilter、列族过滤器 FamilyFilter、列名过滤器 QualifierFilter、列名前缀过滤器 ColumnPrefixFilter、多个列名前缀过滤器 MultipleColumnPrefixFilter、列范围过滤器 ColumnRangeFilter、行键过滤器 RowFilter 等；过滤器经常和比较器配合使用。

④HBase 中使用 MapReduce：HDFS 数据到 HBase，HBase 数据到 HDFS。

（8）HBase 性能优化：数据库表设计优化、数据库读写优化、HBase 参数设置优化。

另外，读者可以扩展学习的内容包括：

（1）Row Key 设计原则。

（2）HBase 协处理器。

11.9 本章练习

一、单选题

（1）HBase 依赖（　　）提供消息通信机制。

A．ZooKeeper　　B．RPC　　C．MapReduce　　D．HDFS

（2）HBase 底层依赖（　　）提供强大的计算能力。

A．Coprocessor　　B．Hive　　C．Bloom Filter　　D．MapReduce

（3）以下关于 HBase 中-ROOT-表的描述正确的是（　　）。

A．记录了用户数据表位置信息　　B．记录了.META.表的位置信息

C．记录了-ROOT-表的位置信息　　D．可以存在多个

（4）HBase 中默认的版本数量有（　　）个。

A．1　　B．2　　C．3　　D．4

（5）以下关于 HBase 中写操作的描述错误的是（　　）。

A．HBase 写入的数据首先写入 MemStore。

B．MemStore 写满后，就清空数据并将数据写入一个 StoreFile 文件。

C．StoreFile 文件数量达到一定数量后会合并成一个新的 StoreFile。

D．StoreFile 文件合并过程中不会进行版本合并和数据删除。

（6）以下关于 HBase 中读操作的描述错误的是（　　）。

A．通过 ZooKeeper 以及-ROOT-表和.META.表找到目标数据所在的 HRegionServer。

B．HRegion 先在 MemStore 中查找，命中则返回。

C．如果在 MemStore、BlockCache 中找不到，则在 StoreFile 中扫描。

D．使用布隆过滤器快速判断某一个元素是否存在于某个 StoreFile。

（7）以下关于 HBase 中 HMaster 的描述错误的是（　　）。

A．管理 HRegionServer，实现其负载均衡。

B．管理和分配 HRegion。

C．读写 HDFS，管理 Table 中的数据。

D．管理 Table 的元数据。

（8）以下关于 HBase 中 HRegionServer 的描述错误的是（　　）。

A．存放和管理本地 HRegion。

B．存储 HRegionServer 的地址。

C．读写 HDFS，管理 Table 中的数据。

D．Client 直接通过 HRegionServer 读写数据。

二、多选题

（1）以下关于 HBase 的描述中正确的是（　　）。

A．HBase 建表时需要指定列名　　B．HBase 删除表时需要先禁用表

C．HBase 修改表时要使用 Alter　　D．HBase 建表时需要指定列族

（2）以下关于 HBase 的描述中正确的是（　　）。

A．HBase 支持更新操作　　B．HBase 支持删除操作

C．HBase 中列族可以随意添加列　　D．HBase 建表时无须指定列族

（3）以下关于 HBase 删除数据的描述中正确的是（　　）。

A．HBase 支持删除整条数据　　B．HBase 支持删除某个列族

C．HBase 支持删除某个列族的某个列　　D．HBase 支持删除整个表

（4）以下关于 HBase 查询数据的描述中正确的是（　　）。

A．HBase 支持条件查询　　B．HBase 支持分组查询

C．HBase 支持按照行键查询　　D．HBase 支持按照列名查询

第 12 章

分布式消息队列 Kafka

本章简介

Apache Kafka 是一个分布式的、支持分区的、多副本的、基于 ZooKeeper 的发布订阅消息系统，起源于 LinkedIn 开源的分布式消息系统，2011 年成为 Apache 开源项目，2012 年成为 Apache 顶级项目，目前被多家公司采用。Kafka 采用 Scala 和 Java 编写，其设计目的是通过 Hadoop 和 Spark 等并行加载机制来统一在线和离线的消息处理，构建在 ZooKeeper 上，目前与大多分布式实时处理系统如 Apache Storm、Apache Spark 等也能较好地集成，用于实时流式数据分析。

本章首先介绍分布式消息系统的两种消息模型，然后介绍 Kafka 中的重要概念、Kafka 的体系架构和核心机制，最后详细介绍 Kafka 的安装部署和实战。

12.1 两种消息模型

消息系统负责将数据从一个应用程序传输到另一个应用程序，这样应用程序可以专注于数据，而不用担心如何共享它。分布式消息系统有两种类型的消息模型：一种是点对点消息模型；另一种是发布/订阅消息模型。

在点对点消息模型中，消息被保留在队列（Queue）中。消息生产者（Producer）生产消息并发送到队列中，消息消费者（Consumer）从队列中取出并消费消息。队列支持多个消费者，但是对一个消息而言，只会有一个消费者可以消费。一旦消费者读取队列中的消息，该消息就从该队列中消失，不会产生重复消费现象。该系统的典型示例是订单处理系统，其中每个订单将由一个订单处理器处理。点对点消息模型的结构如图 12.1 所示。

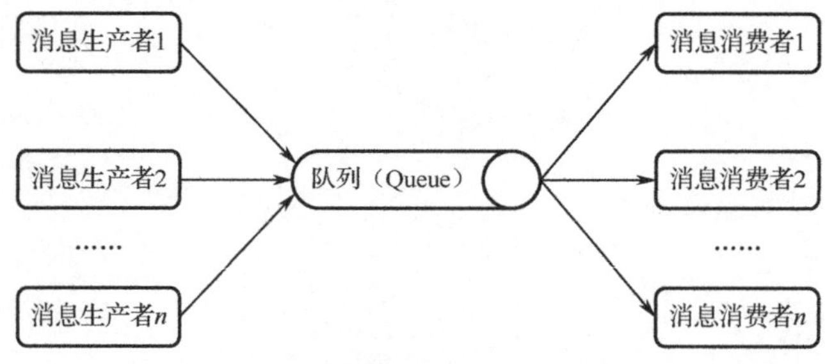

图 12.1　点对点消息模型结构

在发布/订阅消息模型中，消息被保留在主题（Topic）中。消息发布者（Publisher）将消息发布到主题中，同时有多个消息订阅者（Subscriber）消费该消息。和点对点方式不同，发布者发送到主题的消息，只有订阅了主题的订阅者才会收到。发布/订阅消息模型的结构如图 12.2 所示。

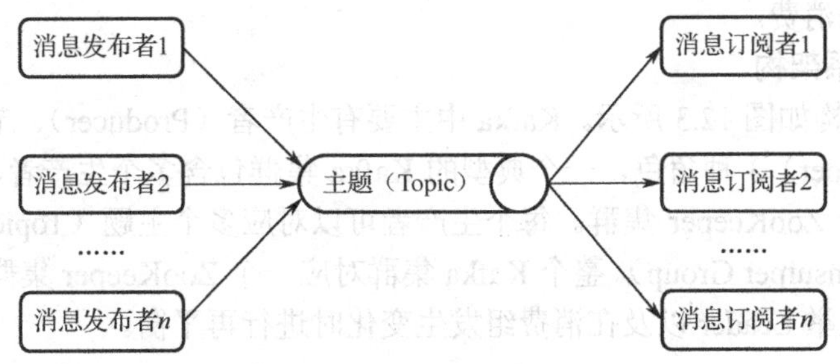

图 12.2　发布/订阅消息模型结构

Kafka 属于发布/订阅消息系统，与传统消息系统相比，其具有以下几个不同点：

（1）Kafka 是一个分布式系统，易于向外扩展。

（2）Kafka 同时为发布和订阅提供高吞吐量支持。

（3）Kafka 支持多个订阅者同时连接消费。

（4）Kafka 支持消息持久化，消息消费完后不会被立即删除。

12.2　Kafka 架构与机制

1．重要概念

首先来了解几个重要概念：

（1）Topic（主题）。发布到 Kafka 集群的消息都属于某一个主题，Kafka 根据主题对消息进行分类。主题中的消息在物理上是分开存储的，但在逻辑上用户只需指定消息的主题即可生产或消费数据而不必关心数据存于何处。

（2）Message（消息）。Message 是通信的基本单位，属于某个主题。消息是无状态的，消息消费的先后顺序是没有关系的。每条消息包含 3 个属性：offset，消息的唯一标识，类型为 long；size，消息的大小，类型为 int；data，消息的具体内容，可以看作一个字节数组。

（3）Partition（分区）。Partition 是物理上的概念，一个主题可以分为多个分区来存储，分区的数量在开始创建分区时指定，均衡地分布在各个节点上，每个分区可以指定其副本数，提高容错性。每个分区及其所有副本会选举出一个 Leader，该 Leader 负责所有的读（消费）写（生产）操作；其余的副本不参与读写，但是会与 Leader 的数据保持同步。每个分区内部的消息都是有序的。

（4）Broker（节点实例）。一个 Kafka 集群由多个节点实例组成，每个实例被称为 Broker。每个 Broker 上可以创建一个或多个主题，同一个主题可以在多个 Broker 上分布。保存在 Broker 上的消息在一定时间（默认为 7 天）后会被删除。

（5）Producer（生产者）。Producer 是向 Broker 发送消息的客户端。

（6）Consumer Group（消费组）。消费组是主题在逻辑上的订阅者。一个主题可以被多个消费组订阅。消费组在逻辑上将消费者分组，每个消费者是一个进程，所以一个消费组中的

消费者可能由分布在不同机器上的不同进程组成。

（7）Consumer（消费者）。Consumer 是从 Broker 读取消息的客户端。对某条消息来说，消费组内部只能有一个消费者来消费。消费者以 poll（拉取）的方式进行消息消费。

总的来说，生产者生产消息，消息按主题归类；消费组订阅主题，主题内的消息由组内的某一个消费者来消费。

2. Kafka 体系架构

Kafka 体系架构如图 12.3 所示。Kafka 中主要有生产者（Producer）、节点实例（Broker）和消费者（Consumer）3 种角色，一个典型的 Kafka 集群包含多个生产者、多个节点实例、多个消费组和一个 ZooKeeper 集群。每个生产者可以对应多个主题（Topic），每个消费者属于一个消费组（Consumer Group）。整个 Kafka 集群对应一个 ZooKeeper 集群，通过 ZooKeeper 管理集群配置、选举 Leader 以及在消费组发生变化时进行再平衡。

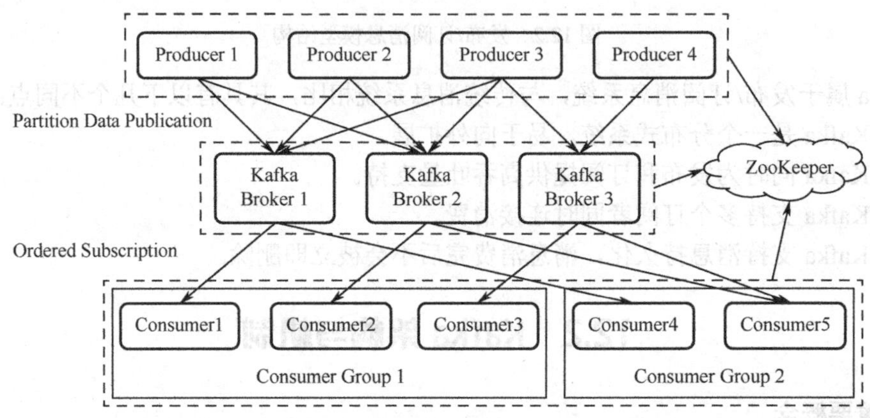

图 12.3　Kafka 体系架构

3. Kafka 消息的分发机制

生产者客户端负责消息的生产，其具体的工作机制如下：

（1）Kafka 集群中的任何一个 Broker 都可以向生产者提供元数据信息，这些元数据中包含集群中存活的 Server 列表、分区 Leader 列表等信息。

（2）当生产者获取到元数据信息之后，生产者将会和主题下所有分区 Leader 保持 Socket 连接。

（3）消息由生产者直接通过 Socket 发送到 Broker，中间不会经过任何“路由层”。事实上，消息被路由到哪个分区上由生产者客户端决定。例如，可以采用 Random、Key-Hash、轮询等方式，如果一个主题中有多个分区，那么在生产者端实现消息均衡分发是必要的。

生产者消息发送后的应答机制：设置发送数据是否需要服务端的反馈，有 3 个值 0、1、−1。其中，0 表示生产者不会等待 Broker 发送 ack（反馈）；1 表示当分区 Leader 接收到消息之后发送 ack（反馈）；−1 表示当所有分区副本都同步消息成功后发送 ack（反馈）。该应答机制可以通过在 server.properties 中设置参数 request.required.acks 来实现。默认值为 1。按照 0、1、−1 顺序来看，性能依次递减（生产者吞吐量降低），数据健壮性则依次递增。

分配分区和分区副本的算法如下：

（1）将 Broker（B_0、B_1、B_2……）和待分配的分区（P_0、P_1、P_2……）排序（都是从 0 开始升序排列）。

（2）将第 i 个分区分配到第（$i\%n$）个 Broker 上。

（3）将第 i 个分区的第 j 个副本分配到第（($i+j$) % n）个 Broker 上（j=0 的副本就是第一个副本）。

实际中先随机生成一个初始节点 broker.id=new Random(n)，来作为我们上面算法的第一个 Broker。这样做可以防止主题的分区都是分配在前面的 Broker 节点上。

4．Kafka 消息的消费机制

（1）每个消费组中可以有多个消费者，每个消费者仅属于一个消费组。通常情况下，一个消费组中会包含多个消费者，这样不仅可以提高主题中消息的并发消费能力，而且还能提高“故障容错性”。如果消费组中的某个消费者失效，那么其消费的分区将会由组中其他消费者自动接管。

（2）对于主题中的一条特定的消息，只会被订阅此主题的消费组中的其中一个消费者消费，此消息不会发送给一个消费组中的多个消费者。一个消费组中所有的消费者将会交错地消费整个主题，不同消费组中的消费者消费消息时是互相独立的，我们可以认为一个消费组是一个“订阅者”。

（3）对于一个主题，同一个消费组中如果有多于分区个数的消费者，那么多余的消费者将不会消费消息。Kafka 只能保证一个分区中的消息被某个消费者消费时是顺序的；当有多个分区时，消息不能保证消费时是全局有序的。

5．Kafka 消息的负载均衡机制

当一个消费组中有消费者加入或者离开时，会触发分区消费的重新分配，或者叫负载均衡，如图 12.4 所示。

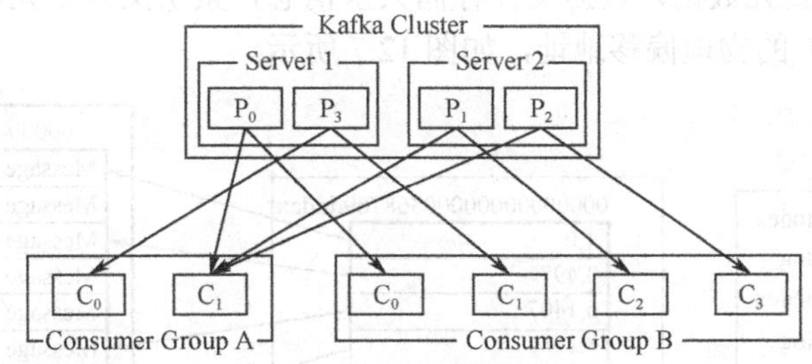

图 12.4 Kafka 负载均衡

负载均衡的最终目的是提升主题的并发消费能力，步骤如下：

（1）假如主题具有如下分区：P_0，P_1，P_2，P_3。

（2）假如消费组 A 中有如下消费者：C_0，C_1。

（3）首先根据分区索引号对分区排序：P_0，P_1，P_2，P_3。

（4）根据 consumer.id 排序：C_0，C_1。

（5）计算倍数：M = [P_0，P_1，P_2，P_3].size / [C_0，C_1].size，本例值 M=2（向上取整）。

（6）然后依次分配分区：C_0 = [P_0，P_1]，C_1=[P_2，P_3]，即 C_i = [P(i * M)，P((i + 1) *(M −1)]。

假如消费组 B 中有如下消费者：C_0，C_1，C_2，C_3，请读者朋友自行计算。

6．Kafka 文件存储机制

在 Kafka 文件存储中，同一个主题下有多个不同的分区，每个分区为一个目录，分区命名规则为“主题名称+有序序号”，第一个分区序号从 0 开始，序号最大值为分区总数量减 1。

每个分区（用目录来表示）相当于一个巨型文件被平均分配到多个大小相等的 Segment

（段）数据文件中。每个 Segment 文件默认大小为 1GB，如图 12.5 所示，这里通过在 server.properties 文件中设置参数 log.segment.bytes 为 1GB。但每个段文件消息数量不一定相等，这种特性方便过期的段文件被快速删除，默认保留 7 天的数据。每个分区只需要支持顺序读写就行了，段文件生命周期由服务端配置参数决定。

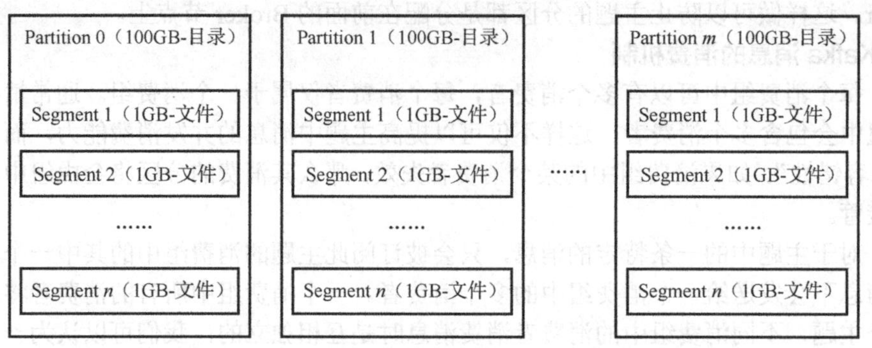

图 12.5　Kafka 的分区文件

每个段文件由 2 个部分组成，分别为索引文件（*.index）和数据文件（*.log），这 2 个文件一一对应，成对出现，如图 12.6 所示。

段文件命名规则：分区全局的第一个段文件从 0 开始，后续每个段文件名为上一个段文件最后一条消息的 offset（偏移）值。数值最大为 64 位 long 大小，20 位数字字符长度，没有数字则用 0 填充。

索引文件存储大量元数据，数据文件存储大量消息，索引文件中元数据指向对应数据文件中 Message（消息）的物理偏移地址，如图 12.7 所示。

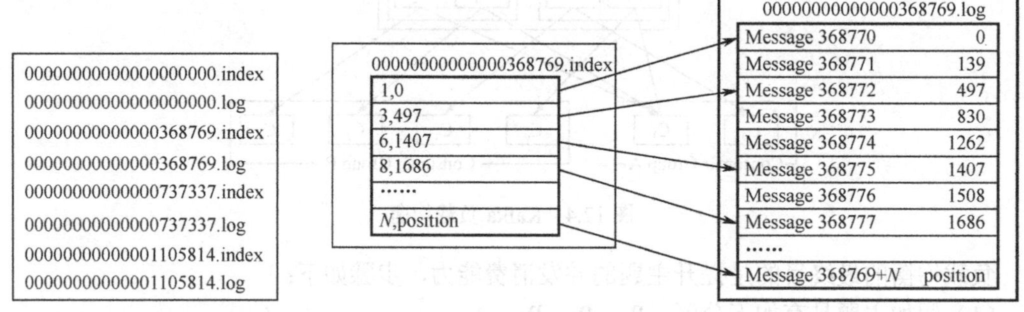

图 12.6　Kafka 的段文件　　　　图 12.7　Kafka 的段索引文件和日志文件

例如，索引文件中的 3,497 表示在数据文件中第 3 个 Message（在全局分区表示第 368772 个 Message）以及该消息的物理偏移地址为 497。

Kafka 查找 Message 时，需要 2 个步骤才能找到，下面以读取 offset=368776 的 Message 为例。

（1）首先查找段文件。

00000000000000000000.index 表示最开始的文件，起始偏移量（offset）为 0。

00000000000000368769.index 的起始偏移量为 368770 = 368769 + 1。

00000000000000737337.index 的起始偏移量为 737338=737337 + 1。

其他后续文件依次类推。

以起始偏移量命名并排序这些文件，只要根据 offset 二分查找这些文件列表，就可以快速定位到具体文件。当 offset=368776 时，定位到 00000000000000368769.index 和对应 log 文件。

（2）通过段文件查找消息。

当 offset=368776 时，依次定位到 00000000000000368769.index 的元数据物理位置和 00000000000000368769.log 的物理偏移地址，然后再通过 00000000000000368769.log 顺序查找，直到 offset=368776 为止。

12.3　Kafka 安装部署

Kafka 有两种运行模式：单机模式和集群模式。单机模式是只在一台机器上安装 Kafka，主要用于开发测试；而集群模式则是在多台机器上安装 Kafka，实际的生产环境均采用多台服务器的集群模式。无论哪种部署方式，修改 Kafka 的配置文件 server.properties 都是至关重要的。单机模式和集群模式部署的步骤基本一致，只是在 server.properties 文件的配置上有些差异。

这里我们采用集群模式，Kafka 的版本为 kafka_2.11-2.4.1.tgz，其中 2.11 是 Scala 版本，2.4.1 才是 Kafka 版本。采用前面几章的环境，使用虚拟机模拟的 3 台节点，已经安装好了 Java、Hadoop 和 ZooKeeper。计划在这 3 个节点上安装 Kafka 集群，具体规划如表 12.1 所示。

表 12.1　Kafka 集群部署规划表

主 机 名	IP 地址	运 行 进 程	软件和硬件配置
master	192.168.128.131	NameNode SecondaryNameNode ResourceManager QuorumPeerMain Kafka	操作系统：CentOS 7.6.1810 Java：Oracle JDK 8u65 Hadoop：Hadoop 2.9.2 内存：1GB CPU：1 个 1 核 硬盘：20GB ZooKeeper：ZooKeeper 3.4.5 HBase：1.4.13 Kafka：2.11-2.4.1
slave1	192.168.128.132	DataNode NodeManagerQuorumPeerMain Kafka	同上
slave2	192.168.128.133	DataNode NodeManagerQuorumPeerMain Kafka	同上

（1）下载 Kafka。首先到 Kafka 的官方网站上下载 kafka_2.11-2.4.1.tgz，然后上传到 3 个节点上的/soft 目录下。注意：后续操作需要在 3 个节点上做同样的操作，这里以 master 节点为例进行演示。

（2）解压改名：

```
[hadoop@master soft]$ tar -zxvf kafka_2.11-2.4.1.tgz
[hadoop@master soft]$ mv kafka_2.11-2.4.1 kafka
```

（3）修改配置文件。进入其 config 目录，准备修改 server.properties 文件：

```
[hadoop@master soft]$ cd kafka/config/
```

server.properties 文件的参数配置比较多，此处仅列举部分重要的参数进行说明，如表 12.2 所示。

表 12.2 server.properties 配置参数（部分）

参 数 名	说 明
broker.id	用于指定 Broker 服务器对应的 ID，各个服务器的值不同
listeners	表示监听端口，PLAINTEXT 表示纯文本，也就是说，不管发送什么数据类型都以纯文本的方式接收，包括图片、视频等
num.network.threads	网络线程数，默认为 3
num.io.threads	I/O 线程数，默认为 8
socket.send.buffer.bytes	套接字发送缓冲，默认为 100KB
socket.receive.buffer.bytes	套接字接收缓冲，默认为 100KB
socket.request.max.bytes	接收到的最大字节数，默认为 100MB
log.dirs	用于指定 Kafka 数据存放目录，地址可以是多个，多个地址需用逗号分隔
num.partitions	分区数，默认为 1
num.recovery.threads.per.data.dir	每一个文件夹的恢复线程，默认为 1
log.retention.hours	数据保存时间，默认为 168 小时，即一个星期（7 天）
log.segment.bytes	指定每个数据日志保存最大数据，默认为 1GB，当超过这个值时会自动进行日志滚动
log.retention.check.interval.ms	设置日志过期的时间，默认每隔 300 秒（即 5 分钟）
zookeeper.connect	用于指定 Kafka 所依赖的 ZooKeeper 集群的 IP 和端口号，地址可以是多个，多个地址需用逗号分隔
zookeeper.connection.timeout.ms	设置 ZooKeeper 的连接超时时间，默认为 6 秒。如果到达这个指定时间仍然连接不上，就默认该节点发生故障

由于 server.properties 文件内容较多，这里不在原文件上直接修改参数，而是先备份原文件，然后重新创建一个配置文件。代码如下：

```
[hadoop@master config]$ mv server.properties server.properties.bak
[hadoop@master config]$ vi server.properties
#当前机器在集群中的唯一标识，和 ZooKeeper 的 myid 性质一样
broker.id=0
#当前 Kafka 对外提供服务的端口默认是 9092
port=9092
#这个是 Borker 进行网络处理的线程数
num.network.threads=3
#这个是 Borker 进行 I/O 处理的线程数
```

```
num.io.threads=8
#消息存放的目录，这个目录可以配置为用逗号分隔的表达式，data 目录会自动创建
log.dirs=/soft/kafka/data
#发送缓冲区 buffer 大小，数据不是一下子就发送的，
#先会存储到缓冲区，到达一定的大小后再发送，能提高性能
socket.send.buffer.bytes=102400
#Kafka 接收缓冲区大小，当数据到达一定大小后再序列化到磁盘
socket.receive.buffer.bytes=102400
#这个参数是向 Kafka 请求消息或者向 Kafka 发送消息的请求的最大数，
#这个值不能超过 Java 的堆栈大小
socket.request.max.bytes=104857600
#默认的分区数，一个 Topic 默认 1 个分区数
num.partitions=3
#默认消息的最大持久化时间，168 小时，即 7 天
log.retention.hours=168
#消息保存的最大值，5MB
message.max.byte=5242880
#Kafka 保存消息的副本数，如果一个副本失效了，另一个还可以继续提供服务
default.replication.factor=2
#取消息的最大直接数
replica.fetch.max.bytes=5242880
#这个参数是：因为 Kafka 的消息是以追加的形式落地到文件的，
#当超过这个值的时候，Kafka 会新起一个文件
log.segment.bytes=1073741824
#每隔 300000 毫秒去检查上面配置的 log 失效时间 log.retention.hours=168，
#到目录查看是否有过期的消息，如果有则删除
log.retention.check.interval.ms=300000
#是否启用 log 压缩，一般不启用，启用的话可以提高性能
log.cleaner.enable=false
#真正地删除 topic，否则只是标记为删除
delete.topic.enable=true
#设置 ZooKeeper 的连接端口
zookeeper.connect=192.168.128.131:2181,192.168.128.132:2181,192.168.128.133:2181
```

注意：slave1 和 slave2 上的参数 broker.id 依次设置为 1、2，master 上的为 0，其余的都一样。

（4）配置环境变量：

```
[hadoop@master soft]$ sudo vi /etc/profile
export KAFKA_HOME=/soft/kafka
export PATH=$KAFKA_HOME/bin:$PATH
[hadoop@master soft]$ source /etc/profile
```

（5）启动 Kafka。首先启动 ZooKeeper 集群，然后在 3 台节点上以后台进程的方式启动 Kafka：

```
[hadoop@master soft]$ kafka-server-start.sh -daemon $KAFKA_HOME/config/server.properties
[hadoop@master soft]$ jps
```

```
1574 QuorumPeerMain
3304 Kafka
[hadoop@slave1 soft]$ jps
1520 QuorumPeerMain
2292 Kafka
[hadoop@slave2 soft]$ jps
1513 QuorumPeerMain
2282 Kafka
```

成功启动后，可以看到 ZooKeeper 和 Kafka 的进程。

（6）关闭 Kafka。使用如下命令来关闭：

```
[hadoop@master soft]$ kafka-server-stop.sh
```

12.4 Kafka 实战

12.4.1 Kafka Shell

Kafka 支持的所有命令在$KAFKA_HOME/bin 下存放，其常用命令描述如表 12.3 所示。

表 12.3 Kafka 常用命令

命　　令	功 能 描 述
kafka-server-start.sh	启动 Kafka Broker
kafka-server-stop.sh	关闭 Kafka Broker
kafka-topics.sh	创建、删除、查看、修改 Topic
kafka-console-producer.sh	启动 Producer，生产消息，从标准输入读取数据并发布到 Kafka
kafka-console-consumer.sh	启动 Consumer，消费消息，从 Kafka 读取数据并输出到标准输出

以下列举一些常用的应用。

（1）创建主题：

```
[hadoop@master soft]$ kafka-topics.sh --create --zookeeper 192.168.128.131:2181 --replication-factor 2 --partitions 3 --topic aaa
```

其中，选项--create 表示创建主题；选项--zookeeper 用于指定 ZooKeeper 集群列表，可以指定所有节点，也可以指定为部分节点；选项--replication-factor 为副本数，数据会自动同步到其他 Broker 上，防止某个 Broker 宕机而造成数据丢失；选项--partitions 用于指定一个主题可以切分成几个分区；选项--topic 用于指定主题的名字。

（2）查看当前服务器中的所有主题：

```
[hadoop@master soft]$ kafka-topics.sh --list --zookeeper 192.168.128.131:2181
aaa
```

其中，选项--list 用于列举当前服务器上的所有主题。

（3）查看某个主题的详情：

```
[hadoop@master soft]$ kafka-topics.sh --topic aaa --describe --zookeeper 192.168.128.131:2181
```

```
Topic:aaa           PartitionCount:3           ReplicationFactor:2
Configs:
Topic: aaa          Partition: 0     Leader: 2          Replicas: 2,0     Isr: 2,0
Topic: aaa          Partition: 1     Leader: 0          Replicas: 0,1     Isr: 0,1
Topic: aaa          Partition: 2     Leader: 1          Replicas: 1,2     Isr: 1,2
```

其中，--describe 用于列举主题的详情。Topic 为主题名，PartitionCount 为分区数，ReplicationFactor 为副本数。Configs 为具体的每个分区的信息。Leader：该节点负责该分区的所有的读和写，每个分区的 Leader 都是随机选择的。Replicas：副本的节点列表，不管该节点是否为 Leader 或者目前是否还活着，只是显示。Isr：所有与 Leader 副本保持一定程度同步的副本节点（包括 Leader）组成 Isr。Leader、Replicas、Isr 中的数字就是 Broker ID，对应配置文件 config/server.properties 中的 broker.id 参数值。

（4）生产消息并发送到某个主题：

```
[hadoop@master soft]$ kafka-console-producer.sh --broker-list 192.168.128.131:9092 --topic aaa
>hello
>world kof
```

（5）消费某个主题的消息：

```
[hadoop@slave1 soft]$ kafka-console-consumer.sh --bootstrap-server 192.168.128.131:9092 --from-beginning
--topic aaa --group ppp
hello
world kof
```

其中，--from-beginning 表示从第一条数据开始消费，否则就是实时消费，之前生产的消息无法消费。对于 kafka-console-producer.sh，默认是一行算一条消息。可以看到，在 master 上生产了 2 条消息，在 slave1 上消费了 2 条消息。如果在 slave1 上和 slave2 上同时指定以相同的组 ppp 开启消费，就会发现，对于同一个分区的消息，同一个消费组里面只能有一个消费者能够消费。--group ppp 表示指定该消费者属于哪个消费组，这里表示属于 ppp 这个消费组。

（6）查看组的消费情况：

```
[hadoop@master ~]$ kafka-consumer-groups.sh --bootstrap-server 192.168.128.131:9092 --describe --group
ppp
TOPIC     PARTITION     CURRENT-OFFSET  LOG-END-OFFSET   LAG
CONSUMER-ID                                               HOST                CLIENT-ID
aaa       0             4               4                0
consumer-1-22538a76-85ab-41bd-9127-71db7c9d6575   /192.168.128.132    consumer-1
aaa       1             4               4                0
consumer-1-22538a76-85ab-41bd-9127-71db7c9d6575   /192.168.128.132    consumer-1
aaa       2             4               4                0
consumer-1-bf3cb387-b405-40a5-bad0-dce8fed88760   /192.168.128.133    consumer-1
```

这里使用--group ppp 来指定某个组 ppp 的消费情况。目前在 master 上有 1 个生产者已经生产了 12 条消息，有 2 个消费者，都是同一个组 ppp 的，其中，192.168.128.132（slave1）那台节点上的消费者负责消费分区 0 和 1 上的数据；192.168.128.133（slave2）那台节点上的消费者负责消费分区 2 上的数据。

此外，还可以查看所有的消费组：

```
[hadoop@master ~]$ kafka-consumer-groups.sh --bootstrap-server 192.168.128.131:9092 --list
ppp
```

（7）删除主题。需要在 server.properties 中设置 delete.topic.enable=true，否则只是标记删除或者直接重启。

```
[hadoop@master ~]$ kafka-topics.sh --delete --zookeeper 192.168.128.131:2181 --topic aaa
```

12.4.2 Kafka Java API

除了使用 Kafka Shell，还可以使用 Kafka Java API 来开发 Kafka 生产者和消费者。

首先添加 Kafka 的相关依赖：

```
<dependency>
    <groupId>org.apache.kafka</groupId>
    <artifactId>kafka_2.11</artifactId>
    <version>2.4.1</version>
</dependency>
```

1. Kafka 生产者

完整代码如程序清单 12.1 所示。

```
package org.lanqiao.BigData.chapter12;

import java.util.Properties;

import org.apache.kafka.clients.producer.KafkaProducer;
import org.apache.kafka.clients.producer.Producer;
import org.apache.kafka.clients.producer.ProducerRecord;

public class MyProducer {
    public static void main(String[] args) {
        // 主题
        String topic = "aaa";
        // 配置文件
        Properties props = new Properties();
        // 配置 ZooKeeper 的地址
        props.put("bootstrap.servers", "192.168.128.131:9092,192.168.128.132:9092,192.168.128.133:9092");
        // 此配置是生产者消息发送后的应答机制
        props.put("acks", "1");
        // retries 若设置大于 0 的值，则客户端会将发送失败的记录重新发送，尽管这些记录有可能是暂时性的错误。
        // 请注意，这种 retry 与客户端收到错误信息之后重新发送记录并无区别。
        props.put("retries", 0);
        // batch.size：当多个记录被发送到同一个分区时，Producer 将尝试将记录组合到更少的请求中。
        // 这有助于提升客户端和服务器端的性能。这个配置控制一个批次的默认大小（以字节为单位）。
        props.put("batch.size", 16384);
```

```
        // linger.ms：Producer 会将两个请求发送时间间隔内到达的记录合并到一个单独的批处理请求中。
        // 通常只有当记录到达的速度超过了发送的速度时才会出现这种情况。然而，在某些场景下，即使处于可接受的负载下，客户端也希望能减少请求的数量。
        props.put("linger.ms", 1);
        // buffer.memory：Producer 用来缓冲等待被发送到服务器的记录的总字节数。如果记录发送的速度比发送到服务器的速度快，
        // Producer 就会阻塞，如果阻塞的时间超过 max.block.ms 配置的时长，则会抛出一个异常。
        props.put("buffer.memory", 33554432);
        // 指定 key value 的序列化方式
        props.put("key.serializer", "org.apache.kafka.common.serialization.StringSerializer");
        props.put("value.serializer", "org.apache.kafka.common.serialization.StringSerializer");

        // 生产者
        Producer<String, String> producer = new KafkaProducer<String, String>(props);
        // 发送消息
        // 3 个参数：主题、key、value
        //producer.send(new ProducerRecord<String, String>(topic, "1","hello"));
        // 4 个参数：主题、具体哪个分区、key、value
        //这里可以定义自己的分区策略，默认是 hash(key)%partitions
        producer.send(new ProducerRecord<String, String>(topic, 2, "2", "hello world"));
        // producer.flush();
        producer.close();
    }
}
```

程序清单 12.1

该程序将实现往某个主题发送消息。

2．Kafka 消费者

完整代码如程序清单 12.2 所示。

```
package org.lanqiao.BigData.chapter12;

import java.time.Duration;
import java.util.Arrays;
import java.util.Properties;

import org.apache.kafka.clients.consumer.ConsumerRecord;
import org.apache.kafka.clients.consumer.ConsumerRecords;
import org.apache.kafka.clients.consumer.KafkaConsumer;

public class MyConsumer {
    public static void main(String[] args) {
        Properties props = new Properties();
        // 这里不是配置 ZooKeeper 了，这个是配置 bootstrap.servers
        props.put("bootstrap.servers", "192.168.128.131:9092,192.168.128.132:9092,192.168.128.133:9092");
        // 标识该使用者所属的消费者组的唯一字符串。
        props.put("group.id", "A");
```

```
            // 如果为 true，消费者的偏移量将在后台定期提交。
            props.put("enable.auto.commit", "true");
            // 消费者偏移量在 1000 毫秒内自动提交给 Kafka
            props.put("auto.commit.interval.ms", "1000");
            props.put("key.deserializer", "org.apache.kafka.common.serialization.StringDeserializer");
            props.put("value.deserializer", "org.apache.kafka.common.serialization.StringDeserializer");

            KafkaConsumer<String, String> consumer = new KafkaConsumer<String, String>(props);
            // 配置 Topic，可以配置多个 Topic
            consumer.subscribe(Arrays.asList("aaa", "bbb"));
            boolean flag = true;
            while (flag) {
                //批量拉取 1000ms（1s）时间段内 broker 中可消费的数据
                ConsumerRecords<String, String> records = consumer.poll(Duration.ofMillis(1000));
                for (ConsumerRecord<String, String> record : records) {
                    System.out.printf("partition=%d,topic=%s,offset=%d,key=%s,value=%s\n",    record.
partition(),
                            record.topic(), record.offset(), record.key(), record.value());
                }
            }
            consumer.close();
        }
    }
```

程序清单 12.2

该程序将实现从某个主题拉取消息进行消费。

3．Flume 整合 Kafka

Flume 整合 Kafka，本质上是 Kafka 生产者的功能。

（1）首先编写 Flume 的配置信息文件/home/hadoop/exec.conf：

```
a1.sources = r1
a1.channels = c1
a1.sinks = k1

a1.sources.r1.type = exec
a1.sources.r1.command = tail -F /home/hadoop/data.log
a1.sources.r1.channels = c1

a1.channels.c1.type=memory
a1.channels.c1.capacity=10000
a1.channels.c1.transactionCapacity=100

a1.sinks.k1.type = org.apache.flume.sink.kafka.KafkaSink
#设置 Kafka 的主题 Topic
a1.sinks.k1.topic = aaa
#设置消费者编码为 UTF-8
a1.sinks.k1.custom.encoding=UTF-8
```

```
#绑定 Kafka 主机以及端口号
a1.sinks.k1.brokerList = 192.168.128.131:9092,192.168.128.132:9092,192.168.128.133:9092
#设置 Kafka 序列化方式
a1.sinks.k1.serializer.class = kafka.serializer.StringEncoder
a1.sinks.k1.requiredAcks = 1
a1.sinks.k1.batchSize = 20
a1.sinks.k1.channel = c1
```

（2）然后启动 ZooKeeper 和 Kafka（省略），再创建一个名为 aaa 的主题：

```
[hadoop@master soft]$ kafka-topics.sh --create --zookeeper 192.168.128.131:2181 --replication-factor 2 --partitions 3 --topic aaa
```

（3）启动 Kafka 客户端消费者，准备消费主题 aaa 的消息：

```
[hadoop@slave1 soft]$ kafka-console-consumer.sh --bootstrap-server 192.168.128.131:9092 --from-beginning --topic aaa --group ppp
```

（4）然后启动 Flume 服务：

```
[hadoop@mastersoft]$ flume-ng agent -n a1 -f /home/hadoop/exec.conf -Dflume.root.logger=INFO,console
```

启动成功后，可以看到/home/hadoop/data.log 文件中的内容已经被 Kafka 消费者消费了。

（5）使用>>往/home/hadoop/data.log 文件中追加内容：

```
[hadoop@master ~]$ echo 'world' >> data.log
```

同样可以看到该条消息被 Kafka 消费者消费了。

至此，Flume 整合 Kafka 已经成功完成。

12.5　本 章 小 结

Kafka 是由 LinkedIn 公司开发的一个分布式、支持分区（Partition）、多副本（Replica）、基于 ZooKeeper 协调的分布式消息系统。它的最大特性就是可以实时地处理大量数据以满足各种需求场景：如基于 Hadoop 的批处理系统、低延迟的实时系统、Storm/Spark 流式处理引擎，Web/Nginx 日志、访问日志、消息服务，等等。Kafka 用 Scala 语言编写，于 2010 年贡献给了 Apache 基金会并成为顶级开源项目。

本章需要特别注意的要点如下：

（1）Kafka 体系架构主要涉及 Message、Topic、Partition、Broker、Producer、Consumer、Consumer Group 这 7 个部分：

①Message 是通信的基本单位，属于某个主题；

②Topic 是 Message 的组织形式，Kafka 根据 Topic 对消息进行分类；

③Partition 是分区，一个 Topic 可以分为多个 Partition，每个 Partition 还可以有多个副本，其中一个叫 Leader，其余的叫 Follower；

④Broker 是 Kafka 的实例，一个节点对应一个 Broker；

⑤Producer 负责向 Broker 发送消息；

⑥Consumer 负责拉取 Broker 中的消息；

⑦Consumer Group 包含多个 Consumer，组中每个 Consumer 负责消费 Topic 中的某个

Partition。

（2）Kafka 消息的分发机制：Kafka 的 Producer 决定了消息最终发送到哪个 Partition，其策略可以是 Random、Key-Hash、轮询等方式。

（3）Kafka 消息的消费机制：Kafka 消息的消费主要从 Consumer Group 的角度来考虑，最理想的情况是 Partition 的数量和 Consumer Group 中 Consumer 的数量一样。

（4）Kafka 消息的负载均衡机制：负载均衡的最终目的是提升 Topic 的并发消费能力。

（5）Kafka 文件存储机制：Kafka 文件按照 Partition→Segment（*.index 和*.log）来组织。

（6）Kafka 实战重点掌握 Kafka Shell 和 Kafka Java API：

①Kafka Shell 重点掌握创建 Topic、查看 Topic、生产 Topic、消费 Topic 和删除 Topic；

②Kafka Java API 重点掌握 Kafka 生产者、Kafka 消费者以及 Flume 整合 Kafka。

另外，读者可以扩展学习的内容有 Kafka 与其他消息队列的区别。

12.6 本章练习

一、单选题

（1）Kafka 生产消息和消费消息分别采用什么形式？（　　）

A．推送、拉取　　B．推送、推送　　C．拉取、拉取　　D．拉取、推送

（2）Broker 中的消息默认会保存多长时间？（　　）

A．1 分钟　　B．1 小时　　C．1 天　　D．1 周

（3）如果参数 request.required.acks 设置为 1，那么 Producer 消息发送后（　　）。

A．Producer 不会等待 Broker 发送 ack

B．当 Leader 接收到消息之后发送 ack

C．当所有的 Follower 都同步消息成功后发送 ack

D．以上都不是

（4）如果一个 Topic 有 2 个 Partition，一个 Consumer Group 有 3 个 Consumer，那么以下说法中正确的是（　　）。

A．只有 1 个 Consumer 会消费 2 个 Partition

B．3 个 Consumer 随机消费 2 个 Partition

C．3 个 Consumer 轮询消费 2 个 Partition

D．有 1 个 Consumer 没有消费

（5）如果一个 Topic 有 3 个 Partition，一个 Consumer Group 有 2 个 Consumer，那么以下说法中正确的是（　　）。

A．有 1 个 Partition 无法消费。

B．2 个 Consumer 随机消费 3 个 Partition。

C．2 个 Consumer 轮询消费 3 个 Partition。

D．有 1 个 Consumer 消费 2 个 Partition，另一个 Consumer 消费 1 个 Partition。

（6）Kafka 查找 Message 时，会查找对应的索引文件和数据文件，这 2 个步骤分别使用了什么方式？（　　）

A．先使用顺序遍历查找索引文件，再使用二分查找法查找数据文件。

B．先使用顺序遍历查找数据文件，再使用二分查找法查找索引文件。

C．先使用二分查找法查找索引文件，再使用顺序遍历查找数据文件。

D．先使用二分查找法查找数据文件，再使用顺序遍历查找索引文件。

二、多选题

（1）以下关于 Kafka 负载均衡原理的说法中正确的有哪些？（　　）

A．Producer 根据用户指定的算法，将消息发送到指定的分区。

B．存在多个分区，每个分区有自己的副本，每个副本分布在不同的 Broker 节点上。

C．多个分区需要选取出 Lead 分区，Lead 分区负责写，其余分区负责读，并由 ZooKeeper 负责 Fail Over。

D．通过 ZooKeeper 管理 Broker 与消费者的动态加入与离开。

（2）以下关于分区中的数据是如何保持到硬盘上的说法中正确的有哪些？（　　）

A．一个主题分为好几个分区，每一个分区是以文件夹的形式保持在 Broker 节点上面的。

B．每一个分区的命名是从序号 0 开始递增的。

C．每一个分区目录下有多个段文件（包含 xx.index、xx.log），默认为 1GB。

D．每个分区里面的消息是有序的，数据是一样的。

第 13 章 内存计算框架 Spark

本章简介

Apache Spark 是专为大规模数据处理而设计的快速通用的计算引擎。Spark 是 UC Berkeley AMP Lab(加州大学伯克利分校 AMP 实验室)所开源的类似 Hadoop MapReduce 的通用并行框架。Spark 拥有 Hadoop MapReduce 所具有的优点，但不同于 MapReduce 的是，任务中间输出结果可以保存在内存中，从而不再需要读写 HDFS。因此，Spark 能更好地适用于数据挖掘与机器学习等需要迭代的 MapReduce 计算。

本章首先介绍 Spark 的基本概况；然后介绍 Spark 的体系架构，这块有助于读者了解 Spark 的底层原理，为后面的实战打好坚实的理论基础。接着详细介绍 Spark 的安装部署和客户端操作，将之前的知识点都囊括了进来，这部分需要读者反复练习以达到熟练掌握的程度。最后从 3 个方向（Spark RDD、Spark SQL 和 Spark Streaming）分别介绍 Spark 实战。

13.1 Spark 概述

Spark 是一种快速、通用、可扩展的大数据分析引擎，2009 年诞生于加州大学伯克利分校 AMP 实验室，2010 年开源，2013 年 6 月成为 Apache 孵化项目，2014 年 2 月成为 Apache 顶级项目。目前，Spark 生态系统已经发展成为一个包含多个子项目的集合，其中包含 Spark SQL、Spark Streaming、GraphX、MLlib 等子项目。Spark 是基于内存计算的大数据并行计算框架。Spark 基于内存计算，提高了在大数据环境下数据处理的实时性，同时保证了高容错性和高可伸缩性，允许用户将 Spark 部署在大量廉价硬件之上，形成集群。Spark 得到了众多大数据公司的支持，这些公司包括 Hortonworks、IBM、Intel、Cloudera、MapR、Pivotal、百度、阿里巴巴、腾讯、京东、携程、优酷土豆。当前百度的 Spark 已应用于凤巢、大搜索、直达号、百度大数据等业务；阿里巴巴利用 GraphX 构建了大规模的图计算和图挖掘系统，实现了很多生产系统的推荐算法；腾讯 Spark 集群（2015 年）达到 8000 台的规模，是当时已知的世界上最大的 Spark 集群。

（1）Spark 具有以下特点：

①快。与 Hadoop 的 MapReduce 相比，Spark 基于内存的运算要快 100 倍以上，基于硬盘的运算也要快 10 倍以上。Spark 实现了高效的 DAG（Directed Acyclic Graph，有向无环图）

执行引擎，可以通过基于内存来高效处理数据流。

②易用。Spark 支持 Java、Python 和 Scala 的 API，还支持超过 80 种高级算法，使用户可以快速构建不同的应用。而且 Spark 支持交互式的 Python 和 Scala 的 Shell，可以非常方便地在这些 Shell 中验证解决 Spark 集群中出现的问题的方法。

③通用。Spark 提供了统一的解决方案。Spark 可以用于批处理、交互式查询（Spark SQL）、实时流处理（Spark Streaming）、机器学习（Spark MLlib）和图计算（GraphX）。这些不同类型的处理都可以在同一个应用中集成使用。Spark 统一的解决方案非常具有吸引力，毕竟任何公司都想用统一的平台去处理遇到的问题，以减少开发和维护的人力成本，以及部署平台的物力成本。

④兼容性。Spark 可以非常方便地与其他的开源产品进行融合。例如，Spark 可以使用 Hadoop 的 YARN 和 Apache Mesos 作为它的资源管理和调度器，并且可以处理所有 Hadoop 支持的数据，包括 HDFS、HBase 和 Cassandra 等。这对于已经部署 Hadoop 集群的用户特别重要，因为不需要做任何数据迁移就可以使用 Spark 的强大处理能力。Spark 也可以不依赖于第三方的资源管理和调度器，它实现了 Standalone 作为其内置的资源管理和调度框架，这样进一步降低了 Spark 的使用门槛，使得所有人都可以非常容易地部署和使用 Spark。此外，Spark 还提供了在 EC2 上部署 Standalone 的 Spark 集群的工具。

（2）Spark 相对于 Hadoop 的优势。Hadoop 虽然已成为大数据技术的事实标准，但其本身还存在诸多缺陷，最主要的缺陷是其 MapReduce 计算模型延迟过高，无法胜任实时、快速计算的需求，因而只适用于离线批处理的应用场景。

Hadoop 存在如下一些缺点：

①表达能力有限。计算都必须转化成 Map 和 Reduce 两个操作，但这并不适合所有的情况，难以描述复杂的数据处理过程。

②磁盘 IO 开销大。每次执行时都需要从磁盘读取数据，并且在计算完成后需要将中间结果写入磁盘中，IO 开销较大。

③延迟高。一次计算可能需要分解成一系列按顺序执行的 MapReduce 任务，任务之间的衔接由于涉及 IO 开销，会产生较高延迟。而且，在前一个任务执行完成之前，其他任务无法开始，难以胜任复杂、多阶段的计算任务。

Spark 主要具有如下优点：

①Spark 的计算模式包含 Map 和 Reduce 操作，还提供了多种高阶算子，编程模型比 MapReduce 更加灵活。

②Spark 提供了内存计算，中间结果直接放到内存中，带来了更高的迭代运算效率，大大减少了 IO 开销。

③Spark 基于有向无环图的任务调度执行机制，要优于 MapReduce 的迭代执行机制。

④Spark 提供了多种高层次、简洁的 API，对于实现相同功能的应用程序，Spark 的代码量要比 Hadoop 少 50%以上。

但 Spark 并不能完全替代 Hadoop，主要用于替代 Hadoop 中的 MapReduce 计算模型。实际上，Spark 已经很好地融入了 Hadoop 生态圈，并成为其中的重要一员，它可以借助 YARN 实现资源调度管理，借助 HDFS 实现分布式存储。

（3）Spark 生态系统。Spark 的生态系统主要包含了 Spark Core、Spark SQL、Spark Streaming、MLlib 和 GraphX 等组件，各个组件的大概功能介绍如下：

①Spark Core。Spark Core 包含 Spark 的基本功能，如内存计算、任务调度、部署模式、故障恢复、存储管理等。Spark 建立在统一的抽象 RDD（Resilient Distributed DataSet，弹性分布式数据集）之上，可以使其以统一的方式应对不同的大数据处理场景。通常所说的 Spark，就是指 Spark Core。

②Spark SQL。Spark SQL 允许开发人员直接处理 RDD，同时也可查询 Hive、HBase 等外部数据源。Spark SQL 的一个重要特点是其能够统一处理关系表和 RDD，使得开发人员可以轻松地使用 SQL 命令进行查询，并进行更复杂的数据分析。

③Spark Streaming。Spark Streaming 支持高吞吐量、可容错处理的实时流数据处理，其核心思路是将流式计算分解成一系列短小的批处理作业。Spark Streaming 支持多种数据输入源，如 Kafka、Flume 和 TCP 套接字等。

④MLlib（机器学习）。MLlib 提供了常用机器学习算法的实现，包括聚类、分类、回归、协同过滤等，降低了机器学习的门槛，开发人员只要具备一定的理论知识就能进行机器学习的工作。

⑤GraphX（图计算）。GraphX 是 Spark 中用于图计算的 API，可认为是 Pregel（一种图计算软件）在 Spark 上的重写及优化。GraphX 性能良好，拥有丰富的功能和运算符，能在海量数据上自如地运行复杂的图算法。

13.2 Spark 体系架构

Spark 体系架构包括集群资源管理器（Cluster Manager）、运行作业任务的工作节点（Worker Node）、每个应用的任务控制节点（Driver）以及每个工作节点上负责具体任务的执行进程（Executor）。其中，集群资源管理器可以是 Spark 自带的资源管理器，也可以是 YARN 或 Mesos 等资源管理框架。如图 13.1 所示。

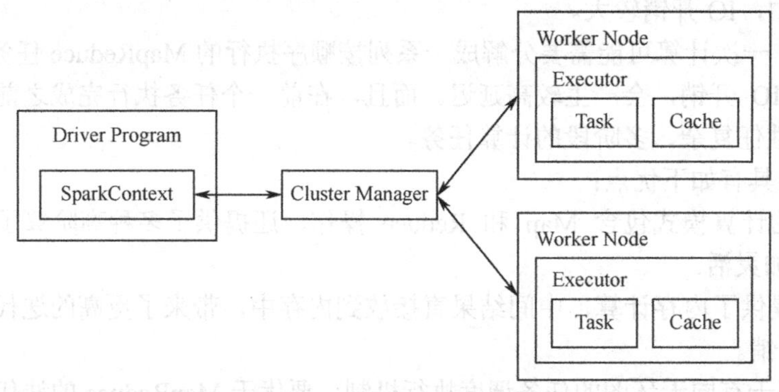

图 13.1 Spark 体系架构

先介绍几个相关概念：

Application：即 Spark 应用程序，运行于 Spark 上的用户程序，由集群上的一个 Driver Program、一个 Cluster Manager 和多个 Worker Node 上的 Executor 进程组成。

Application JAR：即 Spark 应用程序打成的 JAR 包，JAR 包中包含了用户 Spark 应用程序的源代码，提交到集群中运行时，不需要将 Spark 依赖包打进包，因为集群中已经含有这些包。

Driver Program：包含 Main 方法的程序，负责创建 SparkContext 上下文环境对象。

Cluster Manager：集群资源管理器，如 Spark 自带的资源管理器、Mesos、Hadoop YARN。

Worker Node：工作节点，集群中可以运行 Spark 应用程序的节点。

Executor：Worker Node 上的进程，该进程用于执行具体的 Spark 应用程序任务，负责任务间的数据维护（数据在内存中或磁盘上）。不同的 Spark 应用程序有不同的 Executor。

Job：作业，由多个 Task（任务）构成的计算过程，每当执行一个 Action（动作）的时候，会生成一个 Job。

Stage：阶段，每个 Job 将被拆分为更小的集合，这些集合被称为 Stage，各个 Stage 相互独立(类似于 MapReduce 中的 Map Stage 和 Reduce Stage)。由于每个 Stage 由多个 Task 构成，因此也称为 TaskSet。

Task：任务，运行于 Executor 中的任务单元，Spark 应用程序最终被划分为经过优化后的多个任务的集合。

Spark 应用的构成如图 13.2 所示。在 Spark 中，可以同时跑多个应用（Application），一个应用（Application）由一个任务控制节点（Driver）和若干个作业（Job）构成，一个作业由多个阶段（Stage）构成，一个阶段由多个任务（Task）组成。当执行一个应用时，任务控制节点会向集群管理器（Cluster Manager）申请资源，启动 Executor，并向 Executor 发送应用程序代码和文件，然后在 Executor 上执行任务。运行结束后，执行结果会返回给任务控制节点，或者写到 HDFS 或其他数据库中。

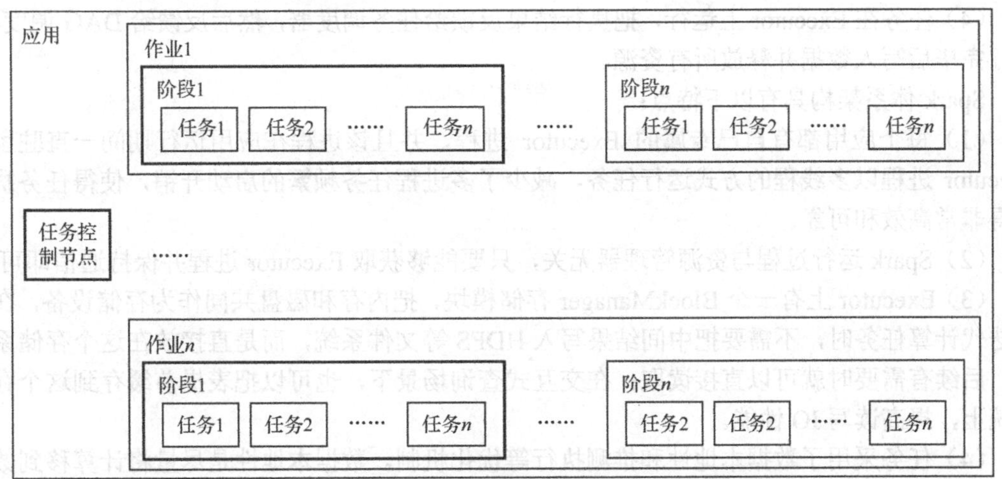

图 13.2　Spark 应用构成

Spark 应用的基本运行流程如图 13.3 所示。

（1）当一个 Spark 应用被提交时，首先需要为这个应用构建起基本的运行环境，即由任务控制节点（Driver）创建一个 SparkContext，由 SparkContext 负责和资源管理器（Cluster Manager）的通信以及进行资源的申请、任务的分配和监控等。SparkContext 会向资源管理器注册并申请运行 Executor 的资源。

（2）资源管理器为 Executor 分配资源，并启动 Executor 进程，Executor 运行情况将随着“心跳”发送到资源管理器上。

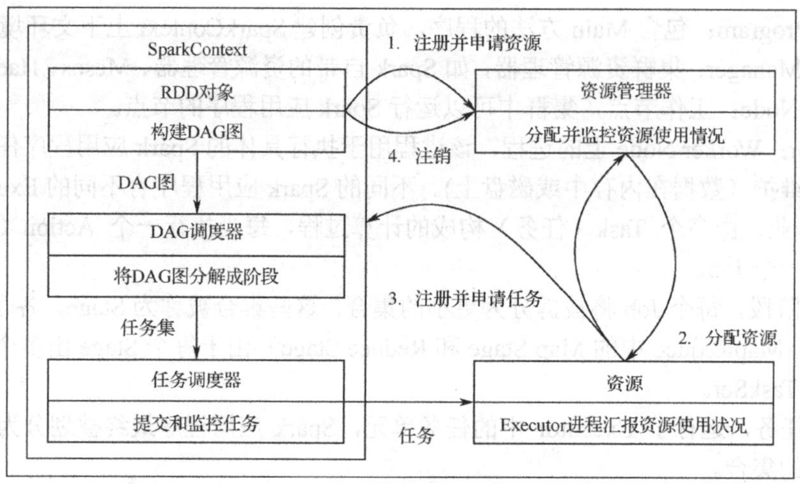

图 13.3 Spark运行流程

（3）SparkContext 根据 RDD 的依赖关系构建 DAG 图，DAG 图提交给 DAG 调度器（DAGScheduler）进行解析，将 DAG 图分解成多个“阶段”（每个阶段都是一个任务集），并且计算出各个阶段之间的依赖关系，然后把一个个“任务集”提交给底层的任务调度器（TaskScheduler）进行处理；Executor 向 SparkContext 申请任务，任务调度器将任务分发给 Executor 运行，同时，SparkContext 将应用程序代码发放给 Executor。

（4）任务在 Executor 上运行，把执行结果反馈给任务调度器，然后反馈给 DAG 调度器，运行完毕后写入数据并释放所有资源。

Spark 体系架构具有以下特点：

（1）每个应用都有自己专属的 Executor 进程，并且该进程在应用运行期间一直驻留。Executor 进程以多线程的方式运行任务，减少了多进程任务频繁的启动开销，使得任务执行变得非常高效和可靠。

（2）Spark 运行过程与资源管理器无关，只要能够获取 Executor 进程并保持通信即可。

（3）Executor 上有一个 BlockManager 存储模块，把内存和磁盘共同作为存储设备，在处理迭代计算任务时，不需要把中间结果写入 HDFS 等文件系统，而是直接放在这个存储系统上，后续有需要时就可以直接读取；在交互式查询场景下，也可以把表提前缓存到这个存储系统上，提高读写 IO 性能。

（4）任务采用了数据本地性和推测执行等优化机制。数据本地性是尽量将计算移到数据所在的节点上进行，即“计算向数据靠拢”，因为移动计算比移动数据所占的网络资源要少得多。而且，Spark 采用了延时调度机制，可以在更大的程度上实现执行过程优化。例如，拥有数据的节点当前正被其他的任务占用，那么，在这种情况下是否需要将数据移动到其他的空闲节点呢？答案是不一定。因为，如果经过预测发现当前节点结束当前任务的时间要比移动数据的时间还要少，那么，调度就会等待，直到当前节点可用。

13.3 Spark 安装部署

Spark 的部署分为两大类：一类是本地（Local）模式，适用于测试与本地学习开发；另一类是集群模式，适用于线上项目开发。

Spark 应用程序在集群上部署运行时，可以由不同的组件为其提供资源管理调度服务（资源包括 CPU、内存等）。例如，可以使用自带的独立集群管理器（Standalone），或者使用 YARN，也可以使用 Mesos。因此，Spark 包括 3 种不同类型的集群部署方式，即 Standalone、Spark on Mesos 和 Spark on YARN。

（1）Standalone 模式。与 MapReduce 1.0 框架类似，Spark 框架本身也自带了完整的资源调度管理服务，可以独立部署到一个集群中，而不需要依赖其他系统来为其提供资源管理调度服务。在架构的设计上，Spark 与 MapReduce 1.0 完全一致，都是由一个 Master 和若干个 Slave 构成，并且以槽（slot）作为资源分配单位。不同的是，Spark 中的槽不再像 MapReduce 1.0 那样分为 Map 槽和 Reduce 槽，而是只设计了统一的一种槽提供给各种任务来使用。

（2）Spark on Mesos 模式。Mesos 是一种资源调度管理框架，可以为运行在它上面的 Spark 提供服务。Spark on Mesos 模式中，Spark 程序所需要的各种资源都由 Mesos 负责调度。由于 Mesos 和 Spark 存在一定的血缘关系，因此，Spark 这个框架在进行设计开发的时候，就考虑到了对 Mesos 的充分支持。因此，相对而言，Spark 运行在 Mesos 上，要比运行在 YARN 上更加灵活、自然。目前，Spark 官方推荐采用这种模式，所以，许多公司在实际应用中也采用该模式。

（3）Spark on YARN 模式。Spark 可运行于 YARN 之上，与 Hadoop 进行统一部署，即“Spark on YARN”，其架构如图 13.4 所示，资源管理和调度依赖 YARN，分布式存储则依赖 HDFS。

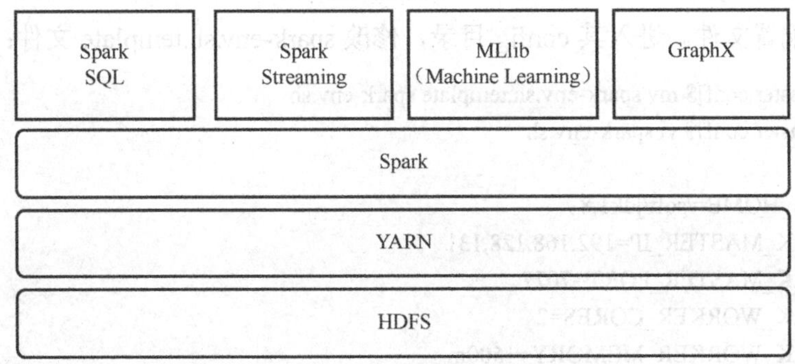

图 13.4 Spark on YARN

这里我们采用 Standalone 模式，Spark 的版本为 spark-2.3.4-bin-hadoop2.7.tgz，其内置的 Scala 版本为 2.11.8。采用前面几章的环境，使用虚拟机模拟的 3 台节点，已经安装好了 Java、Hadoop 和 ZooKeeper。计划在这 3 个节点上安装 Spark 集群，具体规划如表 13.1 所示。

表 13.1 Spark 集群部署规划表

主机名	IP 地址	运行进程	软硬件配置
master	192.168.128.131	NameNode SecondaryNameNode ResourceManager QuorumPeerMain Master（Spark 主节点）	操作系统：CentOS 7.6.1810 Java：Oracle JDK 8u65 Hadoop：Hadoop 2.9.2 内存：1GB CPU：1 个 1 核 硬盘：20GB ZooKeeper：ZooKeeper 3.4.5 HBase：1.4.13 Spark：2.3.4

续表

主 机 名	IP 地址	运 行 进 程	软硬件配置
slave1	192.168.128.132	DataNode NodeManager QuorumPeerMain Worker（Spark 从节点）	同上
slave2	192.168.128.133	DataNode NodeManager QuorumPeerMain Worker（Spark 从节点）	同上

（1）下载。从 Spark 的官网下载 spark-2.3.4-bin-hadoop2.7.tgz 安装包，上传到 3 台节点的/soft 目录下。注意：后续操作需要在这 3 个节点上做同样的操作，这里以 master 节点为例进行演示。

（2）解压改名：

```
[hadoop@master soft]$ tar -zxvf spark-2.3.4-bin-hadoop2.7.tgz
[hadoop@master soft]$ mv spark-2.3.4-bin-hadoop2.7 spark-2.3.4
```

（3）修改配置文件。进入其 config 目录，修改 spark-env.sh.template 文件：

```
[hadoop@master conf]$ mv spark-env.sh.template spark-env.sh
[hadoop@master conf]$ vi spark-env.sh
……
export JAVA_HOME=/soft/jdk1.8
export SPARK_MASTER_IP=192.168.128.131
export SPARK_MASTER_PORT=7077
export SPARK_WORKER_CORES=2
export SPARK_WORKER_MEMORY=1500m
```

其中：

JAVA_HOME 表示 Java 的主目录。

SPARK_MASTER_IP 表示 Spark 集群的主节点 Master 的 IP 地址。

SPARK_MASTER_PORT 表示 Spark 集群的主节点 Master 的默认端口为 7077。

SPARK_WORKER_CORES 表示作业可用的 CPU 内核数量，如果不设置的话，就是默认的虚拟机的 CPU 内核数。

SPARK_WORKER_MEMORY 表示作业可使用的内存容量，如果不设置的话，就是默认的 1GB。注意：如果使用 GB 为单位，则不能使用小数，比如 1.5GB 是错误的，只能改成以 MB 为单位的 1500MB 这种写法。

然后修改 slaves.template 文件：

```
[hadoop@master conf]$ mv slaves.template slaves
[hadoop@master conf]$ vi slaves
……
192.168.128.132
192.168.128.133
```

在 slaves 文件中添加从节点（即 Worker 节点）的 IP 地址，一行一个。

（4）配置环境变量：

```
[hadoop@master conf]$ sudo vi /etc/profile
……
export SPARK_HOME=/soft/spark-2.3.4
export PATH=$SPARK_HOME/bin:$PATH
[hadoop@master conf]$ source /etc/profile
```

（5）启动验证。首先启动 Hadoop，至少要把 HDFS 启动起来，YARN 可以不启动。然后在 master 节点上使用命令“start-all.sh”启动 Spark 集群：

```
[hadoop@master soft]$ spark-2.3.4/sbin/start-all.sh
```

注意：这里之所以带上命令的路径，一是我们只配置了 bin 目录的环境变量，没有配置 sbin 目录的环境变量；二是此命令和 Hadoop 的启动命令“start-all.sh”一样。

启动后，查看进程：

```
[hadoop@master soft]$ jps
2646 NameNode
2858 SecondaryNameNode
3310 Master
3007 ResourceManager
[hadoop@slave1 soft]$ jps
2530 NodeManager
2681 Worker
2458 DataNode
[hadoop@slave2 soft]$ jps
2448 DataNode
2614 Worker
2520 NodeManager
```

可以看到，在主节点 master 上有 Master 进程，在从节点 slave1 和 slave2 上有 Worker 进程。我们还可以访问 master 节点的 Web 界面 http://192.168.128.131:8080/，如图 13.5 所示。

Spark Master at spark://master:7077

URL: spark://master:7077
REST URL: spark://master:6066 (cluster mode)
Alive Workers: 2
Cores in use: 4 Total, 0 Used
Memory in use: 2.9 GB Total, 0.0 B Used
Applications: 0 Running, 0 Completed
Drivers: 0 Running, 0 Completed
Status: ALIVE

Workers (2)

Worker Id	Address	State	Cores	Memory
worker-20200823180636-192.168.128.132-33086	192.168.128.132:33086	ALIVE	2 (0 Used)	1500.0 MB (0.0 B Used)
worker-20200823180646-192.168.128.133-42737	192.168.128.133:42737	ALIVE	2 (0 Used)	1500.0 MB (0.0 B Used)

Running Applications (0)

Application ID	Name	Cores	Memory per Executor	Submitted Time	User	State	Duration

Completed Applications (0)

Application ID	Name	Cores	Memory per Executor	Submitted Time	User	State	Duration

图 13.5　Spark Web 界面

（6）关闭：

```
[hadoop@master soft]$ spark-2.3.4/sbin/stop-all.sh
```

使用命令“stop-all.sh”来关闭 Spark 集群。

至此，Standalone 模式的 Spark 集群已经安装部署成功。

13.4 Spark 客户端操作

1. Spark Shell

Spark Shell 是 Spark 自带的交互式 Shell 程序，方便用户进行交互式编程，用户可以在该命令行下用 Scala（或者 Java）编写 Spark 程序。后面我们学习 Spark 算子时，也可以在 Shell 下直接编程学习。

首先启动 Spark Shell：

```
[hadoop@master soft]$ spark-shell --master spark://192.168.128.131:7077 --executor-memory 1g --total-executor-cores 2
2020-08-23 19:16:41 WARN  NativeCodeLoader:62 - Unable to load native-hadoop library for your platform... using builtin-java classes where applicable
Setting default log level to "WARN".
To adjust logging level use sc.setLogLevel(newLevel). For SparkR, use setLogLevel(newLevel).
Spark context Web UI available at http://master:4040
Spark context available as 'sc' (master = spark://192.168.128.131:7077, app id = app-20200823191756-0000).
Spark session available as 'spark'.
Welcome to
      ____              __
     / __/__  ___ _____/ /__
    _\ \/ _ \/ _ `/ __/  '_/
   /___/ .__/\_,_/_/ /_/\_\   version 2.3.4
      /_/

Using Scala version 2.11.8 (Java HotSpot(TM) 64-Bit Server VM, Java 1.8.0_65)
Type in expressions to have them evaluated.
Type :help for more information.

scala>
```

可以看到，Spark 的版本为 2.3.4，Scala 的版本为 2.11.8，Spark context 上下文使用 sc 来代替，Spark session 用 spark 来代替。

参数“--master spark://192.168.128.131:7077”指定 Master 的地址；“--executor-memory 1g”指定每个 Worker 可用内存为 1GB；“--total-executor-cores 2”指定整个集群使用的 CPU 核数为 2 个。

退出使用命令“:quit”即可。

下面我们以 WordCount 为例，来看一下 Spark Shell 中如何编程。

首先往 HDFS 上传一个 words.txt 文件：

```
[hadoop@master soft]$ vi words.txt
hello world
hello hello world
kof
[hadoop@master soft]$ hadoop fs -put words.txt /
```

然后在 Spark Shell 中用 Scala 语言编写 Spark 程序如下：

```
scala>sc.textFile("hdfs://192.168.128.131:9000/words.txt").flatMap(_.split(" ")).map((_,1)).
reduceByKey(_+_).saveAsTextFile("hdfs://192.168.128.131:9000/out")
```

执行完毕后，在 HDFS 上查看输出结果：

```
[hadoop@master soft]$ hadoop fs -cat /out/part*
(hello,3)
(kof,1)
(world,2)
```

其中：

sc 是 SparkContext 对象，该对象是提交 Spark 程序的入口。

textFile(hdfs://192.168.128.131:9000/words.txt)是从 HDFS 中读取数据。

flatMap(_.split(" "))先对每一行数据使用空格分隔成多个单词构成的数组，然后再把多行的数组合并成一个数组。

map((_,1))将数组中每个单词和 1 构成元组映射。

reduceByKey(_+_)按照元组的 key 进行 Reduce 操作，相同 key 的元组的 value 将被累加起来。

saveAsTextFile("hdfs://192.168.128.131:9000/out")将结果写入 HDFS 中的 out 目录。

可以看到，使用 Spark 的原生语言 Scala 来编写 WordCount 非常简洁，采用链式方式，使用了几个高阶函数（也叫算子）就可以实现了。而如果使用 Java 来编写的话，代码量则是好几倍，每一个高阶函数要么使用匿名内部类，要么使用 Lambda 表达式，而这些实际上都是函数式编程的方式。所以，使用 Scala 这种混合了函数式编程与面向对象编程的语言来编写代码会非常简洁。因此，本章以及后面的章节涉及 Spark 的代码，我们都统一使用 Scala 来编写，读者如果没有 Scala 基础的话，可以先自行补充这部分基础知识即可。

2. Spark Submit

当我们在生产部署与发布的时候，不可能在 Spark Shell 中来写代码，通常是在 IDE 开发环境中写好代码并调试，然后打成 JAR 包，再使用 Spark Submit 来提交应用到 Spark 集群部署运行。

默认情况下，我们在 Eclipse 中创建的是 Java 的 Maven 项目，是不能直接创建 Scala 的 Class 和 Object 的。解决办法是直接选择项目并单击鼠标右键，在弹出的快捷菜单中选择“Configurg”→“Add Scala Nature”命令。之后重新配置一下 Scala 的版本，保持和 Spark 安装包中的 Scala 同一个版本即可。我们之前下载安装的 Spark 版本为 spark-2.3.4-bin-hadoop2.7.tgz，其 Scala 的版本是 2.11.8，此处在 Eclipse 中的 Scala 版本选择的是最接近的一个版本 2.11.11。

然后在 Eclipse 中引入依赖：

```
<dependency>
    <groupId>org.apache.spark</groupId>
    <artifactId>spark-core_2.11</artifactId>
```

```
        <version>2.3.4</version>
    </dependency>
```

下面我们以 WordCount 为例，完整代码如程序清单 13.1 所示。

```
package org.lanqiao.BigData.chapter13

import org.apache.spark.SparkConf
import org.apache.spark.SparkContext

object WordCount {
  def main(args: Array[String]) {
    //创建 SparkConf()并设置应用名称
    val conf = new SparkConf().setAppName("wordcount")
    //创建 SparkContext 上下文对象，该对象是提交 Spark 应用的入口
    val sc = new SparkContext(conf)
    //使用 sc 创建 RDD 并执行相应的 transformation 和 action
    sc.textFile(args(0))//读取文件内容，设置为动态参数
    .flatMap(_.split(" "))//先对每一行数据使用空格分隔成多个单词构成的数组，然后再把多行的数组合并成一个数组
    .map((_, 1))//将数组中每个单词和 1 构成元组映射
    .reduceByKey(_ + _)//按照元组的 key 进行 reduce 操作，相同 key 的元组的 value 将被累加起来
    .sortBy(_._2, false)//按照元组的 value 值进行降序排列
    .saveAsTextFile(args(1))//将结果写入 HDFS 中，设置为动态参数
    //停止 sc，结束该任务
    sc.stop()
  }
}
```

程序清单 13.1

先打成 JAR 包 wordcount.jar，然后使用 Spark Submit 命令提交 Spark 应用：

```
[hadoop@master soft]$ spark-submit --class org.lanqiao.BigData.chapter13.WordCount \
--master spark://192.168.128.131:7077 --executor-memory 1G --total-executor-cores 2 \
/home/hadoop/wordcount.jar \
hdfs://192.168.128.131:9000/words.txt hdfs://192.168.128.131:9000/out
```

其中，"\" 的作用是当命令很长时，可以分成多行来写，注意空格；最后 2 个参数是程序中的动态参数 args(0)和 args(1)，分别代表输入和输出。

查看程序执行结果：

```
[hadoop@master soft]$ hadoop fs -cat hdfs://192.168.128.131:9000/out/part-0*
(hello,3)
(world,2)
(kof,1)
```

3. Spark on YARN

Spark on YARN 是把资源管理器交给 YARN 来管理，启动时需要先把 YARN 也启动起来，同时就没有必要启动 Spark 的 master 和 worker 进程了。

在 3 台节点系统环境中添加 Hadoop 的配置目录：

```
[hadoop@master soft]$ sudo vi /etc/profile
……
export HADOOP_CONF_DIR=/soft/hadoop-2.9.2/etc/hadoop
[hadoop@master soft]$ source /etc/profile
```

把 Spark 交给 YARN 管理，有可能因为内存不足而杀死启动的 Application Master，所以在 3 台节点的 yarn-site.xml 中增加配置：

```
<property>
    <name>yarn.nodemanager.pmem-check-enabled</name>
    <value>false</value>
</property>
<property>
    <name>yarn.nodemanager.vmem-check-enabled</name>
    <value>false</value>
</property>
```

这两个配置主要是不检查相关内存是否够用，适合于内存吃紧的环境。

其启动方式有两种：client 方式和 cluster 方式。client 方式用于交互和调试，cluster 方式用于生产环境。

如果启动的是 Spark Shell，则只能使用 client 方式；如果启动的是 Spark Submit，则两种方式都可以使用。

①以 Spark Shell 方式启动 Spark 客户端：

```
[hadoop@master soft]$ spark-shell --master yarn --deploy-mode client --executor-memory 1g
```

其中，“spark-shell”命令表示以 Spark Shell 方式启动 Spark 客户端；“--master yarn”表示以 YARN 的方式来管理资源；“--deploy-mode client”表示以客户端方式启动；“--executor-memory 1g”表示启动内存为 1GB。

②以 Spark Submit 的 client 方式启动运行某个任务：

```
[hadoop@master soft]$ spark-submit --master yarn --deploy-mode client \
--executor-memory 1g --class org.lanqiao.BigData.chapter13.WordCount /home/hadoop/wordcount.jar \
hdfs://192.168.128.131:9000/words.txt hdfs://192.168.128.131:9000/out
```

其中，“spark-submit”命令表示以 Spark Submit 方式来运行任务；“--master yarn”表示以 YARN 的方式来管理资源；“--deploy-mode client”表示以客户端方式启动；“--executor-memory 1g”表示启动内存为 1GB；“--class org.lanqiao.BigData.chapter13.WordCount”表示 main 方法所在的类路径；“/home/hadoop/wordcount.jar”表示打成的 JAR 包路径；“hdfs://192.168.128.131:9000/words.txt”表示输入文件路径；“hdfs://192.168.128.131:9000/out”表示输出路径。

③以 Spark Submit 的 cluster 方式启动运行某个任务：

```
[hadoop@master soft]$ spark-submit --master yarn --deploy-mode cluster \
--executor-memory 1g --class org.lanqiao.BigData.chapter13.WordCount /home/hadoop/wordcount.jar \
hdfs://192.168.128.131:9000/words.txt hdfs://192.168.128.131:9000/out
```

其中，“spark-submit”命令表示以 Spark Submit 方式来运行任务；“--master yarn”表示以 YARN 的方式来管理资源；“--deploy-mode cluster”表示以集群方式启动；“--executor-memory 1g”表示启动内存为 1GB；“--class org.lanqiao.BigData.chapter13.WordCount”表示 main 方法所在的类路径；“/home/hadoop/wordcount.jar”表示打成的 JAR 包路径；“hdfs://192.168.128.131:9000/words.txt”表示输入文件路径；“hdfs://192.168.128.131:9000/out”表示输出路径。

13.5　Spark RDD

13.5.1　Spark RDD 概述

RDD（Resilient Distributed Dataset）即弹性分布式数据集，是 Spark 中最基本的数据抽象，它代表一个不可变、可分区、里面的元素可并行计算的集合。RDD 具有数据流模型的特点：自动容错、位置感知性调度和可伸缩性。RDD 允许用户在执行多个查询时显式地将工作集缓存在内存中，后续的查询能够重用工作集，这极大地提升了查询速度。

RDD 具有以下特点：

（1）RDD 由一系列分区（Partition）构成。对于 RDD 来说，每个分区都会被同一个计算任务并行处理。用户可以在创建 RDD 时指定 RDD 的分区个数，如果没有指定，那么就会采用默认值。默认值就是程序所分配到的 CPU Core 的数目。

（2）RDD 之间存在着依赖关系。RDD 的每次转换都会生成一个新的 RDD，所以 RDD 之间就会形成类似于流水线一样的前后依赖关系。在部分分区数据丢失时，Spark 可以通过这个依赖关系重新计算丢失的分区数据，而不是对 RDD 的所有分区进行重新计算。

（3）RDD 的分区方式。当前 Spark 中实现了两种类型的分区函数：一个是基于哈希的 HashPartitioner；另外一个是基于范围的 RangePartitioner。只有对于 key-value 类型的 RDD 才会有分区，非 key-value 的 RDD 的分区是 None。Partitioner 函数决定了 RDD 本身的分片数量。

（4）RDD 的计算方式。Spark 中有一个列表，存储着每个分区的优先位置。对于一个 HDFS 文件来说，这个列表保存的就是每个分区所在的块的位置。按照“移动数据不如移动计算”的理念，Spark 在进行任务调度的时候，会尽可能地将计算任务分配到其所要处理数据块的存储位置。

13.5.2　Spark RDD 算子

算子即高阶函数，Spark RDD 算子分为两种类型：Transformation（转换）和 Action（动作）。所有的转换都是延迟加载的，也就是说，它们并不会直接计算结果，只是记住这些数据集上的转换。只有当发生一个动作时，这些转换才会真正地运行。这种延迟设计让 Spark 更加有效率地运行。

下面我们就来介绍一些常用的转换和动作。为了方便起见，我们以 YARN 的 Spark Shell 的方式来学习。

进入客户端 Shell：

```
[hadoop@master ~]$ spark-shell --master yarn --deploy-mode client --executor-memory 1g
Spark context Web UI available at http://master:4040
```

```
......
scala>
```

可以看到，此模式下 Web UI 界面的端口为 4040。

（1）创建 RDD。

①parallelize()。在 Shell 下，我们可以用 Scala 的集合作为数据集，使用 parallelize()方法来创建 RDD。

```
scala>val rdd1 = sc.parallelize(Array(1,2,3,4,5,6,7,8))
```

②textFile()。还可以用外部存储系统的数据集，包括本地的文件系统，还有所有 Hadoop 支持的数据集，如 HDFS、Cassandra、HBase 等作为数据集，使用 textFile()方法来创建 RDD。

```
scala> val rdd2 = sc.textFile("hdfs://192.168.128.131:9000/words.txt")
```

（2）Action 动作。上面我们介绍了 2 种创建 RDD 的方法，但是不知道创建结果长什么样子。下面我们来介绍 Action 动作，它能使我们看见数据集的结果。

①collect()。collect()方法以数组的形式返回 RDD 的所有元素。

```
scala> rdd1.collect()
res0: Array[Int] = Array(1, 2, 3, 4, 5, 6, 7, 8)
```

②count()。count()方法返回 RDD 的元素个数。

```
scala> rdd1.count()
res1: Long = 8
```

③first()。first()方法返回 RDD 的第一个元素。

```
scala> rdd1.first()
res2: Int = 1
```

④take(*n*)。take(*n*)方法以数组的形式返回 RDD 的前 *n* 个元素。

```
scala> rdd1.take(3)
res3: Array[Int] = Array(1, 2, 3)
```

⑤foreach(func)。foreach(func)方法对 RDD 中的每一个元素调用 func 函数计算，没有返回值。

```
scala> rdd1.foreach(_+1)
```

这里把 RDD 中每一个元素加 1，计算完毕是看不到结果的，计算结果会在 Web UI 上的对应任务上的 stdout 文件中输出。输出结果有 2 个文件，内容分别如下：

```
2
3
4
5
```

和

```
6
7
```

```
8
9
```

为什么有 2 个文件呢？这是因为之前我们说过，默认的 RDD 的分区数，如果没有设置的话，就是 CPU Core 的数量，而笔者的电脑中 CPU 为 2 核。而如果我们想要设置这个分区数的话，可以在创建时为 parallelize()方法添加第二个参数，如 sc.parallelize(Array(1,2,3,4,5,6,7,8),3)表示设置为 3 个分区。

⑥countByKey()。countByKey()方法针对(K,V)类型的 RDD，返回一个(K,Int)类型的 Map，表示每一个 key 对应的元素个数。

```
scala> sc.parallelize(List(("a",1),("b",2),("a",1))).countByKey()
res4: scala.collection.Map[String,Long] = Map(b -> 1, a -> 2)
```

⑦saveAsTextFile(path)。将 RDD 的元素以文本文件的形式保存到 HDFS 文件系统或者其他支持的文件系统，对于每个元素，Spark 将会调用 toString 方法，将它转换为文件中的文本。

```
scala>rdd1.saveAsTextFile("hdfs://192.168.128.131:9000/a")
[hadoop@master soft]$ hadoop fs -ls /a
-rw-r--r--    2 hadoop supergroup          0 2020-08-26 17:54 /a/_SUCCESS
-rw-r--r--    2 hadoop supergroup          8 2020-08-26 17:54/a/part-00000
-rw-r--r--    2 hadoop supergroup          8 2020-08-26 17:54 /a/part-00001
[hadoop@master soft]$ hadoop fs -cat /a/part-00000
2
3
4
5
[hadoop@master soft]$ hadoop fs -cat /a/part-00001
6
7
8
9
```

（3）Transformation 转换。下面我们来介绍 RDD 的转换操作。

①map(func)。map(func)方法返回一个新的 RDD，该 RDD 由每一个输入元素经过 func 函数转换后组成。

```
scala> rdd1.map(_*2)
res5: org.apache.spark.rdd.RDD[Int] = MapPartitionsRDD[5] at map at <console>:26
```

可以看到，转换并没有做任何计算，只是标记了它的计算和类型而已。如果要看结果，我们可以在它后面再调用一次 Action 即可。

```
scala> rdd1.map(_*2).collect()
res6: Array[Int] = Array(2, 4, 6, 8, 10, 12, 14, 16)
```

②filter(func)。filter(func)方法返回一个新的 RDD，该 RDD 由经过 func 函数计算后返回值为 true 的输入元素组成。

```
scala> rdd1.filter(_>5).collect()
res7: Array[Int] = Array(6, 7, 8)
```

③flatMap(func)。如果把每一个输入元素映射为多个输出元素的话，map(func)方法返回结果就相当于一个二维数组。

```
scala>sc.parallelize(Array("hmmlovelilei","tiger is big","huhu is big")).map(_.split(" ")).collect()
res8: Array[Array[String]] = Array(Array(hmm, love, lilei), Array(tiger, is, big), Array(huhu, is, big))
```

而 flatMap(func)方法则会在此基础上把二维数组合并为一个一维数组。

```
scala>sc.parallelize(Array("hmmlovelilei","tiger is big","huhu is big")).flatMap(_.split(" ")).collect()
res9: Array[String] = Array(hmm, love, lilei, tiger, is, big, huhu, is, big)
```

④mapPartitions(func)。map(func)方法中 func 是作用在每个元素上的，而 mapPartitions(func)方法中 func 是作用在每个分区上的。换句话说，map(func)每次处理一条数据，mapPartitions(func)每次处理一个分区的数据，这个分区的数据处理完后，原 RDD 中分区的数据才能释放，可能导致 OOM（内存溢出），当内存空间较大的时候建议使用 mapPartition (func)，以提高处理效率。

```
scala>def func1(ite:Iterator[Int]):Iterator[Int] = {for(it <- ite) yield it*it}
func1: (ite: Iterator[Int])Iterator[Int]
scala> rdd1.mapPartitions (func1).collect()
res10: Array[Int] = Array(1, 4, 9, 16, 25, 36, 49, 64)
```

⑤mapPartitionsWithIndex(func)。mapPartitionsWithIndex(func)方法同 mapPartitions(func)，只不过 func 多了一个分区索引的参数，可以更加细致地控制每个分区。

首先使用“:paste”命令进入多行代码编写模式：

```
scala> :paste
// Entering paste mode (ctrl-D to finish)
import scala.collection.mutable.ListBuffer
def func2(index:Int,ite:Iterator[Int]):Iterator[Int] = {
    var info = new ListBuffer[Int]() //收集每个分区的索引+数据
    var r = new ListBuffer[Int]() //平方
    info += index
    for(it <- ite) {info += it; r += it*it;}
    println(info)
    r.toIterator
}
```

然后使用 Ctrl+D 快捷键命令退出该模式：

```
scala> rdd1.mapPartitionsWithIndex(func2).collect()
res11: Array[Int] = Array(1, 4, 9, 16, 25, 36, 49, 64)
```

这里的显示结果是计算完之后的返回值，而在程序中的 println(info)打印输出会在 Web UI 上的对应任务上的 stdout 中输出。输出结果有 2 个文件，内容分别如下：

```
ListBuffer(0, 1, 2, 3, 4)
```

和

```
ListBuffer(1, 5, 6, 7, 8)
```

⑥union(RDD)。union(RDD)方法对源 RDD 和参数 RDD 求并集后返回一个新的 RDD。

```
scala>var rdd1 = sc.parallelize(1 to 10)
scala>var rdd2 = sc.parallelize(5 to 15)
scala>rdd1.union(rdd2).collect()
res12: Array[Int] = Array(1, 2, 3, 4, 5, 6, 7, 8, 9, 10, 5, 6, 7, 8, 9, 10, 11, 12, 13, 14, 15)
```

⑦intersection(RDD)。intersection(RDD)方法对源 RDD 和参数 RDD 求交集后返回一个新的 RDD。

```
scala>var rdd1 = sc.parallelize(1 to 10)
scala>var rdd2 = sc.parallelize(5 to 15)
scala>rdd1.intersection(rdd2).collect()
res13: Array[Int] = Array(6, 8, 10, 7, 9, 5)
```

⑧distinct()。distinct()方法对源 RDD 进行去重后返回一个新的 RDD。

```
scala>var rdd1 = sc.parallelize(1 to 10)
scala>var rdd2 = sc.parallelize(5 to 15)
scala>rdd1.union(rdd2).distinct().collect()
res14: Array[Int] = Array(4, 8, 12, 13, 1, 9, 5, 14, 6, 10, 2, 15, 11, 3, 7)
```

⑨groupByKey()。groupByKey()方法在一个(K,V)类型的 RDD 上调用，返回一个依据 key 分组的(K, Iterator[V])类型的 RDD。

```
scala>sc.parallelize(List(("a",1),("b",1),("a",2),("c",3),("b",4))).groupByKey().collect()
res15: Array[(String, Iterable[Int])] = Array((c,CompactBuffer(3)), (a,CompactBuffer(1, 2)), (b,CompactBuffer
(1, 4)))
```

⑩reduceByKey(func)。reduceByKey(func)方法在一个(K,V)类型的 RDD 上调用，返回一个(K,V)类型的 RDD，先依据 key 分组，然后使用指定的 func 函数对同一个组的元素进行计算。

```
scala>sc.parallelize(List(("a",1),("b",1),("a",2),("c",3),("b",4))).reduceByKey(_+_).collect()
res16: Array[(String, Int)] = Array((b,5), (a,3), (c,3))
```

⑪aggregate(initValue)(func1,func2)。aggregate(initValue)(func1,func2)方法是一个聚合函数，接受多个输入，并按照一定的规则运算以后输出一个结果值，该函数与分区有密切关系。

我们先来介绍如何查看 RDD 的分区个数以及分区情况。

查看 RDD 的分区数：

```
scala> rdd1.partitions.size
res17: Int = 2
```

或者

```
scala> rdd1.getNumPartitions()
res18: Int = 2
```

查看分区数据：

```
scala> rdd1.glom().collect()
res19: Array[Array[Int]] = Array(Array(1, 2, 3, 4, 5), Array(6, 7, 8, 9, 10))
```

可以看到，rdd1 分成 2 个分区，一个包含 1,2,3,4,5，另一个包含 6,7,8,9,10。

下面我们来看一个例子：

```
scala> rdd1.aggregate(0)((x,y)=>math.max(x, y), (x,y)=>x+y)
res20: Int = 15
```

该函数有个初始值，有 2 个函数 func1 和 func2。其计算规则是：按照分区分别“滑动计算”func1 和 func2。其计算过程如下：

分区 1 中：初始值 0 与该分区中的第 1 个元素 1 按照 func1 比较大小，保留大的 1；然后结果 1 继续和该分区中的第 2 个元素 2 按照 func1 比较大小，保留大的 2……就这样“滑动计算”，直到最后一个元素为止，结果为 5。

分区 2 中：同分区 1 同时计算，算法一样，初始值 0 与该分区中的第 1 个元素 6 按照 func1 比较大小，保留大的 6；然后结果 6 继续和该分区中的第 2 个元素 7 按照 func1 比较大小，保留大的 7……就这样“滑动计算”，直到最后一个元素为止，结果为 10。

第 1 个函数 func1 的功能是在每个分区内遍历每个元素，将每个元素与初始值进行聚合，具体的聚合方式我们可以自行定义，不过有一点需要注意，这里聚合的时候依然要基于初始值来进行计算。

然后按照 func2 来“滑动计算”最终结果：0+5+10=15。

第 2 个函数 func2 的功能是对每个分区聚合之后的结果进行再次合并，即分区之间的合并，同样，在合并开始时，也要基于初始值进行合并。

该函数是 Spark 中的一个高性能的算子，它实现了先进行分区内的聚合之后，再进行对每个分区的聚合结果再次进行聚合的操作，这样在大数据量的情况下，大大减少了数据在各个节点之间不必要的网络 IO，大大提升了性能。相比于 groupBy 函数，在特定情况下，性能提升 10 倍以上。不过在使用的过程中一定要对该函数所对应的每个参数的含义了如指掌，这样运用起来才能得心应手。

再看一个例子：

```
scala> val x = sc.parallelize(List("ab","abc","abcd","ab"))
scala> x.aggregate("")((x,y)=>math.max(x.length(), y.length()).toString(), (x,y)=>x+y)
```

读者朋友可以试试看，结果为 23 或者 32。

另外，还有个与 aggregate 类似的 aggregateByKey，其用法差不多，只不过只适用于(K,V)类型的数据，分区内相同 key 的一组才会聚合计算。

```
scala> val y = sc.parallelize(List(("a",1),("b",1),("a",2),("c",3),("a",4),("b",3),("c",1),("b",2)))
scala> y.aggregateByKey(2)(math.max(_ , _),   _ + _).collect()
res21: Array[(String, Int)] = Array((b,5), (a,6), (c,5))
```

读者朋友可以试试看。

⑫sortByKey(boolean)。sortByKey(boolean)在一个(K,V)类型的 RDD 上调用，K 必须实现 Ordered 接口，返回一个按照 key 进行排序的(K,V)类型的 RDD。参数 true 表示升序，参数 false 表示降序。

```
scala> val y = sc.parallelize(List(("a",1),("b",1),("a",2),("c",3),("a",4),("b",3),("c",1),("b",2)))
scala> y.sortByKey(true).collect()
res22: Array[(String, Int)] = Array((a,4), (a,1), (a,2), (b,3), (b,2), (b,1), (c,3), (c,1))
```

```
scala> y.sortByKey(false).collect()
res23: Array[(String, Int)] = Array((c,3), (c,1), (b,3), (b,2), (b,1), (a,4), (a,1), (a,2))
```

⑬sortBy(func,boolean)。与 sortByKey(boolean)类似，但更加灵活，排序函数 func 需要自定义。

```
scala>sc.parallelize(1 to 10).sortBy(x=>x,false).collect()
res24: Array[Int] = Array(10, 9, 8, 7, 6, 5, 4, 3, 2, 1)
scala>sc.parallelize(1 to 10).sortBy(x=>x+"",true).collect()
res25: Array[Int] = Array(1, 10, 2, 3, 4, 5, 6, 7, 8, 9)
```

复合排序，先按照学生的成绩降序排列，再按照年龄升序排列。

```
scala>var student = sc.parallelize(List(("zs", 19, 100), ("ls", 21, 99), ("ww", 20, 100), ("zl", 19, 99), ("sq", 21, 100), ("ldh", 28, 100), ("hmm", 20, 99), ("gfc", 210, 100)))
scala>:paste
// Entering paste mode (ctrl-D to finish)
class Student(var name: String, var age: Int, var score: Int) extends Ordered[Student] with Serializable {
  override def compare(that: Student): Int = {
    if (this.score != that.score) {
      that.score - this.score
    } else {
      this.age - that.age
    }
  }
}
```

然后使用 Ctrl+D 快捷键命令退出该模式。

```
scala> student.sortBy(x => new Student(x._1, x._2, x._3)).collect
res26: Array[(String, Int, Int)] = Array((zs,19,100), (ww,20,100), (sq,21,100), (ldh,28,100), (gfc,210,100), (zl,19,99), (hmm,20,99), (ls,21,99))
```

⑭join(RDD)。join(RDD)方法在类型为(K,V)和(K,W)的 RDD 上调用，返回一个相同 key 对应的所有元素对在一起的(K,(V,W))的 RDD。

```
scala>var r1 = sc.parallelize(List(("a",1),("b",1),("a",2),("c",3),("b",4)))
scala>var r2 = sc.parallelize(List(("a",10),("b",5),("c",3),("b",4)))
scala>r1.join(r2).collect()
res27: Array[(String, (Int, Int))] = Array((b,(4,4)), (b,(4,5)), (b,(1,4)), (b,(1,5)), (a,(1,10)), (a,(2,10)), (c,(3,3)))
```

⑮coalesce(n,boolean)与 repartition(n)。两个方法都是对数据重新分区。

repartition(n)方法可以增加分区数，也可以减少分区数，其底部调用的是 coalesce(n,true)，其中 true 表示使用 shuffle。换句说话，就是无论分区数是增加还是减少，都会执行 shuffle 操作。所以，如果是减少分区数，最好使用 coalesce(n,false)。

```
scala>val rdd1 = sc.parallelize(1 to 10, 3)
scala> rdd1.glom().collect()
res28: Array[Array[Int]] = Array(Array(1, 2, 3), Array(4, 5, 6), Array(7, 8, 9, 10))
scala>val rdd2 = rdd1.coalesce(2,false)
```

```
scala> rdd2.glom().collect()
res29: Array[Array[Int]] = Array(Array(1, 2, 3), Array(4, 5, 6, 7, 8, 9, 10))
scala> val rdd2 = rdd1.coalesce(2,true)
scala> rdd2.glom().collect()
res30: Array[Array[Int]] = Array(Array(5, 1, 3, 7, 9), Array(2, 8, 10, 4, 6))
```

可以看到，对于 coalesce，不带 shuffle 时，减少分区是直接合并部分分区；带 shuffle 时，减少分区是重新打乱再分区。

```
scala>val rdd1 = sc.parallelize(1 to 10, 2)
scala> rdd1.glom().collect()
res31: Array[Array[Int]] = Array(Array(1, 2, 3, 4, 5), Array(6, 7, 8, 9, 10))
scala> val rdd2 = rdd1.coalesce(3,false)
scala> rdd2.glom().collect()
res32: Array[Array[Int]] = Array(Array(1, 2, 3, 4, 5), Array(6, 7, 8, 9, 10))
scala> val rdd2 = rdd1.coalesce(3,true)
scala> rdd2.glom().collect()
res33: Array[Array[Int]] = Array(Array(3, 7, 10), Array(8, 1, 4), Array(2, 5, 6, 9))
```

可以看到，对于 coalesce，不带 shuffle 时，增加分区是做不到的；带 shuffle 时，增加分区是重新打乱再分区。

对于 repartition(n)方法我们就不再举例子了，不管是增加分区，还是减少分区，都是调用带 shuffle 的 coalesce 方法来完成的。

⑯partitionBy(Partitioner)。partitionBy(Partitioner)方法用来对(K,V)类型 RDD 自定义分区，参数需要继承 Partitioner。

首先定义分区函数：

```
scala> :paste
// Entering paste mode (ctrl-D to finish)
import org.apache.spark.Partitioner
class MyPartitoner(num: Int) extends Partitioner {
//var i:Int = -1
  override def getPartition(key: Any): Int = {
    //方案一：hash 取模
    val intKey = key.asInstanceOf[String].hashCode() //hash 取模
    var index = if(intKey>=0) {
      intKey % num
    }else{
      (intKey + Int.MaxValue) % num
}
    index

    //方案二：轮询
    //i += 1
    //var x = i % num
    //x
  }
}
```

然后使用 Ctrl+D 快捷键命令退出该模式。

```
scala> val rdd1 = sc.parallelize(List(("a",1),("b",1),("c",1),("d",1),("e",1),("f",1),("g",1),("h",1),("i",1),("j",1)))
scala> rdd1.glom().collect()
res34: Array[Array[(String, Int)]] = Array(Array((a,1), (b,1), (c,1), (d,1), (e,1)), Array((f,1), (g,1), (h,1), (i,1), (j,1)))
scala>val rdd2 = rdd1.partitionBy(new MyPartitoner(4))
res35: Array[Array[(String, Int)]] = Array(Array((h,1), (d,1)), Array((a,1), (e,1), (i,1)), Array((f,1), (j,1), (b,1)), Array((c,1), (g,1)))
```

⑰foldByKey(initValue)(func)。foldByKey(initValue)(func)方法对(K,V)类型 RDD 在分区内依据 key 分组后按照 func 方法“滑动计算”。

```
scala>sc.parallelize(List(("a",1),("b",2),("a",3),("a",2),("b",1),("b",2))).foldByKey(10)(_+_).collect()
res36: Array[(String, Int)] = Array((b,25), (a,26))
```

分区 1 内：a 的值为 10+1+3=14，b 的值为 10+2=12。

分区 2 内：a 的值为 10+2=12，b 的值为 10+1+2=13。

然后分区合并：a 的值为 14+12=26，b 的值为 12+13=25。

至此，我们挑选了一些非常重要又常用的 Spark 算子来学习，希望读者多加练习。

13.5.3 Spark RDD 依赖关系

由于 RDD 是粗粒度的操作数据集，每个 Transformation 操作都会生成一个新的 RDD，所以 RDD 之间就会形成类似流水线的前后依赖关系。在 Spark 中，RDD 之间存在两种类型的依赖关系：窄依赖（Narrow Dependency）和宽依赖（Wide Dependency），如图 13.6 所示。

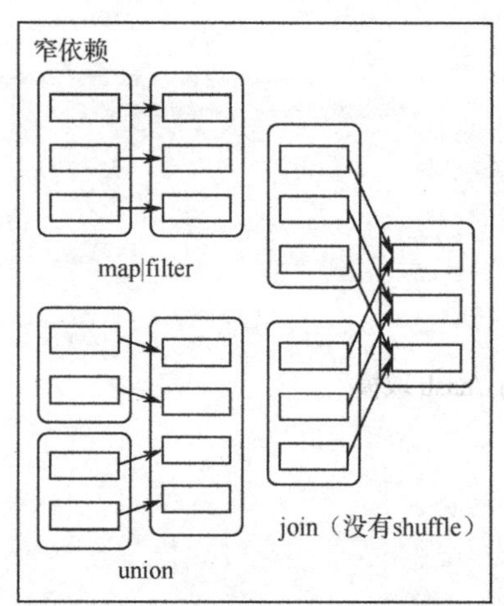

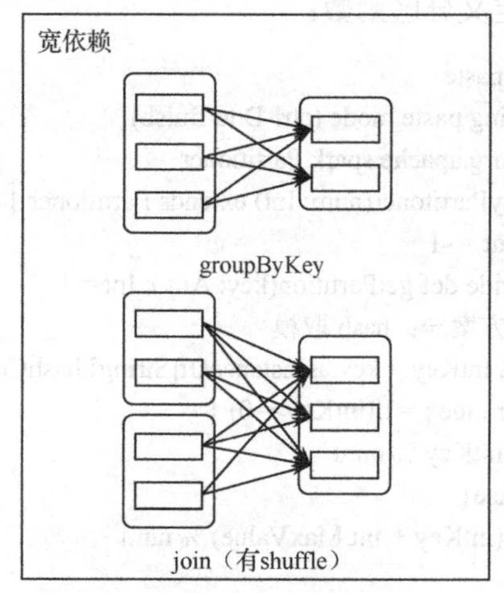

图 13.6 Spark 依赖关系

窄依赖指的是每一个父 RDD 的分区最多被子 RDD 的一个分区使用，例如，map、filter、union 等操作都会产生窄依赖；宽依赖指的是多个子 RDD 的分区会依赖同一个父 RDD 的分区，例如，groupByKey、reduceByKey、sortByKey 等操作都会产生宽依赖。

在 Spark 中，会根据 RDD 之间的依赖关系将 DAG 图划分为不同的阶段。对于窄依赖，由于分区依赖关系的确定性，分区的转换处理就可以在同一个线程里完成，窄依赖就被 Spark

划分到同一个 Stage 中；而对于宽依赖，只能等父 RDD shuffle 处理完成后，下一个 Stage 才能开始接下来的计算，因此宽依赖是划分 Stage 的依据。

Spark 划分 Stage 的整体思路是：从后往前推，遇到宽依赖就断开，划分为一个 Stage；遇到窄依赖就将这个 RDD 加入该 Stage 中。因此，在图 13.7 中，RDD C、RDD D、RDD E、RDD F 被划分到一个 Stage 中，RDD A 被划分到一个单独的 Stage 中，而 RDD B 和 RDD G 又被划分到同一个 Stage 中。

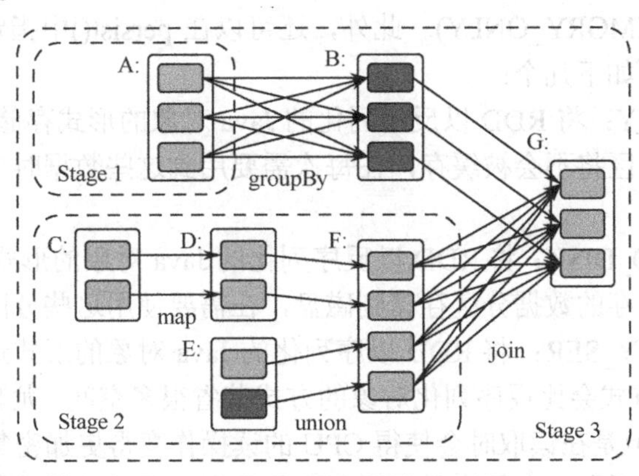

图 13.7　Spark Stage 划分

在 Spark 中，Task 的类型分为 2 种：ShuffleMapTask 和 ResultTask。每个 Stage 里面的 Task 的数量是由该 Stage 中最后一个 RDD 的分区的数量所决定的。DAG 的最后一个阶段会为每个结果的分区生成一个 ResultTask，而其余所有阶段都会生成 ShuffleMapTask。之所以称之为 ShuffleMapTask，是因为它需要将自己的计算结果通过 shuffle（数据分发）到下一个 Stage 中，例如，图 13.7 中的 Stage1 和 Stage2 相当于 MapReduce 中的 Mapper，而 ResultTask 所代表的 Stage3 就相当于 MapReduce 中的 Reducer。

在前面 Hadoop 中我们实际动手操作了一个 WordCount 程序，其 MapReduce 操作的 Mapper 和 Reducer 在 Spark 中的基本等价算子是 map 和 reduceByKey。不过区别在于：Hadoop 中的 MapReduce 天生就是排序的，而 Spark 中的 reduceByKey 只是根据 Key 进行 reduce，但 Spark 除了这两个算子还有其他的算子。因此，从这个意义上来说，Spark 比 Hadoop 的计算算子更为丰富。

13.5.4　Spark RDD 缓存

相比 Hadoop MapReduce 来说，Spark 计算具有巨大的性能优势，其中很大一部分原因是 Spark 对于内存的充分利用，以及提供的缓存机制。

Spark 在绝大部分情况下都是将 RDD 缓存在内存中的，但会在内存不够时用磁盘顶上去（比操作系统默认的磁盘交换性能高很多）。当然，也可以选择不使用内存，而是仅仅保存到磁盘中。所以，现在 Spark 使用持久化（persistence）这一更广泛的名称。

如果一个 RDD 不止一次被用到，那么就可以持久化它，这样可以大幅提升程序的性能，甚至达 10 倍以上。

默认情况下，RDD 只使用一次，用完即扔，再次使用时需要重新计算得到。而持久化操作避免了这里的重复计算，实际测试也显示持久化对性能提升明显，这也是 Spark 刚出现时

被人称为内存计算框架的原因。

假设首先进行了 RDD 0→RDD 1→RDD 2 的计算作业，那么计算结束时，RDD 1 就已经缓存在系统中了。再进行 RDD 0→RDD 1→RDD 3 的计算作业时，由于 RDD 1 已经缓存在系统中，因此 RDD 0→RDD 1 的转换不会重复进行，计算作业只需进行 RDD 1→RDD 3 的计算就可以了，因此计算速度可以得到很大提升。

持久化的办法是调用 persist()函数，例如，持久化至内存中，就可以这样来使用：persist(StorageLevel.MEMORY_ONLY)。此外，还可以在 persist()中指定 StorageLevel 的其他持久化方式，这里介绍如下几个：

①MEMORY_ONLY：将 RDD 以反序列化的 Java 对象的形式存储在 JVM 中。如果内存空间不够，部分数据分区将不会被缓存，在每次需要用到这些数据时重新进行计算。这是默认的级别。

②MEMORY_AND_DISK：将 RDD 以反序列化的 Java 对象的形式存储在 JVM 中。如果内存空间不够，将未缓存的数据分区存储到磁盘，在需要使用这些分区时从磁盘读取。

③MEMORY_ONLY_SER：将 RDD 以序列化的 Java 对象的形式进行存储（每个分区为一个字节数组）。这种方式会比反序列化对象的方式节省很多空间，尤其是在使用快速序列化时会节省更多的空间，但是在读取时会使得 CPU 的读操作变得更加密集。如果内存空间不够，部分数据分区将不会被缓存，在每次需要用到这些数据时重新进行计算。

④MEMORY_AND_DISK_SER：类似于 MEMORY_ONLY_SER，但是溢出的分区会存储到磁盘，而不是在用到它们时重新计算。如果内存空间不够，将未缓存的数据分区存储到磁盘，在需要使用这些分区时从磁盘读取。

Spark 也会自动持久化一些在 shuffle 操作过程中产生的临时数据（如 reduceByKey），即便是用户并没有调用持久化的方法。这样做可以避免当 shuffle 阶段时如果一个节点出现故障停止工作了就得重新计算整个数据的问题。如果用户打算多次重复使用这些数据，我们仍然建议用户自己调用持久化方法对数据进行持久化。

```
scala> import org.apache.spark.storage._
scala> val rdd1=sc.parallelize(1 to 10)
scala> rdd1.persist(StorageLevel.MEMORY_ONLY)
```

或者调用 cache()方法，该方法也是调用了 persist(StorageLevel.MEMORY_ONLY)方法，即默认的只存储到内存中。

如果想要清理这些缓存，可以调用 RDD 的 unpersist()方法清理缓存：

```
scala> rdd1.unpersist()
```

13.6 Spark SQL

13.6.1 Spark SQL 概述

Spark SQL 是 Spark 套件中一个模板，它将数据的计算任务通过 SQL 的形式转换成了 RDD 的计算，类似于 Hive 通过 SQL 的形式将数据的计算任务转换成了 MapReduce。

Spark SQL 有如下特点：

（1）和 Spark Core 的无缝集成。在写 RDD 应用的时候，配置 Spark SQL 来完成逻辑实现。

（2）统一的数据访问方式。Spark SQL 提供标准化的 SQL 查询。

（3）Hive 的继承。Spark SQL 通过内嵌的 Hive 或者连接外部已经部署好的 Hive 案例，实现了对 Hive 语法的继承。

（4）标准化的连接方式。Spark SQL 可以通过启动 Thrift Server 来支持 JDBC、ODBC 的访问。

13.6.2　Spark SQL DataFrame/DataSet

（1）DataFrame。DataFrame 诞生于 Spark 1.3，与 RDD 类似，DataFrame 也是一个分布式数据容器，然而 DataFrame 更像传统数据库的二维表格，除了数据以外，还记录数据的结构信息，即 schema。同时，与 Hive 类似，DataFrame 也支持嵌套数据类型（struct、array 和 map）。从 API 易用性的角度上看，DataFrame API 提供的是一套高层的关系操作，比函数式的 RDD API 要更加友好，门槛更低。

在 Spark SQL 中，SQLContext 是创建 DataFrame 和执行 SQL 的入口。

①准备数据。在本地创建一个文件 person.txt，有 3 列，分别是 id、name、age，用逗号分隔，然后上传到 HDFS 上。命令如下：

```
[hadoop@master ~]$ vi person.txt
1,zs,20
2,ls.21
3,ww,22
4,zl,19
5,sq,23
[hadoop@master ~]$ hadoop fs -put person.txt /
```

②定义表的 schema。定义样例类 case class，相当于表的 schema。命令如下：

```
scala> case class Person(id:Int, name:String, age:Int)
```

③读取每一行数据并转换为 RDD。命令如下：

```
scala> val lineRDD = sc.textFile("hdfs://192.168.128.131:9000/person.txt").map(_.split(","))
```

④将 RDD 与表的 schema 相关联。命令如下：

```
scala> val personRDD = lineRDD.map(x => Person(x(0).toInt, x(1), x(2).toInt))
```

⑤将 RDD 转换成 DataFrame。命令如下：

```
scala> val personDF = personRDD.toDF()
```

⑥将 DataFrame 注册成表。命令如下：

```
scala> personDF.registerTempTable("t_person")
```

⑦查询应用。有了前面的铺垫操作，就可以像 SQL 一样开始查询应用了。命令如下：

```
scala>spark.sql("select * from t_person order by age").show()
id    name    age
4     zl      19
1     zs      20
```

```
2   ls   21
3   ww   22
5   sq   23
```

（2）DataSet。DataFrame 的引入，可以让 Spark 更好地处理结构数据的计算，但其中一个主要的问题是缺乏编译时类型安全。为了解决这个问题，Spark 1.6 开始采用新的 DataSet API（DataFrame API 的类型扩展）。DataSet 是一个分布式的数据收集器。这是在 Spark 1.6 之后新加的一个接口，兼顾了 RDD 的优点以及 Spark SQL 的执行器高效性的优点。

DataSet 的使用主要是通过 Spark DataSet API 中的各种算子来实现的，和 Spark RDD API 中的各种算子不太一样，需要单独学习。所以，笔者建议不熟悉 Spark RDD 算子的读者可以使用 DataFrame 以普通 SQL 的形式来实现功能。

DataFrame 转换为 DataSet：

```
scala>val personDS = personDF.as[Person]
```

例如，我们要完成上一个例子同样的功能，按照 age 升序查询所有数据。命令如下：

```
scala> personDS.sort(personDS("age").asc).show()
id   name   age
4    zl     19
1    zs     20
2    ls     21
3    ww     22
5    sq     23
```

可以看到，这里用到了 sort()这个算子。

DataSet 转换为 DataFrame：

```
scala>val personDF = personDS.toDF()
```

13.6.3 Spark SQL 编程

前面我们学习了如何在 Spark Shell 中使用 SQL 完成查询，下面我们来实现在程序中编写 Spark SQL 查询程序。

首先导入 Spark SQL 的依赖：

```
<dependency>
    <groupId>org.apache.spark</groupId>
    <artifactId>spark-sql_2.11</artifactId>
    <version>2.3.4</version>
</dependency>
```

先来看通过 case class 反射推断 schema，完整代码如程序清单 13.2 所示。

```
package org.lanqiao.BigData.chapter13

import org.apache.spark.sql.SQLContext
import org.apache.spark.SparkConf
import org.apache.spark.SparkContext
```

```
object SparkSQL1 {
  def main(args: Array[String]): Unit = {

    //创建 SparkConf()并设置 App 名称
    val conf = new SparkConf().setAppName("SparkSQL1")
    //SQLContext 要依赖 SparkContext
    val sc = new SparkContext(conf)
    //创建 SQLContext
    val sqlContext = new SQLContext(sc)

    //从指定的地址创建 RDD
    val lineRDD = sc.textFile("hdfs://192.168.128.131:9000/person.txt").map(_.split(","))

    //创建 case class
    //将 RDD 和 case class 关联
    val personRDD = lineRDD.map(x => Person(x(0).toInt, x(1), x(2).toInt))
    //导入隐式转换，如果不导入则无法将 RDD 转换成 DataFrame
    //将 RDD 转换成 DataFrame
    import sqlContext.implicits._
    val personDF = personRDD.toDF
    //注册表
    personDF.registerTempTable("t_person")
    //传入 SQL
    val df = sqlContext.sql("select * from t_person order by score")
    //将结果以 JSON 的方式存储到指定位置
    df.show() //直接打印出来
//直接以 JSON 格式写入文件
    df.write.json("hdfs://192.168.128.131:9000/out")
    //停止 Spark Context
    sc.stop()
  }
}
//case class 一定要放到外面
case class Person(id: Int, name: String, score: Int)
```

程序清单 13.2

将程序打成 JAR 包 SparkSQL1.jar，上传到 Spark 集群，提交 Spark 任务。命令如下：

```
[hadoop@master ~]$ spark-submit --master yarn --deploy-mode cluster \
--class org.lanqiao.BigData.chapter13.SparkSQL1 --executor-memory 1g /home/hadoop/SparkSQL1.jar
```

查看运行结果：

```
[hadoop@master ~]$ hadoop fs -cat /out/part-r-*
{"id":4,"name":"zl","score":19}
{"id":1,"name":"zs","score":20}
{"id":2,"name":"ls","score":21}
{"id":3,"name":"ww","score":22}
```

```
{"id":5,"name":"sq","score":23}
```

再来看通过 StructType 直接指定 schema，完整代码如程序清单 13.3 所示。

```
package org.lanqiao.BigData.chapter13

import org.apache.spark.sql.{ Row, SQLContext }
import org.apache.spark.sql.types._
import org.apache.spark.{ SparkContext, SparkConf }

object SparkSQL2 {
  def main(args: Array[String]) {
    //创建 SparkConf()并设置 App 名称
    val conf = new SparkConf().setAppName("SparkSQL2")
    //SQLContext 要依赖 SparkContext
    val sc = new SparkContext(conf)
    //创建 SQLContext
    val sqlContext = new SQLContext(sc)
    //从指定的地址创建 RDD
    val personRDD = sc.textFile(args(0)).map(_.split(","))
    //通过 StructType 直接指定每个字段的 schema
    val schema = StructType(
      List(
        StructField("id", IntegerType, true), //true 表示可以为空
        StructField("name", StringType, true),
        StructField("age", IntegerType, true)))
    //将 RDD 映射到 rowRDD
    val rowRDD = personRDD.map(p => Row(p(0).toInt, p(1).trim, p(2).toInt))
    //将 schema 信息应用到 rowRDD 上
    val personDataFrame = sqlContext.createDataFrame(rowRDD, schema)
    //注册表
    personDataFrame.registerTempTable("t_person")
    //执行 SQL
    val df = sqlContext.sql("select * from t_person order by age")
    //将结果以 JSON 的方式存储到指定位置
    df.write.json(args(1))

    //停止 Spark Context
    sc.stop()
  }
}
```

程序清单 13.3

将程序打成 JAR 包 SparkSQL2.jar，上传到 Spark 集群，提交 Spark 任务。命令如下：

```
[hadoop@master ~]$ spark-submit --master yarn --deploy-mode cluster \
--class org.lanqiao.BigData.chapter13.SparkSQL2 --executor-memory 1g /home/hadoop/SparkSQL2.jar \
hdfs://192.168.128.131:9000/person.txt hdfs://192.168.128.131:9000/out
```

查看运行结果：

```
[hadoop@master ~]$ hadoop fs -cat /out/part-r-*
{"id":4,"name":"zl","score":19}
{"id":1,"name":"zs","score":20}
{"id":2,"name":"ls","score":21}
{"id":3,"name":"ww","score":22}
{"id":5,"name":"sq","score":23}
```

case class 模式与 StructType 模式的区别：

case class 模式通过反射推断 schema，使用简单，代码简洁，适用于已知 schema 的源数据上，但是属性字段有 22 个的上限限制；StructType 通过可编程接口定义 schema，并应用到 RDD 上，使用较为复杂，可以在程序运行过程中实行，适用于未知 schema 的 RDD 上。

另外，还支持多种格式的文件读取与写入：

```
//直接读取 CSV 格式的文件
val df = spark.read.csv("hdfs://192.168.128.131:9000/in/")
//直接读取 JSON 格式的文件
val df = spark.read.json("hdfs://192.168.128.131:9000/in/")
//先加载数据，再格式化为 JSON 格式的文件
val df = spark.read.format("json").load("hdfs://192.168.128.131:9000/in/")
//普通文件默认只有一个字段，名字叫 value，需要手动来分割
val df = spark.read.textFile("hdfs://192.168.128.131:9000/in/person.txt")
val df = spark.read.textFile("hdfs://192.168.128.131:9000/in/")
import spark.implicits._
case class Teacher(id: Int, name: String, age: Int)
val newdf = df.map(_.split(" ")).map(x=>Teacher(x(0).toInt,x(1),x(2).toInt))
//或者这种方式
var newdf = df.toDF("id","name","age")
newdf.registerTempTable("t_person")
//直接以 json 格式写入文件
newdf.write.json("hdfs://192.168.128.131:9000/out")
//save 采用的是 parquet 格式写入文件
newdf.write.save("hdfs://192.168.128.131:9000/out")
//直接以 csv 格式写入文件
df.write.csv("hdfs://192.168.128.131:9000/out")
```

13.6.4 Spark 操作 JDBC

Spark 操作 JDBC 主要是读写数据，这里我们从 MySQL 中读取数据后排序，然后重新插入到原表中。完整代码如程序清单 13.4 所示。

```
package org.lanqiao.BigData.chapter13

import org.apache.spark.sql.SparkSession
import org.apache.spark.sql.Row
import java.util.Properties
import org.apache.spark.sql.SaveMode
```

```
object SparkJdbc {
  def main(args: Array[String]): Unit = {
    //Spark 2.0 开始使用 spark 来代替之前的 SparkContext 和 SQLContext
    val spark = SparkSession.builder.appName("SparkJdbc").getOrCreate
    //配置分区数和内存
    spark.conf.set("spark.sql.shuffle.partitions", 2)
    spark.conf.set("spark.executor.memory", "1g")
    //设置 MySQL 登录名和密码
    val props = new Properties();
    props.put("user", "root");
    props.put("password", "123456");
    //连接 JDBC 生成 DataFrame
    val df = spark.read.jdbc("jdbc:mysql://192.168.128.131:3306/test", "person", props)
    //注册临时表
    df.registerTempTable("t_person")
    //按照年龄升序查询所有数据
    val newdf = spark.sql("select * from t_person order by age")
    //以追加的方式把查询结果追加到原表
    newdf.write.mode(SaveMode.Append).jdbc("jdbc:mysql://192.168.128.131:3306/test", "person", props)
    //关闭 spark
    spark.stop()
  }
}
```

程序清单 13.4

在提交任务之前，因为需要连接 JDBC，所以需要把 MySQL 的连接驱动放到 Spark 的 jars 目录中，确保 3 个节点/soft/spark-2.3.4/jars 下都有连接驱动 JAR 包。命令如下：

```
[hadoop@master ~]$ cp /soft/hive-2.3.4/lib/mysql-connector-java-5.1.35-bin.jar /soft/spark-2.3.4/jars/
```

将程序打成 JAR 包 SparkJdbc.jar，上传到 Spark 集群，提交 Spark 任务。命令如下：

```
[hadoop@master ~]$ spark-submit --master yarn --deploy-mode cluster \
--class org.lanqiao.BigData.chapter13.SparkJdbc --executor-memory 1g \
--jars /soft/spark-2.3.4/jars/mysql-connector-java-5.1.35-bin.jar \
/home/hadoop/SparkJdbc.jar
```

查看运行结果：

```
mysql> select * from person;
  id    name    age
  1     zs      20
  2     ls      21
  3     ww      22
  4     zl      19
  5     sq      23
  4     zl      19
  1     zs      20
```

```
2	ls	21
3	ww	22
5	sq	23
```

可以看到，前面 5 行为原来的数据，后面的 5 行是查询出来并按照 age 升序排列后再插入到原表中的。

13.6.5　Spark 操作 Hive

首先创建 Hive 表，然后往 Hive 中导入数据，再把 Hive 的数据以覆盖的方式写入 MySQL 表中。完整代码如程序清单 13.5 所示。

```
package org.lanqiao.BigData.chapter13

import org.apache.spark.sql.SparkSession
import org.apache.spark.sql.SaveMode
import java.util.Properties

object SparkHive {
  def main(args: Array[String]): Unit = {
    //启动 Hive 支持
    val spark = SparkSession.builder.appName("SparkHive").enableHiveSupport().getOrCreate
    //配置分区数和内存
    spark.conf.set("spark.sql.shuffle.partitions", 2)
    spark.conf.set("spark.executor.memory", "1g")
    //在 Hive 中创建表，然后导入数据
    spark.sql("use t1")
    spark.sql("create table if not exists person(id int,name string,age int) row format delimited fields
terminated by ','")
    spark.sql("load data inpath 'hdfs://192.168.128.131:9000/person.txt' into table person")
    //还可以把数据以覆盖的形式插入到 MySQL 中
    val df = spark.sql("select * from person order by age")
    val props = new Properties();
    props.put("user", "root");
    props.put("password", "123456");
    df.write.mode(SaveMode.Overwrite).jdbc("jdbc:mysql://192.168.128.131:3306/test", "person", props)
    //关闭 spark
    spark.stop()
  }
}
```

程序清单 13.5

在提交任务之前，需要把 hive-2.3.4/conf 下的 hive-site.xml 复制到$SPARK-HOME/conf 目录下，确保 3 个节点$SPARK-HOME/conf 下都有该配置文件。命令如下：

```
[hadoop@master ~]$ cp /soft/hive-2.3.4/conf/hive-site.xml /soft/spark-2.3.4/conf/
```

将程序打成 JAR 包 SparkHive.jar，上传到 Spark 集群，提交 Spark 任务。命令如下：

```
[hadoop@master ~]$ spark-submit --master yarn --deploy-mode cluster \
--class org.lanqiao.BigData.chapter13.SparkHive --executor-memory 1g \
--jars /soft/spark-2.3.4/jars/mysql-connector-java-5.1.35-bin.jar \
/home/hadoop/SparkHive.jar
```

查看运行结果：

```
hive> select * from t1.person;
1    zs    20
2    ls    21
3    ww    22
4    zl    19
5    sq    23
mysql> select * from test.person;
id    name    age
4     zl      19
1     zs      20
2     ls      21
3     ww      22
5     sq      23
```

可以看到，输出结果符合要求。

13.7 Spark Streaming

13.7.1 Spark Streaming 概述

Spark Streaming 用于流式数据的处理。根据其官方文档介绍，Spark Streaming 有高吞吐量和容错能力强等特点。Spark Streaming 支持的数据输入源很多，如 Kafka、Flume、Twitter、ZeroMQ 和简单的 TCP 套接字等；数据输入后可以用 Spark 的算子如 map、reduce、join、window 等进行运算；而结果也能保存在很多地方，如 HDFS、数据库等。另外，Spark Streaming 也能和 MLlib（机器学习）以及 GraphX 完美融合。

DStream（Discretized Stream，离散流）是 Spark Streaming 提供的一种高级抽象，它代表了一个持续不断的数据流。DStream 可以通过输入数据源（如从 Flume、Kafka 中）来创建，也可以通过对其他 DStream 应用高阶函数（map、flatMap）来创建。

在内部实现上，DStream 由一组时间序列上连续的 RDD 来表示。RDD 是 Spark Core 的核心抽象，即不可变的、分布式的数据集。DStream 中的每个 RDD 都包含了一个时间段内的数据，其结构如图 13.8 所示。

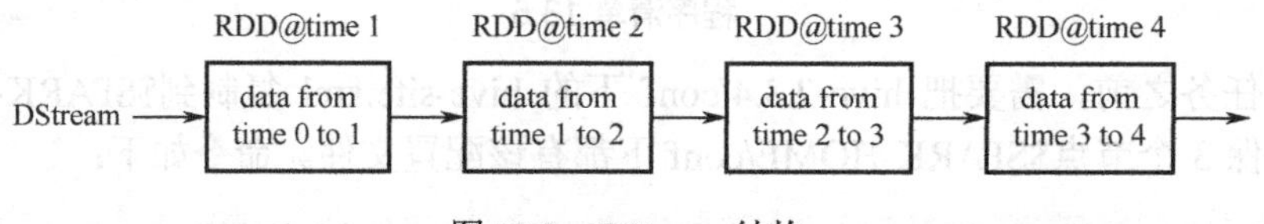

图 13.8 DStream 结构

对 DStream 应用的算子，在底层会被转换为对 DStream 中每个 RDD 的操作。其底层原

理为，对 DStream 中每个时间段的 RDD 都应用一遍算子操作，然后生成新的 RDD，即作为新的 DStream 中的那个时间段的 RDD，如图 13.9 所示。

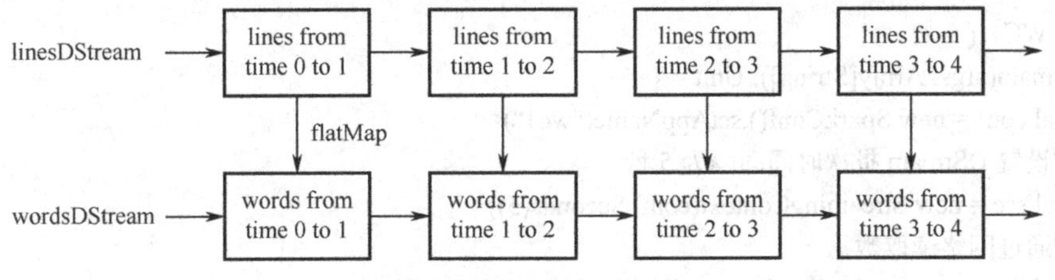

图 13.9　DStream 流程

经过一系列算子操作之后，最终可以将实时计算的结果存储到相关介质中，如 Redis、HBase、MySQL 中。

根据如图 13.9 所示的这个流程也可以得出 Spark Streaming 编程的步骤：

（1）创建输入的数据流 DStream。

（2）对 DStream 进行各种算子操作，得到新的 DStream。

（3）将处理完的结果存储到存储介质中。

Spark Streaming 中，数据采集是逐条进行的，而数据处理是按批进行的。Spark Streaming 中会先设置好批处理的时间间隔。当达到批处理时间间隔的时候，就会把采集到的数据汇总起来成为一批数据交给系统去处理。

DStream 上的算子与 RDD 的类似，分为 Transformations（转换）和 Output Operations（输出）两种，转换不会开始计算，输出才会开始计算。转换中常用的算子有 map(func)、flatMap(func)、filter(func)、repartition(numPartitions)、union(otherStream)、count()、reduce(func)、countByValue()、reduceByKey(func)、join(otherStream)、cogroup(otherStream)、transform(func)、updateStateByKey(func)等；输出中常用的算子有 print()、saveAsTextFiles(prefix,[suffix])、saveAsObjectFiles(prefix,[suffix])、saveAsHadoopFiles(prefix,[suffix])、foreachRDD(func)等。其中大部分和 Spark RDD 的算子功能类似，只有少部分比较特殊的算子，如 updateStateByKey()、transform()以及各种 Window（窗口）相关的算子，这些会在后面的应用案例中用到时介绍。

13.7.2 Spark Streaming 实现实时 WordCount

（1）使用 netcat 往 Spark Streaming 发送数据，Spark Streaming 实时地接收数据。

首先添加依赖：

```
<dependency>
<groupId>org.apache.spark</groupId>
<artifactId>spark-streaming_2.11</artifactId>
<version>2.3.4</version>
<scope>provided</scope>
</dependency>
```

完整代码如程序清单 13.6 所示。

```
package org.lanqiao.BigData.chapter13

import org.apache.spark.SparkConf
```

```
import org.apache.spark.streaming.Seconds
import org.apache.spark.streaming.StreamingContext

object WC1 {
  def main(args: Array[String]): Unit = {
    val conf = new SparkConf().setAppName("wc1")
    //设置 DStream 批次时间间隔为 5 秒
    val ssc = new StreamingContext(conf, Seconds(5))
    //通过网络读取数据
    val lines = ssc.socketTextStream("192.168.128.131", 9999)
    //将读到的数据用空格切成单词
    val words = lines.flatMap(_.split(" ")).map((_,1)).reduceByKey(_+_)
    //打印结果到控制台
    words.print()
    //开始计算
    ssc.start()
    //等待停止
    ssc.awaitTermination()
  }
}
```

程序清单 13.6

该程序会在 192.168.128.131 上的 9999 端口监听，使用 netcat 往该端口发送数据，Spark Streaming 每隔 5 秒钟接收 netcat 发送过来的数据，对每一行的数据先按空格分隔，然后生成元组，最后按照 key 统计个数，即 WordCount 程序。

首先将程序打成 JAR 包 WC1.jar，上传到 Spark 集群，提交 Spark 任务。命令如下：

```
[hadoop@master ~]$ spark-submit --master yarn --deploy-mode cluster \
--class org.lanqiao.BigData.chapter13.WC1 --executor-memory 1g\
/home/hadoop/WC1.jar
```

因为 Spark Streaming 任务是一直运行的，所以等任务状态为 RUNNING 后，就可以打开 netcat，发送数据了。命令如下：

```
[hadoop@master ~]$ nc -lk 9999
hello world hello
hello
```

5 秒钟后再发送下面一行：

```
hello world world
```

运行结果需要到 YARN 的 8088 端口上找到对应任务，然后去查看其 log 日志，其中 stdout（full log）中含有相应的输出：

```
......
-------------------------------------------
Time: 1598692160000 ms
-------------------------------------------
```

```
(hello,3)
(world,1)
……
-------------------------------------------
Time: 1598692165000 ms
-------------------------------------------
(hello,1)
(world,2)
……
```

可以看到，输出结果也分为两批，结果正确。但是有一个问题，单词统计不是累加的，而是每个批次单独统计的，下一个例子我们来解决这个问题。

最后我们需要关闭该程序，在 YARN 的 8088 端口上找到对应任务，点击进入该任务页面后，单击左上角“Kill Application”按钮即可。

（2）使用 netcat 往 Spark Streaming 发送数据，Spark Streaming 实时地接收数据，并累计结果。

上面的例子中，每次单词次数都被正确地统计出来，但是结果不能累加。如果想要累加，需要使用 updateStateByKey(func)来更新状态，完整代码如程序清单 13.7 所示。

```
package org.lanqiao.BigData.chapter13

import org.apache.spark.streaming.StreamingContext
import org.apache.spark.SparkConf
import org.apache.spark.streaming.Seconds
import org.apache.spark.HashPartitioner

object WC2 {
  def main(args: Array[String]): Unit = {
    val conf = new SparkConf().setAppName("wc2")
    //设置 DStream 批次时间间隔为 5 秒
    val ssc = new StreamingContext(conf, Seconds(5))
    //通过网络读取数据
    val lines = ssc.socketTextStream("192.168.128.131", 9999)
    //定义处理函数 updateFunc
    //String：单词 hello；Seq[Int]：单词在当前批次出现的次数；Option[Int]：历史汇总结果
    val updateFunc = (iter: Iterator[(String, Seq[Int], Option[Int])]) => {
      //iter.flatMap(it=>Some(it._2.sum + it._3.getOrElse(0)).map(x=>(it._1,x)))
      iter.flatMap{case (x, y, z)=>Some(y.sum + z.getOrElse(0)).map(m =>(x, m))}
    }
    //使用 updateStateByKey 必须设置 checkpoint 保存点
    ssc.sparkContext.setCheckpointDir("hdfs://192.168.128.131:9000/checkpoint-20200829");
    //初始值
    val initialRDD = ssc.sparkContext.parallelize(List(("hello", 10), ("world", 2)))
    //不带初始值
    val words = lines.flatMap(_.split(" ")).map((_, 1)).updateStateByKey(updateFunc,
        new HashPartitioner(ssc.sparkContext.defaultParallelism),true)
```

```
        //带初始值
        //val words = lines.flatMap(_.split(" ")).map((_, 1)).updateStateByKey(updateFunc,
        //      new HashPartitioner(ssc.sparkContext.defaultParallelism),true, initialRDD)
        //打印结果
        words.print()
        //开始计算
        ssc.start()
        //等待停止
        ssc.awaitTermination()
    }
}
```

程序清单 13.7

其中，UpdateStateByKey(func)的主要功能：

①为 Spark Streaming 中每一个 key 维护一份 state 状态，state 类型可以是任意类型的，可以是一个自定义的对象，那么更新函数 func 也可以是自定义的。

②通过更新函数 func 对该 key 的状态不断更新，对于每个新的 batch 而言，Spark Streaming 会在使用 updateStateByKey(func)的时候为已经存在的 key 进行 state 的状态更新。

注意：使用 updateStateByKey(func)需要开启 checkpoint 机制和功能。

首先将程序打成 JAR 包 WC2.jar，上传到 Spark 集群，提交 Spark 任务。命令如下：

```
[hadoop@master ~]$ spark-submit --master yarn --deploy-mode cluster \
--class org.lanqiao.BigData.chapter13.WC2 --executor-memory 1g \
/home/hadoop/WC2.jar
```

因为 Spark Streaming 任务是一直运行的，所以等任务状态为 RUNNING 后，就可以打开 netcat，发送数据了。命令如下：

```
[hadoop@master ~]$ nc -lk 9999
hello world hello
hello
```

5 秒钟后再发送下面一行：

```
hello world world
```

运行结果需要到 YARN 的 8088 端口上找到对应任务，然后去查看其 log 日志，其中 stdout（full log）中含有相应的输出：

```
……
-------------------------------------------
Time: 1598710980000 ms
-------------------------------------------
(hello,3)
(world,1)
……
-------------------------------------------
Time: 1598710985000 ms
-------------------------------------------
```

```
(hello,4)
(world,3)
……
```

可以看到，输出结果是每一批次逐步累加的，结果正确。

最后我们需要关闭该程序，在 YARN 的 8088 端口上找到对应任务，点击进入该任务页面后，单击左上角“Kill Application”按钮即可。

（3）Spark Streaming 实时地监控某个 HDFS 目录下的文件，每隔一段时间处理一批之前一段时间窗口内的数据。

完整代码如程序清单 13.8 所示。

```
package org.lanqiao.BigData.chapter13

import org.apache.spark.streaming.StreamingContext
import org.apache.spark.SparkConf
import org.apache.spark.streaming.Seconds

object WC3 {
  def main(args: Array[String]): Unit = {
    val conf = new SparkConf().setAppName("wc3")
    //设置 DStream 批次时间间隔为 5 秒
    val ssc = new StreamingContext(conf, Seconds(5))
    ssc.sparkContext.setCheckpointDir("hdfs://192.168.128.131:9000/checkpoint-20200830");
    //读取 HDFS 上某个固定目录的文件（只有新添加的文件才会读取）
    val lines = ssc.textFileStream("hdfs://192.168.128.131:9000/in/")
    val words = lines.flatMap(_.split(" ")).map((_, 1))
    //第一种方案：适用于每 10 秒钟读取之前 8 秒内数据这种类型，即连续 2 个窗口内没有时间交叉（批处理时间<=窗口时间<=滑动时间）
    //.reduceByKeyAndWindow((v1: Int, v2: Int) => v1 + v2, Seconds(8), Seconds(10))
    //第二种方案：适用于每 10 秒钟读取之前 20 秒内数据这种类型，即连续 2 个窗口内有时间交叉（批处理时间<=滑动时间<=窗口时间）
    .reduceByKeyAndWindow((v1:Int,v2:Int)=>v1+v2, (v1:Int,v2:Int)=>v1-v2,Seconds(20), Seconds(10))
    //打印结果
    words.print()
    //开始计算
    ssc.start()
    //等待停止
    ssc.awaitTermination()
  }
}
```

程序清单 13.8

首先将程序打成 JAR 包 WC3.jar，上传到 Spark 集群，提交 Spark 任务。命令如下：

```
[hadoop@master ~]$ spark-submit --master yarn --deploy-mode cluster \
--class org.lanqiao.BigData.chapter13.WC3 --executor-memory 1g \
/home/hadoop/WC3.jar
```

因为 Spark Streaming 任务是一直运行的，所以等任务状态为 RUNNING 后，就可以往 HDFS 上传文件了。命令如下：

```
[hadoop@master ~]$ vi a.txt
hello world
hello
[hadoop@master ~]$ hadoop fs -put a.txt /in
```

运行结果需要到 YARN 的 8088 端口上找到对应任务，然后去查看其 log 日志，其中 stdout（full log）中含有相应的输出：

```
……
-------------------------------------------
Time: 1598755745000 ms
-------------------------------------------
(hello,2)
(world,1)
……
```

最后我们需要关闭该程序，在 YARN 的 8088 端口上找到对应任务，点击进入该任务页面后，单击左上角“Kill Application”按钮即可。

13.7.3 Spark Streaming 整合 Flume

Flume 作为日志实时采集的框架，可以与 SparkStreaming 实时处理框进行对接，Flume 实时产生数据，SparkStreaming 做实时处理。Spark Streaming 对接 FlumeNG 有两种方式：一种是 FlumeNG 将消息推（Push）给 Spark Streaming；另一种是 Spark Streaming 从 Flume 中拉取（Pull）数据。

在实际开发中，Push 会丢数据，因为 Push 是由 Flume 将数据发给程序，程序出错，数据丢失，所以不会使用，不做讲解。这里讲解 Pull 方式，去拉取 Flume 的数据，保证数据不丢失。

（1）导包。先把 spark-streaming-flume-sink_2.11-2.3.4.jar 放入 Flume 的 lib 目录下，该 JAR 包可以到 Maven 中去下载。

（2）配置 Flume 文件。编写 spark-pull-flume.conf 配置文件。代码如下：

```
[hadoop@master ~]$ vi spark-pull-flume.conf
a1.sources = r1
a1.sinks = k1
a1.channels = c1
#source
a1.sources.r1.channels = c1
a1.sources.r1.type = spooldir
a1.sources.r1.spoolDir = /home/hadoop/in
a1.sources.r1.fileHeader = true
#channel
a1.channels.c1.type =memory
a1.channels.c1.capacity = 20000
a1.channels.c1.transactionCapacity=5000
```

```
#sinks
a1.sinks.k1.channel = c1
a1.sinks.k1.type = org.apache.spark.streaming.flume.sink.SparkSink
a1.sinks.k1.hostname = 192.168.128.131
a1.sinks.k1.port = 9999
a1.sinks.k1.batchSize= 2000
```

（3）编写 Spark 程序。首先导入相关依赖：

```
<dependency>
    <groupId>org.apache.spark</groupId>
    <artifactId>spark-streaming-flume_2.11</artifactId>
    <version>2.3.4</version>
</dependency>
```

完整代码如程序清单 13.9 所示。

```
package org.lanqiao.BigData.chapter13

import java.net.InetSocketAddress

import org.apache.spark.SparkConf
import org.apache.spark.SparkContext
import org.apache.spark.storage.StorageLevel
import org.apache.spark.streaming.Seconds
import org.apache.spark.streaming.StreamingContext
import org.apache.spark.streaming.dstream.DStream
import org.apache.spark.streaming.dstream.ReceiverInputDStream
import org.apache.spark.streaming.flume.FlumeUtils
import org.apache.spark.streaming.flume.SparkFlumeEvent

object SparkPullFlume {
  def main(args: Array[String]): Unit = {
    val sparkConf: SparkConf = new SparkConf().setAppName("SparkPullFlume")
    val sc = new SparkContext(sparkConf)
    //设置 DStream 批次时间间隔为 5 秒
    val ssc = new StreamingContext(sc, Seconds(5))
    //定义一个 Flume 地址集合，可以同时接受多个 Flume 的数据
    val address = Seq(new InetSocketAddress("192.168.128.131", 9999))
    //获取 Flume 中数据
    val stream: ReceiverInputDStream[SparkFlumeEvent] = FlumeUtils.createPollingStream(ssc, address, 
StorageLevel.MEMORY_ONLY)
    //从 Dstream 中获取 Flume 中的数据   {"header":xxxxx,"body":xxxxxx}
    val lineDstream: DStream[String] = stream.map(x => new String(x.event.getBody.array()))
    val wordAndOne: DStream[(String, Int)] = lineDstream.flatMap(_.split(" ")).map((_, 1))
    val result: DStream[(String, Int)] = wordAndOne.reduceByKey(_ + _)
    //打印结果
    result.print()
```

```
        //开始计算
        ssc.start()
        //等待停止
        ssc.awaitTermination()
    }
}
```

程序清单 13.9

（4）启动。先启动 Flume：

```
[hadoop@master ~]$flume-ng agent -n a1 -f spark-pull-flume.conf -Dflume.root.logger=INFO,console
```

再启动 Spark：

启动前，需要把几个和 Flume 相关的 JAR 包（Maven 中下载）导入到 3 台节点的 $SPARK_HOME/jars 目录下：

```
spark-streaming-flume_2.11-2.3.4.jar
spark-streaming-flume-sink_2.11-2.3.4.jar
flume-ng-sdk-1.9.0.jar
```

首先将程序打成 JAR 包 SparkPullFlume.jar，上传到 Spark 集群，提交 Spark 任务。命令如下：

```
[hadoop@master ~]$ spark-submit --master yarn --deploy-mode cluster \
--class org.lanqiao.BigData.chapter13.SparkPullFlume --executor-memory 1g \
/home/hadoop/SparkPullFlume.jar
```

因为 Spark Streaming 任务是一直运行的，所以等任务状态为 RUNNING 后，就可以往 /home/hadoop/in 中添加文件了。命令如下：

```
[hadoop@master ~]$ vi a.txt
hello world hello
hello
[hadoop@master ~]$ cp a.txt in/
```

运行结果需要到 YARN 的 8088 端口上找到对应任务，然后去查看其 log 日志，其中 stdout（full log）中含有相应的输出：

```
……
-------------------------------------------
Time: 1598786195000 ms
-------------------------------------------
(hello,3)
(world,1)
……
```

最后我们需要关闭该程序，在 YARN 的 8088 端口上找到对应任务，点击进入该任务页面后，单击左上角"Kill Application"按钮即可。

13.7.4　Spark Streaming 整合 Kafka

Spark Streaming 整合 Kafka 主要是从 Kafka 中提取数据进行消费，Kafka 中的数据可以用 Kafka 客户端生产者来生产。

（1）启动 ZooKeeper。

（2）启动 Kafka。

（3）创建主题。命令如下：

```
[hadoop@master ~]$ kafka-topics.sh --create --zookeeper 192.168.128.131:2181 \
--replication-factor 2 --partitions 3 --topic aaa
```

（4）创建生产者。命令如下：

```
[hadoop@master ~]$ kafka-console-producer.sh --broker-list 192.168.128.131:9092 --topic aaa
>
```

（5）编写 Spark Streaming 应用程序。首先添加相关依赖：

```
<dependency>
<groupId>org.apache.spark</groupId>
<artifactId>spark-streaming-kafka-0-10_2.11</artifactId>
<version>2.3.4</version>
</dependency>
```

完整代码如程序清单 13.10 所示。

```
package org.lanqiao.BigData.chapter13

import org.apache.kafka.clients.consumer.ConsumerConfig
import org.apache.kafka.common.serialization.StringDeserializer
import org.apache.spark.SparkConf
import org.apache.spark.streaming.Seconds
import org.apache.spark.streaming.StreamingContext
import org.apache.spark.streaming.kafka010.ConsumerStrategies
import org.apache.spark.streaming.kafka010.KafkaUtils
import org.apache.spark.streaming.kafka010.LocationStrategies

object SparkKafka {
  def main(args: Array[String]): Unit = {
    val sparkconf=new SparkConf().setAppName("sparkkafka")
    //设置 DStream 批次时间间隔为 5 秒
    val ssc=new StreamingContext(sparkconf,Seconds(5))
    //设置 Kafka 的配置：zk 集群链接、消费组
    val kafkaParams = Map[String, Object](
      ConsumerConfig.BOOTSTRAP_SERVERS_CONFIG     ->"192.168.128.131:9092,192.168.128.132:
9092,192.168.128.133:9092",
        ConsumerConfig.GROUP_ID_CONFIG -> "mygroup",
        ConsumerConfig.KEY_DESERIALIZER_CLASS_CONFIG -> classOf[StringDeserializer],
        ConsumerConfig.VALUE_DESERIALIZER_CLASS_CONFIG -> classOf[StringDeserializer])
```

```
    //设置消费主题
    val topics = Array("aaa")
    //获取 Kafka 数据流
    val stream = KafkaUtils.createDirectStream[String, String](
      ssc,
      LocationStrategies.PreferConsistent,
      ConsumerStrategies.Subscribe[String, String](topics, kafkaParams))
    val lines=stream.map(_.value)
    val word=lines.flatMap(_.split(" ")).map(x=>(x,1)).reduceByKey(_+_)
    //打印结果
    word.print
    //开始计算
    ssc.start()
    //等待停止
    ssc.awaitTermination()
  }
}
```

程序清单 13.10

(6)启动。首先需要把和 Kafka 相关的 JAR 包(Maven 中下载)导入到 3 台节点的$SPARK_HOME/jars 目录下:

```
spark-streaming-kafka-0-10_2.11-2.3.4.jar
kafka-clients-2.4.1.jar
```

然后将程序打成 JAR 包 SparkKafka.jar,上传到 Spark 集群,提交 Spark 任务。命令如下:

```
[hadoop@master ~]$ spark-submit --master yarn --deploy-mode cluster \
--class org.lanqiao.BigData.chapter13.SparkKafka --executor-memory 1g \
/home/hadoop/SparkKafka.jar
```

因为 Spark Streaming 任务是一直运行的,所以等任务状态为 RUNNING 后,就可以使用第(4)步创建的生产者生产数据了。命令如下:

```
[hadoop@master ~]$ kafka-console-producer.sh --broker-list 192.168.128.131:9092 --topic aaa
>hello world
>hello world hello
```

运行结果需要到 YARN 的 8088 端口上找到对应任务,然后去查看其 log 日志,其中 stdout(full log)中含有相应的输出:

```
......
-------------------------------------------
Time: 1598793985000 ms
-------------------------------------------
(hello,3)
(world,2)
......
```

最后我们需要关闭该程序，在 YARN 的 8088 端口上找到对应任务，点击进入该任务页面后，单击左上角“Kill Application”按钮即可。

13.8 本章小结

Spark 是 UC Berkeley AMP Lab（加州大学伯克利分校 AMP 实验室）所开源的类似 Hadoop MapReduce 的通用并行框架，专门用于大数据量下的迭代式计算。Spark 是为了跟 Hadoop 配合而开发出来的，不是为了取代 Hadoop。Spark 运算比 Hadoop 的 MapReduce 框架快的原因是，Hadoop 在一次 MapReduce 运算之后，会将数据的运算结果从内存写入磁盘中，第二次 MapReduce 运算时再从磁盘中读取数据，所以其瓶颈在两次运算间的多余 IO 消耗；Spark 则是将数据一直缓存在内存中，直到计算得到最后的结果，再将结果写入磁盘，所以多次运算的情况下，Spark 是比较快的，其优化了迭代式工作方式。

本章需要特别注意的要点有：

（1）Spark 具有快、易用、通用、兼容性等特点。

（2）Spark 相对于 Hadoop 的优势是具有更多的算子、内存计算减少了 IO 开销、基于 DAG 的调度执行机制、代码量少等。

（3）Spark 生态群包含 Spark Core、Spark SQL、Spark Streaming、MLlib 和 GraphX。

（4）Spark 体系架构包含 SparkContext、Cluster Manager、Worker Node、Executor、Task 和 Cache。

（5）Spark 集群安装部署有 3 种方式，即 Standalone、Spark on Mesos 和 Spark on YARN，本书先后讲解了 Standalone 和 Spark on YARN 两种模式。

（6）Spark 客户端操作主要有 2 种方式：Spark Shell 和 Spark Submit。Spark Shell 主要用于交互式程序；Spark Submit 主要用于生产部署。

（7）Spark RDD 算子分为转换和动作两种，所有的转换都属于延迟加载，所有的动作都属于马上执行。转换和动作涉及的算子比较多，需要一个一个地慢慢理解消化，然后才能在实战中有所应用。

（8）Spark RDD 的依赖关系分为窄依赖和宽依赖，其区别在于是否有数据的 Shuffle，而 Spark 的 Stage 阶段主要就是依靠宽依赖来划分的。

（9）Spark RDD 的缓存可以大幅提高计算的性能，可以通过 persisit()方法配合不同的缓存策略。

（10）Spark SQL 将标准形式 SQL 转换为 RDD 来计算，重点掌握 DataFrame、Spark 操作 JDBC，以及 Spark 操作 Hive。

（11）Spark Streaming 采用流式处理的方式来实时计算，其基本构成元素为 DStream，由一组时间序列上连续的 RDD 来构成。

（12）Spark Streaming 的算子分为转换和输出，还有少量比较特殊的算子，如 updateStateByKey()、transform()以及各种 Window（窗口）相关的算子。

（13）Spark Streaming 的应用主要涉及和 Flume 的整合以及和 Kafka 的整合。

另外，读者可以扩展学习的内容有：

（1）Spark SQL DataSet 的操作。

（2）和 Flume 以 Push 方式的整合。

13.9 本章练习

一、单选题

（1）下面哪个不是 Spark 的组件？（　　）

A．Spark Streaming　　B．MLlib　　C．Spark R　　D．Spark SQL

（2）下面哪个不是 RDD 的特点？（　　）

A．可分区　　B．可序列化　　C．可持久化　　D．可修改

（3）以下有关 Spark 支持的分布式部署方式中哪个是错误的？（　　）

A．standalone　　B．spark on mesos

C．spark on yarn　　D．spark on local

（4）Stage 的任务数量是由什么决定的？（　　）

A．partition　　B．job　　C．stage　　D．taskScheduler

（5）下面哪个操作是窄依赖？（　　）

A．join　　B．filter　　C．group　　D．sort

（6）Spark 缓存默认的存储级别是哪个？（　　）

A．MEMORY_ONLY　　B．MEMORY_AND_DISK

C．MEMORY_ONLY_SER　　D．MEMORY_AND_DISK_SER

（7）Task 运行在以下哪个组件上？（　　）

A．Driver program　　B．Spark master

C．Worker node　　D．Cluster manager

（8）DataFrame 与 RDD 的最大区别是什么？（　　）

A．存储方式不一样　　B．多了 schema

C．外部数据源支持　　D．科学统计支持

（9）var rdd = sc.parallelize(1 to 10, 2)，rdd.aggregate(7)((x,y)=>math.max(x, y), (x,y)=>x+y) 的运行结果是（　　）。

A．17　　B．24　　C．31　　D．21

（10）Spark 经典的 WordCount 程序，可以分为几个 Stage？（　　）

A．1　　B．2　　C．3　　D．3

二、多选题

（1）val rdd1 = sc.parallelize(List(1, 2, 3, 4, 5),2)，val rdd2 = rdd1.reduce(_ - _)的值可能是（　　）。

A．5　　B．−5　　C．−3　　D．3

（2）关于 Spark Streaming，以下说法中正确的是哪些？（　　）

A．Spark Streaming 是 Spark 的核心子框架之一。

B．Spark Streaming 具有可伸缩、高吞吐量、容错能力强等特点。

C．Spark Streaming 处理的数据源可以来自 Kafka。

D．Spark Streaming 不能和 Spark SQL、MLlib、GraphX 无缝集成。

（3）以下哪些属于 Spark 的转换算子？（　　）

A．foreach　　B．filter　　C．countByKey　　D．groupByKey

（4）如果要把 2 个分区的 RDD 变成 3 个分区，且要使用 Shuffle，应该怎么操作？（　　）

A．rdd.coalesce(3,true)　　B．coalesce(3,false)

C．repartition(3)　　D．repartition (3,true)

第 14 章 大数据平台的管理与监控

本章简介

稳定而高效的Hadoop计算环境，离不开日常管理与维护工作的支持。与普通的计算机网络环境或数据中心不同，基于Hadoop构建的大数据环境，具有节点数量大、组件及应用复杂的特点，这也给Hadoop集群的管理与监控带来了极大的挑战。

本章首先介绍大数据平台管理与监控的基本概况，然后依次介绍Nagios、Ganglia、Cacti和JMX这4种方式的管理与监控。前面3种偏应用，具有自动化配置、采集数据、计算与图形化展示等功能，由于篇幅的原因没有详细展开它们的安装部署和使用；最后1种偏底层，是Hadoop提供的数据监控接口，为前面3种应用软件提供数据支持，含有6个基本数据接口及9个类型的指标参数。

14.1 平台管理与监控概述

目前，对Hadoop平台的管理与监控主要有以下3种处理方案：

（1）基于CDH（Cloudera’s Distribution Including Apache Hadoop）的管理与监控。

CDH是Cloudera公司推出的一个基于Apache Hadoop的完全开源的大数据管理平台，包括Hadoop、Hive、Flume、Kafka、Sqoop、HBase、Spark、Pig等众多大数据开源的软件，专为满足企业需求而构建。CDH创建了一个功能先进的系统，可以帮助企业执行端到端的大数据工作流程。简单来说，CDH是一个拥有集群自动化安装、中心化管理、集群监控、报警功能的工具（软件），使得集群的安装可以从几天的时间缩短为几个小时，运维人数也会从数十人降低到几个人，极大地提高了集群管理的效率。

其中，组件Cloudera Manager（CM）的功能有：

①管理：对集群进行管理，如添加、删除节点等操作。

②监控：监控集群的健康情况，对设置的各种指标和系统的具体运行情况进行全面的监控。

③诊断：对集群出现的各种问题进行诊断，并给出建议和解决方案。

④集成：多组件可以进行版本兼容间的整合。

CDH自带管理工具CM，但是CM组件的功能分为社区版（免费）与企业版（收费）两个版本，功能上有差别。另外，这种方式需要使用CDH版本重新安装Hadoop集群，对于之前我们已经安装好的Hadoop集群则无法适用。目前国内企业绝大多数采用这种方式。

（2）基于 HDP（Hortonworks Data Platform）的管理与监控。

HDP 是 Hortonworks 公司推出的一个基于 Apache Hadoop 的完全开源的大数据管理平台。它允许用户载入、存储、处理及管理几乎任何格式和任何规模的数据。HDP 包括所有必要的组件，使企业可以快速地处理大数据。

其中，组件 Apache Ambari 是一种基于 Web 的管理工具，支持 Apache Hadoop 集群的安装、管理和监控。Ambari 目前已支持大多数 Hadoop 组件，包括 HDFS、MapReduce、Hive、Pig、HBase、ZooKeeper、Sqoop 和 Hcatalog 等。Ambari 本身也是 Apache 的一个项目，其目的是成为让 Hadoop 以及相关的大数据软件更容易使用的一个工具。

HDP 的管理工具 Ambari 需要使用 HDP 版本，另外，这种方式需要使用 Ambari 重新安装 Hadoop 集群，对于之前我们已经安装好的 Hadoop 集群理论上可以集成，不过实际问题很多。

（3）基于 Apache Hadoop 开源软件的管理与监控。

如果 Hadoop 集群的组件都是一个一个自己安装的，那么此时 Hadoop 平台的管理与监控就是五花八门、各显神通了，没有统一的做法。通常可以使用第三方提供的开源工具如 Nagios、Ganglia、Cacti 等，也可以使用 Hadoop 本身自带的监控接口 JMX（Java Management Extensions，Java 管理扩展）。比较而言，开源工具提供的指标粒度比较粗，不够详细，很多指标都是来自 JMX 的指标，不过胜在有图形界面，有周期性的指标跟踪等功能；而 Hadoop 自带的监控接口 JMX 则比较细，提供的指标多，不过没有图形界面，如果需要经常查看则要周期性地获取才行。

由于使用 CM 和 Ambari 需要对应的安装版本支持，所以在这里我们就第三种方式中涉及的几种方案分别进行介绍。

14.2 Nagios 介绍

作为管理员，第一时间得知系统的异常并及时解决是非常重要的，管理员并不能人工地整天随时监控系统的工作状况，如果没有工具的帮助，当主机或系统出现故障时，通常会经过较长的时间之后才会发现异常。这种情况如果发生在系统繁忙期间，会给使用者或机构造成很大的损失。因此，一个可以实时监控系统状态，并在异常发生时及时告警的工具，对于维护系统的正常运行至关重要。Nagios 的设计和实现，就是为了满足这一需求。

Nagios 是一个监控集群系统运行状态和网络信息的监视系统，其架构基于 Server/Agents 结构。Nagios 可以监控指定的物理设备以及服务，还可以使用插件对被监控物理设备内的更多信息进行周期性的监测，并将状态信息返回给 Nagios 监控服务器。使用 Nagios 服务，不仅可以在正常状态下观察系统运行的状态数据，还可以在异常发生时，根据设定条件通过邮件、短信等方式收到告警通知。Nagios 可以运行于 Linux 平台，并提供一个可视化的 Web 界面，系统管理人员可以通过页面浏览当前状态信息、历史日志等。与许多监控系统不同的是，Nagios 并不使用任何内部机制来监控网络中主机和服务的状态，而是通过灵活的插件来完成对被监测节点的监控任务，这种独特的方式使得 Nagios 具有很好的灵活性和可扩展性。

Nagios 主要由以下几个部分组成：

（1）Nagios 调度器。调度器是 Nagios 的核心部分。调度器一方面负责周期性地与插件通信，接收监测数据并分配到相应的处理单元进行呈现或通知；另一方面调度器还负责通过数据库和文件系统对整个监测系统的运行配置数据进行管理，以及保存和读取监测数据。

（2）插件。插件是真正执行与被监测设备交互获取数据的单元。插件通常是由管理员或开发人员用脚本或编程语言编写的小程序。这些小程序根据管理者的需求，读取被监测设备上对应服务组件的数据，并将结果返回给 Nagios 调度器。

（3）Web 服务器。Web 服务器负责为管理者提供图形化管理界面，Nagios 的监测及管理功能通过 CGI（Common Gateway Interface）接口在 Web 页面上呈现，其采用的服务器为 Apache。通过 Web 页面，管理者可以通过图表等方式看到系统运行状态，也可以对 Nagios 本身进行配置管理。

（4）通知系统。通知系统的作用是确保管理员能在第一时间获得他们关注的告警信息。Nagios 通知系统支持以邮件和短信的方式发送信息，并可以根据定义的规则对监测到的告警信息进行过滤，发送给指定的联系人。

由于 Nagios 强大而灵活的监测功能和架构，它被广泛地应用到监控 Windows 主机、Linux 服务器、网络设备、服务器软件等多种场合，为集群管理人员提供了可视化的综合监控平台，并支持实时告警。同时，Nagios 提供的 API 可以很方便地使开发者将开发的第三方应用集成到 Nagios 平台中。正是基于对 Nagios 以上优点的考虑，Hadoop 开发者将对 Nagios 支持的功能插件集成到了 Hadoop 软件包当中。Hadoop 提供了支持 JMX 的接口，综合使用 Nagios 的 API 对 JMX 的支持，就可以开发适用于 Hadoop 集群的 Nagios 插件，监控 HDFS 以及节点上各个进程的运行状态。Ambari 管理工具就利用了此功能。

14.3 Ganglia 介绍

Ganglia 可以监控集群，其中集成的 RRDTool 工具能绘制出丰富的图形，且只需要占用极少的资源。所以，通常同时使用 Nagios 和 Ganglia 共同监控集群，Nagios 主要负责对异常情况进行告警，Ganglia 用于收集监控数据并绘制时间序列图。

Ganglia 是 UC Berkeley 发起的一个开源实时监控项目，可以监控拥有数以千计节点的高性能分布式系统，如集群、网格、云平台等，为系统管理人员提供系统实时状态或统计历史数据的功能，通常用来监控 CPU 负载、内存、硬盘利用率、网络流量等信息。所有监控指标均可绘制为时序图，通过 Web 页面进行浏览。

Ganglia 系统基本包含以下 3 个部分：

（1）Gmond（Ganglia Monitor Daemon）：运行在每台计算机上，监控、收集和发送本地机器的监控信息。Gmond 的系统负载非常小，基本不会影响用户的性能。

（2）Gmetad（Ganglia Metadata Daemon）：运行在集群的某台主服务器上，会轮询收集 Gmond 的数据，并进行整合，然后保存到 RRDTool 的数据库中。

（3）Ganglia Web 前端：运行于 Web 服务器上，用于显示 Ganglia 的图表。

总的来说，Ganglia 通过运行在各个节点上的 Gmond 采集数据，汇总到 Gmetad 下，使用 RRDTool 存储数据，最后由 PHP 读取呈现到 Web 界面。

Gmetad 之间通过 TCP 协议发送 XML 文件进行通信，而 Gmond 节点之间使用 UDP 协议发送 XDR 文件进行通信，可以使用单播或广播两种方式进行通信。一个集群可以有多个 Gmond，通常可以由 Gmetad 轮询所有的 Gmond 节点来取得数据，也可以将多个 Gmond 的数据汇聚到一个 Gmond，Gmetad 只需要轮询这些汇聚数据的 Gmond 来获得整个集群的数据。一个集群内的所有 Gmond 之间共享集群中所有节点信息，如果 Gmetad 轮询集群内某个节点

不成功，也可以轮询其他的节点。Gmetad 收集到的所有数据会存入 RRDTool 数据库中，最终绘制成图表显示在 Web 界面上供用户查看。

如同 Nagios，Ganglia 也可以通过 JMX 来监控 Hadoop，但也可以使用更为简便的方式。Hadoop 的源码中提供了支持 Ganglia 对其进行监控的接口，即 Hadoop Metrics。在安装 Ganglia 后，只需要对 Hadoop 的 conf 文件夹下面的 Hadoop-metrics.properties 文件进行一些修改，Ganglia 就可以监控 Hadoop 集群的关键参数了。当然，Hadoop 的其他组件如 HBase 也对 Ganglia 提供了类似的接口。

Hadoop 的 Metrics 机制是 Hadoop 自身定义的一套信息采集和记录机制，可以收集 Hadoop 所在机器的各种信息，如 JVM 信息（内存、堆、线程、log4j 信息）、RPC 调用信息、DataNode 信息等。Ganglia 与 Hadoop 整合后，Ganglia 获取 Hadoop 的 Metrics 数据，并且可以按照任意的时间区间将这些数据显示到 Web 界面上。

14.4 Cacti 介绍

服务器的监控数据采集及图形化呈现在集群监控中一直是一个很重要的领域。RRDTool 的强大绘图功能使其在监控领域脱颖而出，但 RRDTool 只能存储数据和画图，不具备数据采集功能。另外，其命令行方式的接口使用比较复杂，一般人难以掌握。为了解决这些问题，有很多喜爱 RRDTool 的程序员为其写了应用的平台或脚本，用来收集所监控计算机的数据，并利用 RRDTool 绘制图形，Cacti 就是其中的佼佼者。

Cacti 是一套基于 PHP、MySQL、SNMP 及 RRDTool 开发的网络流量监测图形分析工具，可以对 CPU 负载、内存占用、运行进程数、磁盘空间、网卡流量等各种数据信息进行监控。它通过“snmpget”命令来获取数据，使用 RRDTool 绘制图形，并提供了非常强大的数据和用户管理功能，界面简洁直观。

Cacti 的主要组件包括以下三个部分：

（1）数据采集。Cacti 基于 SNMP 协议进行数据采集，几乎所有的网络设备（交换机、路由器等）和操作系统默认都安装了 SNMP 服务。Cacti 会定时运行数据采集脚本，使用“snmpget”命令或其他自己定义的方式进行数据的采集，也可以自己编写脚本进行数据采集。

（2）数据存储。Cacti 的数据存储工具有两个——MySQL 数据库和 RRDTool 数据库。MySQL 配合 PHP 程序存储一些变量数据并对变量数据进行调用，如主机名、主机 IP、SNMP 团体名、端口号、模板信息等变量；而 SNMP 服务所收集的数据，即性能数据，保存在 RRDTool 自己的数据库格式 RRD 文件中。

（3）数据呈现。Cacti 利用 RRDTool 引擎绘制监控数据的图表，并展现在 Web 页面上。数据呈现的 Web 服务功能由 PHP 编写，运行在 Apache 的 Web 服务器上。其中，页面分管理控制台和图形显示两大块。管理控制台供用户设置各种模板、创建图形、管理用户等；图形显示页面按照用户定义的树形结构管理所有图形，并实时绘制图形。

Cacti 不仅可以通过 SNMP 协议监控分布式集群成百上千的节点，收集节点的 CPU、网络、硬盘读写信息等，还可以通过收集 JMX 数据对集群节点进行监控。Cacti 与 Hadoop 的集成监控主要利用了一个 Hadoop-cacti-jtg 组件，可以收集 JMX 信息，并可以将数据按照 Cacti 的模板导出为 XML 格式。这样 Cacti 就可以同时监控集群机器信息（CPU、Disk、Network 等）和 Hadoop 组件信息了。

14.5 JMX介绍

JMX是一套Java的标准代理和服务，JMX是管理系统和资源之间的一个接口，定义了管理系统和资源之间的交互标准。Hadoop是基于Java的开源软件，因此很自然地实现了通过JMX监控整体集群的内部状态的功能。Hadoop启动后，NameNode、SecondaryNameNode、DataNode等进程会注册相应的Metrics到本地的MBeanServer上，这样就可以使用JMX框架类获取和发布这些数据。Hadoop本身还对JMX提供了更进一步的支持。对于Hadoop 0.20.2之后的版本，只需要修改Hadoop安装目录下的conf文件夹内的hadoop_env.sh配置文件，修改的内容主要为设置JMX客户端访问服务器需要进行的安全认证，包括启动验证、SSL配置、用户名权限和密码以及监控各个进程的端口。配置完成后，可以通过使用JDK自带的一个名为JConsole的工具来浏览Hadoop的Metrics。

使用JMX监控和展示数据虽然很方便，但不够直观，在需要监控成百上千台机器时，数量繁多的数据和列表让监控变成一个非常困难的工作。相比较而言，同时使用Ganglia和Nagios是一个很好的选择，Ganglia高效地收集大量数据，并绘制时序图，以界面的形式展示出来；而Nagios负责故障检测和告警。JMX作为一个标准化接口，更多地是作为基础组件为一些优秀的开源软件提供底层支持，而不是直接服务于用户。

总的来说，各种工具或多或少地都使用了JMX这个接口来获取Hadoop集群相关的数据，配合一定粒度的周期性的采集以及图表工具，就可以做到图形化地实时地监控与展示。下面我们来介绍一下Hadoop提供的JMX接口。

（1）NameNode接口（http://NameNodeIP:50070/jmx）。

在浏览器中输入http://192.168.128.131:50070/jmx后就可以看到一个与NameNode有关的上千行的JSON格式的数据串，里面含有很多指标参数，格式如下：

```
{
  "beans" : [ {
    "name" : "Hadoop:service=NameNode,name=JvmMetrics",
    "modelerType" : "JvmMetrics",
    "tag.Context" : "jvm",
    "tag.ProcessName" : "NameNode",
  ......
  },
  ......
]}
```

如果要看某个具体指标的话，可以通过“qry”参数来获取，后面加上“name”属性对应的值即可，比如：

```
http://192.168.128.131:50070/jmx?qry=Hadoop:service=NameNode,name=NameNodeInfo
{
  "beans" : [ {
    "name" : "Hadoop:service=NameNode,name=NameNodeInfo",
    "modelerType" : "org.apache.hadoop.hdfs.server.namenode.FSNamesystem",
    "Total" : 36477861888,
```

```
    ......
  },
  ]}
```

（2）DataNode 接口（http://DataNodeIP:50075/jmx）。

在浏览器中输入 http://192.168.128.132:50075/jmx 后就可以看到一个与 DataNode 有关的上千行的 JSON 格式的数据串，里面含有很多指标参数，格式如下：

```
{
  "beans" : [ {
    "name" : "java.lang:type=MemoryPool,name=Survivor Space",
    "modelerType" : "sun.management.MemoryPoolImpl",
    "Valid" : true,
    ......
  },
  ......
  ]}
```

（3）ResourceManager 接口（http://ResourceManagerIP:8088/jmx）。

在浏览器中输入 http://192.168.128.131:8088/jmx 后就可以看到一个与 ResourceManager 有关的上千行的 JSON 格式的数据串，里面含有很多指标参数，格式如下：

```
{
  "beans" : [ {
    "name" : "java.lang:type=MemoryPool,name=Survivor Space",
    "modelerType" : "sun.management.MemoryPoolImpl",
    "Valid" : true,
  ......
  },
  ......
  ]}
```

（4）NodeManager 接口（http://NodeManagerIP:8042/jmx）。

在浏览器中输入 http://192.168.128.132:8042/jmx 后就可以看到一个与 NodeManager 有关的上千行的 JSON 格式的数据串，里面含有很多指标参数，格式如下：

```
{
  "beans" : [ {
    "name" : "java.lang:type=MemoryPool,name=Survivor Space",
    "modelerType" : "sun.management.MemoryPoolImpl",
    "Valid" : true,
  ......
  },
  ......
  ]}
```

（5）HMaster 接口（http://HMasterIP:16010/jmx）。

在浏览器中输入 http://192.168.128.131:16010/jmx 后就可以看到一个与 HMaster 有关的上千行的 JSON 格式的数据串，里面含有很多指标参数，格式如下：

```
{
  "beans": [
    {
      "name": "Hadoop:service=HBase,name=Master,sub=Balancer",
      "modelerType": "Master,sub=Balancer",
      "tag.Context": "master",
……
},
……
]}
```

（6）HRegionServer 接口（http://HRegionServerIP:16030/jmx）。

在浏览器中输入 http://192.168.128.132:16030/jmx 后就可以看到一个与 HRegionServer 有关的上千行的 JSON 格式的数据串，里面含有很多指标参数，格式如下：

```
{
  "beans": [
    {
      "name": "JMImplementation:type=MBeanServerDelegate",
      "modelerType": "javax.management.MBeanServerDelegate",
      "MBeanServerId": "slave1_1599128157013",
     ……
},
……
]}
```

上面的接口主要涉及 NameNode、DataNode、ResourceManager、NodeManager、HMaster、HRegionServer 这 6 个接口，基本上涵盖了 Hadoop 生态圈的主要节点进程，如 Hive、Sqoop 会自动地转换为 MapReduce 计算。这些接口含有非常丰富的指标，由于太多，此处并不打算全部一一列举，完整的指标请参考如下官网地址：

http://hadoop.apache.org/docs/stable/hadoop-project-dist/hadoop-common/Metrics.html

（1）系统指标。如表 14.1 所示。

表 14.1 部分系统指标及其含义

指 标 名 称	指 标 含 义
load_one	每分钟的系统平均负载
load_fifteen	每 15 分钟的系统平均负载
load_five	每 5 分钟的系统平均负载
boottime	系统启动时间，精确到秒
bytes_in	网络接收速度，单位 Bps
bytes_out	网络发送速度，单位 Bps
cpu_aidle	启动的空闲 CPU 百分比
cpu_idle	空闲 CPU 百分比
cpu_nice	用户进程空间内改变过优先级的进程占用 CPU 百分比

续表

指 标 名 称	指 标 含 义
cpu_num	CPU 线程总数
cpu_report	CPU 使用情况汇总报告
cpu_speed	CPU 速度（MHz）
cpu_system	内核空间占用 CPU 百分比
cpu_user	用户空间占用 CPU 百分比
cpu_wio	CPU 空闲时的最大 I/O 请求
proc_total	进程总数
swap_free	空闲交换分区空闲大小
swap_total	空闲交换分区大小（KB 显示）
disk_free	剩余磁盘空间
disk_total	磁盘总大小
ip_address	IP 地址列表
last_reported	最后一次报告时间
load_report	系统负载汇总报告
location	定位信息（经纬度）
machine_type	系统版本（X86 或 64）
mem_buffers	内核缓存的内存总量
mem_cached	缓存内存大小
mem_free	空闲内存大小
mem_report	内存汇总报告
mem_shared	共享内存大小
mem_total	物理内存总量（KB 显示）
os_name	操作系统名称
os_release	操作系统版本
pkts_in	每秒进来的包数
pkts_out	每秒出去的包数
proc_run	运行的进程总数
packet_report	包汇总报告
network_report	网络汇总报告

（2）NameNode 指标。如表 14.2 所示。

表 14.2　部分 NameNode 指标及其含义

指 标 名 称	指 标 含 义
dfs.namenode.SafeModeTime	safemode 时间
dfs.namenode.AddBlockOps	写入 block 次数

续表

指 标 名 称	指 标 含 义
dfs.namenode.BlockReportAvgTime	block report 的平均时间次数
dfs.namenode.BlockReportNumOps	block report 的次数
dfs.namenode.CreateFileOps	创建文件次数
dfs.namenode.DeleteFileOps	删除文件次数
dfs.namenode.FileInfoOps	查看文件 info 次数
dfs.namenode.FilesCreated	已创建的文件个数
dfs.namenode.FilesDeleted	已删除的文件个数
dfs.namenode.FilesInGetListingOps	getlist 操作次数
dfs.namenode.FilesRenamed	重命名文件个数
dfs.namenode.FsImageLoadTime	fsimage 加载时间
dfs.namenode.GetAdditionalDatanodeOps	GetAdditionalDatanode 操作次数
dfs.namenode.GetBlockLocations	获取 block 位置操作次数
dfs.namenode.GetListingOps	getListing 操作次数
dfs.namenode.SyncsAvgTime	将操作同步为 editlog 的平均时间
dfs.namenode.SyncsNumOps	将操作同步为 editlog 的次数
dfs.namenode.TransactionsAvgTime	transcation 的平均时间
dfs.namenode.TransactionsBatchedInSync	transcation 在 flush 时发现已经被 sync 的情况的次数
dfs.namenode.TransactionsNumOps	transcation 的个数

（3）DataNode 指标。如表 14.3 所示。

表 14.3　部分 DataNode 指标及其含义

指 标 名 称	指 标 含 义
dfs.datanode.BlockReportsAvgTime	向 namenode 汇报 block 的平均时间
dfs.datanode.BlockReportsNumOps	向 namenode 汇报 block 的次数
dfs.datanode.BlocksRead	从硬盘读块的次数
dfs.datanode.BlocksRemoved	删除块的个数
dfs.datanode.BlocksReplicated	备份块操作的个数
dfs.datanode.BlocksVerified	验证块的次数
dfs.datanode.BlocksWritten	写入块的个数
dfs.datanode.BytesRead	读出总字节
dfs.datanode.BytesWritten	写入总字节
dfs.datanode.CopyBlockOpAvgTime	复制块的平均时间
dfs.datanode.CopyBlockOpNumOps	复制块的次数
dfs.datanode.HeartbeatsAvgTime	向 namenode 汇报的平均时间
dfs.datanode.HeartbeatsNumOps	向 namenode 汇报的次数

续表

指 标 名 称	指 标 含 义
dfs.datanode.ReadBlockOpAvgTime	读数据块的平均时间
dfs.datanode.ReadBlockOpNumOps	读数据块的次数
dfs.datanode.ReadsFromLocalClient	本地读取的次数
dfs.datanode.ReadsFromRemoteClient	远程读取的次数
dfs.datanode.WriteBlockOpAvgTime	写数据块的平均时间
dfs.datanode.WriteBlockOpNumOps	写数据块的次数
dfs.datanode.WritesFromLocalClient	写本地的次数
dfs.datanode.WritesFromRemoteClient	写远程的次数
dfs.datanode.PacketAckRoundTripTimeNanosAvgTime	包确认平均时间
dfs.datanode.PacketAckRoundTripTimeNanosNumOps	包确认次数
dfs.datanode.FlushNanosAvgTime	文件系统 flush 平均时间
dfs.datanode.FlushNanosNumOps	文件系统 flush 次数
dfs.datanode.ReplaceBlockOpAvgTime	块替换平均时间
dfs.datanode.ReplaceBlockOpNumOps	块替换次数
dfs.datanode.SendDataPacketBlockedOnNetworkNanosAvgTime	网络上发送块平均时间
dfs.datanode.SendDataPacketBlockedOnNetworkNanosNumOps	网络上发送块次数
dfs.datanode.SendDataPacketTransferNanosAvgTime	网络上发送包平均时间
dfs.datanode.SendDataPacketTransferNanosNumOps	网络上发送包个数

（4）HDFS 指标。如表 14.4 所示。

表 14.4　部分 HDFS 指标及其含义

指 标 名 称	指 标 含 义
dfs.FSNamesystem.BlockCapacity	block 的总容量
dfs.FSNamesystem.BlocksTotal	block 的当前容量
dfs.FSNamesystem.CapacityRemainingGB	HDFS 文件系统剩余的容量
dfs.FSNamesystem.CapacityTotalGB	HDFS 文件系统总体容量
dfs.FSNamesystem.CapacityUsedGB	HDFS 文件系统已使用的容量
dfs.FSNamesystem.CorruptBlocks	已损坏的 block 数量
dfs.FSNamesystem.ExcessBlocks	多余的 block
dfs.FSNamesystem.ExpiredHeartbeats	超时的心跳
dfs.FSNamesystem.FilesTotal	文件总数
dfs.FSNamesystem.LastCheckpointTime	最近一次做 checkpoint 的时间
dfs.FSNamesystem.LastWrittenTransactionId	最近一次写入的 transactionid
dfs.FSNamesystem.MillisSinceLastLoadedEdits	距离上一次加载 edit 的时间
dfs.FSNamesystem.MissingBlocks	丢失的 block 数量

续表

指 标 名 称	指 标 含 义
dfs.FSNamesystem.TotalFiles	文件总个数
dfs.FSNamesystem.UnderReplicatedBlocks	副本个数不够的 block
dfs.FSNamesystem.PendingDataNodeMessageCount	datanode 的请求被 queue 在 standby namenode 的个数
dfs.FSNamesystem.PendingDeletionBlocks	未被验证的 block 个数
dfs.FSNamesystem.PendingReplicationBlocks	等待被备份的 block 个数
dfs.FSNamesystem.PostponedMisreplicatedBlocks	被推迟处理的错误备份的 block 个数
dfs.FSNamesystem.ScheduledReplicationBlocks	排定要备份的 block 个数
dfs.FSNamesystem.TotalLoad	namenode 的 Xceiver 个数
dfs.FSNamesystem.TransactionsSinceLastCheckpoint	从上次 checkpoint 起到现在新的 transcation 的个数
dfs.FSNamesystem.TransactionsSinceLastLogRoll	从上次 roll editlog 起到现在新的 transcation 的个数

（5）MapReduce 指标。如表 14.5 所示。

表 14.5　部分 MapReduce 指标及其含义

指 标 名 称	指 标 含 义
mapred.ShuffleMetrics.ShuffleConnections	shuffle 的连接数
mapred.ShuffleMetrics.ShuffleOutputBytes	shuffle 输出数据大小
mapred.ShuffleMetrics.ShuffleOutputsFailed	shuffle 失败的次数
mapred.ShuffleMetrics.ShuffleOutputsOK	shuffle 成功的次数

（6）YARN 指标。如表 14.6 所示。

表 14.6　部分 YARN 指标及其含义

指 标 名 称	指 标 含 义
yarn.NodeManagerMetrics.AllocatedContainers	当前分配的 container 个数
yarn.NodeManagerMetrics.AllocatedGB	当前分配的 container 内存
yarn.NodeManagerMetrics.AvailableGB	当前 free 的内存
yarn.NodeManagerMetrics.ContainersCompleted	完成状态的 container 个数
yarn.NodeManagerMetrics.ContainersIniting	初始化状态的 container 个数
yarn.NodeManagerMetrics.ContainersKilled	killed 状态的 container 个数
yarn.NodeManagerMetrics.ContainersLaunched	启动态的 container 个数
yarn.NodeManagerMetrics.ContainersRunning	运行态的 container 的个数
yarn.ClusterMetrics.NumActiveNMs	活的 nodemanager 个数
yarn.ClusterMetrics.NumLostNMs	不健康的 nodemanager 个数
yarn.QueueMetrics.ActiveApplications	活跃的 task 的个数
yarn.QueueMetrics.ActiveUsers	活跃的用户个数

续表

指 标 名 称	指 标 含 义
yarn.QueueMetrics.AggregateContainersAllocated	总共分配的 container 个数
yarn.QueueMetrics.AggregateContainersReleased	总共释放的 container 个数
yarn.QueueMetrics.AllocatedContainers	已经分配的 container 个数
yarn.QueueMetrics.AllocatedMB	已经分配的内存
yarn.QueueMetrics.AppsCompleted	已完成的 task 数
yarn.QueueMetrics.AppsPending	挂起的 task 数
yarn.QueueMetrics.AppsRunning	运行的 task 数
yarn.QueueMetrics.AppsSubmitted	已经提交的 task 数
yarn.QueueMetrics.AvailableMB	可用的内存
yarn.QueueMetrics.PendingContainers	挂起的 container 数
yarn.QueueMetrics.PendingMB	挂起的内存
yarn.QueueMetrics.running_0	运行时间在 0~60 分钟内的 task 个数
yarn.QueueMetrics.running_1440	运行时间在 1440 分钟以上的 task 个数
yarn.QueueMetrics.running_300	运行时间在 300～1440 分钟内的 task 个数
yarn.QueueMetrics.running_60	运行时间在 60～300 分钟内的 task 个数

（7）Hadoop RPC 指标。如表 14.7 所示。

表 14.7　部分 Hadoop RPC 指标及其含义

指 标 名 称	指 标 含 义
rpc.metrics.NumOpenConnections	rpc 连接打开的数目
rpc.metrics.ReceivedBytes	rpc 收到的字节数
rpc.metrics.RpcProcessingTime_avg_time	rpc 在最近的交互中平均操作时间
rpc.metrics.RpcProcessingTime_num_ops	rpc 在最近的交互中连接数目
rpc.metrics.RpcQueueTime_avg_time	rpc 在交互中平均等待时间
rpc.metrics.RpcQueueTime_num_ops	rpc queue 中完成的 rpc 操作数目
rpc.metrics.SentBytes	rpc 发送的数据字节
rpc.metrics.callQueueLen	rpc 队列长度
rpc.metrics.rpcAuthenticationFailures	rpc 验证失败次数
rpc.metrics.rpcAuthenticationSuccesses	验证成功数
rpc.metrics.rpcAuthorizationFailures	授权失败次数
rpc.metrics.rpcAuthorizationSuccesses	授权成功次数
rpc.detailed-metrics.canCommit_avg_time	rpc 询问是否提交任务平均时间
rpc.detailed-metrics.canCommit_num_ops	rpc 询问是否提交任务次数
rpc.detailed-metrics.commitPending_avg_time	rpc 报告任务提交完成，但是该提交仍然处于 pending 状态的平均时间

（8）JVM 指标。如表 14.8 所示。

表 14.8 部分 JVM 指标及其含义

指 标 名 称	指 标 含 义
jvm.JvmMetrics.GcCount	JVM 进行 GC 的次数
jvm.JvmMetrics.GcTimeMillis	GC 花费的时间，单位为微妙
jvm.JvmMetrics.LogError	Log 中输出 ERROR 的次数
jvm.JvmMetrics.LogFatal	Log 中输出 FATAL 的次数
jvm.JvmMetrics.LogInfo	Log 中输出 INFO 的次数
jvm.JvmMetrics.LogWarn	Log 中输出 WARN 的次数
jvm.JvmMetrics.MemHeapCommittedM	JVM 分配的堆大小（单位为 MB）
jvm.JvmMetrics.MemHeapUsedM	JVM 已经使用的堆大小（单位为 MB）
jvm.JvmMetrics.MemNonHeapCommittedM	JVM 分配给非堆的大小（单位为 MB）
jvm.JvmMetrics.MemNonHeapUsedM	JVM 已使用的非堆的大小（单位为 MB）
jvm.JvmMetrics.ThreadsBlocked	处于 BLOCKED 状态线程数量
jvm.JvmMetrics.ThreadsNew	处于 NEW 状态线程数量
jvm.JvmMetrics.ThreadsRunnable	处于 RUNNABLE 状态线程数量
jvm.JvmMetrics.ThreadsTerminated	处于 TERMINATED 状态线程数量
jvm.JvmMetrics.ThreadsTimedWaiting	处于 TIMED_WAITING 状态线程数量
jvm.JvmMetrics.ThreadsWaiting	处于 WAITING 状态线程数量

（9）HBase 指标。如表 14.9 所示。

表 14.9 部分 HBase 指标及其含义

指 标 名 称	指 标 含 义
hbase.master.cluster_requests	当前机器整体 request 的个数
hbase.master.splitSize_avg_time	splitlog 的大小
hbase.master.splitSize_num_ops	splitlog 次数
hbase.master.splitTime_avg_time	splitlog 的时间
hbase.master.splitTime_num_ops	splitlog 的次数
hbase.regionserver.blockCacheCount	RegionServer 中缓存到 blockcache 中 block 的个数
hbase.regionserver.blockCacheEvictedCount	BlockCache 中被换出的 Block 的个数
hbase.regionserver.blockCacheFree	返回 block cache 中空闲的内存大小
hbase.regionserver.blockCacheHitCachingRatio	HitCache 表示因为读取不到而 cacheblock 的行为，blockCacheHitCachingRatio 表示发生该行为的比率
hbase.regionserver.blockCacheHitCount	blockCache 命中次数
hbase.regionserver.blockCacheHitRatio	blockCache 命中比例
hbase.regionserver.blockCacheMissCount	blockCache 非命中比例
hbase.regionserver.blockCacheSize	blockCache 大小

续表

指 标 名 称	指 标 含 义
hbase.regionserver.compactionQueueSize	compaction Queue 的大小
hbase.regionserver.compactionSize_avg_time	平均执行一次 Compaction 的数据大小

14.6 本 章 小 结

在集群管理与监控方面，除了使用像 CDH、HDP 这种自带管理与监控功能的工具外，还可以使用第三方提供的各种管理与监控软件，如本章介绍的 Nagios、Ganglia、Cacti 等。此外就是使用 Hadoop 提供的 JMX 接口自己采集数据然后进行监控，配合一定的周期，外加一定的阈值就可以自己制作监控系统了。

本章需要特别注意的要点有：

（1）Hadoop 平台的管理与监控主要分为 3 种类型：

①基于 CDH 的 CM 来管理与监控数据；

②基于 HDP 的 Ambari 来管理与监控数据；

③基于 Apache Hadoop 开源软件的各种第三方工具和 JMX 来管理与监控数据。

（2）Nagios 是一个监控集群系统运行状态和网络信息的监视系统，其架构基于 Server/Agents 结构，主要由调度器、插件、Web 服务器和通知系统组成。

（3）Ganglia 是一个开源实时监控项目，可以监控集群 CPU 负载、内存、硬盘利用率、网络流量等信息，主要由 Gmond、Gmetad 和 Ganglia Web 前端组成。

（4）Cacti 是一套基于 PHP、MySQL、SNMP 及 RRDTool 开发的网络流量监测图形分析工具，可以对 CPU 负载、内存占用、运行进程数、磁盘空间、网卡流量等各种数据信息进行监控，主要由数据采集、数据存储、数据呈现组成。

（5）Hadoop JMX 是 Hadoop 平台提供的一个接口，可以监控整体集群的内部状态，含有 NameNode、DataNode、ResourceManager、NodeManager、HMaster、HRegionServer 等接口，提供了大量丰富的指标数据。

另外，读者可以扩展学习的内容有 Nagios、Ganglia 和 Cacti 的安装部署及使用。

14.7 本 章 练 习

一、单选题

（1）Hadoop 平台通过 JXM 方式来获取 HMaster 接口数据的端口是哪个？（　　）

A．8042　　B．8088　　C．16010　　D．16030

（2）下面哪个指标表示“空闲 CPU 百分比”？（　　）

A．cpu_wio　　B．cpu_report　　C．cpu_user　　D．cpu_idle

（3）下面哪个指标表示“HDFS 文件系统剩余的容量”？（　　）

A．dfs.FSNamesystem.BlockCapacity

B．dfs.FSNamesystem.BlocksTotal

C．dfs.FSNamesystem.CapacityTotalGB

D．dfs.FSNamesystem.CapacityRemainingGB

（4）Ganglia 中哪个组件可以完成数据的监控、收集和发送？（　　）

A．Gmond　　B．Gmetad　　C．RRDTool　　D．Ganglia Web

二、多选题

（1）关于监控系统，以下描述中正确的有哪些？（　　）

A．Ganglia 不能收集数据，只能用来展示数据。

B．Nagios 只能监测数据和告警，不能绘制图表。

C．Cacti 不仅能收集数据，还能绘制图表。

D．JMX 提供了大量的 Hadoop 平台的监测数据。

（2）以下关于 Hadoop 中 MapReduce 的指标描述中正确的有哪些？（　　）

A．mapred.ShuffleMetrics.ShuffleConnections 表示 shuffle 的连接数。

B．mapred.ShuffleMetrics.ShuffleOutputBytes 表示 shuffle 输入数据大小。

C．mapred.ShuffleMetrics.ShuffleOutputsFailed 表示 shuffle 失败次数。

D．mapred.ShuffleMetrics.ShuffleOutputsOK 表示 shuffle 成功次数。

第 15 章

大数据离线计算项目

本章简介

本章首先介绍大数据离线计算项目的特点与流程；接着介绍手机用户数据分析这个项目的需求和设计，帮助读者理清大体思路；然后按照大数据离线计算的流程分步骤详细介绍数据采集、数据预处理、数据分析、分析结果导出、数据可视化等知识，并将它们串联在一起，构成大数据离线计算项目。

15.1 项 目 概 述

（1）大数据离线计算的特点。

大数据离线计算属于大数据应用中最广泛、最重要的应用之一，为多种应用场景提供基础计算功能，拥有处理数据量大、处理时间长、保存处理结果等特点。与大数据实时计算相比较，大数据离线计算在时间上的要求没有那么严格，只要在一定时间内完成任务即可。

（2）大数据离线计算的流程。

大数据离线计算的流程通常为：数据采集→数据预处理→数据分析→分析结果导出到数据库→数据可视化。实际项目中有些步骤可以简化，例如，数据已经有了，这个时候就没有必要进行数据采集了。本章将一部分采集到的手机端数据直接拿来作为数据源，在此基础上进行数据预处理、数据分析、数据结果导出到 MySQL 以及数据可视化等操作，带领大家实践一遍整个流程。

（3）项目的目标。

本章我们的目标是通过几个有代表性的手机用户数据分析需求来体验实际项目的大致流程与步骤，读者还可以在此基础上扩充需求以进行扩展练习。充分理解本章的内容有助于实际项目的设计与开发。

15.2 需求分析与项目设计

（1）需求分析。

实际项目中，需求通常是第一位的，有了需求，我们才会去考虑采集哪些有用的数据，然后进一步对数据做后续处理。就以手机用户的数据分析为例，这个总需求又可以划分为很

多个子需求，每个子需求都是从不同的角度来分析用户。篇幅所限，此处无法详细地介绍所有子需求，只挑选几个有代表性的子需求来进行展示。例如：

①统计分析所有手机 App 使用次数。

这个需求主要是从频数分析的角度来分析问题。频数分析能帮助我们看到事物的多少，非常直观。

②统计分析所有手机 App 平均使用时长。

这个需求主要是从集中趋势分析的角度来分析问题。集中趋势分析主要通过均值来看事物的集中程度。

③统计分析所有手机 App 的使用时长的离散程度。

这个需求主要是从离散程度分析的角度来分析问题。离散程度分析主要通过方差/标准差来看事物的偏离程度。

④统计分析所有手机 App 的使用时间点的时间分布。

这个需求主要是从分布分析的角度来分析问题。分布分析主要通过概率分布来看事物的分布情况。

上述 4 个需求分别代表了数据分析中的 4 种常用分析，具有一定的代表性。

（2）项目设计。

有了上面几个需求后，我们就可以开始项目设计了，总的流程按照上面介绍过的“数据采集→数据预处理→数据分析→分析结果导出到数据库→数据可视化”来操作。第一步数据采集省略，因为数据会直接提供给大家，也可以在本地使用 Flume 将原始数据导入 HDFS。此处简化操作，直接将原始数据上传至 HDFS 即可，后面的步骤会在每一小节单独处理。

除了数据可视化，项目中涉及的技术与工具基本上都是之前章节介绍过的。此外，项目的环境搭建等工作和之前章节内容保持一致。

（3）原始数据。

实际项目中采集的原始数据指标非常多，如手机型号、手机卡号、开机/关机时间、打开/关闭 App 的时间、打开 App 的软件名称、地理经纬度坐标、所在国家或地区、手机操作系统、版本号、网络 IP 地址以及内部各种软硬件指标数据。为了精减数据，此处对数据进行整理，将一些和以上 4 个需求没有关系的指标删掉。该数据可在本书配套实验环境中下载。数据格式如下所示：

```
[hadoop@master ~]$ more info.data
2020/9/1 00:01:23.567    2020/9/1 00:12:34.341    com.sina.weibo             867765020017281
2020/9/1 00:02:57.102    2020/9/1 00:42:31.843    com.baidu.tieba            355500061127171
2020/9/1 00:07:10.127    2020/9/1 00:07:48.682    com.tencent.mm             867765020017281
2020/9/1 00:10:52.438    null                     com.jingdong.app.mall      358995060350831
……
2020/9/1 23:28:13.682    2020/9/1 23:36:54.469    com.tencent.mm             868524020026548
2020/9/1 23:45:09.231    2020/9/1 23:57:10.219    com.tencent.mobileqq       868524020026548
```

第一列：表示打开某个手机 App 的时间。

第二列：表示关闭某个手机 App 的时间。

第三列：表示手机 App 的名称，如“com.tencent.mm”表示手机微信。

第四列：表示手机的 IMEI 号码，即手机的硬件号码，同手机号类似，具有唯一性。

可以看到，每一条数据都表示某个用户在某个时间点打开了某个手机 App，并在某个时间点关闭了该手机 App，有了上面的数据就可以开展后续操作了。

15.3 数据预处理

由于不需要数据采集，只需将上述原始数据直接从 Linux 操作系统导入 HDFS 中的/input 目录：

```
[hadoop@master ~]$ hadoop fs -put info.data /input
```

实际项目中，由于数据采集或用户输入的原因导致的数据缺失、数据格式不良好、数据不正确、数据前后矛盾不一致等数据质量问题，都会影响后续的数据分析操作甚至错误。因此，需要先对原始数据进行一次有效清洗。清洗前需要仔细观察可能出现的错误，清洗后还需要仔细观察可能遗漏的问题。

通过观察上面的原始数据，发现主要有如下两个问题：

（1）有 null 值或者没有值。

这样的数据是无法通过其他列来推测该值的，此时，基于大数据的统计分析意义，是可以直接过滤该条数据的，除非这样的数据非常多。

（2）手机 App 名称明显不正确。

虽然手机 App 种类非常多，不好一一检查，但是名称基本上都是由一些字母和“.”构成的。实际项目中，我们发现有些名称居然是“14783067”“3494000”这样的字符串，这样的数据也需要排除。

一般来说，数据清洗通常采用 MapReduce 来实现，完整的代码详见程序清单 15.1。

```
package org.lanqiao.BigData.chapter15;

import java.net.URI;
import java.util.regex.Pattern;

import org.apache.hadoop.conf.Configuration;
import org.apache.hadoop.fs.FileSystem;
import org.apache.hadoop.fs.Path;
import org.apache.hadoop.io.LongWritable;
import org.apache.hadoop.io.NullWritable;
import org.apache.hadoop.io.Text;
import org.apache.hadoop.mapreduce.Job;
import org.apache.hadoop.mapreduce.Mapper;
import org.apache.hadoop.mapreduce.lib.input.FileInputFormat;
import org.apache.hadoop.mapreduce.lib.output.FileOutputFormat;

public class PreProcess {
        public static void main(String[] args) throws Exception {
                Configuration conf = new Configuration();
                //获取集群访问路径
                FileSystem fileSystem = FileSystem.get(new URI("hdfs://192.168.128.131:9000/"), conf);
```

```
            //判断输出路径是否已经存在，如果存在则删除
            Path outPath = new Path(args[1]);
            if(fileSystem.exists(outPath)){
                fileSystem.delete(outPath, true);
            }
            //生成job，并指定job的名称
            Job job = Job.getInstance(conf, "PreProcess");
            //指定打成JAR后的运行类
            job.setJarByClass(PreProcess.class);
            //指定mapper类
            job.setMapperClass(MyMapper.class);
            //指定mapper的输出类型
            job.setMapOutputKeyClass(Text.class);
            job.setMapOutputValueClass(NullWritable.class);
            //无须Reducer

            FileInputFormat.addInputPath(job, new Path(args[0]));
            FileOutputFormat.setOutputPath(job, new Path(args[1]));
            System.exit(job.waitForCompletion(true) ? 0 : 1);
        }

        static class MyMapper extends Mapper<LongWritable, Text, Text, NullWritable>{
            protected void map(LongWritable k1, Text v1, Context context) throws java.io.IOException,
InterruptedException {
                final String[] s = v1.toString().split(" ");
                String opentime = s[0];//打开时间
                String closetime = s[1];//关闭时间
                String pkg = s[2];//手机App名称
                String imei = s[3];//手机号码
                //遇到null或者空值直接舍弃该行数据
                if(opentime.equals("null")||opentime.equals("")||closetime.equals("null")||closetime.equals("")||
                        pkg.equals("null")||pkg.equals("")||imei.equals("null")||imei.equals("")) {
                    return;
                }
                //遇到"14783067"这样的手机App名称直接舍弃该行数据
                Pattern pattern = Pattern.compile("[0-9]*");
                if(pattern.matcher(pkg).matches()) {
                    return;
                }
                //重新拼凑字段
                StringBuilder sb = new StringBuilder();
                        sb.append(opentime).append("\t").append(closetime).append("\t").append(pkg).
append("\t").append(imei);
                //返回新的清洗后的一行数据
                context.write(new Text(sb.toString()), NullWritable.get());
            };
        }
```

```
}
```

程序清单 15.1

将代码打成 PreProcess.jar 包上传到集群上执行：

```
[hadoop@master ~]$ hadoop jar PreProcess.jar org.lanqiao.BigData.chapter15.PreProcess /input /out
```

执行完毕，查看输出结果：

```
[hadoop@master ~]$ hadoop fs -cat /out/part*
2020/9/1 00:01:23.567    2020/9/1 00:12:34.341    com.sina.weibo          867765020017281
2020/9/1 00:02:57.102    2020/9/1 00:42:31.843    com.baidu.tieba         355500061127171
2020/9/1 00:07:10.127    2020/9/1 00:07:48.682    com.tencent.mm          867765020017281
......
2020/9/1 23:28:13.682    2020/9/1 23:36:54.469    com.tencent.mm          868524020026548
2020/9/1 23:45:09.231    2020/9/1 23:57:10.219    com.tencent.mobileqq    868524020026548
```

可以看出，输出符合要求。

15.4　数据分析并导出结果到 MySQL

前述数据清洗完成之后的数据存储在 HDFS 上的/out/part*文件中，而数据分析主要使用 Hive 提供的各种内置函数来完成。

在 Hive 中创建数据库 t1：

```
hive> create database t1;
```

在 t1 数据库中创建内部表 info：

```
hive>create table info(opentimestring, closetime string, pkg string,imei string)
hive>row format delimited fields terminated by "\t";
```

导入/out/part*中的数据到 info 表中：

```
hive>load data inpath 'hdfs://192.168.128.131:9000/out/part*' into table info;
hive>select * from info;
2020/9/1 00:01:23.567    2020/9/1 00:12:34.341    com.sina.weibo          867765020017281
2020/9/1 00:02:57.102    2020/9/1 00:42:31.843    com.baidu.tieba         355500061127171
2020/9/1 00:07:10.127    2020/9/1 00:07:48.682    com.tencent.mm          867765020017281
......
2020/9/1 23:28:13.682    2020/9/1 23:36:54.469    com.tencent.mm          868524020026548
2020/9/1 23:45:09.231    2020/9/1 23:57:10.219    com.tencent.mobileqq    868524020026548
```

info 表中只含有一天的数据，每天采集一次数据，然后做一次离线计算分析，最后将结果存储到数据库中。

下面开始逐一分析各个需求。

（1）统计分析所有手机 App 使用次数（频数分析）。

每一天中每款手机 App 都有很多人使用，每个人也可能会使用多次。针对每一天而言，可以统计每款手机 App 的使用次数，通过频率来观察不同手机 App 的使用情况。

思路：在 HDFS 上创建一个目录，将分析结果数据以覆盖的方式先插入该目录中，然后

使用 Sqoop 导出至 MySQL 中。

①在 HDFS 上创建目录：

```
[hadoop@master ~]$ hadoop fs -mkdir /user/hive/warehouse/info1
```

②将分析结果数据以覆盖的方式插入该目录中：

```
hive>insert overwrite directory 'hdfs://192.168.128.131:9000/user/hive/warehouse/info1'
hive>select pkg,count(*) as num from info group by pkg;
```

频数分析主要通过分组（group by）结合计数（count）就可以做到了。

③在 MySQL 中首先创建数据表 info1：

```
mysql>use sqoop;
mysql>create table info1(pkg varchar(100),num int);
```

④使用 Sqoop 将 HDFS 上的数据导出至 MySQL 中：

```
[hadoop@master ~]$sqoop export --connect jdbc:mysql://192.168.128.131:3306/sqoop --username root --password 123456 --table info1 --export-dir /user/hive/warehouse/info1--input-fields-terminated-by '\001'--num-mappers 1
```

注意：Sqoop 将数据导入 MySQL 是采用追加的方式，因此，建议执行上一条命令前先清空数据表。

步骤①③只需要第 1 次执行，步骤②④需要每次（即对每天的数据）都执行。

（2）统计分析所有手机 App 平均使用时长（集中趋势分析）。

每款手机 App 每天都有很多人使用，集中趋势分析主要是利用各种均值（如算术平均值、几何平均值、加权平均值等）来分析每款手机 App 的平均使用时长，这里我们选择算术平均值进行计算。

思路：在 HDFS 上创建一个目录，将分析数据以覆盖的方式先插入该目录中，然后使用 Sqoop 导出至 MySQL 中。

①在 HDFS 上创建目录：

```
[hadoop@master ~]$ hadoop fs -mkdir /user/hive/warehouse/info2
```

②将分析数据以覆盖的方式插入该目录中：

```
hive>insert overwrite directory 'hdfs://192.168.128.131:9000/user/hive/warehouse/info2'
hive>select a.pkg as pkg,avg(a.time) as time from (select imei,pkg,sum((unix_timestamp(closetime, 'yyyy/MM/dd HH:mm:ss.SSS')-unix_timestamp(opentime,'yyyy/MM/dd HH:mm:ss.SSS'))/60) as time from info group by imei,pkg) a group by a.pkg;
```

集中趋势分析主要通过分组（group by）和平均值（avg）就可以做到了。这里先使用 unix_timestamp 函数将字符串格式时间转换为时间戳，然后求差值，再依据手机 IMEI 号码和手机 App 分组累计求和，将时间转换为分钟来计量，最后以此为基础，按照手机 App 分组求得每个 App 的平均使用时长。

③在 MySQL 中创建数据表 info2：

```
mysql>use sqoop;
mysql>create table info2(pkg varchar(100),time float);
```

④使用 Sqoop 将 HDFS 上的数据导出至 MySQL 中：

```
[hadoop@master ~]$sqoop export --connect jdbc:mysql://192.168.128.131:3306/sqoop --username root --password 123456 --table info2 --export-dir /user/hive/warehouse/info2--input-fields-terminated-by '\001'--num- mappers 1
```

注意：Sqoop 将数据导入 MySQL 是采用追加的方式，因此，建议执行上一条命令前先清空数据表。

步骤①③只需要第 1 次执行，步骤②④需要每次（即对每天的数据）都执行。

（3）统计分析所有手机 App 的使用时长的离散程度（离散程度分析）。

离散程度一般来说使用方差或者标准差这类指标来刻画比较好，这里某款手机 App 使用时长的离散程度使用标准差来计算，可以避免量纲所带来的问题。

思路：在 HDFS 上创建一个目录，将分析数据以覆盖的方式先插入该目录中，然后使用 Sqoop 导出至 MySQL 中。

①在 HDFS 上创建目录：

```
[hadoop@master ~]$ hadoop fs -mkdir /user/hive/warehouse/info3
```

②将分析数据以覆盖的方式插入该目录中：

```
hive>insert overwrite directory 'hdfs://192.168.128.131:9000/user/hive/warehouse/info3'
hive>select a.pkg as pkg,stddev(a.time) as stddev from (select imei,pkg,sum((unix_timestamp(closetime, 'yyyy/MM/dd HH:mm:ss.SSS')-unix_timestamp(opentime,'yyyy/MM/dd HH:mm:ss.SSS')) /60) as time from info group by imei,pkg) a group by a.pkg;
```

离散程度分析主要通过分组（group by）和标准差（stddev）就可以做到了。这里是按照手机 App 分组分别求每款手机 App 的使用时长的标准差。通常来说，该值越大，离散程度越大。

③在 MySQL 中首先创建数据表 info3：

```
mysql>use sqoop;
mysql>create table info3(pkg varchar(100),stddev float);
```

④使用 Sqoop 将 HDFS 上的数据导出至 MySQL 中：

```
[hadoop@master ~]$sqoop export --connect jdbc:mysql://192.168.128.131:3306/sqoop --username root --password 123456 --table info3 --export-dir /user/hive/warehouse/info3--input-fields-terminated-by '\001'--num-mappers 1
```

注意：Sqoop 将数据导入 MySQL 是采用追加的方式，因此，建议执行上一条命令前先清空数据表。

步骤①③只需要第 1 次执行，步骤②④需要每次（即对每天的数据）都执行。

（4）统计分析所有手机 App 的使用时间点的时间分布（分布分析）。

针对某款手机 App 而言，其使用时间点的时间分布，主要看其在一天 24 小时内的使用时间的分布。我们简单地把一天 24 小时分成 12 个区间：[0,2)、[2,4)、[4,6)、…、[20,22)、[22,24)。当然，也可以分得更细，如 1 小时一个区间，只要在某个区间内使用就算 1 次。

思路：在 HDFS 上创建一个目录，将分析数据以覆盖的方式先插入该目录中，然后使用 Sqoop 导出至 MySQL 中。

①在 HDFS 上创建目录：

```
[hadoop@master ~]$ hadoop fs -mkdir /user/hive/warehouse/info4
```

②将分析数据以覆盖的方式插入该目录中：

```
hive>insert overwrite directory 'hdfs://192.168.128.131:9000/user/hive/warehouse/info4'
hive>select a.pkg as pkg,
>sum(case when a.t1>=2 or a.t2<0 then 0 else 1 end) as time1,
>sum(case when a.t1>=4 or a.t2<2 then 0 else 1 end) as time2,
>sum(case when a.t1>=6 or a.t2<4 then 0 else 1 end) as time3,
>sum(case when a.t1>=8 or a.t2<6 then 0 else 1 end) as time4,
>sum(case when a.t1>=10 or a.t2<8 then 0 else 1 end) as time5,
>sum(case when a.t1>=12 or a.t2<10 then 0 else 1 end) as time6,
>sum(case when a.t1>=14 or a.t2<12 then 0 else 1 end) as time7,
>sum(case when a.t1>=16 or a.t2<14 then 0 else 1 end) as time8,
>sum(case when a.t1>=18 or a.t2<16 then 0 else 1 end) as time9,
>sum(case when a.t1>=20 or a.t2<18 then 0 else 1 end) as time10,
>sum(case when a.t1>=22 or a.t2<20 then 0 else 1 end) as time11,
>sum(case when a.t1>=24 or a.t2<22 then 0 else 1 end) as time12 from
>(select hour(from_unixtime(unix_timestamp(opentime,'yyyy/MM/dd HH:mm:ss.SSS'),'yyyy-MM-dd HH:mm:ss'))
as t1,hour(from_unixtime(unix_timestamp(closetime,'yyyy/MM/dd HH:mm:ss.SSS'),'yyyy-MM-dd HH:mm:ss')) as
t2,pkg from info) a group by a.pkg;
```

分布分析主要通过一些HQL的技巧来统计每款手机App在一天内连续的12个区间段内的使用次数，依此来分析判断手机App的时间分布情况。这里的难点就在于构造了12个列，来分别表示12个时间区间，此处使用case…end这种多分支结构来完成逻辑判断。

③在MySQL中首先创建数据表info4：

```
mysql>use sqoop;
mysql>create table info4(pkg varchar(100),time1 int,time2 int,time3 int,time4 int,time5 int,time6 int,time7
int,time8 int,time9 int,time10 int,time11 int,time12 int);
```

④使用Sqoop将HDFS上的数据导出至MySQL中：

```
[hadoop@master ~]$sqoop export --connect jdbc:mysql://192.168.128.131:3306/sqoop --username root
--password 123456 --table info4 --export-dir /user/hive/warehouse/info4--input-fields-terminated-by '\001'--num-
mappers 1
```

注意：Sqoop将数据导入MySQL是采用追加的方式，因此，建议执行上一条命令前先清空数据表。

步骤①③只需要第1次执行，步骤②④需要每次（即对每天的数据）都执行。

15.5 数据可视化

上一节中已经将数据结果导出至MySQL中了，最后一步就是数据可视化。

面对海量的大数据，人们希望能够快速找出数据中隐藏的信息规律和真相。数据可视化通过简洁直观的点、线、面组成的图形直观地展示数据信息，可以帮助人们快速捕获和保存信息。数据可视化是大数据处理的最后一个环节。

通常以文本或数值形式显示的数据，不能很好地展示数据之间的关系和规律，也显得比较枯燥乏味。借助一些图形工具，可以比较直观地展示、传递信息，所以，数据可视化对于

海量数据分析和决策是很有必要的。数据可视化不是一个新的概念，在科学计算、图表绘制、天气预报、地理信息、工业设计、建筑设计装饰、动漫游戏等领域有多年的应用实践。面对大数据时代日益增长的海量数据，更加形象化地展示数据，发掘数据深层含义，以辅助决策，受到人们越来越多的重视。“一图胜千文”，数据可视化适应了人们这种需求。同时，大数据的发展也拓展了数据可视化学科的内涵和外延。

数据可视化的工具非常多，如 ECharts、Matplotlib、Tableau、DataV、D3.js 等，此处以上手比较简单且功能强大的 ECharts 为例。

ECharts（Enterprise Charts，商业级数据图表）是百度开发的一个开源 JavaScript 数据可视化图表库，可运行在 PC 和移动设备上，兼容大部分浏览器，底层依赖轻量级的矢量图形库 ZRender，提供直观生动、交互丰富、可高度个性化定制的数据可视化图表。ECharts 的 dataset 属性支持直接传入包括二维表、Map、Array、JSON 等多种格式的数据源。在支持常规图表的基础上，ECharts 加入了更多丰富的交互功能，更多的可视化效果，支持图与图之间的混搭。通过增量渲染技术，ECharts 能够展现千万级的数据量，并实现流畅的缩放平移等交互功能，提供了图例、视觉映射、数据区域缩放、tooltip、数据筛选等交互组件，可以对数据进行多维度数据筛取、视图缩放、展示细节等交互操作。ECharts 对移动端做了深度优化，例如，在移动端小屏上可用手指在坐标系中进行缩放、平移。

ECharts 具有丰富的图表类型，并且很容易使用，常应用于软件产品开发或网页统计图表展示，能处理大数据量，3D 绘图也不逊色，结合百度地图的使用很出色。ECharts 开发流程很简单，在官方实例中选择需要的图表类型，将项目数据复制过去，根据需要进行图表属性的设置，就能直接在 Web 页面上生成图表，不过这样的图表属于静态图表。也可以通过 HTTP 请求向数据库中请求大数据分析的结果数据，然后在后端拼凑成 ECharts 需要的字符串格式（如 JSON），再发送给前端页面生成 Web 图表，这样的图表属于动态图表。还可以在 Web 页面上添加一些交互组件（如选择框、文本框、按钮等），实现更加灵活有用的数据可视化功能。

ECharts 的官网地址为 https://echarts.apache.org/zh/index.html，其官网示例如图 15.1 所示。

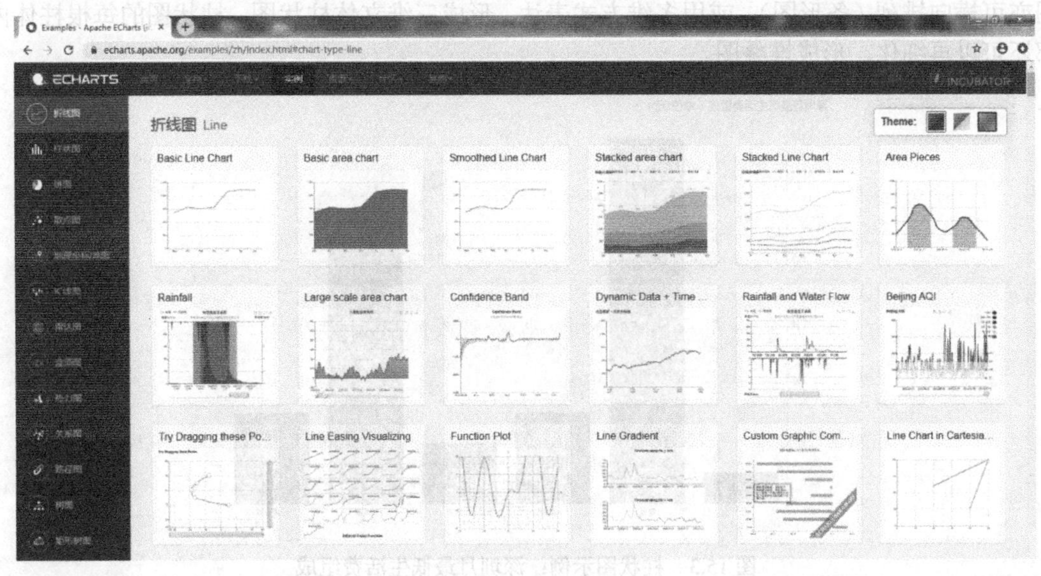

图 15.1　ECharts 官网示例

从图 15.1 可以看到，ECharts 支持的图表非常丰富，有折线图、柱状图、饼图、散点图、地图、K 线图、雷达图、热力图、路径图等。实际项目中，折线图、柱状图和饼图用得较多，本章也打算使用这些图表来呈现数据。下面简单介绍这 3 种基本图。

（1）折线图。

折线图（line）又叫线图，是将数据集中的行或列的数据绘制到折线图中，适用于二维大数据集，特别是数据趋势比单个数据点更重要的应用场景。折线图可以显示随时间而变化的连续数据，因此，非常适用于显示在相等时间间隔下数据的趋势，如图 15.2 所示。在基本二维折线图基础上，还可以绘制带数据标记的折线图、堆积折线图、三维折线图等。

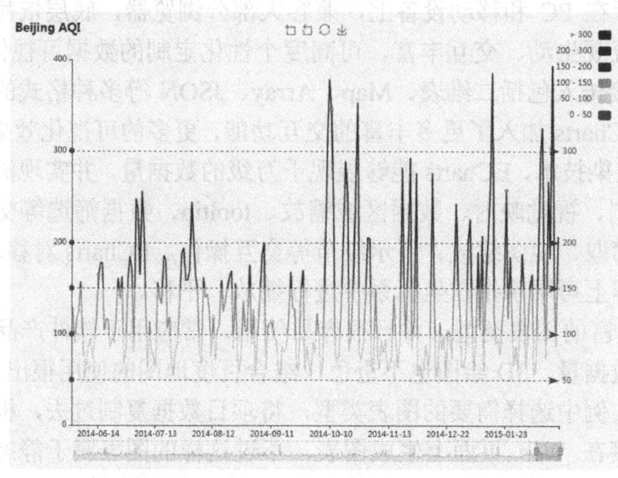

图 15.2　折线图示例：北京 AQI（空气质量指数）

（2）柱状图。

柱状图（bar）是一种以长方形的长度为变量的统计报告图，由一系列长度不等的纵向条纹来表示数据分布情况，只有一个变量，通常用于较小的数据集分析，如图 15.3 所示。柱状图亦可横向排列（条形图），或用多维方式表达，形成三维立体柱状图。柱状图的每根柱体内部还可以再细化，形成堆叠图。

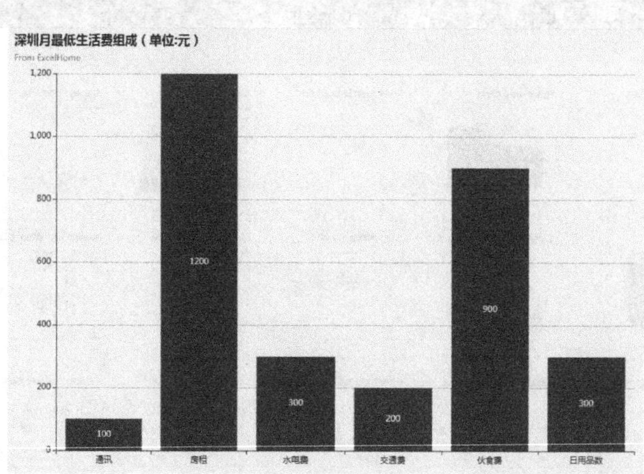

图 15.3　柱状图示例：深圳月最低生活费组成

（3）饼图。

饼图显示一组数据中各项的大小与各项总和的比例。饼图中的数据点显示为整个饼图的百分比。这种图形非常形象直观，很容易理解其各个组件的所占比例。如图 15.4 所示。

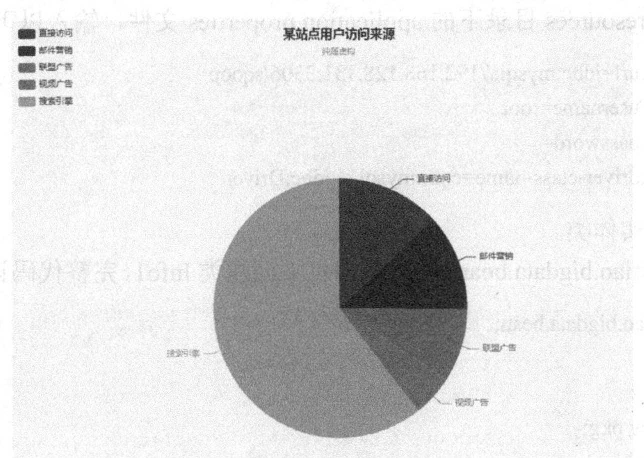

图 15.4　饼图示例：某站点用户访问来源

有了上面的介绍后，下面接着之前的操作，准备给 4 个需求设计合适的图表。

（1）统计分析所有手机 App 使用次数（频数分析）。

之前已经将数据导出至 MySQL 中了，格式如下：

```
mysql>select * from info1 order by num desc;
pkg                          num
com.tencent.mm               112367
com.tencent.mobileqq         109828
com.taobao.taobao            105214
com.UCMobile                 92381
com.baidu.tieba              89372
com.jingdong.app.mall        85321
com.sina.weibo               82392
com.netease.cloudmusic       74854
com.sankuai.meituan          73109
com.youdao.dict              69856
……
```

由于手机 App 种类很多，不可能将所有的数据都呈现出来，此处计划按照数量先降序排列，然后取 Top10 的数据按照柱状图来呈现。

操作步骤如下：

创建 SpringBoot 项目→设计数据库连接→设计实体类→设计 DAO 层→设计 Service 层→设计 Controller 层→设计启动类→设计前端页面→启动项目验证。

第 1 步：创建 SpringBoot 项目。步骤如下：

①打开 Eclipse，新建 Spring Boot，选择 Spring Starter Project，单击“Next”按钮。

②选择 JAR 方式，Java 设置为 Java8，Group 设置为 org.lanqiao，Artifact 设置为 bigdata，Package 设置为 org.lanqiao.bigdata，单击“Next”按钮。

③选择事先要加载的组件：包括 SQL 里面的 MyBatis Framework，MySQL Driver，Web 里面的 Spring Web，单击“Next”和“Finish”按钮。

第 2 步：设计数据库连接。

打开 src/main/resources 目录下的 application.properties 文件，输入以下内容：

```
spring.datasource.url=jdbc:mysql://192.168.128.131:3306/sqoop
spring.datasource.username=root
spring.datasource.password=
spring.datasource.driver-class-name=com.mysql.cj.jdbc.Driver
```

第 3 步：设计实体类。

创建包 org.lanqiao.bigdata.bean，然后在该包下创建类 Info1，完整代码详见程序清单 15.2。

```
package org.lanqiao.bigdata.bean;

public class Info1 {
    private String pkg;
    private int num;
    public Info1() {
        super();
    }
    public Info1(String pkg, int num) {
        super();
        this.pkg = pkg;
        this.num = num;
    }
    public String getPkg() {
        return pkg;
    }
    public void setPkg(String pkg) {
        this.pkg = pkg;
    }
    public int getNum() {
        return num;
    }
    public void setNum(int num) {
        this.num = num;
    }
    @Override public String toString() {
        return "Info1 [pkg=" + pkg + ", num=" + num + "]";
    }
}
```

程序清单 15.2

第 4 步：设计 DAO 层。

创建包 org.lanqiao.bigdata.dao，然后在该包下创建接口 Info1Mapper，完整代码详见程序清单 15.3。

```
package org.lanqiao.bigdata.dao;

import java.util.List;
import org.apache.ibatis.annotations.Mapper;
import org.apache.ibatis.annotations.Select;
import org.lanqiao.bigdata.bean.Info1;
import org.springframework.stereotype.Repository;

@Mapper
@Repository
public interface Info1Mapper {
    @Select("SELECT pkg,num FROM info1 order by num desc limit 10")
    List<Info1> getInfo1();
}
```

程序清单 15.3

第 5 步：设计 Service 层。

创建包 org.lanqiao.bigdata.service，然后在该包下创建接口 Info1Service，完整代码详见程序清单 15.4。

```
package org.lanqiao.bigdata.service;

import java.util.List;
import org.lanqiao.bigdata.bean.Info1;
public interface Info1Service {
    List<Info1> getInfo1();
}
```

程序清单 15.4

创建实现类 Info1ServiceImpl，完整代码详见程序清单 15.5。

```
package org.lanqiao.bigdata.service;

import java.util.List;
import org.lanqiao.bigdata.bean.Info1;
import org.lanqiao.bigdata.dao.Info1Mapper;
import org.springframework.beans.factory.annotation.Autowired;
import org.springframework.stereotype.Service;

@Service
public class Info1ServiceImpl implements Info1Service {
    @Autowired
    Info1Mapper info1Mapper;
    @Override
    public List<Info1> getInfo1() {
        return info1Mapper.getInfo1();
```

```
    }
}
```

程序清单 15.5

第 6 步：设计 Controller 层。

创建包 org.lanqiao.bigdata.controller，然后在该包下创建类 Info1Controller，完整代码详见程序清单 15.6。

```
package org.lanqiao.bigdata.controller;

import java.util.HashMap;
import java.util.List;
import java.util.Map;
import org.lanqiao.bigdata.bean.Info1;
import org.lanqiao.bigdata.service.Info1Service;
import org.springframework.beans.factory.annotation.Autowired;
import org.springframework.web.bind.annotation.RequestMapping;
import org.springframework.web.bind.annotation.RestController;

@RestController
public class Info1Controller {
    @Autowired
    Info1Service info1Service;
    @RequestMapping("/info1")
    public Map<String, Object> getInfo1(){
        List<Info1> list = info1Service.getInfo1();
        String[] x = new String[list.size()];
        Integer[] y = new Integer[list.size()];
        for(int i=0;i<list.size();i++) {
            Info1 in = list.get(i);
            x[i] = in.getPkg();
            y[i] = in.getNum();
        }
        Map map = new HashMap<String, Object>();
        map.put("x",x);
        map.put("y",y);
        return map;
    }
}
```

程序清单 15.6

第 7 步：设计启动类。

打开启动类 DemoApplication，完整代码详见程序清单 15.7。

```
package org.lanqiao.bigdata;

import org.springframework.boot.SpringApplication;
```

```
import org.springframework.boot.autoconfigure.SpringBootApplication;
import org.springframework.context.annotation.ComponentScan;

@SpringBootApplication
@ComponentScan(basePackages = {"org.lanqiao.bigdata"})
public class DemoApplication {
    public static void main(String[] args) {
        SpringApplication.run(DemoApplication.class, args);
    }
}
```

程序清单 15.7

第 8 步：设计前端页面。

在 src/main/resources/static 目录下创建一个子目录 js，将前端页面中 ECharts 和 jQuery 需要的相关 JS 文件放入该目录中。

在 static 目录下创建 info1.html，完整代码详见程序清单 15.8。

```
<!DOCTYPE html>
<html>
    <head>
        <meta charset="utf-8">
        <title>ECharts</title>
        <!--引入 echarts.js -->
        <script src="js/echarts.js"></script>
        <!--引入 jquery-->
        <script src="js/jquery-1.8.3.min.js"></script>
    </head>
    <body>
        <!-- 为 ECharts 准备一个具备大小（宽高）的图表显示区域 -->
        <div id="main" style="width:1400px;height:600px;"></div>
        <script type="text/javascript">
            // 基于准备好的 div 容器，初始化 ECharts 实例
            var myChart = echarts.init(document.getElementById('main'));
            // 指定图表的配置项和数据
            option = {
                //标题和副标题
                title: {
                    text: 'App 使用次数排名',
                    subtext: 'Top10'
                },
                //图例
                legend: {
                    data: ['App 频次分析']
                },
                //X 轴内容
                xAxis: {
                    type: 'category',
                    axisLabel: {//文字显示
                        interval:0,//间隔 0 表示每一个都强制显示
```

```
                rotate:40//旋转角度[-90,90]
            },
            data: [] //数据由 jQuery 请求后端服务器获取
        },
        //设置绘图网格，设置绘图网格离左边和下边距离，用于 axisLabel 文字显示
        grid:{
            left:'10%',
            bottom:'35%'
        },
        //Y 轴内容
        yAxis: {
            type: 'value',
            axisLabel : {
                formatter : '{value} 次'
            }
        },
        //提示框内容由坐标轴触发
        tooltip: {
            trigger: 'axis',
            axisPointer: {
                type: 'shadow'
            }
        },
        //绘图类型和数据
        series: [{
            name: 'App 频次分析',
            data: [], //数据由 jQuery 请求后端服务器获取
            type: 'bar',//柱状图
            itemStyle:{
                normal:{
                    color:function(params){
                        var colorList = ['red','orange','yellow','green','blue','purple','black',
'#123456','#789123','gray'];
                        return colorList[params.dataIndex]
                    }
                }
            }
        }]
    };

    // 使用刚指定的配置项和数据显示图表。
    myChart.setOption(option);

    //使用 jQuery 异步加载数据
    $.get('info1').done(function(data) {
        myChart.setOption({
            //更新数据
            xAxis: {
```

```
                        type: 'category',
                        axisLabel: {//文字显示
                            interval:0,//间隔 0 表示每一个都强制显示
                            rotate:40//旋转角度[-90,90]
                        },
                        data: data.x //X 轴数据
                    },
                    series : [ {
                        name : 'App 频次分析',
                        type : 'bar',
                        data : data.y, //Y 轴数据
                        itemStyle:{
                            normal:{
                                color:function(params){
                                    var colorList = ['red','orange','yellow','green','blue','purple',
'black','#123456','#789123','gray'];
                                    return colorList[params.dataIndex]
                                }
                            }
                        }
                    } ]
                });
            });
        </script>
    </body>
</html>
```

程序清单 15.8

第 9 步：启动项目验证。

启动程序运行后，访问 http://192.168.128.131:8080/info1.html 页面，就能看到可视化数据了，如图 15.5 所示。

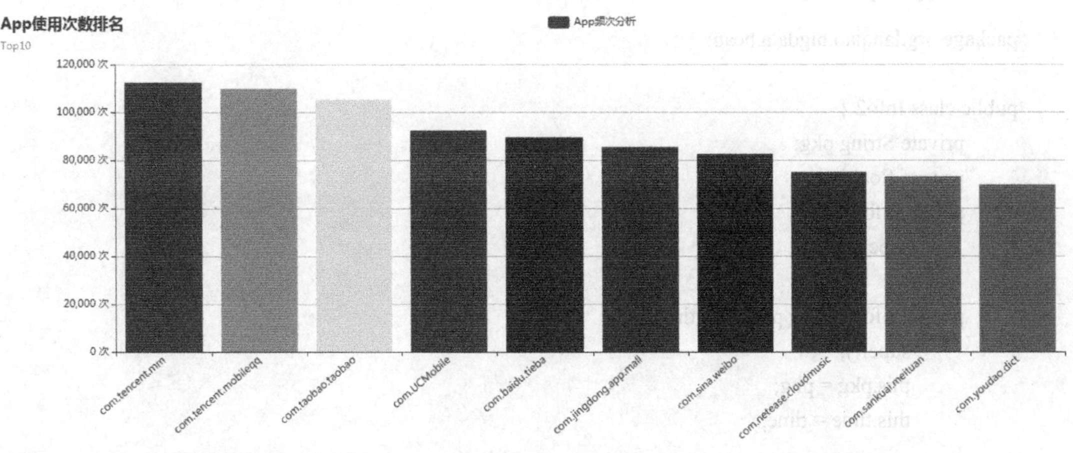

图 15.5　App 频次分析

看图可知，App 使用次数最多的是 com.tencent.mm（微信），使用次数排名第 10 位的为 com.youdao.dict（有道词典）。

（2）统计分析所有手机 App 平均使用时长（集中趋势分析）。

之前已经将数据导出至 MySQL 中了，格式如下：

```
mysql>select * from info2 order by time desc;
pkg                          time
com.tencent.mobileqq         78.1
com.tencent.mm               75.2
com.UCMobile                 70.9
com.sankuai.meituan          60.1
com.netease.cloudmusic       55.7
tv.danmaku.bili              50.8
com.sdu.didi.psnger          40.6
air.tv.douyu.android         39.8
com.baidu.input              39.5
com.sina.weibo               38.6
……
```

由于手机 App 种类很多，不可能将所有的数据都呈现出来，此处计划按照时长先降序排列，然后取 Top10 的数据按照饼图来呈现。

操作步骤如下：

创建 SpringBoot 项目→设计数据库连接→设计实体类→设计 DAO 层→设计 Service 层→设计 Controller 层→设计启动类→设计前端页面→启动项目验证。

第 1 步：创建 SpringBoot 项目。

沿用上面第（1）个需求的项目。

第 2 步：设计数据库连接。

沿用上面第（1）个需求的数据库连接。

第 3 步：设计实体类。

在包 org.lanqiao.bigdata.bean 下创建类 Info2，完整代码详见程序清单 15.9。

```
package org.lanqiao.bigdata.bean;

public class Info2 {
    private String pkg;
    private floattime;
    public Info2() {
        super();
    }
    public Info2(String pkg, floattime) {
        super();
        this.pkg = pkg;
        this.time = time;
    }
    public String getPkg() {
        return pkg;
```

```
    }
    public void setPkg(String pkg) {
        this.pkg = pkg;
    }
    public float getTime() {
        return time;
    }
    public void setTime(floattime) {
        this.time = time;
    }
    @Override public String toString() {
        return "Info2 [pkg=" + pkg + ", time=" + time + "]";
    }
}
```

程序清单 15.9

第 4 步：设计 DAO 层。

在包 org.lanqiao.bigdata.dao 下创建接口 Info2Mapper，完整代码详见程序清单 15.10。

```
package org.lanqiao.bigdata.dao;

import java.util.List;
import org.apache.ibatis.annotations.Mapper;
import org.apache.ibatis.annotations.Select;
import org.lanqiao.bigdata.bean.Info2;
import org.springframework.stereotype.Repository;

@Mapper
@Repository
public interface Info2Mapper {
    @Select("SELECT pkg,time FROM info2 order by time desc limit 10")
    List<Info2> getInfo2();
}
```

程序清单 15.10

第 5 步：设计 Service 层。

在包 org.lanqiao.bigdata.service 下创建接口 Info2Service，完整代码详见程序清单 15.11。

```
package org.lanqiao.bigdata.service;

import java.util.List;
import org.lanqiao.bigdata.bean.Info2;
public interface Info2Service {
    List<Info2> getInfo2();
}
```

程序清单 15.11

创建实现类 Info2ServiceImpl，完整代码详见程序清单 15.12。

```
package org.lanqiao.bigdata.service;

import java.util.List;
import org.lanqiao.bigdata.bean.Info2;
import org.lanqiao.bigdata.dao.Info2Mapper;
import org.springframework.beans.factory.annotation.Autowired;
import org.springframework.stereotype.Service;

@Service
public class Info2ServiceImpl implements Info2Service {
    @Autowired
    Info2Mapper info2Mapper;
    @Override
    public List<Info2> getInfo2() {
        return info2Mapper.getInfo2();
    }
}
```

程序清单 15.12

第 6 步：设计 Controller 层。

在包 org.lanqiao.bigdata.controller 下创建类 Info2Controller，完整代码详见程序清单 15.13。

```
package org.lanqiao.bigdata.controller;

import java.util.HashMap;
import java.util.List;
import java.util.Map;
import org.lanqiao.bigdata.bean.Info2;
import org.lanqiao.bigdata.service.Info2Service;
import org.springframework.beans.factory.annotation.Autowired;
import org.springframework.web.bind.annotation.RequestMapping;
import org.springframework.web.bind.annotation.RestController;

@RestController
public class Info2Controller {
    @Autowired
    Info2Service info2Service;
    @RequestMapping("/info2")
    public Map<String, Object> getInfo2(){
        List<Info2> list = info2Service.getInfo2();
        Map map = new HashMap<String, Object>();
        map.put("info2",list);
        return map;
    }
}
```

程序清单 15.13

第 7 步：设计启动类。

沿用上面第（1）个需求的启动类。

第 8 步：设计前端页面。

在 static 目录下创建 info2.html，完整代码详见程序清单 15.14。

```
<!DOCTYPE html>
<html>
<head>
    <meta charset="utf-8">
    <title>ECharts</title>
    <!--引入 echarts.js -->
    <script src="echarts.js"></script>
    <!--引入 jquery-->
    <script src="jquery-1.8.3.min.js"></script>
</head>
<body>
    <!-- 为 ECharts 准备一个具备大小（宽高）的图表显示区域 -->
    <div id="main" style="width:1400px;height:600px;"></div>
    <script type="text/javascript">
        // 基于准备好的 div 容器，初始化 ECharts 实例
        var myChart = echarts.init(document.getElementById('main'));

        // 指定图表的配置项和数据
        option = {
            //标题和副标题
            title: {
                text: 'App 平均使用时长前 10 名组成'
            },
            //图例
            legend: {
                data: ['App 集中趋势分析']
            },
            //提示框内容由坐标轴触发
            tooltip: {
                trigger: 'item',
                formatter: '{a} <br/>{b}: {c} ({d}%)'
            },
            //绘图类型和数据
            series: [{
                name: 'App 集中趋势分析',
                type: 'pie',//饼图
                radius: ['30%','70%'],//内环与外环半径
                avoidLabelOverlap: false,
                label: {
                    show: false,
                    position: 'center'
                },
```

```
                    emphasis: {
                        label: {
                            show: true,
                            fontSize: '30',
                            fontWeight: 'bold'
                        }
                    },
                    labelLine: {
                        show: false
                    },
                    data: [] //数据由 jQuery 请求后端服务器获取
                }]
            };

            // 使用刚指定的配置项和数据显示图表。
            myChart.setOption(option);

            //异步加载数据
            $.get('info2').done(function(data) {
                myChart.setOption({//更新数据
                    series : [ {
                        name: 'App 集中趋势分析',
                        type: 'pie',//饼图
                        radius: ['30%','70%'],//内环与外环半径
                        avoidLabelOverlap: false,
                        label: {
                            show: false,
                            position: 'center'
                        },
                        emphasis: {
                            label: {
                                show: true,
                                fontSize: '30',
                                fontWeight: 'bold'
                            }
                        },
                        labelLine: {
                            show: false
                        },
                        data: data.info2 //数据
                    } ]
                });
            });
        </script>
    </body>
</html>
```

程序清单 15.14

第 9 步：启动项目验证。

启动程序运行后，访问 http://192.168.128.131:8080/info2.html 页面，就能看到可视化数据了，如图 15.6 所示。

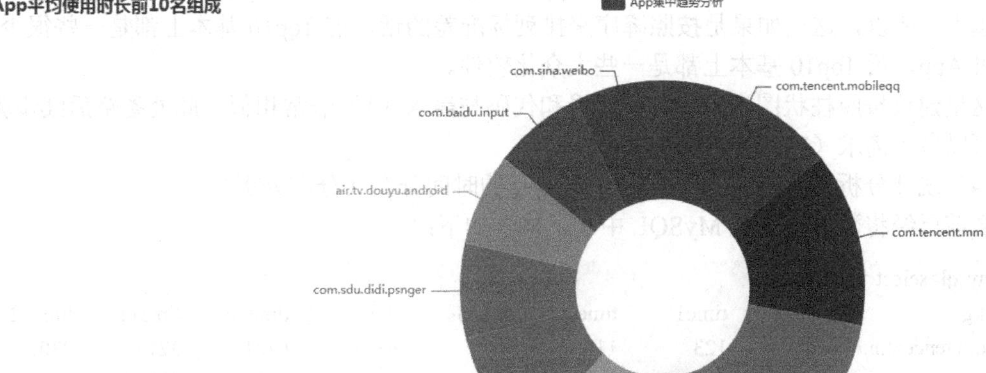

图 15.6　App 集中趋势分析

由图 15.6 可知，App 平均使用时长最多的是 com.tencent.mobileqq（腾讯 QQ），平均使用时长排名第 10 位的为 com.sina.weibo（新浪微博）。

（3）统计分析所有手机 App 的使用时长的离散程度（离散程度分析）。

之前已经将数据导出至 MySQL 中了，格式如下：

```
mysql>select * from info3 order by stddev desc;
pkg                         stddev
cn.xdf.woxue.student        76.2
com.youdao.dict             56.8
com.brixd.niceapp           41.9
com.icbc.im                 35.8
com.evernote                32.9
com.thestore.main           30.4
com.baidu.lbs.waimai        28.6
com.dangdang.reader         28.4
com.ihei.bbs                25.0
com.lingan.seeyou           24.5
……
com.baidu.input             1.82
com.baidu.tieba             1.71
com.sina.weibo              1.56
com.netease.cloudmusic      1.21
com.jingdong.app.mall       0.91
com.taobao.taobao           0.67
com.sankuai.meituan         0.52
```

```
com.UCMobile              0.47
com.tencent.mm            0.36
com.tencent.mobileqq      0.34
```

通过观察发现，越是大众化的手机 App，其标准差越小；越是小众化的手机 App，其标准差越大。所以，这里如果是按照降序来排列标准差的话，前 Top10 基本上都是一些很少用的手机 App，后 Top10 基本上都是一些大众化软件。

这里建议按照柱状图来呈现，其逻辑和代码与需求（1）非常相似，此处省略后续步骤，读者可以参考需求（1）的代码来实现。

（4）统计分析所有手机 App 的使用时间点的时间分布（分布分析）。

之前已经将数据导出至 MySQL 中了，格式如下：

```
mysql>select * from info4;
pkg                   time1   time2   time3   ……   time10   time11   time12
com.tencent.mobileqq  123     110     16      ……   6721     3217     2301
com.tencent.mm        1239    210     24      ……   19278    15762    9768
com.UCMobile          67      8       0       ……   1109     874      543
……
```

分布分析通常是针对某款手机 App 而言的，所以这里需要在 Web 页面中设计一个下拉框和按钮，让用户来选择某款手机 App，然后使用折线图来呈现，重点观察其一天中 12 个时间段的分布变化。

操作步骤如下：

创建 SpringBoot 项目→设计数据库连接→设计实体类→设计 DAO 层→设计 Service 层→设计 Controller 层→设计启动类→设计前端页面→启动项目验证。

第 1 步：创建 SpringBoot 项目。

沿用上面第（1）个需求的项目。

第 2 步：设计数据库连接。

沿用上面第（1）个需求的数据库连接。

第 3 步：设计实体类。

在包 org.lanqiao.bigdata.bean 下创建类 Info4，完整代码详见程序清单 15.15。

```java
package org.lanqiao.bigdata.bean;

public class Info4 {
    private String pkg;
    private int time1;
    private int time2;
    private int time3;
    private int time4;
    private int time5;
    private int time6;
    private int time7;
    private int time8;
    private int time9;
    private int time10;
```

```
    private int time11;
    private int time12;

    public Info4() {
        super();
    }
    public Info4(String pkg, int time1,int time2,int time3,int time4,int time5,int time6,int time7,int time8,int
time9,int time10,int time11,int time12) {
        super();
        this.pkg = pkg;
        this.time1 = time1;
        this.time2 = time2;
        this.time3 = time3;
        this.time4 = time4;
        this.time5 = time5;
        this.time6 = time6;
        this.time7 = time7;
        this.time8 = time8;
        this.time9 = time9;
        this.time10 = time10;
        this.time11 = time11;
        this.time12 = time12;
    }
    public String getPkg() {
        return pkg;
    }
    public void setPkg(String pkg) {
        this.pkg = pkg;
    }
    public int getTime1() {
        return time1;
    }
    public void setTime1(inttime1) {
        this.time1 = time1;
    }
    public int getTime2() {
        return time2;
    }
    public void setTime2(inttime2) {
        this.time2 = time2;
    }
    public int getTime3() {
        return time3;
    }
    public void setTime3(inttime3) {
        this.time3 = time3;
    }
```

```
public int getTime4() {
    return time4;
}
public void setTime4(inttime4) {
    this.time4 = time4;
}
public int getTime5() {
    return time5;
}
public void setTime5(inttime5) {
    this.time5 = time5;
}
public int getTime6() {
    return time6;
}
public void setTime6(inttime6) {
    this.time6 = time6;
}
public int getTime7() {
    return time7;
}
public void setTime7(inttime7) {
    this.time7 = time7;
}
public int getTime8() {
    return time8;
}
public void setTime8(inttime8) {
    this.time8 = time8;
}
public int getTime9() {
    return time9;
}
public void setTime9(inttime9) {
    this.time9 = time9;
}
public int getTime10() {
    return time10;
}
public void setTime10(inttime10) {
    this.time10 = time10;
}
public int getTime11() {
    return time11;
}
public void setTime11(inttime11) {
    this.time11 = time11;
```

```
        }
        public int getTime12() {
            return time12;
        }
        public void setTime12(inttime12) {
            this.time12 = time12;
        }

        @Override public String toString() {
            return "Info4 [pkg=" + pkg + ", time1=" + time1 + ", time2=" + time2 + ", time3=" + time3 + ",
time4=" + time4 + ", time5=" + time5 + ", time6=" + time6 + ", time7=" + time7 + ", time8=" + time8 + ", time9="
+ time9 + ", time10=" + time10 + ", time11=" + time11 + ", time12=" + time12 + "]";
        }
    }
```

程序清单 15.15

第 4 步：设计 DAO 层。

在包 org.lanqiao.bigdata.dao 下创建接口 Info4Mapper，完整代码详见程序清单 15.16。

```
package org.lanqiao.bigdata.dao;

import org.apache.ibatis.annotations.Mapper;
import org.apache.ibatis.annotations.Select;
import org.lanqiao.bigdata.bean.Info4;
import org.springframework.stereotype.Repository;

@Mapper
@Repository
public interface Info4Mapper {
    @Select("SELECT * FROM info4where pkg=#{pkg}")
    Info4 getInfo4(String pkg);
}
```

程序清单 15.16

第 5 步：设计 Service 层。

在包 org.lanqiao.bigdata.service 下创建接口 Info4Service，完整代码详见程序清单 15.17。

```
package org.lanqiao.bigdata.service;

import org.lanqiao.bigdata.bean.Info4;
public interface Info4Service {
    Info4 getInfo4(String pkg);
}
```

程序清单 15.17

创建实现类 Info4ServiceImpl，完整代码详见程序清单 15.18。

```
package org.lanqiao.bigdata.service;

import org.lanqiao.bigdata.bean.Info4;
import org.lanqiao.bigdata.dao.Info4Mapper;
import org.springframework.beans.factory.annotation.Autowired;
import org.springframework.stereotype.Service;

@Service
public class Info4ServiceImpl implements Info4Service {
    @Autowired
    Info4Mapper info4Mapper;
    @Override
    public Info4 getInfo4(String pkg) {
        return info4Mapper.getInfo4(pkg);
    }
}
```

程序清单 15.18

第 6 步：设计 Controller 层。

在包 org.lanqiao.bigdata.controller 下创建类 Info4Controller，完整代码详见程序清单 15.19。

```
package org.lanqiao.bigdata.controller;

import java.util.HashMap;
import java.util.Map;
import org.lanqiao.bigdata.bean.Info4;
import org.lanqiao.bigdata.service.Info4Service;
import org.springframework.beans.factory.annotation.Autowired;
import org.springframework.web.bind.annotation.RequestMapping;
import org.springframework.web.bind.annotation.RestController;

@RestController
public class Info4Controller {
    @Autowired
    Info4Service info4Service;
    @RequestMapping("/info4")
    public Map<String, Object> getInfo4(String pkg){
        Info4info4 = info4Service.getInfo4(pkg);
        String[] x = {"0~2","2~4","4~6","6~8","8~10","10~12","12~14","14~16","16~18","18~20","20~22",
"22~24"};
        Integer[] y = new Integer[12];
        y[0] = info4.getTime1();
        y[1] = info4.getTime2();
        y[2] = info4.getTime3();
        y[3] = info4.getTime4();
        y[4] = info4.getTime5();
        y[5] = info4.getTime6();
```

```
            y[6] = info4.getTime7();
            y[7] = info4.getTime8();
            y[8] = info4.getTime9();
            y[9] = info4.getTime10();
            y[10] = info4.getTime11();
            y[11] = info4.getTime12();

            Map map = new HashMap<String, Object>();
            map.put("x",x);
            map.put("y",y);
            return map;
        }
}
```

程序清单 15.19

第 7 步：设计启动类。

沿用上面第（1）个需求的启动类。

第 8 步：设计前端页面。

在 static 目录下创建 info4.html，完整代码详见程序清单 15.20。

```
<!DOCTYPE html>
<html>
<head>
    <meta charset="utf-8">
    <title>ECharts</title>
    <!--引入 echarts.js -->
    <script src="echarts.js"></script>
    <!--引入 jquery-->
    <script src="jquery-1.8.3.min.js"></script>
</head>
<body>
    <div style="text-align:right;padding-right:350px;">
        <form action="info4" method="get">
            <select id="pkg" name="pkg">
                <option value ="com.tencent.mm"selected="selected">微信</option>
                <option value ="com.tencent.mobileqq">腾讯 QQ</option>
                <option value ="com.UCMobile">UC 浏览器</option>
            </select>
            <input type="submit" value="查询" />
        </form>
    </div>
    <!-- 为 ECharts 准备一个具备大小（宽高）的图表显示区域 -->
    <div id="main" style="width:1400px;height:600px;"></div>
    <script type="text/javascript">
        // 基于准备好的 div 容器，初始化 ECharts 实例
        var myChart = echarts.init(document.getElementById('main'));
```

```
// 指定图表的配置项和数据
option = {
    //标题和副标题
    title: {
        text: 'App 使用时间分布',
        subtext: ''
    },
    //图例
    legend: {
        data: ['App 分布分析']
    },
    //提示框内容由坐标轴触发
    tooltip: {
        trigger: 'none',
        axisPointer: {
            type: 'cross'
        }
    },
    xAxis: {
        type: 'category',
        data: [] //数据由 jQuery 请求后端服务器获取
    },
    yAxis: {
        type: 'value'
    },
    //绘图类型和数据
    series: [{
        name: 'App 分布分析',
        type: 'line',//折线图
        smooth: true,
        data: [] //数据由 jQuery 请求后端服务器获取
    }]
};

// 使用刚指定的配置项和数据显示图表。
myChart.setOption(option);

$.get('info4?pkg='+$("#pkg").val()).done(function(data) {
    myChart.setOption({//更新数据
        title: {
            text: 'App 使用时间分布',
            subtext: obj.pkg //手机 App 名称
        },
        xAxis: {
            type: 'category',
            data: data.x //X 轴数据
        },
```

```
            series: [{
                    name: 'App 分布分析',
                    type: 'line',//折线图
                    smooth: true,
                    data: data.y //Y 轴数据
                }]
            });
        });
    </script>
</body>
</html>
```

程序清单 15.20

第 9 步：启动项目验证。

启动程序运行后，访问 http://192.168.128.131:8080/info4.html 页面，就能看到可视化数据了，如图 15.7 所示。

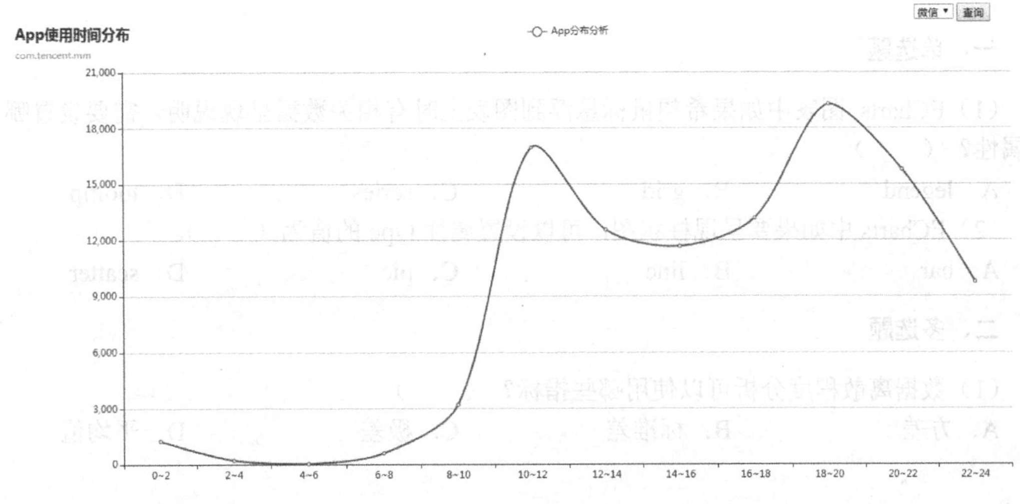

图 15.7　App 分布分析

由图 15.7 可知，针对 App 微信（com.tencent.mm）而言，其一天有 2 个使用峰值时间段，分别出现在 10 时～12 时和 18 时～20 时。

15.6 本 章 小 结

大数据离线计算项目主要是将之前章节的各个知识点连接起来，构成一个完整的数据处理流程，只不过对数据的实时性要求不高而已，涉及 MapReduce、HDFS、Flume、Hive、Sqoop、ECharts、Servlet 等知识点，需要读者将这些关联起来使用。

本章需要特别注意的要点包括：

（1）大数据离线计算的特点是：处理时间长，处理数据量大，一次性批量处理一段时间的数据（如一天），保存处理结果供后续数据分析/挖掘使用。

（2）大数据离线计算的流程是：数据采集→数据预处理→数据分析→分析结果导出到数据库→数据可视化。

（3）数据预处理主要是处理各种原因所导致的数据缺失、数据格式不良好、数据不正确、数据前后矛盾不一致等数据质量问题，通常使用 MapReduce 来处理。

（4）数据分析的难点是把业务逻辑转换为数据表示，其中 Hive 的各种内置函数的使用是关键，需要读者慢慢积累。

（5）数据可视化可以更加形象地展示数据，进而帮助决策者快速地发掘数据深层含义，辅助决策。例如，本章示例项目的需求（4）中针对微信的使用时间分布，可以在 2 个高峰期加大服务器的供给，提高峰值时的服务器响应速度。

（6）ECharts 的图表非常丰富，含有柱状图、折线图、饼图、散点图等，每种图表都有自己擅长的表现场景，需要结合数据特点来选择。

另外，读者可以扩展学习的内容是使用 Azkaban 实现自动化大数据离线计算项目。

15.7 本章练习

一、单选题

（1）ECharts 图表中如果希望鼠标悬浮到图表上时有相关数据呈现说明，需要设置哪一个属性？（　　）

A．legend　　B．grid　　C．series　　D．tooltip

（2）ECharts 中如果要呈现柱状图，可以设置属性 type 的值为（　　）。

A．bar　　B．line　　C．pie　　D．scatter

二、多选题

（1）数据离散程度分析可以使用哪些指标？（　　）

A．方差　　B．标准差　　C．极差　　D．平均值

第 16 章

大数据实时计算项目

本章简介

本章首先介绍大数据实时计算项目的特点与流程；接着介绍天猫双 11 数据分析这个项目的需求和设计，帮助读者理清大体思路；然后按照大数据实时计算的流程分步骤一步一步地详细介绍数据采集、消息中间件、数据实时计算、数据结果进入数据库、数据可视化等知识，并将它们串联在一起，构成大数据实时计算项目。

16.1 项 目 概 述

（1）大数据实时计算的特点。

大数据实时计算属于大数据应用中最广泛、最重要的应用之一。其计算的数据是源源不断的，就像河水一样不停地流过来，计算任务也需要始终运行，计算必须能高效、迅速地处理数据，延迟通常在秒级。

（2）大数据实时计算的流程。

大数据实时计算的流程通常为：数据采集到消息中间件→从消息中间件中实时消费数据→将数据计算结果存入数据库→从数据库中读取数据实现可视化。数据采集通常是从日志、数据库、Web 页面等收集数据；消息中间件用来存放采集的数据如 Kafka；数据实时计算主要使用 Spark、Storm、Flink 等流式计算框架来完成；数据结果进入数据库，可以是关系型数据库如 MySQL，或者内存缓存数据库如 Redis 等；数据可视化主要使用 ECharts 等来完成数据的呈现。

（3）项目的目标。

本章我们的目标是通过对天猫双 11 数据分析来掌握流式计算的基本开发流程，将 Flume、Kafka、Spark、Redis、ECharts 等技术集成运用，掌握如何设计与实现流式计算。

16.2 需求分析与项目设计

我们都知道，每年的双 11，淘宝天猫都会搞活动庆祝一番，很多商品都会有大量的折扣优惠，这样就会吸引一大批人来购物。所以，每年的双 11 马云都会很关心一些实时性指标，如订单量、销售额等。我们可以看到多少分钟突破 10 亿，多少分钟突破 100 亿，由此可见，

现在的网络购物是非常发达的。而作为淘宝天猫的程序员，为了能够在短时间内计算出这些关键数据，就必须掌握大数据实时计算方面的技术，才能实现这些功能。

用户通过支付系统购买商品后，就会立刻生成一张订单，该订单含有非常多的信息，如商品名称、商品单价、商品数量、商品金额、商品类别、卖家名称、购买地址、购买时间、订单号、用户编号、商家编号等，而且一张订单里面包含的商品也可能有多种。有了这些数据就可以计算各种指标了，例如，领导可能只关心销售总额和订单量，而部门经理可能只关心其所负责的某个业务线的销售情况，而卖家则只关心其店铺的销售情况。所以，不同的人所关心的指标是不太一样的，范围也是不一样的，但是相同点是都需要实时了解数据情况。

此处就以销售总额和订单量为例，来给大家演示后续如何操作。至于其他需求，读者可以自行发挥。此处先定下 2 个需求：

（1）实时计算目前的累计订单量。

（2）实时计算目前的累计销售金额。

这里我们简化一下业务，暂时不考虑父子订单、取消订单、重复订单等情况，认为每个都是唯一且有效的订单。

接下来按照“数据采集到消息中间件→从消息中间件中实时消费数据→将数据计算结果存入数据库→从数据库中读取数据实现可视化”来一步一步地完成即可。

16.3 数据采集到消息中间件

实际项目中，数据采集可以通过 Flume 来收集订单系统中的订单数据，这里我们换一种方式，通过 Kafka 的生产者（kafka-console-producer.sh）按照一定的数据格式手动地输入一条条订单。由于订单数据指标非常多，这里简化一下，保留几个用得上的指标，每一条订单的格式如下：

```
{'id':'101','info':[{'name':'可乐','price':2.00,'num':3,'sum':6.00},{'name':'辣条','price':1.00,'num':5,'sum':5.00}]}
{'id':'102','info':[{'name':'洗衣机','price':2500.00,'num':1,'sum':2500.00}]}
……
```

其中，每一条订单就是一个 JSON 字符串，含有 2 个属性，“id”属性表示订单号，“info”属性表示具体商品的信息，这 2 个属性就是一个数组，里面的每一个元素描述的都是一个商品对象。例如，“101”这个订单含有 2 件商品：一件是可乐，单价为 2 元，数量为 3 个，金额为 6 元；另一件是辣条，单价为 1 元，数量为 5 个，金额为 5 元。

通过手动输入以上格式的 JSON 字符串来模拟产生一条条实际订单。

有了数据之后，数据会被发送给消息中间件如 Kafka 中的某一个 Topic 存储，然后等待着消费者来消费。

首先创建一个 Topic：

```
[hadoop@master ~]$ kafka-topics.sh --create --zookeeper 192.168.128.131:2181 --replication-factor 2
--partitions 3 --topic order
```

Topic 为“order”。

然后打开 Kafka 的生产者，往 Topic 为“order”的主题中每隔一段时间（几秒）发送一条订单消息：

```
[hadoop@master ~]$ kafka-console-producer.sh --broker-list 192.168.128.131:9092 --topic order
>{'id':'101','info':[{'name':' 可 乐 ','price':2.00,'num':3,'sum':6.00},{'name':' 辣 条 ','price':1.00,'num':5,'sum':5.00}]}
>{'id':'102','info':[{'name':'洗衣机','price':2500.00,'num':1,'sum':2500.00}]}
>……
```

16.4　数据实时计算并保存到 Redis

Kafka 中有了消息后，Spark Streaming 就可以去消费了。由于要解析 JSON 和使用 Jedis，所以先引入相关依赖，JSON 库使用的是阿里巴巴的 fastjson：

```
<dependency>
<groupId>com.alibaba</groupId>
    <artifactId>fastjson</artifactId>
    <version>1.2.73</version>
</dependency>
<dependency>
    <groupId>redis.clients</groupId>
    <artifactId>jedis</artifactId>
    <version>3.2.0</version>
</dependency>
```

完整代码详见程序清单 16.1。

```
package org.lanqiao.BigData.chapter16

import java.util.HashSet

import org.apache.kafka.clients.consumer.ConsumerConfig
import org.apache.kafka.common.serialization.StringDeserializer
import org.apache.spark.SparkConf
import org.apache.spark.streaming.Seconds
import org.apache.spark.streaming.StreamingContext
import org.apache.spark.streaming.kafka010.ConsumerStrategies
import org.apache.spark.streaming.kafka010.KafkaUtils
import org.apache.spark.streaming.kafka010.LocationStrategies

import com.alibaba.fastjson.JSON

import redis.clients.jedis.HostAndPort
import redis.clients.jedis.JedisCluster

object SparkOrder {
  def main(args: Array[String]): Unit = {
    val sparkconf=new SparkConf().setAppName("sparkorder")
    //设置 DStream 批次时间间隔为 5 秒
    val ssc=new StreamingContext(sparkconf,Seconds(5))
    //设置 Kafka 的配置：zk 集群链接、消费组
```

```
val kafkaParams = Map[String, Object](
 ConsumerConfig.BOOTSTRAP_SERVERS_CONFIG->"192.168.128.131:9092,192.168.128.132:9092,
192.168.128.133:9092",
 ConsumerConfig.GROUP_ID_CONFIG -> "mygroup",
 ConsumerConfig.KEY_DESERIALIZER_CLASS_CONFIG -> classOf[StringDeserializer],
 ConsumerConfig.VALUE_DESERIALIZER_CLASS_CONFIG -> classOf[StringDeserializer])
//设置消费主题
val topics = Array("order")
//获取 Kafka 数据流
val stream = KafkaUtils.createDirectStream[String, String](
  ssc,
  LocationStrategies.PreferConsistent,
  ConsumerStrategies.Subscribe[String, String](topics, kafkaParams))
//获取每一行的数据
val line=stream.map(_.value)
//val line=stream.map(_._2)
line.print()
//{'id':'101','info':[{'name':'可乐','price':2.00,'num':3,'sum':6.00},
//{'name':'辣条','price':1.00,'num':5,'sum':5.00}]}
//连接 Redis 集群
val jedisClusterNodes = new HashSet[HostAndPort]
jedisClusterNodes.add(new HostAndPort("192.168.128.131", 6379))
jedisClusterNodes.add(new HostAndPort("192.168.128.132", 6379))
jedisClusterNodes.add(new HostAndPort("192.168.128.133", 6379))
val jedis = new JedisCluster(jedisClusterNodes)
//解析数据
val data = line.map { a =>{
 val json = JSON.parseObject(a)
 val info = json.getJSONArray("info")
 var sum = 0.0
 for (i<-0 until info.size()){
      sum += info.getJSONObject(i).getDouble("sum")
 }
 //累计求和并存入 Redis
 var orderNum = jedis.incrByFloat("orderNum", 1)
 var orderSum = jedis.incrByFloat("orderSum", sum)
 //求和后，将累计的返回值打印出来
 print("累计订单数："+orderNum)
 print("累计销售金额："+orderSum)
}}

//开始计算
ssc.start()
//等待停止
ssc.awaitTermination()
//关闭 Jedis
jedis.close()
```

```
    }
}
```

程序清单 16.1

程序清单 16.1 的大体思路如下：

（1）连接 Kafka 服务器，每隔 5 秒尝试消费 order 主题下的订单消息，这里获取的是自上一次消费以来的若干条订单数据；

（2）对于每条订单数据，将 Redis 中的 orderNum 计数加 1，并解析出订单金额 orderSum，将其累加至 Redis 中的 orderSum 变量上；

（3）最后关闭相关资源。

将程序打成 JAR 包 SparkOrder.jar，上传到 Spark 集群，提交 Spark 任务：

```
[hadoop@master ~]$ spark-submit --master yarn --deploy-mode cluster \
--class org.lanqiao.BigData.chapter16.SparkOrder --executor-memory 1g \
/home/hadoop/SparkOrder.jar
```

启动 Spark Streaming 后，我们编写的程序就能获取 order 主题下的消息，解析 JSON 格式的消息并执行计算，将计算结果存储到 Redis 数据库中。可以到 YARN 的 8088 端口上找到对应任务，然后去查看任务的 log 日志，程序中的输出将会体现在日志中。

```
……
-------------------------------------------
Time: 1599885459000 ms
-------------------------------------------
累计订单数：1
累计销售金额：11.00
……
-------------------------------------------
Time: 1598692164000 ms
-------------------------------------------
累计订单数：2
累计销售金额：2511.00
……
```

16.5　数据可视化

上一节中每一笔订单发送到 Kafka 后，就会被 Spark Streaming 消费，累加订单数和金额，然后保存到内存数据库 Redis 中，并同时打印日志输出。下面为了更加形象地展示数据，我们使用上一章中介绍过的数据可视化技术（ECharts）来展现结果。

数据主要有两个：一个是 orderNum 累计订单数；一个是 orderSum 累计金额。这两个数据都是在不停地增加的，所以这里我们选择 ECharts 中的折线图，并且实时动态地滚动数据，X 轴为时间，Y 轴为数值，每隔 5 秒钟自动从右往左滚动，就像股票走势一样。

先来看 Web 页面 order.html，完整的代码详见程序清单 16.2。

```
<!DOCTYPE html>
<html>
```

```
<head>
    <meta charset="utf-8">
    <title>ECharts</title>
    <!--引入 echarts.js -->
    <script src="echarts.js"></script>
    <!--引入 jQuery-->
    <script src="jquery-1.8.3.min.js"></script>
</head>
<body>
    <!-- 为 ECharts 准备一个具备大小（宽高）的图表显示区域 -->
    <div id="main" style="width:1400px;height:600px;"></div>
    <script type="text/javascript">
    var x = [];//X 轴数据
    var y = [];//Y 轴数据
    var myChart = echarts.init(document.getElementById('main'));
    setInterval(function () {
        $.get('order').done(function(data) {
            //超过 2 分钟时删除最早的一个数据
            if(data.length>24){
                x.shift();
                y.shift();
            }
            //添加最新的一个数据
            x.push(data.x);
            y.push(data.y);
            //重新设置 option
            myChart.setOption({
                //标题
                title: {
                    text: '销售金额',
                    subtext: '每 5 秒钟更新一次最近 2 分钟内的数据'
                },
                //图例
                legend: {
                    data: ['销售金额']
                },
                //提示框内容由坐标轴触发
                tooltip: {
                    trigger: 'axis',
                    formatter: function (params) {
                        params = params[0];
                        var time = params.name.split(":"); //10:10:10
                        return  now.getFullYear()+'/'+now.getMonth()+'/'+now.getDate()+'  '+time
[0]+':'+time[1]+":"+time[2] +'-'+ params.value+'元';
                    },
                    axisPointer: {
                        animation: false
```

```
                }
            },
            //X 轴内容
            xAxis: {
                type: 'category',
                splitLine: {
                    show: false
                },
                axisLabel: {//文字显示
                    interval:0,//间隔 0 表示每一个都强制显示
                    rotate:40//旋转角度[-90,90]
                },
                data:x
            },
            //Y 轴内容
            yAxis: {
                type: 'value',
                boundaryGap: [0, '100%'],
                splitLine: {
                    show: false
                }
            },
            //绘图类型和数据
            series: [{
                name: '销售金额',
                type: 'line',
                showSymbol: false,
                hoverAnimation: false,
                data: y
            }]
        });
    })
  }, 5000);
  </script>
</body>
</html>
```

程序清单 16.2

其中，使用 setInterval()方法设置每隔 5000 毫秒，异步请求一次数据后，通过 setOption()方法重置 option 来刷新图表，这样就会呈现实时的数据走势。一旦数据的个数超过 24 个，就删除数据数组的最开始的一个数据，这样图形始终呈现 24 个数据，页面内容不会过多，恰到好处。数据的 X 轴内容和 Y 轴内容由后端请求处理后返回。

前端有了，下面我们来看后端代码。这里省略数据库连接、JavaBean、DAO、Service 等代码，只保留核心的 Controller 层代码，看看如何生成前端页面所需要的 JSON 数据。完整代码详见程序清单 16.3。

```
package org.lanqiao.bigdata.controller;

import java.util.HashMap;
import java.util.Map;
import org.lanqiao.bigdata.bean.Order;
import org.lanqiao.bigdata.service.OrderService;
import org.springframework.beans.factory.annotation.Autowired;
import org.springframework.web.bind.annotation.RequestMapping;
import org.springframework.web.bind.annotation.RestController;

@RestController
public class Info1Controller {
    @Autowired
    OrderService orderService;
    @RequestMapping("/order")
    public Map<String, Object>getOrder(){
        Order order = orderService.getOrder();
        Map map = new HashMap<String, Object>();
        map.put("x",order.getOrderNum());
        map.put("y",order.getOrderSum());
        return map;
    }
}
```

程序清单 16.3

其中，orderService.getOrder()方法从 Redis 中读取 orderNum 和 orderSum 的值并组合成一个 Map 对象，Spring 会自动将其转换为 JSON 格式发送给前端页面。

程序运行后访问 order.html 页面，就能看到可视化数据了，如图 16.1 所示。

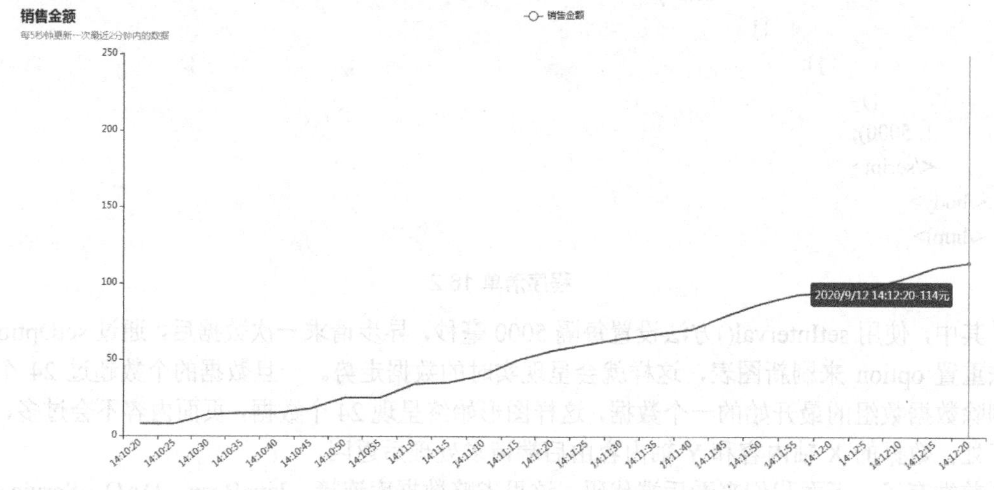

图 16.1　订单累计金额时序图

订单量和销售金额的做法差不多，当然也可以将两根曲线集成到一张图里面进行展示。

16.6 本章小结

本章通过大数据实时计算项目，将 HDFS、Flume、Kafka、Spark Streaming、Redis、MySQL、ECharts、Servlet 等知识点综合起来应用，需特别注意的要点包括：

（1）大数据实时计算的特点：计算的数据源源不断，需要迅速地处理数据，延迟通常在秒级。

（2）大数据实时计算的流程：数据采集到消息中间件→从消息中间件中实时消费数据→将数据计算结果存入数据库→从数据库中读取数据并完成数据可视化。

（3）大数据实时计算的数据通常是从消息中间件如 Kafka 中拉取数据进行消费的，计算结果可以存回 Kafka 中，这样可以实现一种形式的实时累计计算；也可以通过和内存数据库如 Redis 进行交互读写，形成另一种形式的实时累计计算；或者参考本书第 13 章，使用 updateStateByKey 函数进行带历史状态的计算。

（4）大数据实时计算的结果数据可视化通常以动态滚动的方式来呈现，达到实时、动态效果。

另外，读者可以自行扩充项目需求并完成。

16.7 本章练习

一、单选题

（1）本章使用哪一种技术来解析从 Kafka 获得的 JSON 数据？（　　）

A．gson　　B．fastjson　　C．jackson　　D．json-smart

二、多选题

（1）大数据实时计算结果可以存入哪些数据库？（　　）

A．MySQL　　B．Redis　　C．MongoDB　　D．HBase

附录A

部分练习参考答案及解析

第1章 大数据概述

一、单选题

（1）【答案】 B

【解析】 大数据的萌芽是以谷歌发表的2篇论文GFS和MapReduce作为标志的。

（2）【答案】 B

【解析】

A选项HDFS是分布式存储；

B选项MapReduce是分布式计算；

C选项Nutch和大数据无关，是一个爬虫项目；

D选项HBase是分布式列存储数据库。

（3）【答案】 A

【解析】

A选项MySQL是普通的关系数据库；

B选项Redis是大数据中的内存数据库；

C选项HBase是大数据中的列存储数据库；

D选项HDFS是大数据中的分布式文件系统。

（4）【答案】 C

【解析】 目前Spark用来代替MapReduce。

二、多选题

（1）【答案】 ABCD

【解析】 大数据的特征包括：数据量大，增长、处理速度快，种类、来源多，价值密度低，数据的准确性。

（2）【答案】 ABD

【解析】 大数据的核心价值包括：数据辅助决策，数据对外变现，数据驱动业务。C选项数据存储保存属于大数据的基本功能，不属于核心价值。

（3）【答案】 BCD

【解析】 大数据中涉及实时计算的框架有 Spark、Flink、Storm 等。A 选项 Hive 是离线计算的框架。

（4）【答案】 ABCD

【解析】 本题中，A、B、C、D 这 4 个选项都是企业在实际数据驱动中可能会遇到的问题。

第 2 章 初识 Hadoop

一、单选题

（1）【答案】 B

【解析】

A 选项 BOOTPROTO 表示 IP 地址启动的方式，如 DHCP 表示自动分配，Static 表示静态手动设置；

B 选项 IPADDR 表示 IP 地址；

C 选项 GATEWAY 表示网关；

D 选项 NETMASK 表示子网掩码。

（2）【答案】 A

【解析】

A 选项/etc/hostname 表示主机名文件；

B 选项/etc/hosts 表示主机名与 IP 地址映射文件；

C 选项/localhost.localdomain，该文件不存在；

D 选项/hosts，该文件不存在。

（3）【答案】 B

【解析】

A 选项 systemctl start firewalld 表示开启防火墙；

B 选项 systemctl stop firewalld 表示关闭防火墙；

C 选项 systemctl disable firewalld 表示禁止开机启动防火墙；

D 选项 systemctl enable firewalld 表示允许开机启动防火墙。

（4）【答案】 C

【解析】

A 选项 passwd 用来修改或者设置密码；

B 选项 userdel 用来删除用户；

C 选项 useradd 表示创建用户；

D 选项 usermod 用来修改用户这个命令的相关参数。

（5）【答案】 D

【解析】

A 选项 ssh 表示 ssh 访问登录；

B 选项 ssh-keygen 和 C 选项 ssh-keygen -t rsa 用来创建 rsa 加密方式的私钥和公钥；

D 选项 ssh-copy-id 表示把用户的公钥存入某个服务器中。

（6）【答案】 A

【解析】

A 选项 dfs.replication 表示集群副本的数量；

B 选项 dfs.secondary.http.address 表示 SecondaryNameNode 的地址；

C 选项 hadoop.tmp.dir 表示运行时产生的临时文件的目录；

D 选项 fs.defaultFS 表示 HDFS 中的 NameNode 的地址。

（7）【答案】 D

【解析】

A 选项 dfs.replication 表示集群副本的数量；

B 选项 dfs.secondary.http.address 表示 SecondaryNameNode 的地址；

C 选项 hadoop.tmp.dir 表示运行时产生的临时文件的目录；

D 选项 fs.defaultFS 表示 HDFS 中的 NameNode 的地址。

（8）【答案】 C

【解析】

A 选项 dfs.replication 表示集群副本的数量；

B 选项 dfs.secondary.http.address 表示 SecondaryNameNode 的地址；

C 选项 hadoop.tmp.dir 表示运行时产生的临时文件的目录；

D 选项 fs.defaultFS 表示 HDFS 中的 NameNode 的地址。

（9）【答案】 A

【解析】

A 选项 log 目录为错误日志目录；

B 选项 tmp 目录为 Hadoop 运行时产生的临时文件的目录；

C 选项 bin 目录为 Hadoop 启动运行命令的目录；

D 选项 etc 目录为 Hadoop 配置文件的目录。

（10）【答案】 B

【解析】

A 选项 8080 为浏览器默认的端口；

B 选项 50070 为 HDFS 的默认端口；

C 选项 8088 为 YARN 的默认端口；

D 选项 50090 为 SecondaryNameNode 的端口。

二、多选题

（1）【答案】 ABC

【解析】 Hadoop 集群如果只启动 HDFS 的话，那么会启动 NameNode、SecondaryNameNode 和 DataNode 这 3 个进程；如果再启动 YARN 的话，那么会启动 ResourceManager 和 DataNode 这 2 个进程。

（2）【答案】 AD

【解析】 Hadoop 集群启动后，会在从节点上启动 NodeManager 和 DataNode 这 2 个进程。

第3章 分布式文件系统——初识HDFS

一、单选题

（1）【答案】 B

【解析】 Hadoop 1.0中Block块的大小默认为64MB，Hadoop 2.0中Block块的大小默认为128MB。

（2）【答案】 C

【解析】 因为Block块的大小是128MB，所以300MB的文件可以分成2个128MB文件，再加1个44MB的文件，共3个文件块。

（3）【答案】 C

【解析】 如果要递归地查看目录下所有的子目录和文件，可以使用“ls -R”命令。

（4）【答案】 C

【解析】 HDFS中文件块默认的副本数目是3。

（5）【答案】 D

【解析】 在Hadoop 2.0下，HDFS支持读操作、删除操作、执行操作和写操作（仅一次），不支持修改操作，即不支持存档操作。

（6）【答案】 B

【解析】 在Hadoop 2.0下，A选项和C选项是NameNode的职责，B选项是DataNode的职责，D选项是SecondaryNameNode的职责。

（7）【答案】 C

【解析】 SecondaryNameNode并不是NameNode的热备，其内存需要与NameNode一样大，最好与NameNode分开来存储，其主要作用是帮助NameNode合并编辑日志，减少NameNode的负担和冷启动时的加载时间。

（8）【答案】 C

【解析】 HDFS适合于一次写入、多次读取的任务。

二、多选题

（1）【答案】 ABD

【解析】 HDFS文件系统的基本特征有高容错性、数据容量大、可扩展性、高吞吐量等。

（2）【答案】 BCD

【解析】 HDFS文件存储副本策略包括：

①第一个副本块存放在本机上。

②第二个副本块存放在本机同机架（Rack）内的其他服务器节点上。

③第三个副本块存放在不同机架（Rack）内的一个服务器节点上。

第 4 章　分布式计算框架 MapReduce

一、单选题

（1）【答案】　B

【解析】　Reduce 阶段包括复制、分组、排序、Reduce 函数。

（2）【答案】　D

【解析】　Shuffle 阶段中只有规约是可选的，其余的都必须有，只不过都有默认实现而已。

（3）【答案】　C

【解析】　文件切割时，默认的切片大小为 128MB。

（4）【答案】　A

【解析】　MapReduce 中如果要编写自己的数据类型，需要实现 Writable 接口。

（5）【答案】　B

【解析】　MapReduce 中默认的文件输入格式是 TextInputFormat。

（6）【答案】　C

【解析】　MapReduce 中 CombineFileInputFormat 可以自动切割并合并小文件。

（7）【答案】　C

【解析】　Combiner 可以实现最大值、求和、计数，不适合直接求平均值。但是可以变相地实现求平均值，需要同时求和及计数，然后再做除法即可得到。

（8）【答案】　D

【解析】　MapReduce 中分区的默认实现是 HashPartitioner。

二、多选题

（1）【答案】　ABCD

（2）【答案】　ABCD

第 5 章　统一资源管理和调度框架 YARN

一、单选题

（1）【答案】　B

【解析】　Hadoop 2.9.2 的默认调度器是 Capacity Scheduler。

（2）【答案】　B

【解析】　为了防止同一个用户的 job 任务独占队列中的资源，采用公平共享的方式，这是 Fair 调度器的方式。

（3）【答案】　D

【解析】　管理所有节点上的每个 Container 的生命周期是 NodeManager 的任务功能。

（4）【答案】　C

【解析】　对于 Capacity 调度器，任务分配的原则是：分配给队列中正在运行任务的个

数与其队列实际分配的资源量比值最小的队列。对于 A 队列，20/30%=66.67；对于 B 队列，15/20%=75；对于 C 队列，25/50%=50。

二、多选题

（1）【答案】　ABC

【解析】一个完整的 YARN 体系架构包括 ResourceManager、NodeManager 和 ApplicationMaster 这 3 种进程。

（2）【答案】　AD

【解析】　ResourceManager 包括 Scheduler 和 ApplicationsManager 这 2 个组件。

第 6 章　分布式协调框架 ZooKeeper

一、单选题

（1）【答案】　D

【解析】　ZooKeeper 中 Observer 服务器角色没有选举权。

（2）【答案】　D

【解析】　某一节点要被选举为 Leader，需要集群中至少半数以上的节点投它，对于 7 个节点的集群至少需要 4 个节点的投票。

（3）【答案】　A

【解析】　Leader 选举机制中，首先判断 ZXID，选取最大的 ZXID；ZXID 相同时再选取 SID 最大的。

（4）【答案】　D

【解析】ZXID 在节点数据更新时、节点数据删除时以及新的 Leader 被选出时都会更新，在 Follower 节点宕机时不会更新。

（5）【答案】　B

【解析】　ZooKeeper 应用于“排他锁”时，主要使用了监听子节点变化和创建临时节点这 2 个功能。

（6）【答案】　A

【解析】　根据 Leader 选举规则，首先判断 ZXID，然后判断 SID。A、B、C 选项的 ZXID 最大，这 3 个选项中 C 的 SID 最大。

（7）【答案】　A

【解析】　get 命令中的 watch 参数用来监听节点内容是否变化。

（8）【答案】　C

【解析】　ZooKeeper 的 ZNode 版本中，cversion 代表子节点的版本号。

二、多选题

（1）【答案】　ABD

【解析】　Follower 角色拥有以下功能：参与 Leader 选举投票；参与事务请求 Proposal 的投票；处理客户端非事务请求，转发事务请求给 Leader 服务器。

（2）【答案】 ABCD

【解析】 ZNode 数据版本的目的是保证分布式数据的原子性操作；version 是当前数据节点数据内容的版本号；cversion 是当前数据节点子节点的版本号；aversion 是当前数据节点的 ACL 版本号。

（3）【答案】 CD

【解析】 ls 命令中的 watch 参数用来监听子字节是否有变化，当我们创建一个子节点或者删除一个子节点时，就会触发该事件，通知客户端。

第 7 章 数据仓库 Hive

一、单选题

（1）【答案】 A

【解析】 Hive 中的 Interpreter 负责将 SQL 转换成抽象语法树。

（2）【答案】 A

【解析】 *.*在 MySQL 的授权中表示数据库的所有权限。

（3）【答案】 D

【解析】 Hive 的各种文件格式中，ORC 的压缩率最高。

（4）【答案】 C

【解析】 分区的表示中，/user/hive/warehouse/a.db/b/c=d 为正确的表示法。

（5）【答案】 C

【解析】 Hive 的自定义函数中，UDTF 表示一行输入对应多行输出。

（6）【答案】 B

【解析】 实时的在线数据分析不是 Hive 适用的场景。

（7）【答案】 B

【解析】 分区字段可以有多个，可以创建多级分区。

（8）【答案】 D

【解析】 Hive 适用于海量结构化数据分析汇总，但是查询速度受限于 MapReduce，不是很快。

（9）【答案】 D

【解析】 Hive 的文件格式中，TextFile 采用行式存储，SequenceFile 采用行式存储，RCFile 采用行、列混合存储，Parquet 采用列式存储。

（10）【答案】 C

【解析】 Hive 的内置函数 substr 用来求子字符串，其中第二个参数为位置，从 1 开始计数，2 表示从第 2 个字符开始一直到字符串最右边。

二、多选题

（1）【答案】 ABCD

（2）【答案】 ABC

【解析】 Executor 用于编译 HiveQL 并将其转化为一系列相互依赖的 Map/Reduce 任务

错误，而不是 Compiler。

第 8 章　日志采集工具 Flume

一、单选题

(1)【答案】　A

【解析】　Flume 中，Exec Source 可以监听日志文件的内容变化。

(2)【答案】　D

【解析】　Flume 中，Spooling Source 可以监听某个目录下的文件的变化。

(3)【答案】　B

【解析】　Flume 的配置文件中，type 参数用来设置类型。

二、多选题

(1)【答案】　ACD

【解析】　Flume 的代理 Agent 由 Source、Channel 和 Sink 这 3 个部分组成。

(2)【答案】　ABCD

【解析】　Flume 的 Source 可以由 Avro、Thrift、Exec、JMS、Spooling Directory、Netcat、Sequence Generator、Syslog、HTTP 等构成。

(3)【答案】　CD

【解析】　Spooling Directory Source 不能监听目录下文件的内容的增加，也不能监听目录下子目录的文件的增加，只能监听目录下的文件增加，已经增加的文件会被加上.completed 后缀。

第 9 章　工作流调度器 Azkaban

一、单选题

(1)【答案】　C

【解析】　Azkaban 中多任务的依赖主要依靠 dependencies 参数来实现。

(2)【答案】　D

【解析】　Azkaban 中周期性任务的时间周期主要依靠 Recurrence 配置来实现。

(3)【答案】　B

【解析】　Azkaban 的工作文件（*.job）中，command 参数表示具体的命令。

(4)【答案】　A

【解析】　Azkaban 的 Web 服务器的默认端口为 8443。

二、多选题

(1)【答案】　ABCD

【解析】　Azkaban 可以调度的任务类型有 Shell 脚本、Java 程序、MapReduce 程序、Spark

程序、Hive 的 SQL、Python 脚本、Sqoop 任务。

（2）【答案】 ABCD

【解析】 常见的工作流调度器有 Hamake、Oozie、Azkaban 和 Cascading。

第 10 章 数据迁移工具 Sqoop

一、单选题

（1）【答案】 A

【解析】 Sqoop 中，从关系数据库（Oracle、MySQL、PostgreSQL 等）导入 Hadoop（HDFS/Hive/HBase）属于数据的导入。

（2）【答案】 C

【解析】 Sqoop 中，把 MySQL 的数据导入 HDFS 时，通过“--target-dir”来指定导出目录。

（3）【答案】 D

【解析】“--query”语句必须含有 WHERE 子句。

（4）【答案】 D

【解析】 Sqoop 中，通过“--options-file”参数可以实现以文件脚本的形式来运行。

二、多选题

（1）【答案】 ABCD

【解析】 Sqoop 把 MySQL 的数据导入 Hive 时，与 Hive 有关的参数包括：

使用“--hive-import”来指定导入 Hive 中；

使用“--hive-overwrite”来指定以重写的方式导入数据，之前 Hive 中的数据不保留；

使用“--create-hive-table”来指定自动创建 Hive 的表；

使用“--hive-database”来指定 Hive 中的数据库，需要提前存在，否则会报错；

使用“--hive-table”来指定 Hive 中的表名。

（2）【答案】 ABC

【解析】 Sqoop 在实现增量导入时用到的关于增量的参数包括：

使用“--incremental”指定以 append 追加的方式导入数据。

使用“--check-column”指定以某个字段为比较标准。

使用“--last-value”指定“--check-column”值后面的数据被导入。

第 11 章 分布式列存储数据库 HBase

一、单选题

（1）【答案】 A

【解析】 HBase 依赖 ZooKeeper 提供消息通信机制。

（2）【答案】 D

【解析】　HBase 底层依赖 MapReduce 提供强大的计算能力。

（3）【答案】　B

【解析】　HBase 中，-ROOT-表记录了.META.表的 Region 位置信息，且只有 1 个。

（4）【答案】　A

【解析】　HBase 中默认的版本数量是 1 个。

（5）【答案】　D

【解析】　StoreFile 文件合并过程中会进行版本合并和数据删除。

（6）【答案】　D

【解析】　使用布隆过滤器能快速判断某一个元素不存在于某个 StoreFile 中。

（7）【答案】　C

【解析】　读写 HDFS、管理 Table 中的数据属于 HRegionServer 的功能。

（8）【答案】　B

【解析】　存储 HRegionServer 的地址属于 ZooKeeper 的功能。

二、多选题

（1）【答案】　BCD

【解析】　HBase 建表时不能指定具体的列名，在插入数据时才指定列名。

（2）【答案】　ABC

【解析】　HBase 底层依赖 MapReduce 提供强大的计算能力。

（3）【答案】　ABCD

【解析】　HBase 支持所有这四种操作。

（4）【答案】　ACD

【解析】　HBase 不支持分组查询，支持按照行键查询，可以通过过滤器支持条件查询和按照列名查询。

第 12 章　分布式消息队列 Kafka

一、单选题

（1）【答案】　A

【解析】　Kafka 生产消息采用推送方式，消费消息采用拉取形式。

（2）【答案】　D

【解析】　Broker 中的消息默认会保存 7 天时间。

（3）【答案】　B

【解析】　参数 request.required.acks 设置为 1，那么当 Leader 接收到消息之后才会发送 ack。

（4）【答案】　D

【解析】　如果一个组中 Consumer 数量大于 Partition 数量，那么必定有部分 Consumer 没有消费。

（5）【答案】　D

【解析】　如果一个组中 Consumer 数量小于 Partition 数量，那么必定有部分 Consumer

消费多个 Partition。

（6）【答案】 C

【解析】 Kafka 查找 Message 时，先使用二分查找法查找索引文件，再使用顺序遍历查找数据文件。

二、多选题

（1）【答案】 ABD

【解析】 Kafka 负载均衡时，Lead Partition 负责读写，其余 Partition 负责同步数据。

（2）【答案】 ABC

【解析】 每个 Partition 分区的消息是有序的，但是数据是不一样的。

第 13 章 内存计算框架 Spark

一、单选题

（1）【答案】 C

【解析】 Spark R 不是 Spark 的组件。

（2）【答案】 D

【解析】 RDD 是不可修改的。

（3）【答案】 D

【解析】 “spark on local”属于本地调试使用，不属于分布式部署。

（4）【答案】 A

【解析】 Stage 的任务数量由分区 Partition 决定。

（5）【答案】 B

【解析】 filter 属于窄依赖，其余都是宽依赖。

（6）【答案】 A

【解析】 Spark 缓存默认的存储级别是 MEMORY_ONLY。

（7）【答案】 C

【解析】 Task 运行在 Worker node 上的 Executor 组件上。

（8）【答案】 B

【解析】 DataFrame 与 RDD 的最大区别是多了 schema。

（9）【答案】 B

【解析】 第一个分区包含 1、2、3、4、5，第二个分区包含 6、7、8、9、10，每个分区的元素依次与初始值 7 进行滑动计算，得到最大值为 7 和 10，然后使用第二个函数求和 7+7+10=24。

（10）【答案】 B

【解析】 Spark 经典的 WordCount 程序按照宽依赖来划分 Stage，其中只有 reduceByKey 那一步有 Shuffle，属于宽依赖，所以分为 2 个 Stage。

二、多选题

（1）【答案】 AB

【解析】 按照两个分区划分，第一个分区有 1、2，第二个分区有 3、4、5，按照“-”计算分别得到-1 和-6，由于两个分区谁减谁无法确定，所以可能是-1-(-6)=5，也可能是-6-(-1)= -5。

（2）【答案】 ABC

【解析】 Spark Streaming 可以和 Spark SQL、MLlib、GraphX 无缝集成。

（3）【答案】 BD

【解析】 filter 和 groupByKey 属于 Spark 的转换算子。

（4）【答案】 AC

【解析】 可以用 rdd.coalesce(3,true)或者 repartition(3)。

第 14 章 大数据平台的管理与监控

一、单选题

（1）【答案】 C

【解析】 Hadoop 平台通过 JXM 方式来获取 HMaster 接口数据的端口是 16010。

（2）【答案】 D

【解析】 cpu_wio 指标表示“CPU 空闲时的最大 I/O 请求”；cpu_report 指标表示“CPU 使用情况汇总报告”；cpu_user 指标表示“用户空间占用 CPU 百分比”；user_idle 指标表示“空闲 CPU 百分比”。

（3）【答案】 D

【解析】

dfs.FSNamesystem.BlockCapacity 指标表示“block 的总容量”；

dfs.FSNamesystem.Blocks Total 指标表示“block 的当前容量”；

dfs.FSNamesystem.CapacityTotalGB 指标表示“HDFS 文件系统总体容量”；

dfs.FSNamesystem.CapacityRemainingGB 指标表示“HDFS 文件系统剩余的容量”。

（4）【答案】 A

【解析】 Ganglia 中 Gmond 组件可以完成数据的监控、收集和发送。

二、多选题

（1）【答案】 CD

【解析】

Ganglia 可以用来收集数据，所以 A 选项错误；

Nagios 可以用来绘制图表，所以 B 选项错误。

（2）【答案】 ACD

【解析】 mapred.ShuffleMetrics.ShuffleOutputBytes 表示 shuffle 输出数据大小，所以 B 选项错误。

第 15 章　大数据离线计算项目

一、单选题

（1）【答案】　D

【解析】　ECharts 图表中，如果希望鼠标悬浮到图表上时有相关数据呈现说明，可以设置 tooltip 属性。

（2）【答案】　A

【解析】　ECharts 中，如果要呈现柱状图，可以设置属性 type 的值为 bar。

二、多选题

（1）【答案】　ABC

【解析】　数据分析中，离散程度分析可以使用方差、标准差、极差等指标，平均值指标是用来分析集中趋势的。

第 16 章　大数据实时计算项目

一、单选题

（1）【答案】　B

【解析】　本章中使用 Spark Streaming 进行实时计算 Kafka 中 JSON 数据时，使用的是 fastjson 技术来解析 JSON 数据。

二、多选题

（1）【答案】　ABCD

【解析】　大数据实时计算结果可以存入 MySQL、Redis、MongoDB、HBase 等数据库中。

参考文献

[1]〔美〕Tom White．Hadoop 权威指南（第 4 版）．王海，华东等译．北京：清华大学出版社，2017．

[2]〔德〕雷扎尔·卡里姆（Md. Rezaul Karim），〔美〕斯里达尔·阿拉（Sridhar Alla）．Scala 和 Spark 大数据分析函数式编程、数据流和机器学习．史跃东译．北京：清华大学出版社，2020．

[3] 林子雨．大数据技术原理与应用（第 2 版）．北京：人民邮电出版社，2017．

[4] 杨力．Hadoop 大数据开发实战．北京：人民邮电出版社，2019．

[5] 谢邦昌．大数据概论．厦门：厦门大学出版社，2016．

[6] 黄东军．Hadoop 大数据实战权威指南．北京：电子工业出版社，2017．

[7] 张伟洋．Spark 大数据分析实战．北京：清华大学出版社，2020．